LE CHOIX DU SUCCES®

Collection dirigée par Franck ATTELAN

LOGIQUE & MATHEMATIQUES

AUX CONCOURS SESAME, ACCES & LINK

EDITION 2019

- Visez les meilleurs scores aux épreuves de logique, calcul et mathématiques des concours post-bac
- De nombreuses fiches pour bien apprendre votre cours
- Des sujets corrigés et commentés pour bien vous entraîner, gagner en confiance et en rapidité

Franck ATTELAN, Jonathan ATTELAN et François DROGOUL

PREFACE

Il avait coutume de dire : « Un sot ne saurait craindre la faute et un ignorant ne saurait être pieux ; un timide ne saurait accéder à la connaissance et un irascible ne saurait enseigner ; et celui qui est trop occupé au commerce ne saurait acquérir la sagesse ; et là où il n'y a pas d'homme, efforce-toi d'être un homme. »

L'Ethique des Pères.

Je suis heureux de vous présenter cet ouvrage qui aborde exclusivement les épreuves de logique, calcul et mathématiques des quatre grands concours d'entrée aux écoles de commerce et de management post-bac : Sésame, Accès, Link et Pass.

DES EPREUVES REDOUTEES. SOUVENT A TORT...

Les épreuves de logique, calcul et mathématiques sont souvent redoutées par les candidats aux concours. Les notions sur lesquelles portent les questions posées ne sont pourtant pas très compliquées. Calcul littéral, arithmétique, calcul de moyennes, de pourcentages, géométrie des aires et des volumes, calcul de vitesses… la grande majorité des notions sont en effet étudiées en classe de quatrième ou de troisième. Elles sont donc assez simples et plutôt faciles à réactiver. Certes, il n'en demeure pas moins que des questions de niveau première ou terminale viennent se glisser dans les épreuves (principalement au concours Accès) mais il faut voir cela comme une chance et une opportunité puisque ces notions sont précisément étudiées pendant l'année où les candidats passent leurs concours et sont de ce fait bien ancrées dans leur esprit. **Il faut ajouter à cela que ces épreuves sont nouvelles pour tous les candidats, sans exception et que vous êtes donc tous logés à la même enseigne.** Aussi, *« si c'est dur pour moi, alors nul doute que c'est dur pour tout le monde et que si je me mets sérieusement au travail, et bien j'ai toutes les chances de réussir »*.

… PARFOIS À RAISON !

Alors, de quoi les candidats ont-ils peur ?

- **Du temps bien sûr !**

  C'est certainement la variable la plus difficile à gérer. Les épreuves de concours contiennent un grand nombre de questions à traiter et les candidats sont souvent piégés par une mauvaise gestion du temps. Nombreux sont les candidats qui développent une propension à passer beaucoup trop de temps sur une question, gaspillant ainsi irréversiblement leur capital temps.

- **De leur faiblesse en calcul mental.**

  La calculatrice est interdite à tous les concours des écoles de commerce post-bac. Les candidats sont dans leur grande majorité effrayés (et on le voit bien à la Prépa Aurlom) à la simple idée de devoir poser une multiplication à trois chiffres et à virgules ou une division à la main, sans parler du fait qu'ils doivent connaître par cœur leurs critères de divisibilité, leur carrés et cubes entiers ou encore leurs tables de multiplication pour se donner les moyens d'amasser un maximum de points.

- **De l'originalité des questions posées… et de leur format !**

  Si les contours du programme de mathématiques de terminale sont connus de tous les candidats ; ceux des épreuves de concours sont quant à eux plus aléatoires. On ne sait jamais vraiment à quelle sauce on va être mangé. Les formulations des énoncés sont parfois surprenantes, alambiquées, complexes. Quant au format, il a de quoi décontenancer ! Le QCM est un format de question très peu pratiqué au lycée et ce dernier convoque immanquablement aux concours des comportements, des méthodes et des réflexes qui lui sont propres. Nul doute qu'il est nécessaire de maîtriser parfaitement ce format si l'on souhaite sincèrement venir à bout des questions qui sont posées.

- **Du fait, enfin, que c'est un concours.**

  A la différence d'un examen où il suffit d'avoir au moins 10 sur 20 pour le réussir et être admis, les concours fonctionnent de telle façon que seuls les meilleurs sont retenus. La moyenne à une épreuve peut ainsi être de 8,1 sur 20 ou de 12,3 sur 20… peu importe ! Ce qui compte c'est que vous devez être au-dessus de cette moyenne pour être admissible. Il y a donc clairement un esprit de compétition qui flotte – qui règne même – dans une salle de concours et cela peut-être assez déstabilisant pour les candidats.

L'ENTRAINEMENT COMME REMEDE A TOUTES LES PEURS

Cet ouvrage s'appuie sur l'adage selon lequel tout travail mérite salaire. Quel que soit votre niveau initial, quelles que soient vos appréhensions, nous vous assurons que vous serez en mesure de donner le meilleur de vous-même si vous vous entraînez consciencieusement sur les exercices proposés dans ce livre. Il n'y a pas de secret : plus vous vous entraînerez et plus vos chances d'obtenir de bons résultats aux concours augmenteront. Il n'y a aucune fatalité en logique, calcul et mathématiques. Ceux parmi vous qui se battront, feront et feront encore les exercices, apprendront encore et encore leurs formules de cours sortiront vainqueurs. Soyez-en sûrs !

Je tiens à remercier chaleureusement mes co-auteurs : François Drogoul, auteur et professeur de grand talent, et Jonathan Attelan, mon frère adoré dont l'aide a été précieuse dans la rédaction de cet ouvrage. Sa longue expérience en tant que professeur à Aurlom (très plébiscité par ses élèves qui le gratifient régulièrement d'une note de 20/20 dans les fiches d'évaluation !) a été décisive dans l'approche et la correction proposées dans cet ouvrage. Vous découvrirez en effet rapidement à la lecture de ce dernier qu'il ne faut pas simplement savoir résoudre une question pour réussir ses concours mais qu'il faut savoir la résoudre le plus vite possible.

Je vous souhaite à toutes et à tous beaucoup de réussite !

Franck Attelan

Directeur de la Prépa Aurlom

Directeur de la Collection Le Choix du Succès

GROUPE FACEBOOK

Ce livre est renforcé par un groupe d'entraide sur Facebook dans lequel les auteurs Franck & Jonathan Attelan répondront à toutes vos questions :

Rendez sur Facebook et tapez sur la barre de recherche :

Sésame Accès Link 2019 – Franck & Jonathan Attelan – Groupe Privé

PREPA AURLOM

aurlom
LE CHOIX DU SUCCÈS

INSTITUT DE PRÉPARATION AUX CONCOURS

01 40 41 12 38

96 % d'admis en 2018 à au moins une école des concours Accès, Sésame et Link !

Rendez-vous sur www.aurlom.com et découvrez les prépas intensives d'Aurlom, élue meilleure prépa de France (enquête de la Junior Entreprise de l'Essec).

- Des formules en petits groupes d'une efficacité exceptionnelle qui vous permettent d'augmenter sensiblement vos chances d'intégrer les écoles les plus sélectives.
- Une semaine de stage pour la préparation des écrits + une journée de stage pour les simulations aux oraux. Au total : 52 heures de cours, méthodes, conférences, entraînement intensif aux épreuves écrites et orales des concours, sans oublier les concours blancs, réalisés dans les conditions du jour J.
- Plusieurs formules et sessions au choix durant les vacances scolaires de la Toussaint, de Noël, et d'Hiver (février mars).

PRESENTATION DES EPREUVES

Concours	Contenu	Format	Durée	Barème
SESAME	**LOGIQUE** 3 parties pour un total de 45 questions 1) Logique générale : 15 questions 2) Logique numérique : 15 questions 3) Logique verbale : 15 questions	QCM 4 choix de réponse 1 seule réponse juste	**1 h** Gestion libre du temps	Pas de point négatif en cas de réponse fausse Seules les bonnes réponses sont prises en compte
ACCES	**RAISONNEMENT LOGIQUE ET MATHEMATIQUE** 3 parties pour un total de 15 exercices 1) Raisonnement logique : 5 exercices 2) Raisonnement mathématique : 5 exercices 3) Problème mathématique : 5 exercices	QCM 4 propositions de réponse Chaque proposition peut être soit vraie, soit fausse	**2 h 30** Gestion libre du temps	Des pénalités en cas de non réponse ou en cas de réponse fausse. Un bonus si les 4 propositions d'un même exercice sont justes
LINK	**TEST CAC** 3 parties pour un total de 80 questions 1) Culture contemporaine : 20 questions (5 min) 2) Compréhension : 20 questions (10 min) 3) Analyse : – Logique : 20 questions (15 min) – Calcul : 20 questions (30 min)	QCM 4 choix de réponse 1 seule réponse juste	**1 h** Chaque partie a une durée spécifique que vous devez respecter	Chaque réponse rapporte 0,25 point et l'absence de réponse ou une réponse fausse compte pour 0 point

SOMMAIRE

PREMIERE PARTIE

APPRENEZ VOTRE COURS !

DEUXIEME PARTIE

ENTRAINEZ-VOUS !

PREMIERE PARTIE

APPRENEZ VOTRE COURS !

Avant de commencer à vous entraîner sur des QCM inédits ou des sujets d'annales, **il est indispensable de bien connaître votre cours**. Si vous ne le passez pas régulièrement en revue, il vous sera bien difficile de résoudre l'ensemble des exercices que vous trouverez dans les sujets annales et les exercices inédits qui suivent.

Organisé sous forme de **fiches**, cet ouvrage vous permet de baliser rapidement les notions qui vous sont familières et celles qui vous sont plus étrangères. Armez-vous d'un stabilo, d'un stylo et d'un carnet et au travail !

A savoir !

Les concours Sésame et Link incluent dans leurs épreuves de logique, calcul et mathématiques des sections relatives à l'expression française (logique verbale). Nous avons intégré ces sections dans la partie **Logique**.

Au programme, 30 fiches pour être incollable sur votre cours !

Logique Ces fiches concernent les concours : Sésame Link	**FICHE 1 :** Logique de chiffres et de nombres
	FICHE 2 : Logique de lettres
	FICHE 3 : Logique de mots
	FICHE 4 : Logique spatiale et séries graphiques
	FICHE 5 : Dominos
	FICHE 6 : Aptitude verbale
	FICHE 7 : Analogies
	FICHE 8 : Mémento de langue française
	FICHE 9 : Vocabulaire et style
	FICHE 10 : Conjugaison

Calcul Ces fiches concernent les concours : Accès Sésame Link	**FICHE 11 :** Rappel sur les nombres Décomposer un nombre
	FICHE 12 : PPCM et PGCD
	FICHE 13 : Critères de divisibilité
	FICHE 14 : Calcul mental
	FICHE 15 : Nombres pairs et impairs Nombres consécutifs
	FICHE 16 : Développement et factorisation La règle de 3 ou produit en croix
	FICHE 17 : Fractions, puissances et racines carrées
	FICHE 18 : Pourcentages
	FICHE 19 : Moyennes
	FICHE 20 : Unités et conversions
	FICHE 21 : Géométrie
	FICHE 22 : Temps de travail et productivité

Mathématiques Ces fiches concernent principalement le concours : Accès Et dans une moindre mesure les concours : Sésame Link	**FICHE 23 :** Equations, inéquations et systèmes d'équations
	FICHE 24 : Combinatoire et probabilités
	FICHE 25 : Intérêts simples et composés
	FICHE 26 : Etude de fonctions
	FICHE 27 : Limites de fonctions
	FICHE 28 : Suites
	FICHE 29 : Intégration et primitives
	FICHE 30 : Statistiques

I. LOGIQUE

Ces fiches concernent les concours **Sésame** et **Link**.

FICHE 1 Logique

Logique de chiffres et de nombres

Cette première fiche est longue mais très intéressante et assez facile à retenir. Accrochez-vous !

1. PAIR ET IMPAIR

Définition :

Un nombre pair est un nombre entier naturel qui est divisible par 2.
On notera ainsi qu'un nombre pair se termine toujours par 0, 2, 4, 6 ou 8.
2, 4, 6, 14, 18, 64, 720, 888 ou encore 7 168 363 912 sont tous des nombres pairs.
A savoir : 0 est aussi un nombre pair.

Un nombre impair est un nombre entier naturel qui n'est pas divisible par 2. On notera ainsi qu'un nombre impair se termine toujours par 1, 3, 5, 7 ou 9.
1, 3, 7, 29, 111, 645, 721, 857 ou encore 7 168 363 913 sont tous des nombres impairs.

Application :

Trouver l'intrus :

67	815	98	43	677	51	915	119

Il s'agit bien sûr ici de 98 qui est le seul nombre pair parmi tous ceux qui figurent dans la liste des nombres proposés.

2. CARRES ENTIERS

Définition :

Un carré entier est obtenu en multipliant un nombre entier par lui-même.

Ainsi **4** est un carré entier car $4 = 2 \times 2 = 2^2$, tout comme **25** ($25 = 5 \times 5 = 5^2$), **400** ($400 = 20 \times 20 = 20^2$) ou encore **676** ($676 = 26 \times 26 = 26^2$).

Pour réussir haut la main vos tests psychotechniques, je vous conseille vivement (j'ai plutôt envie de vous dire « vous avez intérêt ! ») de connaître vos carrés entiers jusqu'au carré de 20. Et pour que vous n'ayez aucune excuse, les voici :

CARRES							
1^2	**1**	6^2	**36**	11^2	**121**	16^2	**256**
2^2	**4**	7^2	**49**	12^2	**144**	17^2	**289**
3^2	**9**	8^2	**64**	13^2	**169**	18^2	**324**
4^2	**16**	9^2	**81**	14^2	**196**	19^2	**361**
5^2	**25**	10^2	**100**	15^2	**225**	20^2	**400**

Application :

Complétez la série suivante :

1 9 25 49 81 121 **?**

On reconnaît aisément la suite des premiers carrés impairs. En effet, 1 est le carré de 1, 9 est le carré de 3, 25 celui de 5, etc. Et comme 121 est le carré de 11, il ne nous reste plus qu'à compléter la suite avec le carré de 13 (que vous connaissez déjà par cœur n'est-ce pas ?), autrement dit 169.

Puis-je tomber sur un carré <u>non</u> entier ?

Bien sûr ! Et il ne faut pas en avoir peur. 2,25 par exemple est un carré non entier. En effet 2,25 est obtenu en multipliant 1,5 par lui même. Ces carrés non entiers sont assez faciles à identifier car si vous connaissez le carré de 15 qui vaut 225, alors il saute aux yeux que 2,25 est bien le carré de 1,5… Tout comme 0,0361 est le carré de 0,19 (pas sûr que vous me suivez sur ce coup là mais essayez donc… $0{,}19 \times 0{,}19$ est bien égal à 0,0361).

3. CUBES ENTIERS

Définition :

Un cube entier est obtenu en multipliant un nombre entier par lui-même, une première fois puis une seconde fois.

Ainsi **8** est un carré entier car $8 = 2 \times 2 \times 2 = 2^3$, tout comme **343** ($343 = 7 \times 7 \times 7 = 7^3$) ou encore **1 000** ($1\ 000 = 10 \times 10 \times 10 = 10^3$).

Comme pour les carrés entiers, je vous demande d'apprendre vos cubes par cœur mais pour les cubes vous vous arrêterez à 10 au cube, ce sera suffisant !

Voici la liste des 10 premiers cubes entiers.

CUBES			
1^3	1	6^3	216
2^3	8	7^3	343
3^3	27	8^3	512
4^3	64	9^3	729
5^3	125	10^3	1 000

Application :

Quel est l'intrus ?

125 512 729 684 216

Il s'agit bien sûr de 684 qui est le seul nombre de la liste qui n'est pas un cube entier de 3 chiffres.

Puis-je tomber sur un cube non entier ?

Franchement, c'est plutôt très rare. Soyez attentifs toutefois à des nombres comme 0,008 ou 0,00125 qui ne sont autres que les cubes respectifs de 0,2 et de 0,5.

4. TABLES DE MULTIPLICATION ET CRITERES DE DIVISIBILITE

Définition :

Les tables de multiplication sont celles que l'on apprend au primaire. Elles vont de 1 à 10. Et vous devez les connaître par cœur évidemment !

On peut vous demander de réfléchir sur une série uniquement composée de multiples de 3, de 5, de 6, de 7 ou de 9.

Application :

Quel est l'intrus ?

42 14 52 63 35 77

Il n'y a que des multiples de 7 ici sauf 52 bien sûr qui est donc l'intrus.

Puis-je tomber sur des multiples plus grands que 10 ?

Oui, vous pouvez tomber sur des séries composées de multiples de 11, 13, 17 ou 19 mais sachez que c'est très rare et que ce si ça tombe, pas d'inquiétude ! Les nombres ne seront pas très grands et il vous sera assez aisé d'identifier ces multiples.

5. PUISSANCES

Définition :

Une puissance d'un nombre est le résultat de la multiplication répétée de ce nombre avec lui-même.

Ainsi, dans l'expression a^n (qui se lit *a* puissance *n*), le *n* indique le nombre de fois qu'apparaît le nombre comme facteur dans cette multiplication.

Exemple : $3^4 = 3 \times 3 \times 3 \times 3$ et est égal à 81.

Vous trouverez assez peu de tests sur ce sujet. On part en effet du principe que sans calculatrice il est difficile de calculer dans un temps raisonnable 7 à la puissance 5 ou 3 à la puissance 8.

Application :

Complétez la série suivante :

3481 4216 3327 26**?**

Vous êtes face ici à une série qui fonctionne de la façon suivante : le premier chiffre élevé à la puissance du deuxième chiffre donne le nombre qui suit.

Ce n'est peut-être pas très clair dit comme ça… Regardez donc !

3**4**81 4**2**16 3**3**27 2**6?**

$3^4 81$ $4^2 16$ $3^3 27$ 2^6**?**

En calculant 3 à la puissance 4, vous obtenez bien 81 car 3 × 3 × 3 × 3 = 81. Il en est de même pour 4, qui élevé à la puissance 2 donne 16. On répond donc ici 64 car 2 à la puissance 6 vaut 2 × 2 × 2 × 2 × 2 × 2 = 64.

6. NOMBRES PREMIERS

Définition :

Un nombre premier est un nombre qui n'est divisible <u>que</u> par 1 et par lui-même.

Ainsi 2, 3, 5, 7, 11, 13, 17, 19, 23, 29, 31, 37, 41, 43, 47… sont des nombres premiers ; tandis que des nombres comme 26 ou 51 ne le sont pas. En effet, 26 est divisible par 2 et 13 (26/2 = 13 et 26/13 = 2) et 51 est divisible 3 et 17 (51/3 = 17 et 51/17 = 3).

Vous remarquerez que 2 est le seul nombre premier pair.

Les tests qui portent sur des nombres premiers ne sont pas très fréquents mais je vous invite toutefois à bien connaître les « premiers » nombres premiers. Disons la liste des nombres premiers allant de 1 à 101.

Application :

Quel est l'intrus ?

31 17 43 27 13 19 37 41

La réponse est 27 bien sûr, le seul nombre de cette série qui n'est pas un nombre premier. En effet, 27 est – en plus d'être divisible par 1 et par lui-même – divisible par 3 et par 9.

7. NOMBRES PALINDROMIQUES

Définition :

Un nombre palindromique est un nombre qui demeure le même, selon qu'on le lise de gauche à droite ou de droite à gauche.

Ainsi, 22, 313, 6 006, 57 875 ou encore 9 876 789 sont des nombres palindromiques car ces nombres sont les mêmes peu importe qu'on les lise de gauche à droite ou de droite à gauche.

Application :

Quel est l'intrus ?

606 989 657 222 434 999 717

La réponse est 657. C'est en effet le seul nombre qui n'est pas palindromique.

8. NOMBRES AVEC DES CHIFFRES CONSECUTIFS

Définition :

Un nombre avec des chiffres consécutifs est un nombre dans lequel tous les chiffres (ou une partie des chiffres seulement) se suivent.

Ainsi, 345, 987, 234, 789 sont des nombres dans lesquels tous les chiffres se suivent. Quant à 807, 314, 798 et 506, et bien vous remarquez que seuls les premiers et troisièmes chiffres se suivent (**8**0**7**, **3**1**4**, **7**9**6**, **5**0**6**).

Voici les différents cas possibles :

Cas 1	Cas 2	Cas 3	Cas 4
341	504	23	835
234	322	10	246
569	746	78	424
450	998	45	968
Les premiers et deuxièmes chiffres se suivent	Les troisièmes et premiers chiffres se suivent	Les premiers et deuxièmes chiffres se suivent de façon alternée	Les deuxièmes et troisièmes chiffres se suivent avec un saut d'un chiffre

Application :

Complétez la série suivante (une seule réponse est possible parmi les quatre réponses proposées).

6812 7201 3689 5567 3912 ?

(A) 7180 (B) 6168 (C) 7234 (D) 1638

La bonne réponse est la C. Vous remarquez en effet que dans les nombres qui composent cette série, les troisièmes et quatrièmes chiffres se suivent toujours. Parmi les quatre réponses proposées, seule la réponse C convient.

9. SOMMES DE CHIFFRES

Définition :

Certains nombres ont pour caractère commun d'être composés de chiffres dont la somme est constante, croissante ou décroissante.

Voici les différents cas :

Somme constante	Somme décroissante
82	91
26	63
19	44
37	34

Somme constante sur une sélection	Somme croissante sur une sélection
831	141
465	833
326	525
544	317

Application :

Complétez la série suivante (une seule réponse est possible parmi les quatre réponses proposées).

23 60 16 44 18 55 ?

(A) 74 (B) 78 (C) 79 (D) 66

La somme des chiffres du premier nombre, 23, est égale à 5 ; la somme des chiffres du deuxième nombre, 60, est égale à 6. Pour 16, la somme vaut 7. Pour 44 la somme vaut 8 et ainsi de suite. Il s'agit donc d'une suite avec une somme de chiffres croissante. On doit donc trouver en solution un nombre dont la somme des chiffres est égale à 11 d'où la réponse A : 74.

10. PRODUITS DE CHIFFRES

Définition :

Certains nombres ont pour caractère commun d'être composés de chiffres dont le produit est constant, croissant ou décroissant.

Produit constant	Produit croissant
36 ($3 \times 6 = 18$)	**25** ($2 \times 5 = 10$)
29 ($2 \times 9 = 18$)	**62** ($6 \times 2 = 12$)
323 ($3 \times 2 \times 3 = 18$)	**27** ($2 \times 7 = 14$)
192 ($1 \times 9 \times 2 = 18$)	**44** ($4 \times 4 = 16$)

Produits cachés		
362 ($3 \times 2 = 6$)	**6366** ($6 \times 6 = 36$)	**6973** ($9 \times 7 = 63$)
284	**2189**	**1724**
133	**7568**	**3946**
242	**6549**	**1638**

Application :

Quel est l'intrus ?

2189	7142	8567	4368	5459

Vous remarquez ici que le produit des chiffres extérieurs est toujours égal au nombre intérieur. Ainsi dans 2189 par exemple, et bien le produit des chiffres extérieurs (2 × 9) est bien égal au nombre intérieur (18). 4368 est donc l'intrus puisque 4 × 8 n'est pas égal à 36.

11. SEPARATIONS

1. Séparations somme

Il existe trois types de « séparations somme » :

- Séparation par la gauche : XX/X ou XXX/X
- Séparation par la droite : X/XX ou X/XXX
- Séparation par les côtés : X/X/X ou XX/XX ou X/XX/X

Application 1 :

134	⇒	13 / 4	⇒	1	+	3	=	4
6814	⇒	68 / 14	⇒	6	+	8	=	14
257	⇒	25 / 7	⇒	2	+	5	=	7

Nous dirons ici que l'on a une **séparation somme par la gauche**.

Application 2 :

4139	⇒	4 / 13 / 9	⇒	4	+	9	=	13
385	⇒	3 / 8 / 5	⇒	3	+	5	=	8
8146	⇒	8 / 14 / 6	⇒	8	+	6	=	14

Nous dirons ici que l'on a une **séparation somme par les côtés**.

Un cas particulier de séparation somme

Ce type de séparation fonctionne exactement comme les autres, sauf que le résultat de la somme ou du produit de deux chiffres ne donne pas un chiffre ou un nombre présent dans le même élément, mais un autre totalement extérieur et qui est constant.

Application :

178	⇒	**17** / 8	⇒	1	+	7	=	8
807	⇒	**80** / 7	⇒	8	+	0	=	8
352	⇒	**35** / 2	⇒	3	+	5	=	8

Les chiffres 8, 7 et 2 apparaissent en gris car ils sont « laissés pour compte » et ne servent absolument à rien, sinon à vous déconcentrer.

Nous dirons ici que l'on a une **séparation somme constante par la gauche**.

2. Séparations produit

Les « séparations produit » reposent exactement sur le même principe que les « séparations somme ».

Application 1 :

632	⇒	6 / 32	⇒	3	×	2	=	6
933	⇒	9 / 33	⇒	3	×	3	=	9
414	⇒	4 / 14	⇒	1	×	4	=	4

Nous dirons ici que l'on a une **séparation produit par la droite**.

Application 2 :

2555	⇒	**2** / <u>55</u> / **5**	⇒	5	×	5	=	25
4762	⇒	**4** / <u>76</u> / **2**	⇒	7	×	6	=	42
2397	⇒	**2** / <u>39</u> / **7**	⇒	3	×	9	=	27

Nous dirons ici que l'on a une **séparation produit par les côtés**.

3. Séparations puissance

Les « séparations puissance » fonctionnent sur le même modèle que les séparations sommes et produits.

Application 1 :

313 ⇒ 3/1/**3** ⇒ 3 puissance 1 = **3**
238 ⇒ 2/3/**8** ⇒ 2 puissance 3 = **8**
329 ⇒ 3/2/**9** ⇒ 3 puissance 2 = **9**
224 ⇒ 2/2/**4** ⇒ 2 puissance 2 = **4**

Application 2 :

210 ⇒ 2/**1**/0 ⇒ 2 puissance 0 = **1**
392 ⇒ 3/**9**/2 ⇒ 3 puissance 2 = **9**
441 ⇒ 4/**4**/1 ⇒ 4 puissance 1 = **4**
113 ⇒ 1/**1**/3 ⇒ 1 puissance 3 = **1**

4. Séparations cachées

Les séparations cachées ne sont pas simples à trouver. Voici deux exemples qui ont fait les malheurs de nos préparationnaires.

Application 1 :

246	⇒	24 / 6	⇒	24	=	6	×	**4**
41	⇒	4 / 1	⇒	4	=	1	×	**4**
328	⇒	32 / 8	⇒	32	=	8	×	**4**

Vous remarquez ici que la multiplication par 4 est « cachée ».

Application 2 :

103	⇒	10 / 3	⇒	10	–	3	=	**7**
81	⇒	8 / 1	⇒	8	–	1	=	**7**
136	⇒	13 / 6	⇒	13	–	6	=	**7**

12. PROGRESSIONS

1. Progression arithmétique

[1. Progression arithmétique croissante]

Cette progression consiste à passer d'un nombre au suivant en ajoutant un nombre constant positif. Ce nombre s'appelle la raison arithmétique.

Application :

1 4 7 10 13 ?

Vous ajoutez dans cet exemple la raison 3 au nombre précédent. Vous devez remplacer le point d'interrogation par 16.

[2. Progression arithmétique décroissante]

Cette progression consiste à passer d'un nombre au suivant en soustrayant un nombre constant positif. Ce nombre s'appelle également la raison arithmétique.

Application :

547 541 535 529 523 ?

Vous retirez dans cet exemple la raison 6 au nombre précédent. Vous devez remplacer le point d'interrogation par 517.

[3. Progression arithmétique évolutive]

Cette progression consiste à passer d'un nombre au suivant en ajoutant un nombre qui augmente ou qui diminue à chaque fois.

Application :

4 5 7 10 14 ?

Vous ajoutez dans cet exemple d'abord 1, puis 2, ensuite 3, etc.

Vous devez remplacer le point d'interrogation par 19, puisque vous devez ajouter 5 à 14.

L'évolution de la progression peut aussi être négative.

Application :

85 80 76 73 71 ?

Vous retirez dans cet exemple successivement les nombres 5, 4, 3, 2 et enfin 1. Vous devez remplacer le point d'interrogation par 70.

2. La progression géométrique

[1. Progression géométrique croissante]

Cette progression consiste à passer d'un nombre au suivant en multipliant par un nombre constant supérieur à 1. Ce nombre s'appelle la raison géométrique.

Application :

1 2 4 8 16 ?

Vous multipliez dans cet exemple par la raison 2 le nombre précédent. Vous devez remplacer le point d'interrogation par 32.

[2. Progression géométrique décroissante]

Cette progression consiste à passer d'un nombre au suivant en multipliant par un nombre constant positif inférieur à 1. Ce nombre s'appelle également la raison géométrique.

Application :

800 400 200 100 50 ?

Vous multipliez dans cet exemple par la raison 1/2 le nombre précédent. Vous devez remplacer le point d'interrogation par 25. Cette progression géométrique décroissante revient à diviser chaque nombre par 2.

[3. Progression géométrique évolutive]

Cette progression consiste à passer d'un nombre au suivant en multipliant par un nombre qui augmente ou qui diminue à chaque fois.

Application :

2 4 12 48 240 ?

Vous multipliez dans cet exemple d'abord par 1, puis par 2, ensuite par 3, etc. Vous devez remplacer le point d'interrogation par 1440, puisque vous devez multiplier 240 par 6.

3. La progression arithmético-géométrique

La progression arithmético-géométrique est un mélange de progression arithmétique et de progression géométrique. Vous devez multiplier le nombre précédent par la raison géométrique, puis ajouter au résultat la raison arithmétique.

Application 1 :

1 3 7 15 31 **?**

Vous multipliez dans cet exemple par la raison 2 le nombre précédent, et vous ajoutez 1 au résultat. Vous devez remplacer le point d'interrogation par 63 ($31 \times 2 + 1 = 63$).

Application 2 :

3 11 35 107 323 **?**

Vous multipliez dans cet exemple par la raison 3 le nombre précédent, et vous ajoutez 2 au résultat. Vous devez remplacer le point d'interrogation par 971 ($323 \times 3 + 2 = 971$).

4. La combinaison de séries

Le principe de la combinaison de suites consiste à faire coexister deux séries avec deux logiques différentes au sein d'une même série. La combinaison fait de deux séries une unique série.

Voici les principales combinaisons auxquelles vous pouvez être confrontés.

[1. Combinaison de séries arithmétiques]

Vous combinez deux suites qui suivent une progression arithmétique : la première a pour premier terme 2 et a une raison égale à 10, tandis que la seconde a pour premier terme 1 et a une raison égale à 4.

2		12		22		32		**?**	
	1		5		9		13		**?**

La série combinée est donc :

2 1 12 5 22 9 32 13 ? ?

Vous complétez la série par les nombres 42 et 17.

[2. Combinaison de séries géométriques]

Vous combinez deux séries qui suivent une progression géométrique : la première a pour premier terme 2 et une raison égale à 2, tandis que la seconde a pour premier terme 2 et a une raison égale à 3.

2 4 8 16 ?

2 6 18 54 ?

La série combinée est donc :

2 2 4 6 8 18 16 54 ? ?

Vous complétez la série par les nombres 32 et 162.

[3. Combinaisons de séries arithmétiques et géométriques]

Vous combinez deux séries : la première suit une progression arithmétique et a pour premier terme 2 et une raison égale à 4, tandis que la seconde suit une progression géométrique et a pour premier terme 3 et une raison égale à 2.

2 6 10 14 ?

3 6 12 24 ?

La série combinée est donc :

2 3 6 6 10 12 14 24 ? ?

Vous complétez la série par les nombres 18 et 48.

5. Progression alternée

Le principe de la progression alternée est d'utiliser deux critères que l'on applique une fois sur deux à la même suite. Attention, la progression alternée diffère de la combinaison de séries : contrairement à la combinaison de séries où il y a deux séries, la progression alternée est composée d'une unique série.

[1. Progression alternée arithmétique]

Vous devez alterner deux raisons de progressions arithmétiques.

Application :

2 3 5 6 8 9 11 **?** **?**

Vous ajoutez dans cet exemple d'abord 1, puis 2, puis encore 1, puis encore 2, etc. Le modèle est donc du type $+1$, $+2$, $+1$, $+2$, etc. Vous devez remplacer les points d'interrogation par 12 et 14.

[2. Progression alternée géométrique]

Vous devez alterner deux raisons de suites géométriques.

Application :

2 4 12 24 72 144 432 **?** **?**

Vous multipliez dans cet exemple d'abord par 2, puis par 3, puis encore par 2, puis encore par 3, etc. Le modèle est donc du type $\times 2$, $\times 3$, $\times 2$, $\times 3$, etc. Vous devez remplacer les points d'interrogation par 864 et 2592.

[3. Progression alternée arithmétique et géométrique]

Vous devez alterner deux raisons, la première d'une suite arithmétique, la deuxième d'une suite géométrique.

Application :

2 3 6 7 14 15 30 **?** **?**

Vous ajoutez dans cet exemple d'abord 1, puis vous multipliez par 2, puis vous ajoutez encore 1, puis vous multipliez encore 2, etc. Le modèle est donc du type $+1$, $\times 2$, $+1$, $\times 2$, etc. Vous devez remplacer les points d'interrogation par 31 et 62.

13. CARRES MAGIQUES

Le principe des carrés magiques est identique aux séries simples de chiffres. Les règles de progression des termes sont identiques. C'est pour cela qu'elles apparaissent dans ce cours.

Un seul élément change, qui n'est pas des moindres : l'ordre des termes. Dans les carrés magiques se pose le problème de lecture des nombres.

Dans quel ordre ou quel sens faut-il lire les nombres du tableau ?

Nous vous procurons ci-dessous les différents sens de lecture :

Horizontalement

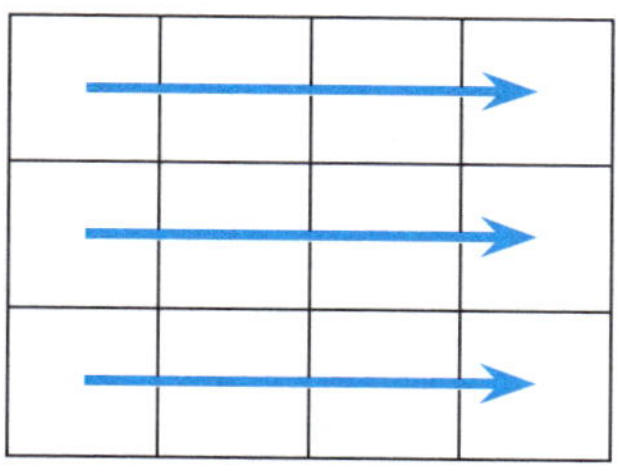

Verticalement

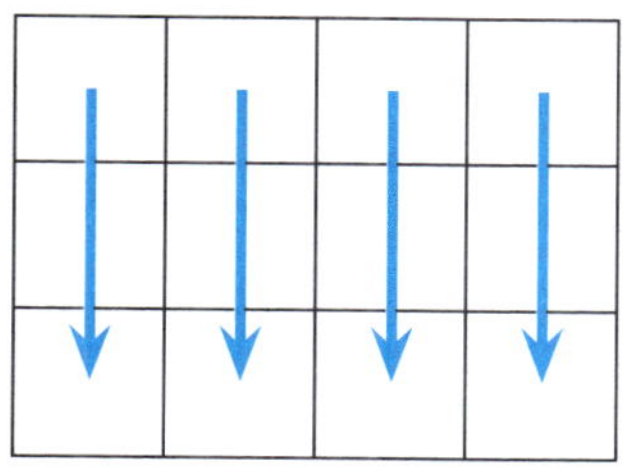

En diagonale

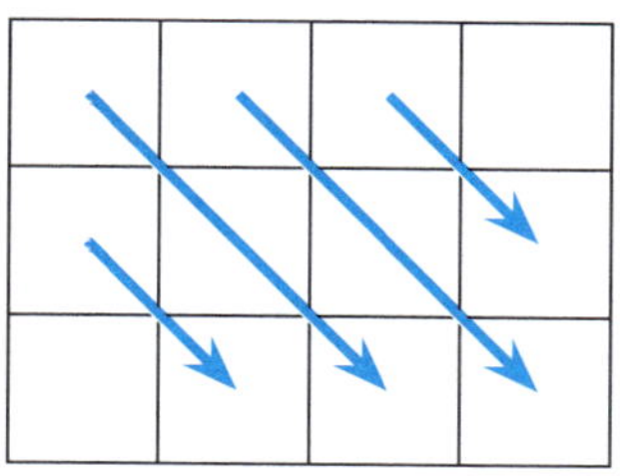

En colimaçon

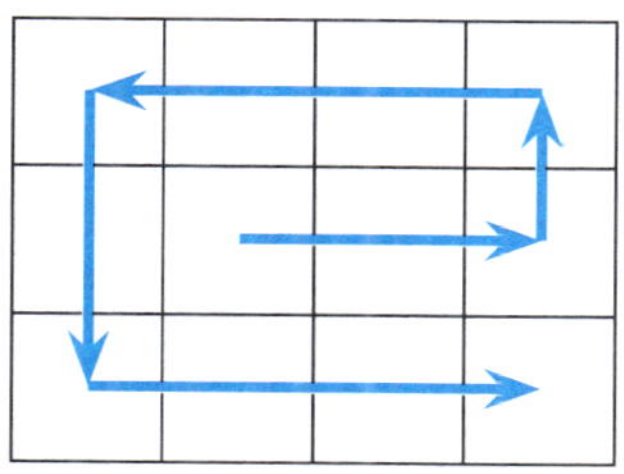

Vous pouvez bien sûr envisager de nombreux autres sens : de la gauche vers la droite, de la droite vers la gauche, du haut vers le bas, de bas en haut, etc.

Application :

8	6	4	2
10	12	14	16
?	22	20	18

Concentrez-vous dans un premier temps sur le sens : observez la croissance des nombres. Vous partez en haut à droite pour observer que vous êtes dans un cas de progression horizontal. La suite est la suivante : 2 – 4 – 6 – 8 – 10 – 12 – 14 – 16, etc. La progression est arithmétique de raison 2. La réponse est donc 24.

FICHE 2 — Logique

Logique de lettres

1. RANGS ET PROGRESSIONS

Définition :

Chaque lettre de l'alphabet est traditionnellement associée à un rang. Ainsi la lettre A qui se trouve en première position vaut 1 (on dit que son rang vaut 1) et le rang de la lettre F qui est en sixième position vaut donc 6.

Voici le tableau des correspondances lettres – rangs :

A	B	C	D	E	F	G	H	I	J	K	L	M
1	2	3	4	5	6	7	8	9	10	11	12	13

N	O	P	Q	R	S	T	U	V	W	X	Y	Z
14	15	16	17	18	19	20	21	22	23	24	25	26

Notre expérience d'enseignants nous a permis d'arriver à la conclusion que vous avez souvent du mal à apprendre les correspondances « lettres – rangs ». Nous avons donc imaginé pour vous un moyen mnémotechnique très efficace qui s'appelle **EJOTY** !

E	J	O	T	Y
5	10	15	20	25

EJOTY est un redoutable pense-bête.

Il vous permet en effet de retrouver instantanément les rangs de toutes les lettres. Vous pouvez vous contenter d'apprendre seulement les cinq correspondances lettres – rangs de ce mot et vous entraîner à retrouver les rangs de toutes les autres lettres. Vous allez voir, c'est un jeu d'enfant !

Ainsi, par exemple, si vous cherchez le rang de K, il vous suffit de vous souvenir que la lettre K succède dans l'alphabet à la lettre J, et donc que le rang de K est égal à 11 (puisque le rang de J que vous connaissez par cœur est 10 !) De même, si vous cherchez le rang de R, et bien comme R est positionné dans l'alphabet juste avant S et T, vous en déduisez que son rang est égal à 18.

Entraînez-vous ainsi à transformer votre prénom ainsi que celui de vos proches en rangs à l'aide d'EJOTY. C'est vraiment simple… Même si c'est vrai que c'est quand même plus simple quand on s'appelle Ben (2-5-14) que lorsqu'on s'appelle Marie-Elisabeth (13-1-18-9-5-5-12-9-19-1-2-5-20-8).

1. La progression arithmétique

[1. Progression arithmétique croissante]

Cette progression consiste à passer d'une lettre à la suivante en ajoutant un nombre de rangs constant positif.

Application :

C E G I K ?

Vous ajoutez dans cet exemple deux lettres à la lettre qui précède. Vous devez remplacer le point d'interrogation par M.

[2. Progression arithmétique décroissante]

Cette progression consiste à passer d'une lettre à la suivante en remontant l'alphabet à chaque fois d'un nombre constant de lettres.

Application :

T S R Q P ?

Vous remontez dans cet exemple d'une lettre à chaque fois. Vous devez remplacer le point d'interrogation par O.

[3. Progression arithmétique évolutive]

Cette progression consiste à passer d'une lettre à la suivante en augmentant progressivement le nombre de lettres qui augmentent ou qui diminuent à chaque fois.

Application :

A C F J O ?

Vous ajoutez dans cet exemple d'abord 1 lettre, puis 2 lettres, ensuite 3 lettres, etc. Vous devez remplacer le point d'interrogation par U, en faisant un saut de 5 lettres.

L'évolution de la progression peut aussi être décroissante.

Application :

U Q N L ?

Vous remontez dans cet exemple de quatre lettres, puis de trois lettres, puis de deux lettres, puis d'une lettre. Vous devez remplacer le point d'interrogation par K.

2. Combinaison de séries

Vous devez faire coexister deux suites avec deux logiques différentes au sein d'une même série. La combinaison fait de deux séries une unique série.

Application :

Vous combinez deux séries qui suivent une progression arithmétique : la première a pour premier terme A et a une raison égale à 2, tandis que la seconde a pour premier terme A et a une raison égale à 1.

A C E G ?

A B C D ?

La série combinée est donc :

A A C B E C G D ? ?

Vous complétez la série par les lettres I et E.

Avant de continuer sur la progression alternée, vous vous dites peut-être que nous avons oublié les progressions de type géométrique. Ne vous inquiétez pas, c'est normal ! Etant donné qu'il n'y a que 26 lettres dans l'alphabet, les séries de lettres qui utilisent une progression géométrique sont peu nombreuses, car on dépasse très rapidement le rang de Z. Voici par exemple la plus petite des séries à progression géométrique, celle où l'on multiplie le rang de la lettre précédente par 2 :

A B D H P

Vous voyez bien qu'elle se finit très rapidement.

3. Progression alternée

Le principe de la progression alternée est d'utiliser deux critères pour la même série. Chaque critère est appliqué une fois sur deux.

Application :

A C D E G G **?**

La progression alternée dans cet exemple est de type + 2/+ 1. Vous ajouterez d'abord deux lettres dans la première progression, puis seulement une lettre dans la deuxième progression, puis deux lettres dans la troisième progression, puis encore une lettre dans la quatrième progression. Par conséquent, il faut ajouter deux lettres après le G pour placer un J à la place du point d'interrogation.

Application :

N R P T R V **?**

La progression alternée est de type + 4/– 2 dans cette série. Il faut donc remplacer le point d'interrogation par T.

4. Les séries mixtes

La série mixte est comme son nom l'indique un mélange entre les séries simples de chiffres et les séries simples de lettres. Les concepteurs de tests de logique n'hésitent pas à tout mélanger pour vous faire passer d'une écriture numérique à une écriture littérale. Cela ne doit pas vous poser de problèmes particuliers, car vous devez être en mesure le jour J de connaître parfaitement vos correspondances entre les lettres et les chiffres.

Pour cela, nous vous rappelons le mot magique : **EJOTY** !

Application :

A 3 E 7 I ?

Voici tout simplement une progression arithmétique de raison 2. Pour vous en convaincre, remplacez les lettres par leurs rangs respectifs : 1 – 3 – 5 – 7 – 9 – 11. La réponse attendue est donc 11.

Application :

4 B 17 E 30 H 43 K ? ?

Voici une combinaison de deux séries complètement indépendantes : la série de chiffres qui est une série à progression arithmétique de raison 13, et la série de lettres qui est à progression arithmétique de raison 3. Il faut donc compléter la série avec un 56 et un N.

Application :

C 3 E 5 H 8 L 12 Q ? ? 23

Observez que chaque lettre a son rang inscrit en nombre juste après. On attend donc le rang de Q, c'est-à-dire 17, puis W, dont le rang est 23.

Application :

A B 3 E H 13 ?

Voici en fait une série de type récurrence, où vous remplacez une lettre sur trois directement par son rang. Par conséquent, comme chaque terme est la somme des deux précédents, la lettre qui suit est le U, dont le rang est égal à 21 (H + 13 = 8 + 13 = 21).

2. BARRES ET COURBES

Définition :

Les lettres sont des objets graphiques composées de barres et de courbes.

Certaines lettres sont exclusivement composées de barres comme la lettre A (3 barres) ou la lettre E (4 barres). D'autres lettres sont exclusivement composées de courbes comme la lettre O ou la lettre C composées chacune d'une courbe. D'autres lettres enfin sont mixtes et sont composées aussi bien de barres que de courbes comme la lettre B (1 barre et 2 courbes) ou la lettre P (1 barre et 1 courbe).

Lettres à barres	Nombre de barres
I	1
L - T - V - X	2
A - F - H - K - N - Y - Z	3
E - M - W	4

Lettres à courbes	Nombre de courbes
C	1
J	1
O	1
S	1
U	1

Lettres mixtes	Nombre de barres	Nombre de courbes
B	1	2
D	1	1
G	2	1
P	1	1
Q	1	1
R	2	1

Application :

Trouvez l'intrus.

A F K N T Y

Il s'agit bien sûr ici de la lettre T qui n'est composée que de deux barres quand toutes les autres lettres sont composées, elles, de trois barres.

3. INITIALES ET FINALES

Définition :

Dans certaines séries, les lettres sont considérées comme des initiales ou finales de mots courants.

Il existe également certaines séries où les lettres sont les initiales ou finales de chiffres, de symboles ou mots qui leur sont associés.

Dans le premier cas, on dit généralement qu'il s'agit d'initiales de listes de mots que l'on est censé apprendre en dernière année de maternelle (chiffres de 0 à 9, jours de la semaine, mois de l'année…).

Dans le second cas, les lettres représentent des initiales ou des finales de chiffres, symboles ou mots associés.

Applications :

1. Complétez la série :

J F M A M ?

Vous êtes face ici aux initiales des premiers mois de l'année. J pour Janvier, F pour Février, M pour Mars, etc. Il fallait donc compléter la série avec J pour Juin.

2. Complétez la série :

N X S E Q ?

Vous êtes face ici aux finales des premiers chiffres : N est la finale de UN, X est la finale de DEUX, S est la finale de TROIS, etc. Il fallait donc trouver ici X qui est la finale de SIX.

3. Complétez la série :

32 (TD) 64 (SQ) 22 (VD) 57 (?)

On remarque ici que les initiales du nombre 32 sont T et D. T pour Trente et D pour Deux. On trouve donc 57 (CS), C pour Cinquante et S pour Sept.

4. SYMETRIES HORIZONTALES ET VERTICALES

Définition :

Une symétrie est une transformation géométrique qui modélise un « pliage » ou un « effet miroir » : deux figures sont symétriques par rapport à une droite lorsqu'elles se superposent après pliage le long de cette droite.

La symétrie horizontale s'applique donc à un nombre important de lettres. Il en est de même pour la symétrie verticale.

Lettres avec symétrie horizontale	Lettres avec symétrie verticale
B	A
C	H
D	I
E	M
H	O
I	T
O	U
X	V
	W
	X
	Y

5. EXTREMITES

Définition :

Les extrémités d'une lettre sont les bords d'une lettre qui ne sont pas prolongés par un angle.

Ainsi la lettre T par exemple est composée de 3 extrémités.

Lettres	Nombre d'extrémités	Lettres	Nombre d'extrémités
A	2	N	2
B	0	O	0
C	2	P	1
D	0	Q	2
E	3	R	2
F	3	S	2
G	3	T	3
H	4	U	2
I	2	V	2
J	2	W	2
K	4	X	4
L	2	Y	3
M	2	Z	2

6. NOMBRES ROMAINS

Définition :

Les lettres qui permettent de former des nombres romains sont : I, V, X, L, C, D et M.

Aussi, dans certains tests, les lettres doivent être considérées comme des nombres romains. Une lettre comme V est égale à 5 et une lettre comme X à 10.

I	1	XL	40	CD	400
IV	4	L	50	D	500
V	5	LXXX	80	CM	900
IX	9	XC	90	M	1 000
X	10	C	100		

7. LETTRES SONORES

Définition :

Une lettre sonore est une lettre qui, lorsqu'elle est prononcée, fait penser à un mot de la langue française.

Ainsi en est-il de la lettre D qui fait penser à des *Dés* ou au déterminant *Des*. Il est en est de même pour la lettre H qui fait tout simplement penser à une *Hache* ou encore T qui fait penser au possessif *Tes* ou au *Thé* !

8. PROGRESSIONS INTRA

Définition :

Une progression de type intra est une progression qui se joue <u>à l'intérieur d'un même élément</u> (mot).

Voici les différents cas possibles.

Sans saut de lettre	
FGB	**GF**B
FB**G**	**G**B**F**
B**FG**	B**GF**
Avec saut de lettre (deux lettres sautées ici)	
CP**F**	**F**P**C**
P**CF**	P**FC**
CP**F**	**F**P**C**
Double intra (entre la première et la deuxième lettre et entre la deuxième et la troisième)	
FHK	Saut d'une lettre entre le F et H. Saut de deux lettres entre le H et le K.
KHF	*Idem* mais dans le sens inverse de lecture.

9. PROGRESSIONS INTER

Définition :

Une progression de type inter est une progression qui se joue <u>entre les éléments</u>.

Voici les différents cas possibles.

Cas 1	Cas 2	Cas 3	Cas 4
US	OU	XDJ	ENJ
VN	NT	NEQ	MPI
WB	MW	BFJ	XIH
XH	LU	MGU	RDG
De haut en bas sur la 1re colonne	De bas en haut sur la 1re colonne	De haut en bas sur la 2e colonne	De bas en haut sur la 3e colonne

Cas 5	Cas 6	Cas 7	Cas 8
DC	TH	GGJ	ND
FD	QT	NIO	PA
HE	NP	BLD	XY
JH	KX	MPQ	DX
De haut en bas sur la 1re colonne avec saut d'une lettre	De bas en haut sur la 1re colonne avec saut de deux lettres	De haut en bas avec un saut progressif de lettres sur la 2e colonne	De bas en haut avec saut progressif de lettres et retour dans l'alphabet sur la 2e colonne

Soyez méthodique !

Commencez par la 1re colonne de haut en bas puis de bas en haut. Passez ensuite à la 2e puis à la 3e, etc.

10. PROGRESSIONS INTER AVEC MOUVEMENT

Définition :

Une progression de type inter avec mouvement est une progression qui se joue entre les éléments en suivant un mouvement prédéfini.

Ces séries ne sont pas simples à résoudre. Accrochez-vous !

Voici les différents cas possibles.

Cas 1	Cas 2	Cas 3	Cas 4
US	U**P**	**H**DE	EN**J**
N**V**	**R**K	NE**J**	N**N**V
WB	M**T**	**M**BJ	XZ**R**
H**X**	**V**U	TA**Q**	R**V**W
Mouvement gauche droite	Mouvement droite gauche avec saut d'une lettre	Mouvement gauche droite grande diagonale (C1C3 – c'est-à-dire entre la colonne 1 et la colonne 3) avec saut progressif de lettres	Mouvement droite gauche petite diagonale (C3C2) avec saut de 3 lettres

FICHE 3 — Logique

Logique de mots

1. ANAGRAMMES

Définition :

Du grec *anagramma*, « renversement de lettres », une anagramme est une construction fondée sur l'inversion (ou permutation) des lettres d'un mot ou d'un groupe de mots pour en extraire un sens ou un mot nouveau.

Ainsi, par exemple, MARIE est une anagramme de AIMER. Et CENTRA, CARNET, NECTAR et CANTER sont des anagrammes du mot ENCART.

Nombreux sont les tests où l'on vous fait travailler sur des anagrammes. Cela permet en effet de tester non seulement votre rapidité à « confectionner » de nouveaux mots à partir d'un autre mot mais encore votre connaissance de la langue française car il faut bien connaître l'existence de ces nouveaux mots pour être en mesure de les confectionner !

Voici une liste de quelques anagrammes célèbres :

- SOIGNEUR – GUERISON
- MERCI – CRIME
- IMAGINER – MIGRAINE
- MARIE – AIMER – MAIRE
- CHINE – NICHE – CHIEN
- MARION – MANOIR – ROMAIN
- ETRANGE – GERANTE – ARGENTE

Les anagrammes peuvent aussi se construire à partir de plusieurs mots :

- PABLO PICASSO – PASCAL OBISPO
- ALBERT EINSTEIN – RIEN N'EST ETABLI
- BORIS VIAN – BISON RAVI
- THE GERMANS SOLDIERS – HITLER'S MEN ARE DOGS

2. PALINDROMES

Définition :

Le palindrome est un mot, un nombre, voire un texte dont l'ordre des symboles (lettres, chiffres, etc.) reste le même qu'on le lise de gauche à droite ou de droite à gauche.

Exemples de mots et phrases palindromiques :

- ROTOR
- KAYAK
- KARINE ALLA EN IRAK
- ELU PAR CETTE CRAPULE
- LA MARIEE IRA MAL
- RIONS NOIR
- AINSI ANAIS NIA
- A LAVAL, ELLE L'AVALA.
- AXA, BOB, ETE, GAG, NON…
- REVER, SAGAS, SEVES…

3. VRAIS MOTS

Certaines séries sont en fait tout simplement composées de vrais mots.
Le problème est que ça ne saute pas toujours aux yeux ! Aussi, ne vous arrêtez pas aux noms communs et pensez aussi aux formes conjuguées de verbes courants.

Voici quelques vrais mots de deux ou trois lettres :
BU – AH – LA – JE – MU – NI – NE – RI – TA – US – UT – VS – VA – OU – ACE – AIR – AME – AIS – AIE – ARC – ARE – ART – BEL – BEN – BOA – BOT – COT – DAM – DIS – DON – DOT – FIT – FUT – GAI – HEU – GAP – EXO – EUE…

4. SIGLES ET ACRONYMES

Définition :

Un sigle est une abréviation constituée des initiales (ou de certaines lettres) de plusieurs mots.

Exemples :

EDF : Electricité de France, HLM : Habitation à loyer modéré, CNRS : Centre national de la recherche scientifique, ONU : Organisation des Nations unies.

Un sigle qui peut se lire et se prononcer comme un mot est un acronyme : SICAV, SMIC, ONU, OVNI. Ces acronymes s'écrivent de plus en plus souvent en minuscules : une Sicav monétaire, un Smic brut.

Pour votre culture générale, les sigles et les acronymes prennent le genre du mot principal qui les compose.

CFDT est du féminin (*La* Confédération française démocratique du travail).

CNRS est du masculin (*Le* Centre national de la recherche scientifique).

5. CRYPTAGES

Crypter un message consiste à remplacer les signes alphabétiques traditionnels par des chiffres (ou des symboles) grâce à un code.

[1. Cryptage alphabet]

Ainsi, associer aux lettres d'un mot leurs rangs respectifs constitue en soi un cryptage.

Par exemple, 1612112 est un cryptage de PAUL si l'on s'appuie sur les rangs des lettres de PAUL dans l'alphabet. P(16) A(1) U(21) L(12) soit PAUL : 1612112.

[2. Cryptage arbitraire]

Disons à présent que je décide de vous envoyer le code **17085-30794-260974** en vous précisant que chaque lettre est associée à un chiffre et un seul compris entre 0 et 9 et que ce code signifie **BRAVO MARIE CLAIRE** ; et bien si vous me renvoyez en réponse le code **34729**, je comprendrai que vous m'avez tout simplement répondu **MERCI**. En effet, nous sommes face ici à un cryptage qui consiste à attribuer de façon arbitraire un chiffre à une lettre. L'attribution de ce chiffre ne respecte aucune règle précise (contrairement au cryptage précédent qui respectait l'ordre d'apparition des lettres dans notre alphabet).

B	**R**	A	V	O	**M**	A	R	**I**	**E**	**C**	L	A	I	R	E
1	**7**	0	8	5	**3**	0	7	**9**	**4**	**2**	6	0	9	7	4

M	**E**	**R**	**C**	**I**
3	**4**	**7**	**2**	**9**

[3. Cryptage « pendu »]

Un autre type de cryptage, appelé **cryptage « pendu »** consiste à crypter un mot selon l'ordre d'apparition de ses lettres dans le mot : on peut ainsi par exemple crypter le mot **MANGER** en utilisant le code **3N5E1M6R2A4G**.

Ce code signifie qu'en troisième position, vous trouvez la lettre N, en cinquième position la lettre E, en première la lettre M, en sixième la lettre R, en deuxième la lettre A et en quatrième la lettre G. Aussi, en m'appuyant sur le fonctionnement de ce code, si je vous envoie à présent le code **8E6I4S1R2E5S7T3U9S**, vous devrez donc comprendre le mot : **REUSSITES**.

[4. Cryptage « translation »]

Pour terminer, je peux décider de crypter un message dans lequel j'associe à chaque lettre de mes mots une valeur du type **AX + B** où **X** est **le rang des lettres** dans l'alphabet et où **A** et **B** sont **les clés du code**.

Ainsi, si je veux crypter le mot **PARIS** avec les clés **A = 3 et B = –2**, j'obtiens le code 46-1-52-25-55.

	P	**A**	**R**	**I**	**S**
X	16	1	18	9	19
3X	48	3	54	27	57
3X – 2	**46**	**1**	**52**	**25**	**55**

6. COMPTER ET OBSERVER

1. Compter le nombre de lettres

Un grand classique des séries de raisonnement !

Si les mots d'une série de raisonnement ne font pas sens et qu'ils ne sont portés par aucune forme de signification (comme c'est le cas dans le chapitre précédent), ayez d'abord le réflexe de compter le nombre de lettres.

Application :

GRADIENT (8) ARIDITE (7) JADIS (5) SYSTEMATIQUE (12)

Nota bene : vous remarquerez qu'il n'est pas bien difficile de comprendre vite que l'on a à faire ici à une série de raisonnement où les mots ne sont pas étudiés pour leur sens ou leur signification étant donné que GRADIENT, ARIDITE, JADIS et SYSTEMATIQUE sont des mots qui n'ont strictement rien à voir les uns avec les autres !

2. Compter le nombre de consonnes / Observer la position des consonnes

Application 1 :

GRADIENT (5) ARIDITE (3) JADIS (3) SYSTEMATIQUE (6)

On compte ici le nombre de consonnes des mots.

Application 2 :

GRADIENT (12478) ARIDITE (246) JADIS (135) SYSTEMATIQUE (1346810)

Les chiffres du code chiffré entre parenthèses donnent la position des consonnes dans le mot. Ainsi dans le mot <u>**GR**</u>A<u>**D**</u>IE<u>**NT**</u> les consonnes se trouvent bien placées en 1re, 2e, 4e 7e et 8e positions, d'où le code : 12478.

3. Compter le nombre de voyelles / Observer la position des voyelles

Application 1 :

GRADIENT (3)   ARIDITE (4)   JADIS (2)   SYSTEMATIQUE (6)

On compte ici le nombre de voyelles des mots.

Rappel : il y a 6 voyelles écrites en français : A, E, I, O, U, Y.

Application 2 :

GRADIENT (356)   ARIDITE (1357)   JADIS (24)   SYSTEMATIQUE (25791112)

Les chiffres du code chiffré entre parenthèses donnent la position des voyelles dans le mot. Ainsi dans le mot J**A**D**I**S les voyelles se trouvent bien placées en 2e et 4e positions, d'où le code : 24.

4. Compter le nombre de syllabes orales et écrites

Quelle différence faites-vous entre les deux exemples suivants ?

Application 1 :

GRADIENT (2)   ARIDITE (4)   JADIS (2)   SYSTEMATIQUE (4)

Application 2 :

GRADIENT (3)   ARIDITE (4)   JADIS (2)   SYSTEMATIQUE (5)

La réponse est simple : dans l'application 1, on compte les syllabes orales tandis que dans l'application 2 on compte les syllabes écrites.

Retenez donc que les syllabes orales (c'est-à-dire celles qui sont réellement prononcées dans l'usage oral courant d'un mot) ne correspondent pas toujours aux syllabes écrites (c'est-à-dire les syllabes prononcées en insistant artificiellement sur les *e* muets, notamment en fin de mot).

5. Observer la récurrence de lettres

Il arrive parfois que vous soyez amenés à observer la récurrence de certaines lettres au sein d'un même mot ou encore la récurrence de lettres communes à plusieurs mots.

Application 1 :

FREDONNER (REN) GAGNER (G) PERSONNALITE (EN)

Dans ce premier exemple, vous remarquez que le code entre parenthèses décrit le nombre de lettres en double dans le mot. Ainsi dans le mot FREDONNER, les lettres R, E et N sont les seules qui apparaissent deux fois. De la même façon, dans PERSONNALITE, les lettres E et N sont les seules qui apparaissent deux fois.

Application 2 :

TRAITEMENT (3) ATTENTAT (4) TARTE (2) TOUS (1)

Ici, il saute aux yeux que la lettre T est commune aux trois mots et qu'il y en a 3 dans **T**RAI**T**EMEN**T**, 4 dans A**TT**EN**T**A**T**, 2 dans **T**AR**T**E et 1 dans **T**OUS.

6. Observer la première lettre, la dernière lettre et la lettre du milieu

Application 1 :

Complétez la série.

STATIONNEMENT (TS) PARAPENTE (EP)
SCARIFICATION (NS) TACITURNE (**??**)

Dans ce premier exemple, vous remarquez que le code entre parenthèses donne la dernière puis la première lettre du mot associé. Ainsi, dans **S**TATIONNEMEN**T** (**TS**), le T du code représente la première lettre du mot, et le S, la dernière.

Réponse : TACITURNE (ET).

Application 2 :

Complétez la série.

CHARPENTE (P) CASQUETTE (U) SENSIBILISATION (L) FERTILITE (**?**)

La lettre entre parenthèses représente ici la lettre centrale du mot associé. Ainsi, dans CHAR**P**ENTE (**P**), on voit bien que la lettre P est positionnée au milieu.

Réponse : FERTILITE (I).

7. Opérations sur les rangs des lettres

Lorsque l'on passe à un niveau de difficulté supérieure, on en vient à conduire des opérations sur les rangs des lettres des mots qui nous sont proposés dans les séries.

Ces opérations sont très classiques :

- L'addition ;
- La soustraction ;
- La multiplication ;
- La division ;
- La mise au carré ;
- La mise au cube.

Application 1 :

Complétez la série suivante.

ELLE (34) DAME (23) EPOUSE (81) FEMME (**?**)

Le nombre entre parenthèses est ici égal à la somme des rangs des mots associés. Ainsi, les rangs des lettres du mot ELLE sont respectivement égaux à 5, 12, 12 et 5 et la somme 5 + 12 + 12 + 5 est bien égale à 34. Les rangs des lettres du mot FEMME sont respectivement égaux à 6, 5, 13, 13 et 5. La somme des rangs est donc égale à 42 et on trouve donc FEMME (42).

Application 2 :

Complétez la série suivante.

LION (144) PUMA (256) CHACAL (9) JAGUAR (100) HYENE (?)

Les nombres entre parenthèses sont ici à chaque fois égaux au carré du rang de la première lettre du nom du félin associé. Ainsi, le rang de la première lettre de LION, L, est égal à 12 et le carré de 12 vaut 144.

Par conséquent, il fallait trouver HYENE (81) puisque le rang de la première lettre de HYENE, H, est 9 et que le carré de 9 est bien égal à 81.

Bien entendu, vous allez devoir apprendre vos carrés et vos cubes par cœur pour réussir à obtenir les meilleurs scores aux concours et intégrer ainsi l'Ecole de vos rêves. Nous reviendrons précisément sur les listes de carrés, cubes et autres nombres premiers à apprendre par cœur pour vos concours.

Application 3 :

Complétez la série suivante.

GATEAU (27) TARTE (58) MOUSSE (51) CRUMBLE (?)

Une série difficile. Le nombre entre parenthèses est ici égal à la somme des rangs des CONSONNES des mots associés. Ainsi, dans GATEAU, la somme de rangs des consonnes G et T est bien égale à G(7) + T(20) : 27.
On trouve donc CRUMBLE (48).

FICHE 4 — Logique

Logique spatiale et séries graphiques

1. INTERPRETER UNE LETTRE DANS UNE SERIE GRAPHIQUE

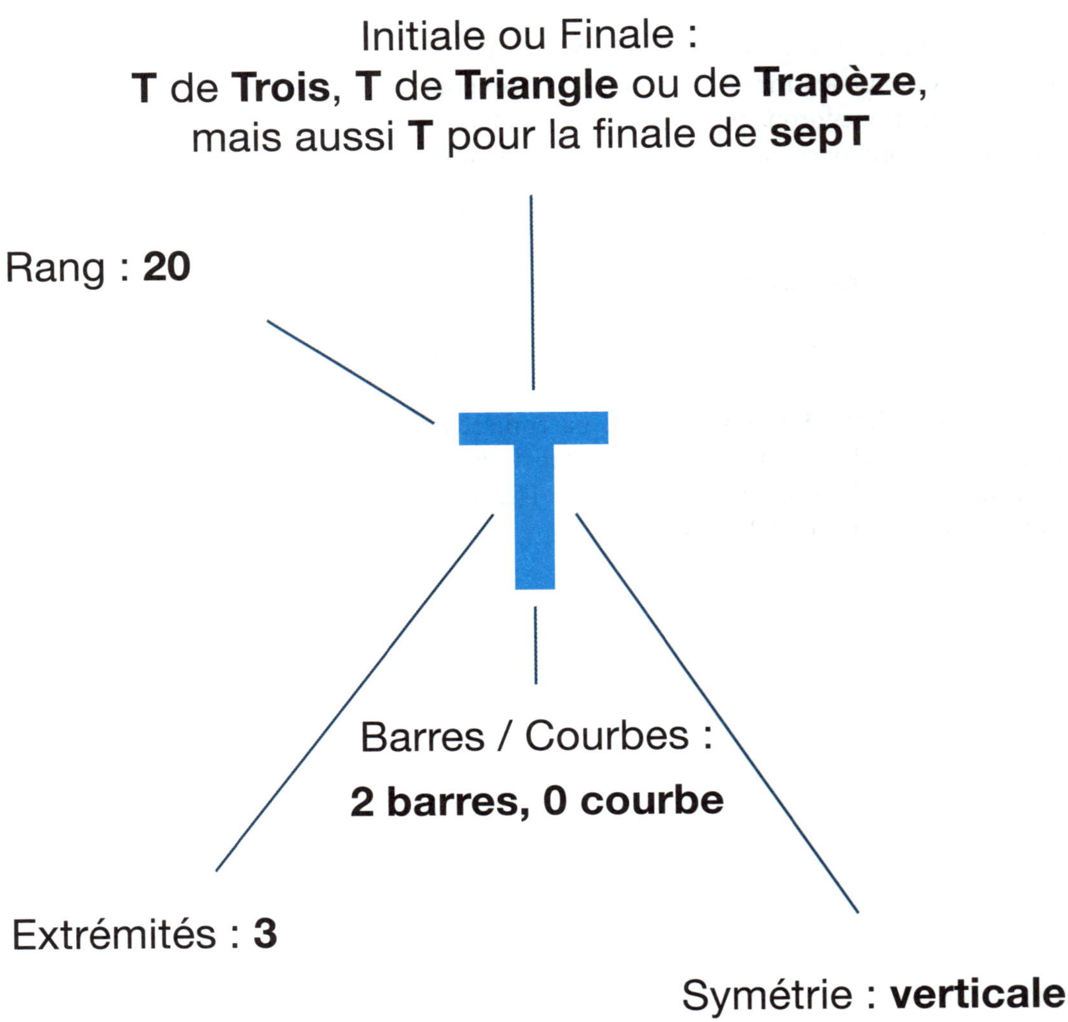

Initiale ou Finale :

P de **Parallélogramme** ou de **Pentagone**

Rang : **16 (carré entier)**

P

Barres / Courbes :

1 barre, 1 courbe

Extrémités : **1**

Symétrie : **aucune**

2. INTERPRETER UN NOMBRE DANS UNE SERIE GRAPHIQUE

Propriétés :

2 dizaines, 9 unités

Nombre premier

Ecart (entre 2 et 9) : **7**

29

Somme des deux chiffres : **11**

Produit des deux chiffres : **18**

Initiales des mots associés :

DN (pour **D**eux et **N**euf) ou **VN** (pour **V**ingt-**N**euf)

Propriétés :

2 centaines, 1 dizaine, 6 unités

Mais surtout : **cube de 6**

Initiales du mot associé :
DUS (pour **D**eux, **U**n et **S**ix)
ou **DCS** (pour **D**eux **C**ent **S**eize)

Ecarts :
1 (entre 2 et 1),
5 (entre 1 et 6),
4 (entre 2 et 6)

216

Sommes :

216 : 2 + 1 + 6 = 9

216 : 2 + 16 = 18

216 : 21 + 6 = 27

216 : 26 + 1 = 27

Produits :

216 : 2 × 1 × 6 = 12

216 : 2 × 16 = 32

216 : 21 × 6 = 126

216 : 26 × 1 = 26

3. INTERPRETER UNE FIGURE

Nom : **pentagone**

Côtés : **5 côtés**

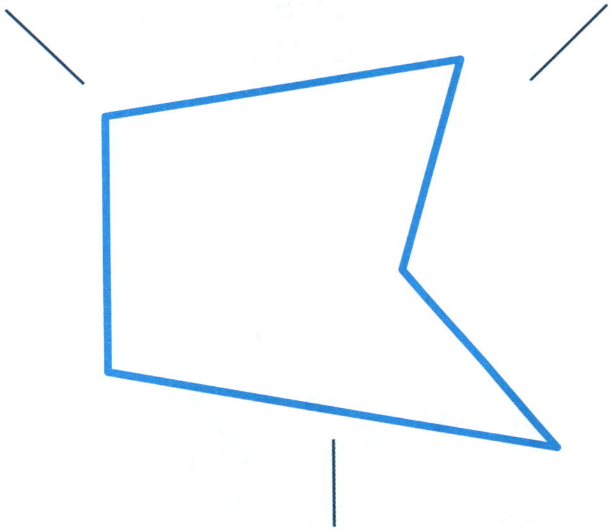

Angles fermés (angles obtus strictement inférieurs à 90°) : **2**

Angles ouverts (angles aigus strictement supérieurs à 90°) : **8**

Angles droits (90°) : **0**

Somme des angles intérieurs : **540°**

Nom : **hexagone**

Côtés : **6 côtés**

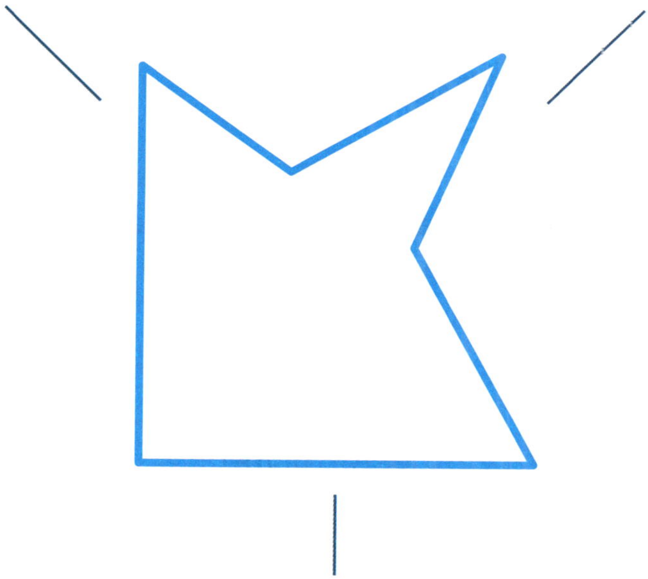

Angles fermés (angles obtus strictement supérieurs à 90°) : **3**

Angles ouverts (angles aigus strictement inférieurs à 90°) : **8**

Angles droits (90°) : **1**

Somme des angles intérieurs : **720°**

4. INTERPRETER UN SIGNE

@ (arobase) # (dièse)

! (exclamation) / (slash)

$ (dollar) £ (livre) € (euro)

* (étoile) ¥ (yen)

Un seul mot d'ordre : comptez-les et mettez-les en relation avec vos figures.

5. MOUVEMENTS (OU DEPLACEMENTS)

1. Mouvements gauche/droite, droite/gauche avec ou sans changement de couleur

1)

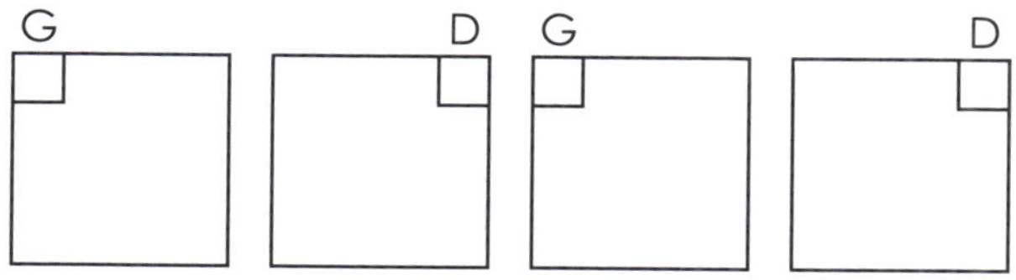

2)

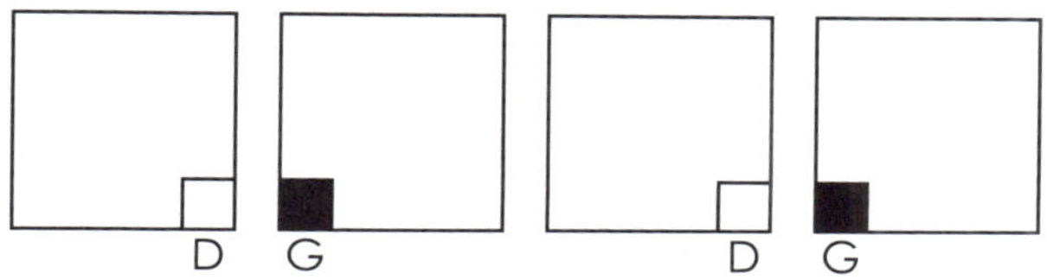

2. Mouvements haut/bas, bas/haut avec ou sans changement de couleur

1)

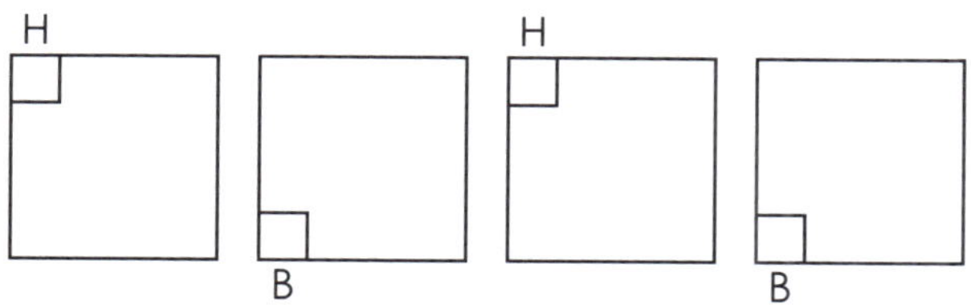

2)

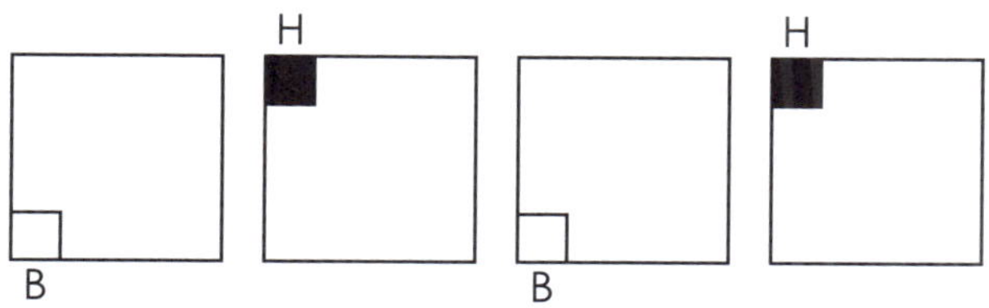

3. Mouvement dans le sens des aiguilles d'une montre avec ou sans changement de couleur

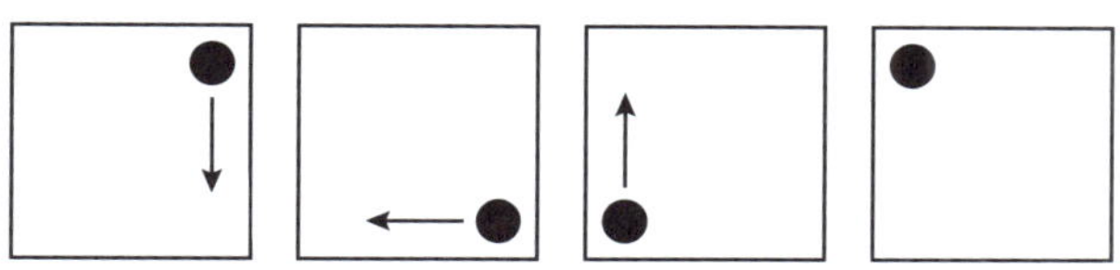

4. Mouvement dans le sens inverse des aiguilles d'une montre avec ou sans changement de couleur

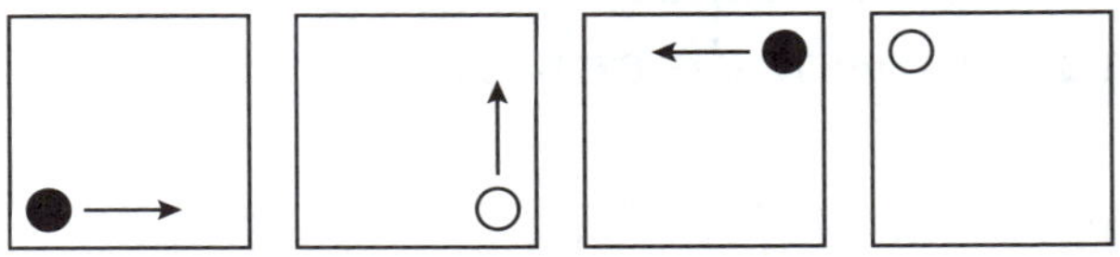

5. Mouvement 1 coin, 2 coins, 3 coins

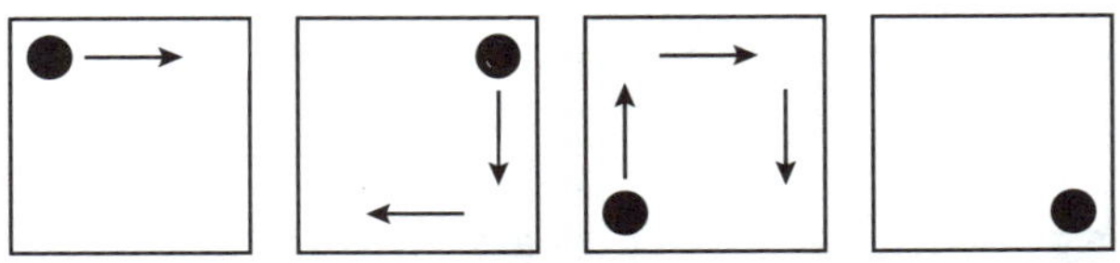

Le rond se déplace d'abord sur le coin d'après. Puis, il progresse en se logeant 2 coins après. Puis 3 coins après.

6. Mouvement serpentin

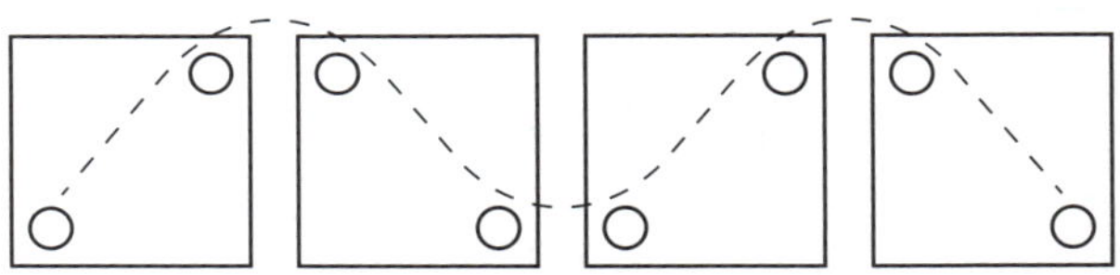

7. Mouvements lents

1)

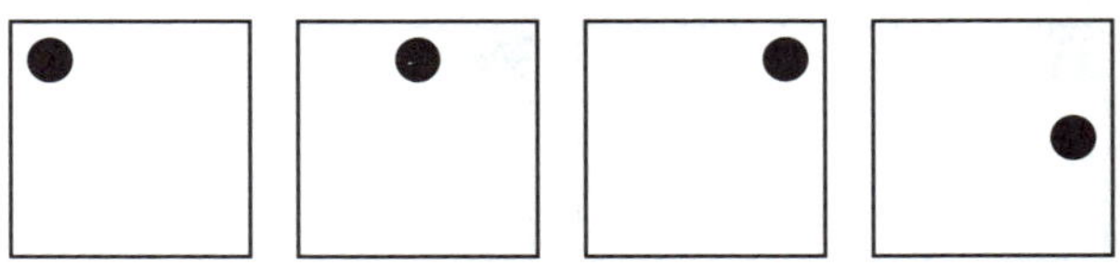

2)

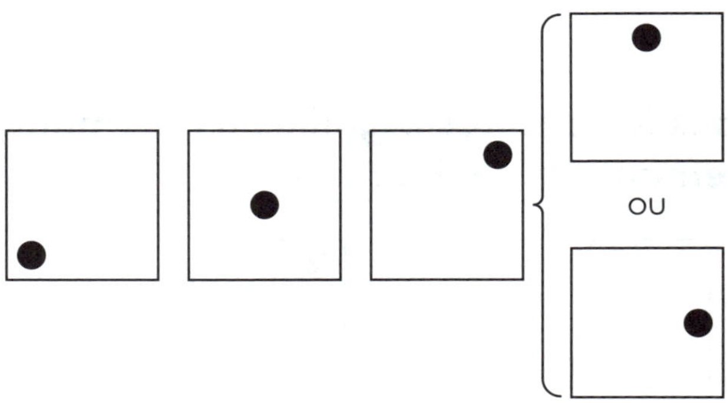

6. TOUT METTRE EN RELATION

1)

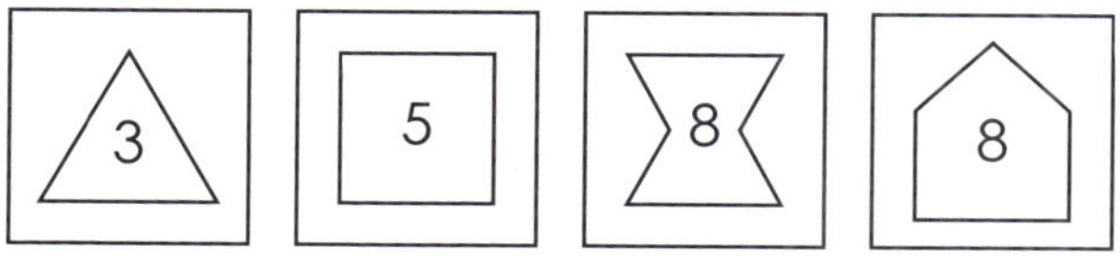

- Comptez le nombre de côtés des figures.
- Calculez les écarts entre le nombre qu'il y a dans la figure et le nombre de côtés.

Nombre de côtés	3	4	6	5
Nombre dans la figure	3	5	8	8
Ecart	**0**	**1**	**2**	**3**

On remarque bien sûr que les écarts progressent.

2)

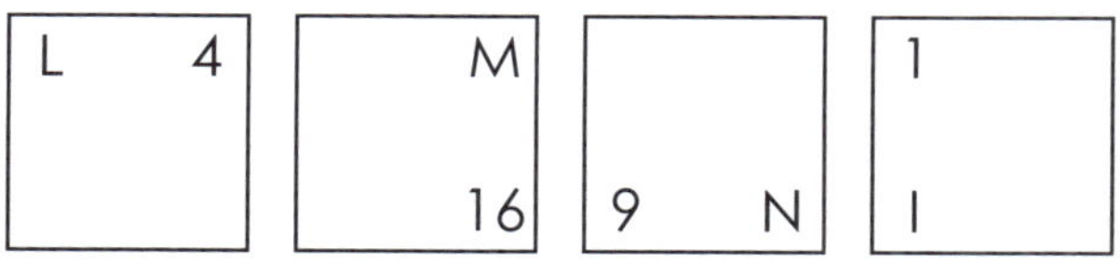

- On compte les barres.
- Le nombre vaut le nombre de barres au carré.
- Mouvements dans le sens des aiguilles d'une montre.

7. CAS RARES

- Séries avec des sigles ;
- Séries avec de vrais mots ;
- Nombre d'angles droits de vos figures ;
- Horloge (la position de la flèche indique l'heure) ;
- Equations numériques (&&# = 21 car & = 10 et # = 1).

FICHE 5 — Logique

Dominos

1. LES PROGRESSIONS

Il existe plusieurs types de progressions. Voici quelques exemples de progressions.

1) 1, 2, 3, 4, 5, 6, 0, 1, 2, 3, 4, 5, 6, 0, 1, 2… (on fait +1 à chaque fois et on retient bien sûr qu'après 6 – ou avant 1 – il y a le 0)

2) 1, 3, 5, 0, 2, 4, 6, 1, 3, 5, 0, 2… (on fait +2)

3) 0, 2, 3, 5, 6, 1, 2, 4, 5, 0… (on fait +3 en prenant un chiffre sur 2 : **0**, *2*, **3**, *5*, **6**, *1*, **2**, *4*, **5**, *0*)

4) 2, 1, 0, 0, 5, 6, 3, 5, 1, 4, 6… (on fait –2 un chiffre sur deux en commençant par le premier et on fait –1 un chiffre sur deux en commençant par le deuxième : **2**, *1*, **0**, *0*, **5**, *6*, **3**, *5*, **1**, *4*, **6**…)

2. LES OPERATIONS

Il est aussi possible de raisonner en termes d'opérations (addition, multiplication). Voici quelques exemples :

1) 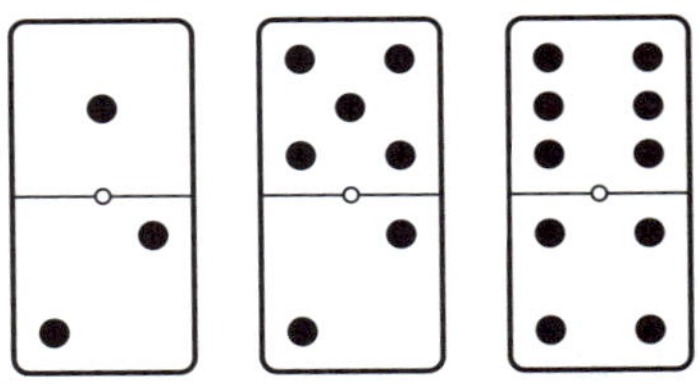

Ici, la somme des faces supérieures du domino est égale à la face supérieure du troisième. Il en est de même pour les faces inférieures.

$1 + 5 = 6$ et $2 + 2 = 4$

2)

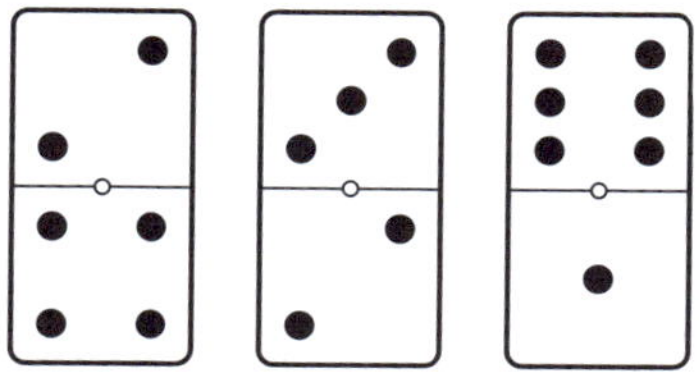

Ici, la face supérieure du premier domino multipliée par la face supérieure du deuxième domino donne la face supérieure du troisième domino.

2 × 3 = 6 et 4 × 2 = 1 (oui, oui ! 4 × 2 = 8 et comme après 6 il y a 0 qui compte comme un 7) et qu'après 0 il y a 1, on considère en effet que 8 = 1… J'espère que vous me suivez !

3)

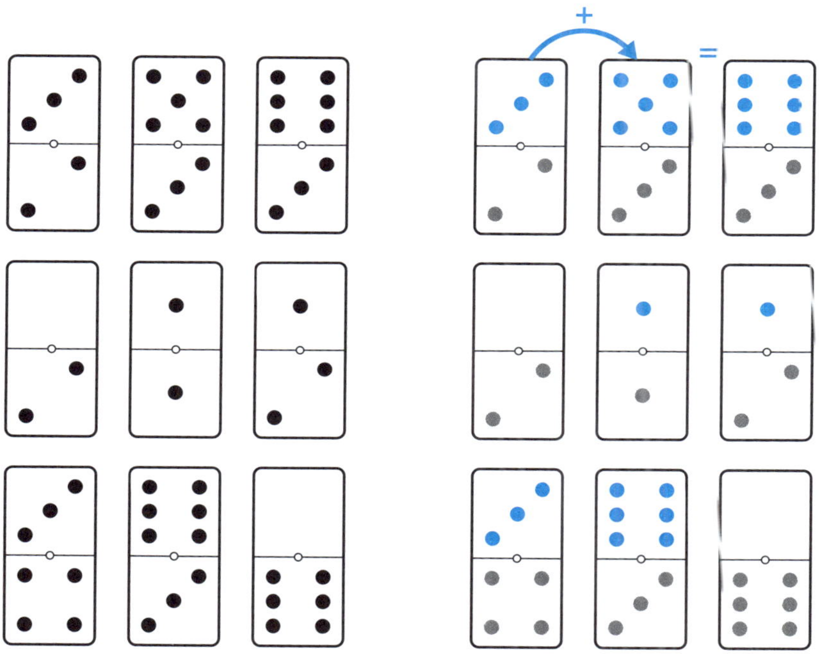

Ici la somme des faces supérieures des deux premières lignes de dominos donne la face supérieure des dominos de la troisième ligne. On remarque aussi que le produit des faces inférieures des deux premières lignes de dominos donne la face inférieure des dominos de la troisième ligne.

3. LES SYMETRIES

1. Symétrie verticale

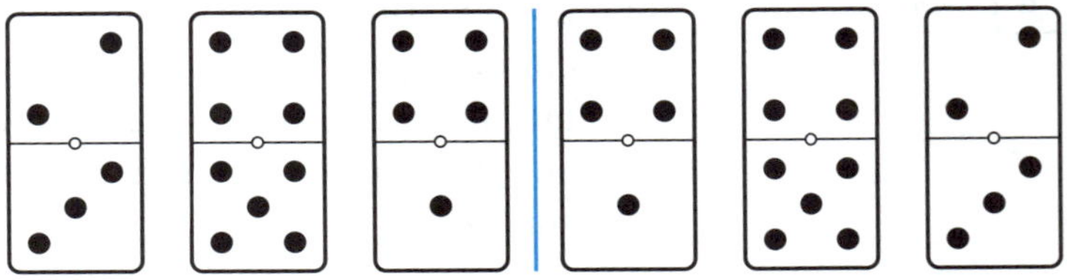

2. Symétrie horizontale

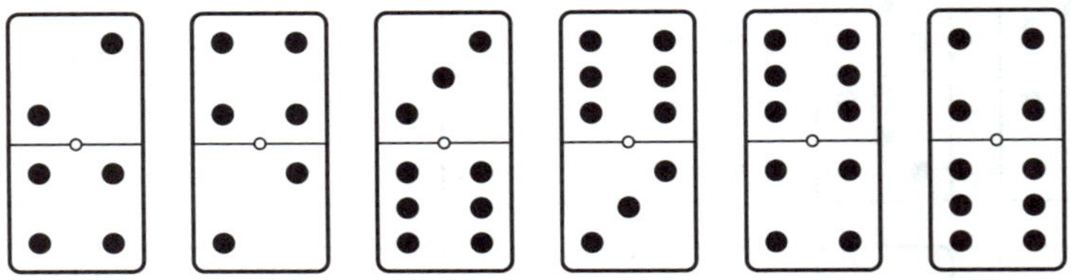

Si vous positionnez les deux dominos – pris deux à deux – l'un sur l'autre, vous remarquez alors qu'ils sont le reflet l'un de l'autre.

4. LES MOUVEMENTS

Notez qu'il existe aussi plusieurs types de mouvements qui accompagnent les progressions.

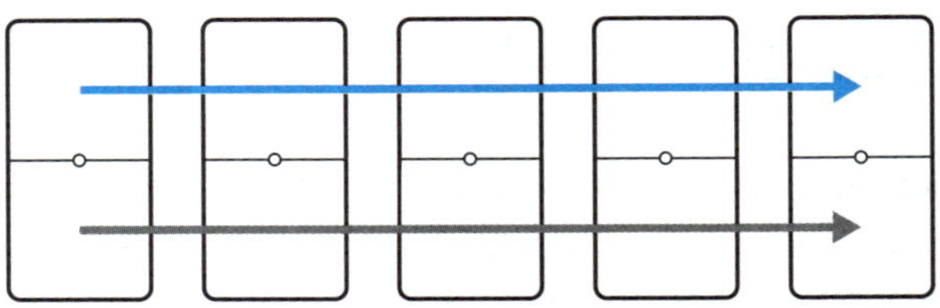

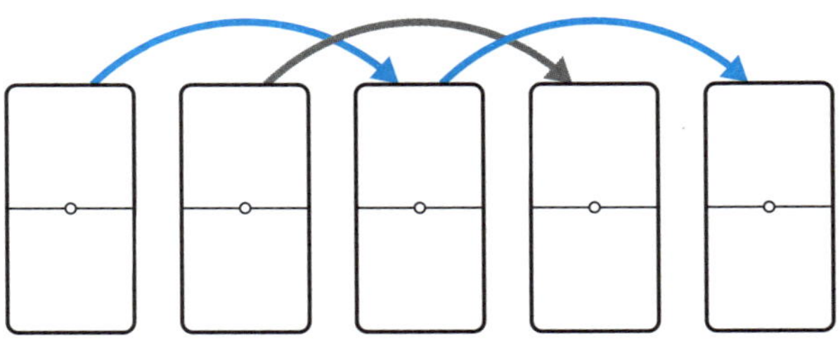

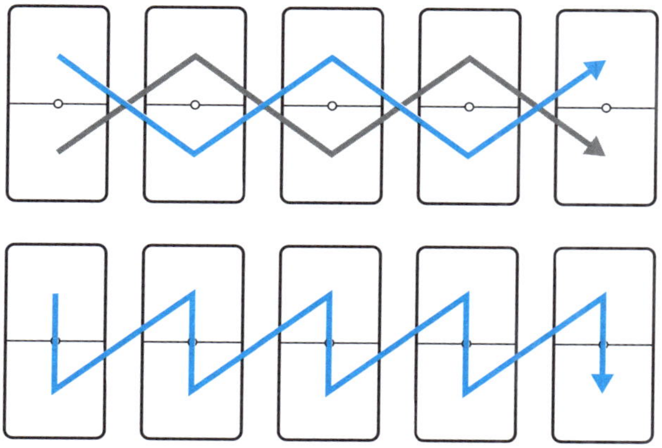

5. APPLICATIONS

Voici cinq applications pour vous mettre en appétit.

1.

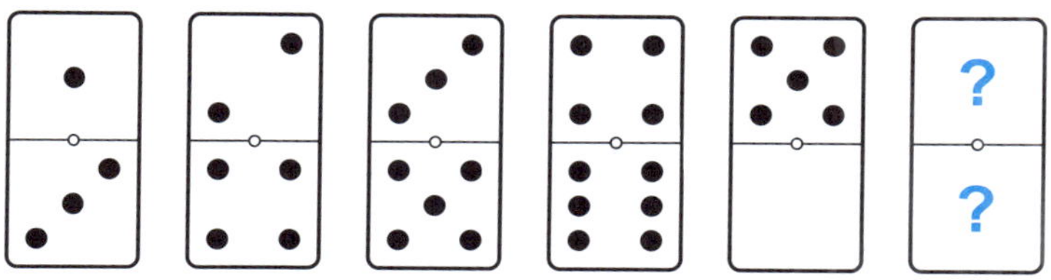

Réponse :

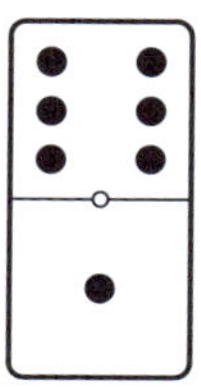

Les parties hautes des dominos progressent selon un mode +1 (1, 2, 3, 4, 5… et donc 6).

Les parties basses progressent elles aussi selon un mode +1 (3, 4, 5, 6, 0… et donc 1).

2.

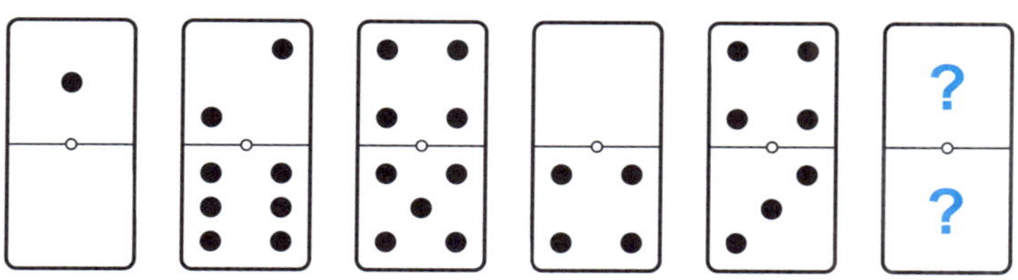

Réponse :

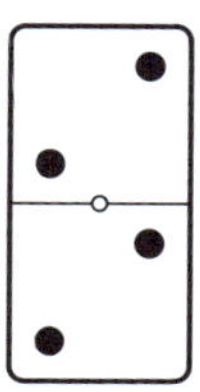

Les parties hautes des dominos progressent selon un mode +1, +2, +3, +4, +5.

Les parties basses progressent selon un mode –1, –1, –1, etc.

3.

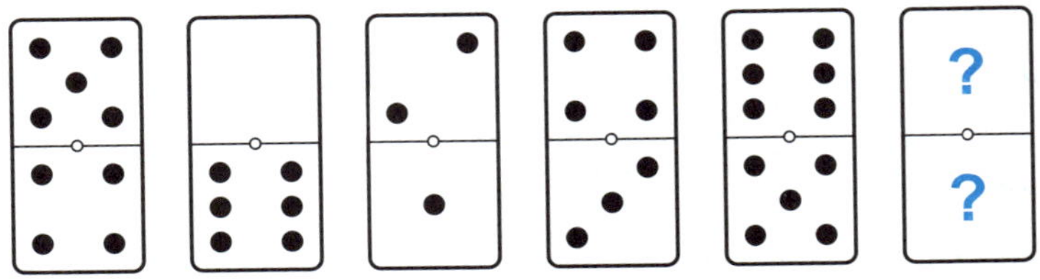

Réponse :

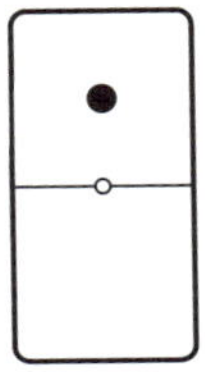

Il s'agit d'une progression croissante en zigzag : on part du 4 en bas, on monte pour atteindre le 5 puis on redescend en bas pour atteindre le 6 et on remonte vers le 0, etc.

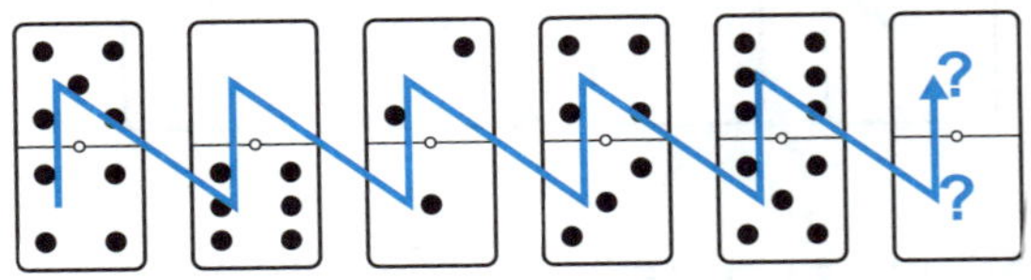

4.

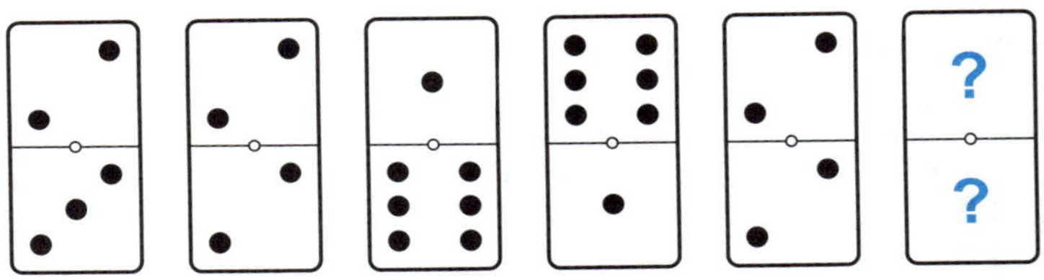

Réponse :

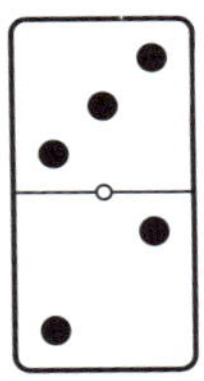

Axe de symétrie au milieu des six dominos.

5.

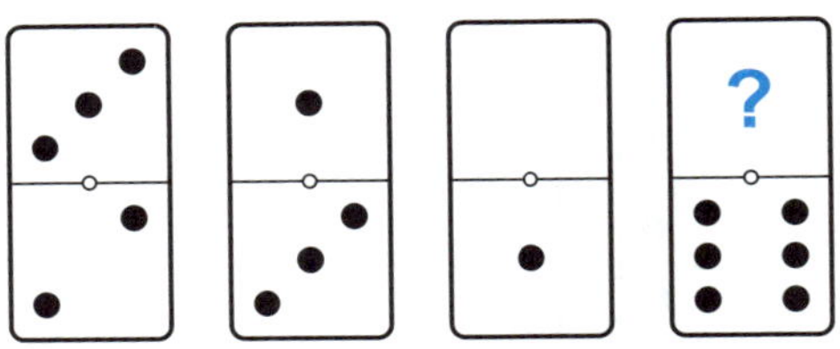

Réponse :

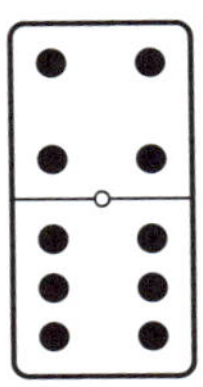

Vous remarquez simplement que la somme des faces inférieures des trois premiers dominos est égale à la face inférieure du quatrième. Il en est de même pour les faces supérieures.

FICHE 6

Logique

Aptitude verbale

1. MASCULIN OU FEMININ ?

Exemple : parmi les six mots suivants, un seul est de genre masculin. Lequel ?

ALGEBRE IDYLLE EGIDE METEORITE ARMISTICE TOPAZE

Ici, l'intrus est ARMISTICE puisqu'il s'agit en effet du seul mot masculin.

Dit-on *un* ou *une astérisque ?* Nous donnons ici une liste de noms sur lesquels les erreurs sont les plus nombreuses. Nous n'avons pas retenu les noms qui peuvent s'employer au masculin ou au féminin (*un* ou *une après-midi*), puisque aucune forme n'est fautive.

Masculin	Féminin
Acolyte	Acné
Agrume	Aérogare
Amalgame	Agape
Ambre	Agora
Amiante	Alcôve
Anathème	Algèbre
Antidote	Alvéole
Antipode	Anagramme
Antre	Anicroche
Aparté	Apothéose
Aphte	Argile
Apogée	Arrhes
Appendice	Azalée

Masculin	Féminin
Arcane	Camée
Armistice	Câpre
Aromate	Catacombes
Asphalte	Coriandre
Astérisque	Dartre
Augure	Décombres
Auspice	Dupe
Autoradio	Ebène
Camélia	Echappatoire
Cerne	Ecritoire
Codicille	Egide
Edelweiss	Ephéméride
Effluve	Epitaphe
Elytre	Epithète
Emblème	Equivoque
En-tête	Escarre
Epilogue	Espèce
Errata	Gemme
Esclandre	Icône
Exécutoire	Idylle
Girofle	Immondices
Haltère	Interview
Hémisphère	Météorite
Interclasse	Oasis
Interstice	Obsèques
Intervalle	Octave
Interview	Ogive
Ivoire	Omoplate
Jade	Orbite
Méandre	Orque
Météore	Pléthore
Obélisque	Réglisse
Opercule	Stalactite

Masculin	Féminin
Opuscule	Stalagmite
Pécule	Ténèbres
Pétale	Topaze
Planisphère	Urticaire

2. EPICENES

Epicène : se dit d'un mot dont la forme ne change pas avec le genre qu'il désigne. Du grec *epikoinos*, « possédé en commun ».

Exemples : cartouche (une cartouche = une cartouche d'encre ou une cartouche de cigarettes / un cartouche = un symbole hiéroglyphique ou encore un ornement de pierre taillée portant une inscription gravée), critique, garde, greffe, livre, manche, mémoire, mode, moule, mousse, page, pendule, platine, poste, somme, tour, vase, voile.

Il existe également quelques **prénoms épicènes** comme : Claude, Maxime, Camille et Dominique. Attention : des prénoms qui ont la même prononciation à l'oral mais qui s'écrivent différemment, comme Michel / Michelle / Michèle, ne font pas partie de la catégorie des prénoms épicènes.

3. INVARIABLES

Exemple : soulignez l'intrus.

TOT HIER TANT POUR PAIR GRE HORS AFIN ICI

Ici, l'intrus est PAIR puisqu'il s'agit en effet du seul mot qui n'est pas invariable (on peut écrire : des pairs, pair étant ici compris comme un membre d'un groupe social, avec une connotation d'égalité de rang social (par exemple, un médecin jugé par le Conseil de l'ordre est dit « jugé par ses pairs »)).

1. Liste de mots invariables

Afin

Ailleurs

Au-dessus, dessus, par-dessus, sus

Aujourd'hui

Auparavant, avant, devant, davantage, dorénavant

Aussi

Aussitôt, bientôt, plutôt, sitôt, tantôt, tôt

Autant, pourtant, tant, tant pis

Autrefois, fois, parfois, quelquefois, toutefois

Avec

Beaucoup

Cependant, pendant

Certes

Chez

Comme, comment

D'abord

Dans, dedans

Debout

Ainsi

Alors, dès lors, lorsque

Après, auprès, exprès, près, presque

Arrière, derrière

Assez

Demain

Depuis, puis, puisque

Dès, dès que

Désormais, jamais, mais

Donc

Dehors, hors

Déjà

Durant

Entre

Envers, par devers, (à) travers, vers

Environ

Gré, malgré

Guère, naguère

Hier

Hormis

Ici

Jadis

Jusque

Loin

Longtemps

Mieux, tant mieux

Moins, néanmoins

Parmi

Partout

Plus, plusieurs

Quand

Sans

Selon

Surtout

Tandis que

Toujours

Trop

Volontiers

2. Le cas des adjectifs numéraux

Les adjectifs numéraux cardinaux sont invariables sauf *un*, *cent* et *vingt*.

- *Un* s'accorde en genre (masculin ou féminin).
  Il a acheté vingt et un billets de loterie ;
- Cent prend un *-s* quand il est multiplié : *deux cents billets*, sauf quand il est suivi d'un autre numéral : *trois cent cinq billets*, ou quand il est employé comme ordinal : *page trois cent* (= la trois centième page) ;
- *Vingt* ne prend un *-s* que dans le nombre *quatre-vingts* : *il a quatre-vingts ans*, sauf quand il est suivi d'un autre numéral : *il a quatre-vingt-deux ans* ou quand il est employé comme ordinal : *ouvrez vos livres page quatre-vingt* (= la quatre-vingtième page).

⚠ **ATTENTION**

Mille est toujours invariable : *quatre mille étudiants*.

Million et *milliard* ne sont pas des adjectifs mais des noms. Ils prennent donc la marque du pluriel : *deux milliards et trois cent millions d'euros*.

3. Le cas de « sans »

Les noms composés avec **sans** prennent un trait d'union et sont invariables : *des sans-abris, des sans-cœurs, des sans-gêne, des sans-grade, un sans-papiers* ; sauf *sans-culotte* : *les sans-culottes*.

4. Le cas des couleurs

1. Lorsque l'adjectif de couleur est issu d'un nom désignant une chose dont la couleur, caractéristique, sert de référence, il reste invariable.

Des fleurs orange (= de la couleur orange, entre rouge et jaune).

Des jupes marron (= de la couleur brune du marron).

Des bijoux turquoise (= de la couleur de la turquoise, entre bleu et vert).

2. Lorsque l'adjectif de couleur est suivi d'un mot qui précise une teinte, une nuance, c'est un adjectif de couleur composé qui reste invariable.

Des jupes bleu foncé. / Des cheveux blond cendré. / Des chemises vert bouteille.

Lorsque l'adjectif composé est formé de deux adjectifs de couleur, on met un trait d'union : bleu-vert.

3. Lorsqu'un objet comporte plusieurs couleurs, les adjectifs de couleur restent invariables.

Un drapeau bleu, blanc, rouge / Des drapeaux bleu, blanc, rouge.

Ainsi, on écrira *des cravates bleu et rouge* pour désigner plusieurs cravates avec chacune du bleu et du rouge, mais on écrira *des cravates bleues et rouges* pour désigner un ensemble formé de cravates bleues et de cravates rouges.

4. CHAMPS LEXICAUX

Dans des séries d'intrus par exemple, vous serez parfois amenés à rassembler certains mots autour d'un même champ lexical pour exclure alors le ou les mots qui s'en écartent.

Exemples :

1. Les mots *jugement, légalité, avocat, loi, plaidoirie, juge, greffier* ou encore *procès* font partie du champ lexical de la **JUSTICE** ou plus généralement du **DROIT**.

2. Les mots *crack, cocaïne, méthamphétamine, blanche, ecstasy* ou encore *héroïne* font partie du champ lexical des DROGUES et plus précisément des **DROGUES DURES**.

3. Les mots *braconnage, filetage, piégeage, battue, affût, traque, poursuite* ou *course* font partie du champ lexical de la **CHASSE**.

4. Les mots *digestif, gnôle, goutte, spiritueux, fine, marasquin, menthe, mirabelle, marc, pousse-au-crime, pousse-café* ou encore *rincette* appartiennent au champ lexical de l'**ALCOOL**.

5. Les mots *monnaie, fonds, finances, capital, billet, fric, flouze, pèze, pognon* ou encore *liquide* font partie du champ lexical de l'**ARGENT**.

6. Les mots *division, multiple, addition, nombre, chiffre, quotient, opération…* appartiennent au champ lexical de l'**ARITHMETIQUE**.

Exemple 1 : complétez la série suivante (un trait équivaut à une lettre).

EQUINOXE _ _ LS _ _ CE LATITUDE ORBITE
MERIDIEN ZO _ _ _ Q _ _ ZENITH

Vous aurez deviné ici le champ lexical de l'**ASTRONOMIE**. Il fallait donc trouver SOLSTICE et ZODIAQUE.

Exemple 2 : complétez la série suivante (un trait équivaut à une lettre).

MOEL_ _UX OXYDATION CRU CE _ AG _ ETHANOL
TANIN _ END_ NG _ TROUBLE

Vous aurez deviné ici le champ lexical du **VIN**. Il fallait donc trouver MOELLEUX, CEPAGE et VENDANGE.

5. SYNONYMES

Il peut vous être demandé de trouver un ou plusieurs synonymes de certains mots. Les modalités sont diverses et variées.

Exemple 1 :

Un synonyme de BROCHURE est _ _ SC _ C _ _ E

Réponse : FASCICULE.

Exemple 2 : soulignez l'intrus.

FIDELITE CHALEUR ARDEUR BOUILLONNEMENT
FLAMME FOUGUE PASSION

Réponse : CHALEUR, ARDEUR, BOUILLONNEMENT, FLAMME, FOUGUE et PASSION sont des synonymes (l'idée centrale étant celle du FEU AMOUREUX). L'intrus est donc ici le mot FIDELITE, qui est suffisamment éloigné des autres pour être retenu.

> **Définition**
> On dit de deux mots qu'ils sont synonymes lorsqu'ils ont le même sens ou à peu près le même sens, un sens voisin, un sens proche.

Ainsi, des termes comme *gendre* et *beau-fils* / *confondre* et *démasquer* / *naviguer* et *voguer* / *diminuer* et *décroître* sont synonymes.

Toutefois, il n'existe pas vraiment de mots que l'on puisse substituer les uns aux autres dans une synonymie parfaite. **Tout dépend du contexte d'emploi du mot.**

Manger, se sustenter, se nourrir, bouffer ou *becter* désignent la même action mais ne s'emploient pas dans les mêmes circonstances. On peut *confondre* ou *démasquer* un coupable, mais on ne peut pas *démasquer* le sel avec le sucre.

La plupart des synonymes ne sont synonymes d'un mot que pour l'un de ses emplois et il y a presque toujours une nuance ou un degré d'intensité différent.

Exemples :

Un bon musicien : un musicien doué/talentueux/créatif.

De bons amis : des amis chers/loyaux/proches.

Un bon rôti : un rôti excellent/exquis/délicieux.

Un homme bon : un homme altruiste/aimable/charitable, etc.

Si vous souhaitez sincèrement enrichir votre vocabulaire et jouer sur de nombreuses nuances de la langue française, consultez le dictionnaire de synonymes du CNRS… Un véritable bijou !

http://dico.isc.cnrs.fr/dico/fr/chercher

Voici par exemple le niveau de précision que vous pourrez trouver en cherchant des synonymes du mot *délicieux*.

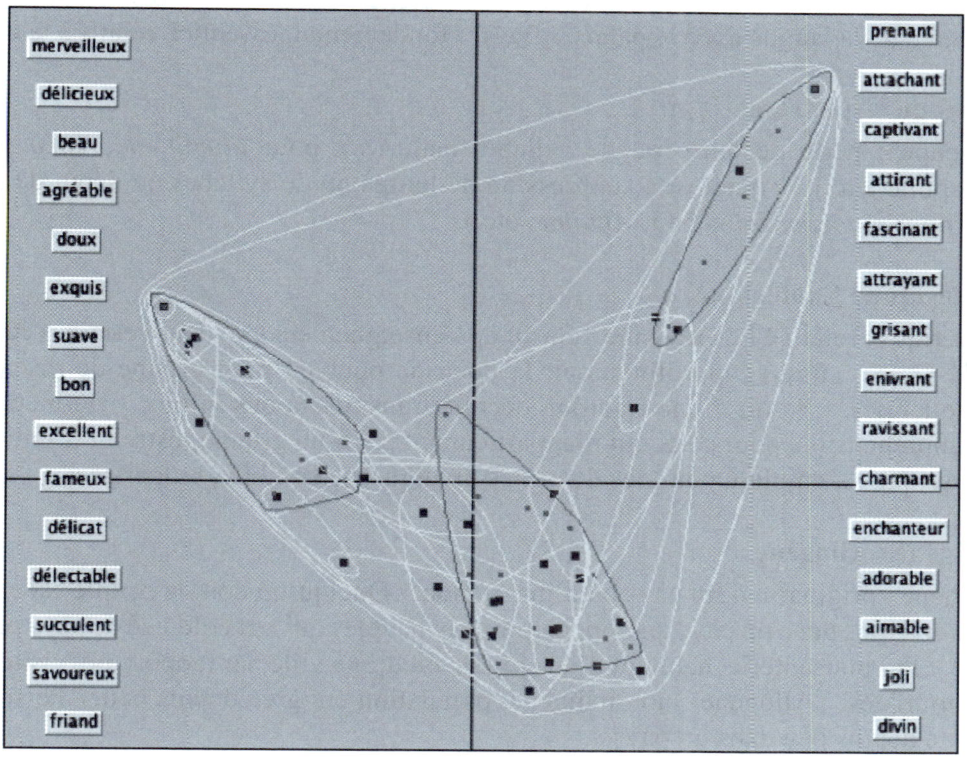

6. ANTONYMES

Un **antonyme** est un mot dont le sens est opposé à celui d'un autre.

Exemples : *chaud* est un antonyme de *froid*, *lumière* est un antonyme d'*obscurité* et *étroit* est un antonyme de *large*.

Voici quelques couples d'antonymes qui ne vous laisseront pas indifférents et que nous vous conseillons de connaître !

Agnat / Cognat

Agnat : relatif à un élément d'une famille descendant d'un même ancêtre masculin. / Cognat : parenté par consanguinité.

Apical / Basal

Apical : formant le sommet d'un organe. / Désigne un son produit par le contact de la pointe de la langue avec le palais. / Basal : fondamental, essentiel, relatif à la base.

Apocope / Aphérèse

Apocope : perte de lettre ou de syllabe finale (*alu* pour *aluminium*, *Théo* pour Théophile, etc.). / Aphérèse : suppression de lettres ou de syllabes en début de mot (*car* pour *autocar*, *Toine* pour *Antoine*, etc.).

Esotérique / Exotérique

Esotérique : relatif à l'ésotérisme. / Se dit de l'enseignement qui, dans certaines écoles de la Grèce antique, approfondissait la doctrine pour un petit groupe de disciples très qualifiés. / Se dit d'une tradition occulte transmise à des initiés. / Hermétique, incompréhensible pour ceux qui n'appartiennent pas à un groupe restreint d'initiés. / Exotérique : s'emploie pour des doctrines divulguées au public, vulgarisées.

Indigène / Allogène

Indigène : originaire d'un pays ou d'une région. / Quelqu'un dont le peuple est établi de tout temps dans un pays, par opposition aux peuples qui ont colonisé ce pays par la suite. / Par plaisanterie, habitant d'une région ou d'une ville par rapport aux visiteurs, aux touristes. / Allogène : non indigène, population émigrée depuis peu. / Personne établie depuis peu dans un pays.

Lévirat / Sororat

Lévirat : loi des anciens Hébreux, obligeant une veuve sans descendant mâle à épouser le frère de son mari défunt. / Tradition selon laquelle les veuves épousent un frère du mari défunt. / Sororat : qualifie le système familial selon lequel un homme veuf doit épouser l'une des sœurs de sa femme défunte.

Périhélie / Aphélie

Périhélie : point orbital d'une planète le plus proche du Soleil. / Aphélie : point de l'orbite d'une planète le plus éloigné du Soleil.

Prolixe / Concis

Prolixe : bavard. / Concis : bref, exprimé en peu de mots.

Psychique / Somatique

Psychique : relatif à l'esprit, à la pensée. / Se rapportant aux phénomènes parapsychiques. / Somatique : relatif au soma, à l'ensemble des cellules non reproductrices d'un organisme (s'opposant à « germen »). / Qui concerne le corps (s'oppose à « psychique »).

Senestre / Dextre

Senestre : qui est à gauche. / Dextre : qui est à droite.

Tachycardie / Bradycardie

Tachycardie : accélération anormale du rythme cardiaque. / Bradycardie : rythme cardiaque lent.

Ubac / Adret

Ubac : en montagne, versant exposé à l'ombre. / Adret : versant d'un relief montagneux exposé au soleil.

Utérin / Consanguin

Utérin : né de la même mère mais non du même père qu'un autre. / Frères et sœurs nés de la même mère mais d'un père différent. / Consanguin : lié par le sang à d'autres individus, ayant des ascendants proches identiques. / Issu du même père.

Yang / Yin

Yang : force symbolique dans la pensée chinoise, s'unit et s'oppose au « yin ». / Yin : force symbolique dans la pensée chinoise, s'unit et s'oppose au « yang ».

Zénith / Nadir

Zénith : point où la verticale d'un lieu perce la sphère céleste au-dessus de l'horizon. / Nadir : point virtuel de la sphère céleste, situé à l'extrémité d'une ligne verticale partant d'un endroit donné du globe et passant par le centre de la Terre, opposé au zénith.

Si vous souhaitez trouver l'antonyme d'un mot, le meilleur site Internet qui soit est sans aucun doute : **http://www.cnrtl.fr/antonymie/**.

7. HOMONYMES

Il peut vous être demandé aux concours de trouver des homonymes de mots courants. Ainsi : vers, verre et vert sont des homonymes tout comme mère, maire et mer.

Voici quelques couples d'homonymes remarquables :

Un abord / Les abords

Un abord : façon d'aborder quelqu'un ou de se présenter à quelqu'un. / Les abords (toujours au pluriel) : ce qui donne accès à un lieu, les alentours.

Un acquis / Acquit

Un acquis : qui a été gagné. / Acquit : qui a été payé.

Une ballade / Une balade

Une ballade : un poème (souvent mis en musique). / Une balade : une promenade (les dérivés de balade s'écrivent aussi avec un seul l).

Un cahot / Un chaos

Un cahot : une secousse de voiture. / Un chaos : un grand désordre.

Censé / Sensé

Censé : supposé. / Sensé : de bons sens.

Décrépi / Décrépit

Décrépi : qui a perdu son crépi. / Décrépit : dans un état de déchéance physique du fait de l'âge.

Délacer / Délasser

Délacer : défaire ce qui est lacé. / Délasser : reposer, détendre.

Détoner / Détonner

Détoner : exploser, émettre une détonation. / Détonner : contraster, ne pas être dans le ton juste, chanter ou jouer faux.

Différent / Différend

Différent : qui diffère, qui est dissemblable, distinct. / Un différend : un désaccord, un litige.

Exaucer / Exhausser

Exaucer : satisfaire un vœu, répondre favorablement à une demande. / Exhausser : augmenter la hauteur, rehausser.

Sain / Saint

Sain : qui est en bonne santé, qui contribue à la bonne santé. / Saint : qui a un caractère sacré, en particulier pour l'Eglise catholique.

Une session / Une cession

Une session : la période pendant laquelle une assemblée tient séance. / Une cession : l'action de céder un bien, un droit.

Subi / Subit

Subi : qui est supporté, enduré. / Subit : qui se produit en très peu de temps, brusque.

8. HOMOPHONES GRAMMATICAUX

Les homophones grammaticaux représentent une catégorie particulière au sein de la famille des homophones : il s'agit de prépositions, de conjonctions, de verbes conjugués ou d'adverbes qui *se prononcent de la même façon, mais qui ont des sens et des fonctions grammaticales bien différentes*.

Exemples : *Quant* et *Quand*, *Quelque* et *Quel que*.

Puisque de nombreuses questions des QCM auxquels vous serez confrontés portent directement sur les confusions que ces homophones peuvent causer, nous allons tenter de vous fournir dès à présent une liste de ceux qui pourraient vous poser problème.

Cette liste s'adjoint d'indications destinées à vous permettre de minimiser les risques de confusions.

Courage, sa longueur est trompeuse : la plupart des éléments qui y sont évoqués ne vous poseront aucun problème !

Homophones	Indications et exemples
à / a / as	*à :* préposition, indiquant un lieu. Exemple : « Il est à Paris. » *a :* verbe « avoir » conjugué à la troisième personne du singulier au présent de l'indicatif (« il a faim »). Vérification : « a » est un verbe conjugué ; il peut donc être remplacé par la troisième personne du singulier du verbe *avoir* à un autre temps sans que la phrase ne devienne incorrecte – ce qui est un bon moyen de le différencier de son homophone « à ». Pour reprendre l'exemple évoqué plus haut, « Il a faim » peut donc être remplacé par « Il avait faim » ; là où « Il est à Paris » ne peut être remplacé par « Il est avait Paris » – la phrase n'ayant alors plus aucun sens. *as :* de même que pour « a », il s'agit de la conjugaison du verbe avoir (mais cette fois-ci, à la seconde personne du singulier).
ce / se / ceux	*ce :* adjectif ou pronom démonstratif, se référant à un objet ou à une personne. Exemple : « Elle regarde ce réacteur. » *ceux :* pronom masculin pluriel, qui désigne des objets ou des personnes dont il a déjà été question précédemment. C'est là le principal élément de différenciation avec « ce ». Attention, donc, à ne pas confondre « ceci » avec « ceux-ci », « cela » avec « ceux-là », « ceux qui » avec « ce qui », etc. *se :* pronom personnel réfléchi, se référant au sujet de la phrase. Exemple : « Elle se remaquille. »

Censé / Sensé	*censé :* il s'agit d'un adjectif qui signifie « supposé » ; et qui est *toujours* suivi d'un infinitif. Exemple : « Ils sont censés arriver dans dix minutes. » *sensé :* cet adjectif est l'antonyme du mot « insensé ». Il dérive donc du mot « sens » et signifie « avoir du bon sens », « être raisonnable ». Exemple : « Si tu étais plus sensé, tu ne sortirais pas faire la fête à la veille de ton examen. »
Est / Ait	*est :* verbe « être » conjugué à la troisième personne du singulier de l'indicatif présent – notez que cette forme est aussi un homographe de l'Est, en tant que point cardinal. *ait :* verbe « avoir » conjugué à la troisième personne du singulier du subjonctif.
Là / La / L'as / L'a	*là :* adverbe de lieu, opposé à « ici » (« Là où tu iras, j'irai ») ; mais aussi démonstratif (« C'est celui-là que je veux »). *la :* article défini féminin (« La table ») ou pronom personnel féminin (« La voilà ! »). *l'a / l'as :* réunion du pronom personnel « le » ou « la » et du verbe avoir conjugué à la seconde ou à la troisième personne du singulier de l'indicatif présent. Exemple : « Tu l'as vu, celui-là ? »
Ces / c'est / s'est / ses / sais / sait	*ces :* pluriel de « ce » (voir plus haut). *C'est :* réunion d'un pronom démonstratif *(« c' »)*, et du verbe être conjugué à la troisième personne du singulier du présent de l'indicatif. Vérification : comme pour « a » *(voir plus haut)*, le verbe « être » dans cette expression doit pouvoir être conjugué à un autre temps de l'indicatif sans que la phrase ne devienne incohérente. Par exemple, « C'est très élégant » peut être remplacé par « C'était très élégant » ; alors que « Ces oiseaux » ne saurait être remplacé par « C'était oiseaux ».

	Ses : adjectif possessif. Exemple : « Ses livres » *S'est :* réunion du verbe être et du pronom personnel réfléchi « *s'* ». De même que pour « c'est », le temps du verbe être doit pouvoir être changé sans pour autant que la phrase ne se trouve vidée de sens. *Sais / sait :* verbe « savoir » conjugué, respectivement, à la première ou à la seconde et à la troisième personne du singulier à l'indicatif présent. Puisqu'il s'agit de la forme conjuguée d'un verbe, comme pour « être » et pour « avoir », elle doit pouvoir être remplacée par une forme conjuguée à la même personne, mais à un autre temps de l'indicatif. Exemple : « Tu sais qu'il dit la vérité » peut devenir « Tu savais qu'il disait la vérité » ; tandis que « As-tu vu ses livres ? » ne pourra jamais devenir « Avais-tu vu *savais* livres ? ».
Leur / Leurs	*leur :* pronom personnel invariable. A ce titre, il *désigne* des individus ou des objets déjà évoqués – et ne se greffe pas à un pronom ou à un nom. Exemple : « Il faudrait leur demander. » *leurs :* adjectif possessif qui s'accorde avec les objets possédés, s'ils sont au pluriel, et qui peut donc prendre un « s ». Il se rattache directement à un nom ou à un pronom. Exemples : « C'est leur droit » ; « Ils ont perdu leurs montres. »
Ma / M'a / M'as	*ma :* adjectif possessif féminin. Comme « leurs », il se greffe à un nom. *m'a / m'as :* réunion du pronom personnel réfléchi « me » et de l'auxiliaire « avoir » conjugué à la deuxième ou à la troisième personne du singulier de l'indicatif présent.
Même / Même(s)	*même :* adverbe invariable induisant l'idée de renforcement ou de gradation ; ou pouvant aussi viser à insister sur l'opposition entre deux propositions contraires. Exemple : « Même si je sais que je devrais, je ne suis pas très inquiet pour les résultats de cet examen. »

	mêmes : adjectif indéfini ou pronom pouvant donc s'accorder au pluriel en fonction du/des objet(s) ou de la/des personne(s) visée(s). Il reflète une idée d'identité, de similitude. Exemple : « Ce sont les mêmes qu'hier. »
Or / Hors / Hors de	*or :* conjonction de coordination, faisant le lien entre deux phrases ou entre deux propositions. Exemple : « Tu m'as dit hier que tu viendrais avec ta guitare. Or, aujourd'hui, je constate que tu ne l'as pas : c'est donc que tu as oubliée. » *hors / hors de :* adverbe (hors) ou préposition (hors de) indiquant une extériorité. « Hors de cette ville, vous ne trouverez pas de station service avant une bonne cinquantaine de kilomètres. »
Où / Ou	*où :* pronom relatif de lieu ou de temps (« C'est l'endroit où je vivais », « A l'époque où je jouais encore au foot ») ; ou adverbe interrogatif (« Où es-tu ? ») *ou :* conjonction de coordination faisant le lien entre deux propositions ou entre deux phrases. Elle exprime l'idée de choix, d'alternative. Exemple : « Tu peux abandonner, ou tu peux prendre sur toi et tenter de continuer. »
Parce que / Par ce que	*parce que :* conjonction de subordination instituant un lien de causalité entre deux propositions. Exemple : « Je suis ébahi parce que je vois. » Ici, on peut supposer que le locuteur a longtemps été aveugle, et qu'il recouvre soudain l'usage de ses yeux. *par ce que :* groupe logique composé d'une préposition (« par »), d'un pronom démonstratif (« ce »), et d'un pronom relatif (« que »). Il induit un lien explicatif, qui peut faire référence à une idée de causalité mais qui a d'abord pour vocation de préciser le propos. Exemple : « Je suis ébahi par ce que je vois. » Ici, ce n'est pas le fait de voir qui surprend le locuteur, mais bien la nature de ce qu'il voit. Le groupe « par ce que » vise donc à *préciser* son propos (il nous explique par quoi il est ébahi) ; mais pas à l'*expliquer*.

Pourquoi / Pour quoi	*pourquoi :* adverbe interrogatif pouvant être remplacé par « *pour quelle raison* », « *dans quelle intention* », ou « *l'intention / la raison pour laquelle…* » Exemples : Pourquoi (*pour quelle raison*) ne vient-il pas ? Je ne comprends pas pourquoi *(dans quelle intention*) il fait tout cela. C'est pourquoi *(la raison pour laquelle)* il a été relâché. *pour quoi :* réunion de « pour » et de « quoi ». S'utilise généralement avec « ce », pour spécifier une cause ou une raison. Sa distinction avec l'usage de « pourquoi » comme « la raison pour laquelle » est assez difficile, retenez donc que le « ce » peut vous servir de repère. Exemple : C'est ce pour quoi je ne suis pas venu.
Quel / Quelle / Qu'elle (et leurs pluriels)	*quel / quels / quelle / quelles :* adjectifs exclamatifs (« Quel spectacle ! ») ou interrogatifs (« Quelle heure est-il ? »). *qu'elle / qu'elles :* réunion du pronom « elle(s) » et d'un « que » qui peut tout aussi bien être un adverbe exclamatif (« Qu'elle accélère ! »), une conjonction de subordination (« Il faut qu'elle nous rejoigne au plus vite »), ou un pronom relatif (« C'est celui qu'elle a acheté »).
Quand / Quant (à / aux) / Qu'en	*quand :* conjonction de temps, qui peut s'apparenter à « lorsque ». Exemple : « Il sortira quand il sera prêt ». *quant (à / aux) :* locution prépositive, qui signifie « en ce qui concerne… » ou « s'agissant de… ». Exemple : « Quant à toi, ne t'avise pas de te débiner ! ». *qu'en… :* Contraction de « que » et de « en » (pronom personnel signifiant dans ce cadre « en cela »). Il peut s'agir d'une forme interrogative se référant à un acte ou une idée ; ou d'une façon d'introduire une proposition restrictive (dans ce cas, il est suivi d'un participe présent).

	Exemples : « Il propose de t'inviter au cinéma. Qu'en penses-tu ? » (*forme interrogative*) « Ce n'est qu'en travaillant dur que l'on peut obtenir de bons résultats » (*proposition restrictive :* il n'y a qu'une seule façon d'obtenir de bons résultats, et c'est en travaillant).
Quel(s) que / Quelle(s) que / Quelque / Quelques	*quel(s) que / quelle(s) que :* adjectifs indéfinis, s'accordant donc avec le nom qui les suit. Exemple : « Quels que soient les obstacles, je suis convaincu que nous parviendront à nos fins. » *Quelques :* adjectif indéfini, épithète d'un nom – dont il vient qualifier le nombre. Exemple : « Il n'y en a plus que pour quelques minutes. » *quelque :* adverbe invariable pouvant revêtir deux sens : celui d'un synonyme de l'adverbe « si », et celui d'un synonyme de l'expression « un(e) certain(e)… ». Exemples : « Quelque rapides qu'ils soient, ils n'arriveront jamais avant nous » (Ce qui peut être remplacé par : « Si rapides qu'ils soient, ils n'arriveront jamais avant nous »). « Depuis quelque temps, je me lève une heure plus tôt pour pouvoir faire du sport ». (ce qui peut être remplacé par : « Depuis un certain temps, je me lève une heure plus tôt… »)
Quoique / Quoi que	*quoique :* conjonction de subordination, synonyme de « bien que ». Exemple : « Quoiqu'elle soit très belle, cette montre est trop chère pour que je l'achète. » *quoi que :* locution signifiant « quelle que soit la chose que ». Exemple : « Quoi que tu dises, tu auras du mal à le faire changer d'avis ».

<table>
<tr><td>S'y / Ci / Si</td><td>s'y : assemblage du pronom réfléchi « se » et du pronom adverbial « y » (qui se réfèrent tous deux des éléments déjà évoqués précédemment dans le discours).
Exemples : « Bertrand est un amoureux de la forêt. Il s'y promène fréquemment ». (« se » se réfère à Bertrand, et « y » à la forêt)
« Ce livre est souvent utilisé par les professeurs pour initier les élèves aux mathématiques. Il est vrai qu'il s'y prête merveilleusement bien ». (« se » se réfère au livre, et « y » à l'initiation des élèves aux mathématiques).

ci : adverbe visant à établir une notion de proximité avec le contexte.
Exemples : « Ces jours-ci, j'ai beaucoup de temps pour faire du sport ». (proximité temporelle)
« Veuillez trouver ci-jointe l'attestation que vous me demandiez dans votre précédent courrier. » (proximité « matérielle »)

si : deux fonctions possibles :
Conjonction de subordination, introduisant un complément circonstanciel de condition.
Exemple : « J'irai avec toi si tu promets de te tenir correctement. »

Adverbe, pouvant marquer la réponse à une négation ou marquer une insistance (dans ce second cas, il est alors synonyme de « tellement »).
Exemple : « – Je suis sûr que tu n'as pas fait les courses.
Si, je les ai faites ! » (réponse à une négation)
« La Tour Eiffel est si grande que son sommet est souvent noyé dans les nuages. » (marque une insistance)</td></tr>
<tr><td>Sitôt / Si tôt</td><td>si tôt : signifie « tellement tôt ». (un autre moyen de vérification consiste à se demander si la phrase reste cohérente lorsque l'on remplace « si tôt » par « si tard »).
Exemple : « Il est arrivé si tôt à la réunion qu'il a dû attendre pendant une demi-heure le temps que les autres arrivent. »</td></tr>
</table>

	sitôt : adverbe, synonyme d'« aussitôt » (utilisé surtout dans les proverbes et dans le langage soutenu). Exemples : « Sitôt dit, sitôt fait » « On ne le reverra pas de sitôt » « Sitôt que tu auras débarrassé la table, je pourrai la nettoyer ».
Tant / Temps	*tant :* adverbe, synonyme de « tellement » (et souvent retrouvé dans les proverbes). Exemples : « Tant va la cruche à l'eau qu'à la fin elle se casse » (proverbe, signifiant qu'à force de s'exposer à un danger, on risque de voir survenir un malheur). « Tu m'as tant donné que je serai toujours ton débiteur ». *temps :* nom commun, masculin. Exemples : « Je n'ai pas le temps de te voir aujourd'hui ».
Voir / Voire	*voir :* verbe « voir », qui peut être remplacé par « apercevoir ». Exemple : « Sans mes lunettes, je suis incapable d'y voir quoi que ce soit ». *voire :* conjonction, qui sert à unir deux groupes de mots en introduisant une idée d'accroissement, de gradation. Exemples : « Il y en avait des centaines, voire des milliers ! ». « Le temps sera à la pluie, voire à l'orage ».

⚠ **ATTENTION**

Les QCM que vous allez passer contiendront sûrement des questions relatives à l'homonymie, et en particulier aux homophones grammaticaux. C'est normal : la plupart d'entre eux ne vous poseront aucun problème ; mais certains sont bien plus « piégeux » que la moyenne – et c'est de ceux-là que les tests raffolent.

Prenez le temps de bien assimiler la liste que nous vous avons fournie. En particulier (et même si ça ne doit pas vous dispenser d'assimiler les autres), veillez à bien vous familiariser avec les couples Quand à / Quant à ; Quelle / Qu'elle ; Leur / Leurs ; Quelque / Quel que ; Censé / Sensé et Quoique / Quoi que.

Pour ce qui est des autres formes d'homonymie, il nous est malheureusement impossible de vous fournir une liste exhaustive des homonymes de la langue française – qui en compte bien trop pour que nous puissions les inventorier ici. Il ne faut pas pour autant estimer qu'il vous est impossible de vous préparer sur ce terrain : pour eux comme pour les synonymes et les paronymes, la recette est la même. Lisez, lisez, lisez (nous vous avions prévenu que c'est un conseil dont nous ne nous lassons pas…). Que ce soit la presse quotidienne ou des ouvrages classiques, c'est en lisant que vous élargirez votre champ lexical et que vous vous donnerez les moyen d'assimiler les complexités du vocabulaire français.

9. PARONYMES

Paronyme : se dit de mots presque homonymes (ex. : *éminent* et *imminent ; proéminent et prééminent*).

Affleurer Qui sort légèrement de la surface (de l'eau ou du sol).	**Effleurer** Le fait de toucher légèrement quelque chose.
Affliger Causer une grande douleur morale (mauvaise nouvelle). *La triste nouvelle nous a tous **affligés**.*	**Infliger** Faire subir quelque chose de pénible à quelqu'un. *Le tribunal a **infligé** une amende de 10 000 € à M. Martin.*
Une collision Un choc provoqué par deux choses qui se rencontrent. *Ce matin, un camion est entré en **collision** avec un train.*	**Une collusion** Entente entre un groupe de personnes pour faire du mal à quelqu'un.
Consommer Accorder, donner	**Consumer** Brûler
Dénudé Mis à nu, dépouillé *Elle est **dénudée**. Fermez les yeux !*	**Dénué** Qui manque de… *Les explications de Méline étaient totalement **dénuées** de sens.*

Une effraction Le fait de forcer une clôture, une serrure, une porte (casser). *Les voleurs sont entrés dans le magasin par* ***effraction****.*	**Une infraction** Le fait de ne pas respecter le règlement. *En roulant trop vite, Pierre a fait une* ***infraction*** *au code de la route.*
Un émigré Une personne qui quitte son pays.	**Un immigré** Une personne qui arrive dans un pays (un étranger).
Enduire Recouvrir une surface avec une autre matière.	**Induire** Avoir pour conséquence, entraîner.
Esquiver Eviter adroitement.	**Esquisser** Dessiner sans donner de détails.
Infecter Prolonger dans le temps.	**Infester** Envahir en grand nombre.
Subvenir Donner à quelqu'un ce qui est vital.	**Survenir** Arriver brusquement.
Coasser Crier pour la grenouille.	**Croasser** Crier pour le corbeau.
Une affectation Un poste, une fonction, une destination.	**Une affection** Attachement, tendresse.
L'excès Ce qu'il y a en trop.	**L'accès** L'entrée.
Désaffecté Qui ne remplit plus le rôle qui lui était attribué.	**Désinfecté** Au sens de retirer une infection.
Des bribes Des petits morceaux.	**Une bride** Pièce du harnais qui permet de diriger un cheval. *Expressions :* *Lâcher la* ***bride*** *à quelqu'un : laisser plus de liberté.* *Avoir la* ***bride*** *au cou : manquer de liberté.*

Compréhensible Qui peut être compris facilement (se dit d'une chose).	**Compréhensif** Qui peut facilement comprendre (se dit d'une personne). *Mon père a été **compréhensif** sur le fait que je ne souhaitais pas venir avec lui.*
Décerner Accorder, donner.	**Discerner** Apercevoir, se rendre compte.
Différencier Faire la différence entre plusieurs choses.	**Différer** Reporter à plus tard. Etre différent de…
Elucider Comprendre, clarifier.	**Eluder** Eviter adroitement. Eluder une question : ne pas répondre à une question adroitement.
Eminent Grand, supérieur, remarquable, exceptionnel.	**Imminent** Se dit de quelque chose qui va se produire bientôt.
Une éruption Une apparition soudaine de quelque chose.	**Une irruption** Une entrée brusque dans une pièce.
Evoquer Parler de…	**Invoquer** Appeler à l'aide (une divinité, un saint…).
Prolongation Prolonger dans le temps.	**Prolongement** Prolonger dans l'espace.
Conserver Garder quelque chose en bon état.	**Converser** Parler, discuter.
Une altitude Une hauteur par rapport au niveau de la mer.	**Une attitude** Une manière de se tenir, un comportement.
Affluence Rassemblement d'un grand nombre de gens.	**Influence** Action qu'une personne exerce sur une autre.

Une proposition Action de proposer.	**Une préposition** Mot invariable placé devant un complément.
Un accident Gros événement ayant des conséquences.	**Un incident** Petit événement ayant peu de conséquence.
Une allocation Une somme attribuée à quelqu'un.	**Une allocution** Un discours.
Inculpé Accusé, suspect.	**Inculqué** Apprendre, enseigner.
Une illusion Une apparence trompeuse, une erreur d'appréciation visuelle.	**Une allusion** Un sous-entendu, un propos qui évoque quelque chose.

10. RACINES GRECQUES ET LATINES

Je vous conseille vivement de bien connaître les racines grecques et latines qui suivent. Cela vous sera très utile pour les tests de vocabulaire auxquels vous devrez faire face et plus généralement pour votre bonne maîtrise de la langue française et de ses subtilités.

Préfixes et suffixes d'origine grecque	Exemples
A- (sans)	Athée, apolitique, amorphe
Ana- (en arrière)	Analepse, anachronisme
Anti- (contre)	Anticonformisme, antibactérien
Allo- (autre)	Allophone, allogène
Andro- (homme/mâle)	Androgyne, andropause
Anthropo- (homme)	Anthropologue, anthropocentrisme
Auto- (soi-même)	Automate, autocensure
Bio- (vie)	Biologie, biographie
Caco- (mauvais)	Cacophonie, cacographie
Cata- (de haut en bas, complètement)	Cataclysme, catastrophe, catacombe
Chromo- (couleur)	Chromographie, chromosome
Chrono- (temps)	Chronologie, chronomètre

Cyclo- (cercle)	Cyclathlon, cyclothymie
Déca- (dix)	Décamètre, décathlon
Dodéca- (douze)	Dodécasyllabe, dodécagone
Démo- (peuple)	Démocratie, démographie
Dia- (à travers)	Dialogue, diachronie
Dys- (avec difficulté)	Dyslexie, dysgraphie
En- (dans)	Endorphine, endémie
Eu- (bien, bon)	Euphorie, euphémisme
Géo- (terre)	Géologie, géographie
Gloss(o)- (langue)	Glossaire, glose
Gyno-, **gynéco-** (femme)	Gynécologue, gynécée
Hecto- (cent)	Hectolitre, hectopascal
Hémi- (demi)	Hémisphère, hémicycle
Hétéro- (différent)	Hétéroclyte, hétérogène
Homo- (semblable)	Homogène, homologue
Hypo- (sous)	Hypoglycémie, hypothèque
Hyper- (au-dessus)	Hypermarché, hypertension
Icon(o)- (image)	Iconographie, icone
Iso- (égal)	Isocèle, isotherme
Méso- (milieu)	Mésophile, mésosome
Méta- (après, changement)	Métamorphose, métastase
Métr(o)- (mesure)	Métronome, métropole
Mis(o)- (haine)	Misogyne, misanthrope
Mném(o)- (mémoire)	Mnémotechnique, mnémophobie
Morpho- (forme)	Morphologie, morphotype
Nécro- (mort)	Nécromancien, nécrologie
Néo- (nouveau)	Néologisme, néophyte
Par(a)- (près, contre)	Paradoxe, paranormal
Path(o)- (souffrance)	Pathétique, pathologie
Péri- (autour)	Périphrase, périphérie
Poly- (nombreux)	Polysémie, polyvalent
Pro- (avant, devant)	Prolepse, prologue, prototype
Psycho- (âme)	Psychologie, psychiatre

Pyro- (feu)	Pyrotechnie, pyrolyse
Séma- (signe)	Sémantique, sémaphore
Sun-, **syl-**, **syn-**, **sym-** (avec, ensemble)	Sympathie, symétrie
Théo- (dieu)	Théologie, théocratie
Top(o)- (lieu)	Topographie, toponymie
Xéno- (étranger)	Xénophobe, xénotype
-agogie, **-agogue** (qui conduit)	Pédagogie, démagogie
-algie (douleur)	Névralgie, lombalgie
-archie, **-arche** (qui commande)	Monarchie, anarchie
-crate, **-cratie** (pouvoir, force)	Démocratie, technocrate
-cycle (qui a une ou des roues)	Bicyclette, tricycle
-dactyle (qui a des doigts)	Ptérodactyle, hétérodactyle
-doxe (opinion)	Paradoxe, orthodoxe
-èdre (face, base)	Tétraèdre, dodécaèdre
-érèse (enlever)	Diérèse, synérèse
-ergie, **-urgie** (travail, force)	Energie, chirurgie
-game (qui engendre)	Cryptogame, phanérogame
-gamie (mariage)	Monogamie, polygamie
-gone (angle)	Polygone, octogone
-gramme (un écrit)	Télégramme, monogramme
-graphe (écrire)	Autographe, biographe
-iatre (qui soigne)	Pédiatre, gériatre
-ite (maladie inflammatoire)	Bronchite, dermatite
-lâtre (adorateur)	Idolâtre, bellâtre
-lithe (pierre)	Monolithe, mégalithe
-logie, **-logue** (discours, science)	Dialogue, ornithologie
-mane (qui a la passion de, l'obsession de)	Mélomane, pyromane
-nome (qui règle)	Econome, métronome
-odie (chant)	Mélodie, parodie
-phage (qui mange)	Chronophage, anthropophage
-phile (qui aime)	Bibliophile, cinéphile
-phobe, **-phobie** (peur)	Hémophobie, agoraphobie
-phone (son)	Téléphone, polyphonie

-phore (qui porte)	Métaphore, sémaphore
-pole (ville)	Mégapole, métropole
-scope (examiner)	Microscope, télescope
-thérapie (soin)	Psychothérapie, hypnothérapie
-therme (chaleur)	Isotherme, hypothermie

Préfixes et suffixes d'origine latine	Exemples
Ab- (loin de)	Abdiquer, abstinence
Ad- (vers)	Adjoindre, addiction
Agri-, **agr(o)-** (champ)	Agriculture, agronome
Ambi-, **ambo-** (les deux)	Ambidextre, ambivalent
Ante- (devant)	Antéposition, antérieur
Aqua- (eau)	Aquatique, aquarelle
Bi- (deux)	Bipède, biathlon
Circon- (autour)	Circonstanciel, circoncision
Co-, **col-**, **con-**, **com-** (avec)	Collaborateur, concitoyen
Dis- (séparation)	Dissoudre, disculper
Equi- (égal)	Equitable, équidistant
Ex- (hors de)	Expatrier, exporter
Extra- (hors de, extrêmement)	Extraordinaire, extraterrestre
Igni- (feu)	Ignifuge, ignition
In- (dans)	Inclure, insinuer
Infra- (inférieur)	Infrarouge, infrason
Inter- (intérieur)	International, intercaler
Intro- (à l'intérieur, vers l'intérieur)	Introspection, introverti
Juxta- (auprès de)	Juxtaposer, juxtalinéaire
Multi- (nombreux)	Multicolore, multiple
Omni- (tout)	Omnipotent, omniprésent
Post- (après)	Postface, post
Pré- (avant)	Préface, prédire, préhistoire
Quinqu- (cinq)	Quinquagénaire, quinquennat
Radio- (rayon)	Radiographie, radiologie
Rétro- (en retour)	Rétroactif, rétrograder

Sub- (sous)	Subalterne, subdiviser
Super-	Supermarché, supersonique
Trans- (au-delà)	Transcrire, transformer
Ultra- (au-dessus)	Ultraviolet, ultrason
-cide (qui tue)	Homicide, génocide, parricide
-cole (qui cultive)	Agricole, vinicole
-fère (porter)	Conifère, mortifère
-forme (qui a la forme de)	Multiforme, protéiforme
-fique (qui fait)	Bénéfique, maléfique
-fuge (qui fuit/ fait fuir)	Centrifuge, vermifuge
-grade (qui marche)	Rétrograde, plantigrade
-pare (qui enfante)	Ovipare, vivipare
-pède (qui a des pieds)	Bipède, quadrupède
-valent (valoir, être fort)	Polyvalent, plurivalent
-vore (dévorer)	Omnivore, carnivore

FICHE 7

Logique

Analogies

1. PRESENTATION DES ANALOGIES

Vous serez régulièrement amenés à travailler sur des analogies dans les épreuves de logique.

A travers les analogies, les recruteurs affichent clairement leur volonté de tester tout à la fois votre capacité à raisonner de façon rigoureuse et votre culture générale.

1. Qu'est-ce qu'une analogie ?

Le site Internet *Wikipedia* offre une définition de l'analogie fort convaincante.

> Le terme *analogie* désigne une similitude entre des choses ou des idées de nature différente. Une analogie est une ressemblance.
>
> L'analogie – du grec ἀναλογία « proportion mathématique » – est une ressemblance perçue comme non fortuite entre deux éléments. Il y a par exemple une analogie de nom entre *astronomie* et *astrologie*, qui indique leur parenté étymologique.
>
> Par extension, le raisonnement par analogie est donc **un raisonnement par association d'idées, combinaison et synthèse**.

Les **analogies** sont omniprésentes dans le langage courant : la comparaison, la métaphore, l'allégorie, la prosopopée… Toutes ces figures de style trouvent leur source dans le raisonnement par analogie.

Les analogies sont également vulgairement appelées « images ». Elles établissent en effet une ressemblance entre un premier élément (le « comparé ») et un second élément (le « comparant »), ressemblance fondée sur une ou plusieurs qualités communes.

Dans cette fiche, les analogies se rapporteront exclusivement au sens des mots, c'est-à-dire à leur signification et à leur définition.

2. Applications

Concrètement, une analogie se présente au départ sous la forme d'un couple de mots. Vous devez identifier le lien logique qui existe entre ces deux mots, pour trouver ensuite un autre couple de mots reliés par le même lien logique.

Application 1 :

DIGUE – INONDATION ⇒ GARROT – ?

La fonction première d'une DIGUE est de **stopper** une INONDATION. En médecine, la fonction première d'un GARROT est de **stopper** une **HEMORRAGIE**.

Comme vous le voyez, il convient de définir très précisément les termes qui composent vos couples de mots pour identifier clairement le lien logique qui existe entre eux.

Pour définir un mot de la façon la plus précise qui soit, demandez-vous quelle définition vous pourriez trouver dans un dictionnaire classique comme le *Larousse*.

Application 2 :

VAINCRE – FAIBLE ⇒ INTERESSER – ?

Il faut comprendre ici le lien qui existe entre VAINCRE et FAIBLE. L'on pourrait dire par exemple **qu'il est facile de** vaincre un être faible. On trouve alors le même rapport dans INTERESSER et **CURIEUX** puisqu'il **est** également **facile d**'intéresser un Homme curieux.

Naturellement, point d'inquiétude, vous serez aidé par des indices : ou bien il s'agira d'un QCM et auquel cas, la réponse se trouvera sous vos yeux et il faudra la sélectionner parmi un choix de 4 ou 5 réponses ; ou bien l'on vous donnera la première lettre ainsi que le nombre de lettres que contient la réponse.

Application 3 :

SOUS-NUTRITION – S'ALIMENTER ⇒ IGNORANCE – ?

Le fait de S'ALIMENTER permet **d'échapper à un état** de SOUS-NUTRITION. De la même façon le fait de **S'INSTRUIRE** permet **d'échapper à un état** d'IGNORANCE.

Application 4 :

BOULANGER – MANGER ⇒ ECRIVAIN – **?**

Le fait de MANGER **est une action exercée sur le produit** du BOULANGER.

LIRE est une action exercée sur le produit de l'ECRIVAIN.

LIRE est donc la bonne réponse.

Ces quatre exemples montrent la variété des liens qu'il est possible d'inférer entre deux mots. Ils mettent également l'accent sur l'exigence d'une définition rigoureuse et précise du lien qui fédère ces deux mots.

S'il existe potentiellement autant de liens entre deux mots que de couples de mots, la majorité des analogies sur lesquelles vous plancherez aux concours seront très cadrées. C'est l'objet du chapitre qui suit.

2. LES LIENS LOGIQUES RECURRENTS AUX TESTS PSYCHOTECHNIQUES

1. La synonymie

De nombreuses analogies sont construites sur la base d'un lien de synonymie relativement simple à trouver.

Application :

DRAPEAU – BANNIERE ⇒ DETRUIRE – **?**

DRAPEAU et BANNIERE sont deux synonymes. Il faut donc ici trouver un synonyme du mot DETRUIRE. **RUINER** et **ANEANTIR** sont ici les meilleures propositions.

2. L'antonymie

Application :

NAITRE – DECEDER ⇒ SENESTRE – **?**

NAITRE et DECEDER sont deux antonymes parfaits. Par analogie, il vous faut donc trouver un antonyme parfait de SENESTRE. La bonne réponse est **DROITE** ou **DEXTRE** puisque Senestre se rapporte à « la gauche / ce qui est à gauche ».

3. La chronologie

Vous pouvez rencontrer des liens chronologiques dans les analogies, c'est-à-dire des liens qui intègrent une notion de temps.

Application :

LENINGRAD – SAINT-PETERSBOURG ⇒ CEYLAN – ?

LENINGRAD est l'ancien nom de SAINT-PETERSBOURG (Leningrad devient Saint-Pétersbourg en 1991). CEYLAN est l'ancien nom du **SRI LANKA**.

4. La cause et la conséquence

Il arrive que les deux mots du couple aient un rapport de cause/conséquence. Vous devez alors respecter ce rapport.

Application :

RADIATEUR – CHALEUR ⇒ LAMPE – ?

Dans cette analogie, le RADIATEUR produit de la CHALEUR : le radiateur est la cause de la chaleur. La LAMPE produit quant à elle de la **LUMIERE**, et elle est alors bien la cause de la lumière.

5. L'expression

Certaines analogies reproduisent un lien d'expression idiomatique entre deux mots. Vous devez la plupart du temps associer un verbe transitif avec son complément habituel.

Application :

EPARGNER – ARGENT ⇒ COIFFER – ?

Habituellement, on épargne de l'argent. De même, habituellement, on se coiffe les cheveux. La meilleure réponse était donc CHEVEUX.

Le lien d'expression peut aussi associer un élément symbolique et représentatif de l'autre mot du couple.

Application :

AFRIQUE DU SUD – ARC EN CIEL ⇒ LIBAN – **?**

Un des noms donnés à l'Afrique du Sud est « la nation arc-en-ciel ». Il arrive aussi d'associer au Liban le cèdre, qui est l'arbre inscrit sur son drapeau. CEDRE était donc la bonne réponse ici.

6. Du général au particulier ou du particulier au général

Il arrive parfois qu'on associe à un concept général un élément particulier.

Application :

APPARTEMENT – IMMOBILIER ⇒ OBLIGATION – **?**

Dans l'exemple ci-dessus, un appartement est un élément de l'immobilier : c'est une valeur immobilière. L'obligation, qui est un titre de créance, est un élément du mobilier : c'est une valeur mobilière. Il fallait donc tout simplement compléter l'analogie par MOBILIER.

FICHE 8 — Logique

Mémento de langue française

1. AFFAIRE / A FAIRE

- S'écrit avec une majuscule pour désigner une administration : *les Affaires étrangères* ; avec une minuscule dans les autres cas : *s'occuper des affaires courantes, des affaires nationales.*
- Est au singulier dans *se tirer d'affaire, être tiré d'affaire* ; et au pluriel dans *toutes affaires cessantes.*

Affaire ou à faire ?

- **Avoir affaire à :** *Je n'ai jamais eu affaire à lui. Attention, tu vas avoir affaire à moi !* L'expression est toujours suivie de *à.*
- **Avoir à faire :** *Ne m'importunez pas, j'ai à faire, il me reste beaucoup à faire. Qu'as-tu à faire ? Il n'y a rien à faire.*

2. AUSSI

- S'emploie dans les comparatifs d'égalité de l'adjectif ou de l'adverbe.

  Il est aussi élégant que toi. Il conduit aussi vite qu'elle.
- Au sens de « également », **aussi** s'emploie dans des phrases affirmatives. Dans les phrases négatives, on emploie **non plus.**

  Tu l'as vu ? Moi aussi. / Tu ne l'as pas vu ? Moi non plus.
- Quand il indique un très haut degré, **aussi** entraîne le subjonctif avec inversion du sujet. *Aussi petit soit-il...* Sans inversion du sujet, on emploie **aussi... que.** *Aussi petit qu'il soit...*
- Comme conjonction, au sens de « c'est pourquoi », **aussi** entraîne l'inversion du sujet en langue soutenue.

  J'ai oublié mon téléphone chez moi, aussi n'ai-je pas pu travailler aujourd'hui.

Accord avec *aussi bien que*

- S'il y a une pause à l'oral ou deux virgules à l'écrit, le verbe reste au singulier.
  Le député, aussi bien que le sénateur, a accepté l'invitation (l'accent est mis sur « le député »).

- S'il n'y a pas de pause à l'oral ou pas de virgule à l'écrit, le verbe se met au pluriel.
  Le député aussi bien que le sénateur ont accepté l'invitation (l'un et l'autre).

3. DEMI

- Le préfixe **demi-,** toujours suivi d'un trait d'union, est invariable : *un demi-hectare, une demi-heure, trois demi-hectares, trois demi-journées.*

- Les mots composés avec **demi-** prennent la marque du pluriel sur le second élément : *des demi-livres, des demi-cercles, des demi-mètres, des demi-douzaines, des demi-finales, des demi-frères, des demi-maux, des demi-mesures, des demi-pensions, des demi-teintes, des demi-tours.*

- **Et demi, et demie** indiquent que l'on ajoute la moitié d'une unité. L'accord se fait en genre (masculin et féminin), mais l'expression reste au singulier : *trois mètres et demi, deux bouteilles et demie* (= deux bouteilles plus la moitié d'une bouteille). On écrit *midi et demi, minuit et demi.*

- **A demi** est invariable. L'expression s'emploie sans trait d'union devant un adjectif ou un participe : *des coupes à demi pleines, à demi remplies* ; et avec un trait d'union devant un nom : *parler à demi-mot, une entrée à demi-tarif.*

4. LES NOMS DES JOURS

- **Les noms des jours** s'écrivent sans majuscule.
  Venise, mercredi 8 mars.

- Ils prennent la marque du pluriel. *Tous les lundis.* Mais on écrit *les mardi et samedi de la semaine* (= il n'y a qu'un mardi et qu'un samedi dans la semaine).

- Les mots **matin, midi, après-midi, soir** restent invariables.
  Tous les dimanches matin (= au matin).

5. LEUR / LEURS

- *Je leur indique. Indique-leur.*

Astuce : Remplacer « leur » par « lui ». Si cela fait sens, alors c'est bien « leur » et non « leurs ».

- *Ce sont leur voiture.* Chacun n'a qu'une voiture donc on écrit « leur ».

- « Ce sont leurs enfants » signifie qu'ils en ont plusieurs.

6. LES MAJUSCULES

Les cas où l'on met une majuscule

- Au début d'une phrase.

La saison froide commence.

- A l'initiale des noms propres : *Jean Firmin, habite en Allemagne, la planète Mars ;* et à certains noms communs employés comme noms propres : *le Créateur, vivre dans le Midi* (= la région), *la Révolution Française, le journal Le Figaro.*

- Aux noms de marque (mots déposés) : *un Frigidaire, un Kleenex.*

- A certains noms employés comme titres : *Votre Altesse, chère Madame, merci Docteur* (mais pas à *une altesse royale, madame votre mère, docteur en médecine*).

- Aux noms d'habitants, de nationalités ou de peuples : *un Marseillais, un Anglais, un Tibétain* ; mais pas s'il s'agit d'une religion : *un chrétien, un juif.*

Les cas où l'on ne met pas une majuscule

- Aux noms de mois, sauf s'il s'agit d'une date historique : *le 3 mars,* mais *fêter le 1er Mai.*

- Aux noms de vins, de fromages produits dans la région dont ils prennent le nom : *un bordeaux, un saint-nectaire.*

- Aux noms de langues : *le français, le tchèque.*

- Aux termes génériques de géographie *(océan, mer, mont, golfe…)* : *l'océan Indien, le mont Everest, le lac Victoria, le golfe de Gascogne…* Sauf s'ils font partie intégrante du nom propre : *le massif du Mont-Blanc, Golfe-Juan, l'Ile-de-France…*

7. POURCENTAGES

- Avec un complément au singulier, l'accord se fait au singulier (avec le complément), en particulier s'il y a des adjectifs ou des participes : *20 % de la population s'est soulevée ;* ou au pluriel (avec l'expression du pourcentage), si c'est la quantité que l'on veut mettre en valeur : *30 % du budget sont dépensés pour…*

- Avec un complément au pluriel, l'accord se fait au pluriel (avec le complément) : *20 % des prestations ont été effectuées ;* même si le complément est sous-entendu : *20 % ont été effectuées.*

- Quand il s'agit d'un taux, l'accord se fait toujours au masculin avec l'expression du pourcentage. *1 % du bilan pourra être contesté ; 13 % du bilan pourront être contestés.*

- Quand il s'agit d'un rendement, l'expression du pourcentage est au masculin singulier.

  Cela fait du 8 % ; 15 % me semble excessif.

8. SANS

- *Il est venu sans son fils. Il est arrivé sans. Ils s'en vont sans rien dire.*

Remarque : on écrit *sens dessus dessous*.

- **Sans que** est suivi du subjonctif.

  Il est venu sans qu'on l'entende, sans que rien le trahisse… (On n'écrit donc jamais « Il est venu sans qu'on ne l'entende… ».)

- Les noms composés avec **sans** prennent un trait d'union et sont invariables : *un/des sans-abri, un/des sans-cœur, un/des sans-le-sou, un/des sans-grade, un/des sans-papiers.*

Singulier ou pluriel après *sans* ?

Lorsque *sans* introduit un complément du nom sans déterminant, il faut faire appel à la logique et au bon sens pour savoir si le nom est au singulier ou au pluriel.
Un chemisier sans col et sans manches.

Dans bien des cas, on a le choix.
Un ciel sans nuage (= il n'y a pas un seul nuage dans le ciel).
Un ciel sans nuages (= s'il y en avait, il y en aurait plusieurs).

Locutions figées

Il faut retenir certaines locutions figées dans lesquelles le nom précédé de *sans* est toujours au singulier.

sans arrêt	sans crainte	sans exception	sans suite
sans cesse	sans délai	sans fin	
sans conteste	sans encombre	sans pareil	

Lorsque *sans faute* (« absolument »), *sans façon* (« simplement ») et *sans doute* (« peut-être ») sont employés comme adverbes, ils s'écrivent toujours au singulier.
Elle fera ses devoirs ce dimanche sans faute et pourra sans doute t'aider à faire les tiens.

9. QUAND PLUSIEURS NOMS COMMANDENT L'ACCORD

- Si les noms sont tous au masculin, l'accord se fait au masculin pluriel.
  Emmanuel, Philippe et Paul sont souriants. Il a un pardessus et un pull neufs.

- Si les noms sont tous au féminin, l'accord se fait au féminin pluriel.
  Salima, Marie et Antoinette sont souriantes.

- Si les noms sont au masculin et au féminin, l'accord se fait au masculin pluriel.
  Salima, Marie et Emmanuel sont souriants.

- Si tous les noms au singulier représentent le même être ou la même chose, l'accord se fait au singulier.
  Un homme, un inconscient, s'est présenté devant nous.

- Si les noms sont synonymes, l'accord se fait avec le dernier.

  Donnez-moi un indice, une piste sérieuse.

- Si les noms sont repris par un mot qui résume, l'accord se fait avec celui-ci.

  Les murs, le mobilier, la décoration, tout était rénové… / La maison entière était rénovée.

10. UN MOT AVEC SON COMPLEMENT COMMANDE L'ACCORD

- L'accord se fait selon le sens.

  Le ministre de l'Agriculture français. C'est le ministre qui est français. On peut dire : *le ministre français de l'Agriculture.*

  Le ministre de l'Education nationale. Il s'agit de l'Education nationale et non d'un ministre national.

- S'il s'agit d'un nom collectif ou d'un quantitatif, l'accord se fait soit avec le collectif ou le quantitatif, soit avec le complément.

  Une bande d'adolescents nerveux. / Une bande d'adolescents joyeuse et dissipée.

  Une quinzaine de jours ont été moroses. / Cette quinzaine de jours était ennuyeuse.

- Si le mot est un **quantitatif,** l'accord se fait avec le complément au pluriel.

  Beaucoup de familles sont venues. La plupart d'entre elles sont reparties.

- Si le mot est un **collectif,** l'accord se fait avec le collectif ou avec son complément.

  Un convoi de caravanes traversa (ou *traversèrent*) *la ville.*

11. INVERSION DU SUJET

Il y a **inversion du sujet** quand le sujet est placé après le verbe alors que l'ordre habituel est sujet-verbe.

Elle parlera. – Parlera-t-elle ?

- Dans les tournures poétiques.

  Vienne l'automne, souffle le vent.

- Dans des formes de la phrase interrogative.

  Comment vas-tu ? Est-ce vous ?

- Dans l'incise.

  « Il te parle.

  – J'ai entendu », rétorqua Philippe.

- Après certains adverbes ou locutions adverbiales.

  Encore faut-il que… Toujours est-il que… Tout au plus ai-je… A peine avait-elle ouvert les yeux que…

- Dans les subordonnées relatives.

  Ce sont des conditions que connaissaient déjà nos aïeux.

Trait d'union et liaison dans l'inversion du sujet

- Lorsqu'il y a inversion du sujet, le pronom sujet est lié au verbe par un trait d'union.

  Viens-tu ?

- Si le verbe se termine par *-e* ou *-a,* on ajoute un *-t* pour permettre la liaison.

  Aime-t-il le caramel ?

  A-t-on besoin de tout ceci ?

- Si le verbe se termine par *-d* ou *-t,* on fait la liaison en prononçant [t].

  <u>Perd-il</u> son temps ?

  Aiment-ils le caramel ?

12. QUELQUE OU QUEL QUE ?

Il ne faut pas confondre **quelque,** déterminant indéfini, qui ne varie pas en genre, et **quel(le)… que,** déterminant interrogatif, qui précède un verbe au subjonctif.

- Déterminant indéfini

  Quelque décision que tu prennes, je ne cèderai pas.

  Quelque choix que tu fasses, je ne cèderai pas.

- Déterminant interrogatif

  Quelle que soit ta décision, je ne cèderai pas.

  Quel que soit ton choix, je ne cèderai pas.

  Quelles que soient mes envies, tu dois les combler.

13. ACCORD LORSQU'IL Y A PLUSIEURS ADJECTIFS POUR UN NOM AU PLURIEL

- Plusieurs adjectifs au pluriel se rapportent au mot pluriel dans sa globalité.

  Des enfants joyeux et rieurs jouaient dans la cour.

- Plusieurs adjectifs épithètes au singulier se rapportent à un même nom au pluriel.

  Etudier les civilisations égyptienne et romaine.

14. ACCORD DES ADJECTIFS DE COULEUR

- Les adjectifs simples désignant une couleur (bleu, vert, jaune, blanc, etc.) sont variables. Ils suivent la règle générale et s'accordent en genre et en nombre avec le nom auquel ils se rapportent.

  Un papier blanc, une feuille blanche, des panneaux blancs.

  Une valise jaune, des tissus bleus, des cheveux blonds.

- Les adjectifs de couleur composée sont invariables. (On emploie le trait d'union lorsque deux adjectifs de couleurs sont juxtaposés).

  Des boucles gris perle, une jupe bleu nuit (pas de « e » finale, marque du féminin à bleu donc), *des eaux bleu-vert.*

- Les adjectifs de couleur qui proviennent de noms (fruits, légumes, métaux pierres précieuses, etc.) sont invariables.

  Couleur : abricot – argent – avocat – bronze – café – cannelle – caramel – carotte – cerise – chocolat – citron – crème – cuivre – framboise – kaki – marine – olive – or – orange – pêche – prune – turquoise…

  Des yeux caramel, des reflets turquoise, une chemise kaki.

15. ADVERBES

- **Les adjectifs employés comme adverbes**

Certains adjectifs s'emploient au masculin singulier comme des adverbes. Ils sont alors invariables.

Ces stylos sont chers (adjectif). / *Ces stylos coûtent cher* (adverbe invariable).

- **La formation des adverbes en *-ment, -amment, -emment***

Les adverbes en *-ment, -amment, -emment* se forment à partir de l'adjectif.

L'adverbe en *-ment* se forme le plus souvent à partir du féminin de l'adjectif.

Fier	Fière	Fièrement
Vif	Vive	Vivement
Grand	Grande	Grandement
Doux	Douce	Doucement
Lent	Lente	Lentement
Fou	Folle	Follement

Remarques

- Si l'adjectif masculin se termine déjà par *-e,* on ajoute *-ment* : *logique/logiquement, propre/proprement.* Mais le *-e* peut prendre l'accent aigu : *aveugle/aveuglément, intense/intensément.*

- Si l'adjectif masculin se termine par *-é, -i* ou *-u,* on ajoute *-ment* : *aisé/aisément, poli/poliment, vrai/vraiment* (mais *gai/gaiement*), *absolu/absolument* (mais *assidu/assidûment, cru/crûment*).

- L'adverbe en *-amment* ou en *-emment* (toujours prononcé [a]) se forme à partir du masculin de l'adjectif en *-ant* ou en *-ent.*

Bruyant	Bruyamment	Différent	Différemment
Brillant	Brillamment	Prudent	Prudemment
Courant	Couramment	Violent	Violemment

16. CONJONCTIONS

Une conjonction est un mot invariable qui sert à « joindre » deux mots, deux groupes ou deux propositions.

- **Les conjonctions de coordination *mais, ou, et, donc, or, ni, car***

Elles relient deux mots, deux groupes de mots ou deux propositions qui ont la même fonction dans la phrase.

Robert aime le thé et le café. (« Et » relie deux noms COD.)

Robert et moi sommes de la partie. (« Et » relie un nom et un pronom sujets.)

Robert parle et Jean écoute. (« Et » relie deux propositions.)

⚠ **ATTENTION** N'écrivez pas « mais donc », « et donc », « or donc », etc. Il n'est en effet pas possible d'écrire deux conjonctions de coordination l'une à la suite de l'autre.

Remarque : certains adverbes, ou locutions adverbiales, jouent le même rôle qu'une conjonction de coordination, en particulier pour coordonner deux propositions : *puis, pourtant, en effet, ensuite, par contre, alors, cependant, toutefois, néanmoins,* etc.

A retenir : lorsque vous travaillerez sur des questions de reformulation, vous devrez choisir des phrases qui conservent le meilleur style. Aussi devez-vous savoir qu'il n'est pas bienvenu (bien que cela soit toléré) de débuter un phrase avec une conjonction de coordination.

- **Les conjonctions de subordination**

Elles relient une proposition subordonnée à une autre proposition dont elle dépend.

Les principales conjonctions de subordination sont : *que, quand, parce que, puisque, si, comme,* etc.

On trouvera à leur ordre, dans la partie dictionnaire, toutes ces conjonctions avec l'indication du mode (indicatif ou subjonctif) qu'elles demandent.

17. ACCORD DU PARTICIPE PASSE EMPLOYE AVEC L'AUXILIAIRE *AVOIR*

Le participe passé conjugué avec l'auxiliaire *avoir* ne s'accorde jamais avec le sujet. Il s'accorde avec le complément d'objet direct (COD) quand celui-ci est placé devant le verbe. Sinon, il reste invariable.

Sans accord	Avec accord
Ils ont couru. (pas de COD)	Quelles belles fleurs tu as dessinées ! (COD avant le verbe)
Ils nous ont menti. (*nous* est COI)	Ces fleurs, je les ai dessinées pour toi.
	Cette lettre, je l'ai rédigée.
	Les fleurs que j'ai dessinées pour toi sont belles.
	Tu nous as vus ? (= des garçons ou des garçons et des filles)
	Tu nous as vues ? (= des filles)

⚠ **ATTENTION** Le pronom transmet le genre (masculin ou féminin) et le nombre (singulier ou pluriel) de ce qu'il représente.

Cas particuliers

- Avec le pronom *en,* le participe passé est le plus souvent invariable.
  As-tu cueilli des cerises ? – Oui, j'en ai cueilli. (= de cela).
  Des romans comme ça, je n'en ai jamais lu !
  Mais il peut s'accorder si c'est l'idée de pluriel qui prédomine.
  Tant de disques ! Combien en as-tu achetés ?

- Avec le pronom *l',* le participe est invariable si le pronom représente une phrase.
  Elle est plus craintive que je l'avais imaginé.

- Avec des verbes comme *dire, donner, devoir, croire, vouloir, permettre,* etc. Il ne faut pas confondre le COD du participe et le COD d'un autre verbe (exprimé ou non). Ainsi, le participe s'accorde logiquement avec son COD dans :
  J'ai compris les choses que tu m'as dit (de faire) *que tu as permis* (que je fasse).
  Le mot *choses* étant COD du deuxième verbe *faire.*

- Suivi d'un infinitif, le participe passé s'accorde logiquement avec son complément d'objet direct, mais pas avec celui de l'infinitif.
  Marie, je l'ai vue danser. (= J'ai vu Marie qui dansait.)

Remarques

- Il ne faut pas confondre le complément de mesure d'un verbe intransitif qui répond à la question « combien ? » et le complément d'objet direct d'un verbe transitif qui répond à la question « quoi ? ».

Il a vécu deux ans en Afrique. (mesure)
Les deux ans qu'il a vécu en Afrique... (invariable)
Il a vécu deux divorces. (COD)
Les deux divorces qu'il a vécus... (accord)

- Il ne faut pas confondre le sujet réel d'un verbe impersonnel et un complément d'objet direct.
  Quelle chaleur il a fait ce matin ! (invariable)
  Il a fait une erreur ce matin. (COD)
  L'erreur qu'il a faite ce matin... (accord)

18. ACCORD DU PARTICIPE PASSE DES VERBES PRONOMINAUX

Le participe passé des verbes pronominaux s'accorde avec le sujet (comme normalement avec l'auxiliaire *être*) sauf si le pronom réfléchi est complément d'objet indirect (COI). Dans ce cas, il suit les règles d'accord du participe conjugué avec l'auxiliaire *avoir* : il reste invariable ou il s'accorde avec le COD placé avant.

- **Accord avec le sujet (comme avec l'auxiliaire *être*)**

<u>Le pronom réfléchi ne représente rien.</u>
Elles se sont perdues.
Ils se sont emparés du pays.
Elle s'est aperçue de sa méprise.
Ses livres se sont bien vendus.

<u>Le pronom réfléchi est COD. Il représente le sujet.</u>
Elle s'est vue dans la glace. (= elle-même)
Ils se sont aimés. (= l'un l'autre)
Il s'agit de verbes transitifs directs (avec COD) employés à la forme pronominale : *observer, aimer, habiller, laver,* etc.

- **Participe toujours invariable (comme avec l'auxiliaire *avoir*)**

Il n'y a pas de COD et le pronom réfléchi est COI.
Ils se sont parlé. (= l'un à l'autre)

Les employés qui se sont succédé. (= l'un a succédé à l'autre qui a succédé à l'autre, etc.)

Il s'agit de verbes transitifs indirects employés à la forme pronominale : *parler, mentir, nuire, plaire, succéder à quelqu'un,* etc.

Il y a un COD placé après le verbe.

Elles se sont offert des fleurs.
COI COD

Ils se sont écrit des lettres.

Elle s'est permis de partir en avance.

Elle s'est lavé les mains.

Il s'agit de verbes transitifs à deux compléments, l'un direct, l'autre indirect, employés à la forme pronominale : *donner, offrir, dire, écrire, demander quelque chose à quelqu'un,* etc., ou de constructions analogues : *se casser une jambe, se laver les mains.* Le complément d'objet direct suit le verbe, donc il n'y a pas d'accord.

- **Accord avec le COD placé avant le verbe (comme avec l'auxiliaire *avoir*)**

Quelles fleurs elles se sont offertes !
COD verbe

Les lettres qu'ils se sont écrites.

Les privilèges qu'elles se sont arrogés.

Quelle jambe s'est-elle cassée ?

Il s'agit le plus souvent de verbes transitifs à deux compléments employés à la forme pronominale : *donner, offrir, dire, écrire, demander, acheter quelque chose à quelqu'un,* ou de constructions analogues : *la jambe qu'il s'est cassée.* Le complément d'objet direct est placé avant le verbe, donc le participe passé s'accorde.

⚠ **ATTENTION** Il ne faut pas confondre : *elle s'est lavée* (= elle-même ; *s'est* COD) et *elle s'est lavé les mains* (= les mains à elle, *s'est* COI).

Remarque : le participe passé des locutions verbales est variable ou invariable selon les cas. Seul le recours au dictionnaire permet de lever la difficulté.

Elle s'est rendu compte de son oubli (= invariable).

Elle s'est rendue maître des événements (= variable).

19. ACCORD DU PARTICIPE PASSE SUIVI D'UN INFINITIF

- Avec l'auxiliaire *être,* l'infinitif qui suit le participe ne modifie en rien les règles de l'accord.
  Ils sont partis chercher de l'aide.

- Avec l'auxiliaire *avoir,* il faut faire attention au complément d'objet direct (COD).
  – Si le COD est complément du participe et sujet de l'infinitif, il y a accord.
  Sarah, je l'ai entendue chanter (= j'ai entendu Sarah qui chantait).
  – Si le COD est complément de l'infinitif, il n'y a pas d'accord.
  Ces poèmes, je les ai entendu réciter (= j'ai entendu [quelqu'un] réciter ces poèmes).

Remarque : le participe est invariable si on peut ajouter *par* et un complément indiquant qui fait l'action exprimée par l'infinitif.
Ces poèmes, je les ai entendu dire par Christian.

- Avec les verbes pronominaux, les règles sont les mêmes.
  – Avec accord : *Elle s'est vue tomber.*
  – Sans accord : *Elle s'est laissé approcher* (par quelqu'un).

Cas particuliers

- Le participe passé *fait* suivi d'un infinitif est toujours invariable.
  La jupe qu'elle a fait coudre. / La jupe qu'elle s'est fait coudre.

- Le participe passé *laissé* suivi d'un infinitif est variable.
  Elle s'est laissée dépérir. / Elle s'est laissé séduire (par quelqu'un).

Mais certaines grammaires, comme le texte des *Recommandations Officielles* de 1990, le donnent invariable sur le modèle de *fait.*

20. PARTICIPE PRESENT

Le participe présent d'un verbe est toujours terminé par *-ant,* quelle que soit la conjugaison de ce verbe.

1er groupe *chantant*

2e groupe *finissant*

3e groupe *cueillant, concluant, mourant, vivant,* etc.

Le participe présent peut s'employer seul.

Nous recherchons un collaborateur parlant le russe.

Ou après la préposition *en,* on parle alors du **gérondif.**

Ils sont partis en riant.

- **Participe présent et adjectif verbal**

On appelle **adjectif verbal** l'adjectif formé à partir du participe présent.

Le participe présent est toujours invariable, l'adjectif verbal est variable ; il s'accorde en genre (masculin ou féminin) et en nombre (singulier ou pluriel) avec le nom auquel il se rapporte.

Participe présent

Vivant à l'étranger, elle n'était pas au courant de la nouvelle.

Adjectif verbal

C'était une jeune femme très vivante.

- **Participe présent invariable ou adjectif verbal variable ?**

Le gérondif, participe présent précédé de *en,* est toujours invariable.

Elle est partie en riant et en chantant.

La forme en *-ant* est un participe présent invariable :

– s'il y a un sujet (exprimé ou non) ou un complément (on peut remplacer le participe présent par une forme conjuguée)

Les élèves obéissant à leurs maîtres attendaient sagement (= les élèves qui obéissent à leurs maîtres…).

– si l'on peut l'encadrer avec la négation *ne… pas*

Ne croyant pas pouvoir arriver à l'heure, elle a préféré décommander.

La forme en *-ant* est un adjectif verbal variable :

– si l'on peut l'employer comme attribut (après le verbe *être*)

Ces élèves sont obéissants.

– si l'on peut lui substituer un autre adjectif

Une jeune fille croyante (= dévote).

– si l'on peut l'employer avec des adverbes comme *très*

C'est une chanson très apaisante.

⚠ **ATTENTION** Quelquefois, adjectif verbal et participe présent n'ont pas la même orthographe tout en ayant la même prononciation.

Verbes en *-ger, -guer, -quer* :

Verbe	Participe présent	Adjectif verbal
Diverger	divergeant	divergent
Négliger	négligeant	négligent
Fatiguer	fatiguant	fatigant
Naviguer	naviguant	navigant
Communiquer	communiquant	communicant
Suffoquer	suffoquant	suffocant

Autres verbes :

Verbe	Participe présent	Adjectif verbal
Adhérer	adhérant	adhérent
Equivaloir	équivalant	équivalent
Influer	influant	influent
Résider	résidant	résident

⚠ **ATTENTION** Vous retiendrez que pour le verbe trafiquer, le participe présent (en trafiquant) s'écrit de la même façon que l'adjectif verbal (un trafiquant de drogue).

21. LE SUBJONCTIF

Le subjonctif permet d'exprimer :

- Un souhait

  Je désire que tu viennes. *J'aimerais que tu viennes.*

  Vive le roi ! (= que le roi vive) *Puisses-tu dire vrai !*

- L'obligation ou l'ordre

  Il faut que tu lui répondes. *Qu'il y aille !*

Dans cet emploi, le subjonctif à la 3e personne remplace l'impératif.

D'une manière plus générale, le subjonctif indique le doute, le virtuel, le possible, alors que l'indicatif indique ce qui est réel, sûr, effectif.

C'est ainsi que l'on dira :

– à l'indicatif : *Je suis certain qu'il changera d'avis.*

– au subjonctif : *Je ne suis pas certain qu'il change d'avis.*

Remarque : le subjonctif s'emploie aussi obligatoirement après des conjonctions de subordination telles que *pour que, avant que, bien que,* etc.

22. VERBES PRONOMINAUX

On appelle **verbe pronominal** un verbe qui s'emploie avec un pronom réfléchi *(me, te, se, nous, vous, se).*

Aux temps composés, les verbes pronominaux se conjuguent toujours avec l'auxiliaire *être.*

Verbes essentiellement pronominaux

Ce sont des verbes comme *s'emparer, s'enfuir, se méfier, se souvenir, s'écrier,* etc.

Ces verbes n'existent qu'à la forme pronominale et le pronom réfléchi ne représente rien. Il ne s'analyse pas.

Aux temps composés, le participe passé des verbes essentiellement pronominaux s'accorde en genre et en nombre avec le sujet.

Ils se sont enfuis.

Elle s'est souvenue de son adolescence.

Ils se sont abstenus de voter.

Remarques :

Le verbe *s'arroger* se construit avec un complément d'objet direct. L'accord se fait avec le COD s'il est placé avant.

Elle s'est arrogé des subsides. / Les subsides qu'elle s'est arrogés.

Certains verbes sont essentiellement pronominaux uniquement dans un de leurs emplois. C'est le cas par exemple du verbe *s'apercevoir* (= se rendre compte), dont le sens est bien distinct de celui du verbe *apercevoir.*

Elle s'est aperçue de son oubli.

Elle s'est aperçue dans le miroir.

- **Construction pronominale**

La plupart des verbes transitifs (direct, indirects ou à deux compléments) peuvent s'employer à la forme pronominale. Dans ce cas, le pronom réfléchi qui représente le sujet est complément d'objet direct (COD) ou complément d'objet indirect (COI).

- **Verbe transitif direct**

A la forme pronominale, le pronom réfléchi est COD.

Marie se regarde dans le miroir (= elle-même). (Marie observe qui ? – Marie.)

Jean et Marie s'aiment (= l'un l'autre). (Jean aime Marie ; Marie aime Jean.)

Aux temps composés, le participe passé des verbes transitifs directs employés à la forme pronominale s'accorde avec le sujet que le pronom réfléchi reprend.

Marie s'est regardée dans le miroir.

Jean et Marie se sont embrassés (= l'un l'autre).

- **Verbe transitif indirect**

A la forme pronominale, le pronom réfléchi est COI.

Jean se ment (= à lui-même). (Jean ment à qui ? – A Jean.)

Maxime et Sylvie se plaisent (= l'un à l'autre). (Maxime plaît à Sylvie et Sylvie plaît à Maxime.)

Aux temps composés, le participe passé des verbes transitifs indirects employés à la forme pronominale est invariable.

Sylvie s'est menti (= à elle-même).

Maxime et Sylvie se sont plu (= l'un à l'autre).

- **Verbe transitif à deux compléments**

A la forme pronominale, le pronom réfléchi est COI et il y a un complément d'objet direct.

Marie s'offre une jupe. (Marie offre quoi ? – Une jupe. A qui ? – A elle-même.)

Aux temps composés, le participe passé des verbes transitifs à deux compléments employés à la forme pronominale s'accorde avec le COD si celui-ci est placé avant le verbe.

Marie <u>s'est offert</u> une <u>jupe</u>.
verbe COD

<u>La jupe</u> que Marie <u>s'est offerte</u>.
COD verbe

- **Verbe pronominal réfléchi ou réciproque**

On dit d'un verbe pronominal qu'il a un **sens réfléchi** quand on peut dire *lui-même, elle-même, eux-mêmes, elles-mêmes*. Le sujet peut être au singulier ou au pluriel.

Marie se regarde dans le miroir.

Les comédiens s'habillent.

On dit d'un verbe pronominal qu'il a un **sens réciproque** quand on peut dire *l'un l'autre, l'un à l'autre, les uns les autres,* etc. Le sujet a toujours un sens pluriel même s'il s'agit du pronom *on.*

Pierre et Marie se sont enlacés (= l'un l'autre).

Les enfants se sont bagarrés dans la cour (= les uns contres les autres).

Ils se sont écrit des poèmes (= l'un à l'autre).

23. REGLES DE PONCTUATION

- **La virgule**

La virgule indique une pause dans la phrase, moins marquée que celle indiquée par un point.

Sylvie mit son écharpe, ouvrit la porte et partit travailler.

La virgule sépare des éléments semblables (même ponctuation, même registre) dans la phrase.

Maxime acheta des légumes, du thé et le journal.

- **Le point**

Le point se place à la fin de la phrase.

Eric alla en Russie.

Le point signale la fin d'une abréviation.

M. pour Monsieur, Abr. pour abrégé…

NB : on ne met pas de point lorsque des lettres sont supprimées à l'intérieur du mot.

Dr pour *Docteur* ou *Mme* pour *Madame.*

- **Le point-virgule**

Le point-virgule s'utilise à l'intérieur d'une phrase.

La valeur de la pause du point-virgule se situe entre celle du point et celle de la virgule. On ne met pas de majuscule après le point-virgule.

Le film était fini ; il était temps de quitter la salle.

- **Le point d'exclamation**

Il s'utilise après une interjection ou une phrase exclamative.

Oh ! (Interjection) / *Je me suis fait avoir !* (Phrase exclamative)

- **Le point d'interrogation**

Le point d'interrogation se place à la fin d'une question.

As-tu entendu ce qu'elle a dit ?

On peut marquer le doute par un point d'interrogation entre parenthèses (?).

Léonard de Vinci est né en 1452 (?) à Vinci.

- **Les points de suspension**

On les appelle aussi « les petits points » ou « trois petits points ». On les utilise pour marquer l'inachèvement dans l'expression d'une idée, d'une énumération.

Il y a retrouvé son père, sa mère, ses frères, ses sœurs…

On peut les utiliser avant ou après un point d'exclamation ou d'interrogation.

Hep !… Toi, là-bas !…

Tu disais… ?

On les emploie aussi après l'initiale d'un nom que l'on veut dissimuler.

Monsieur G. de R… fit son entrée.

Les points de suspension, enfin, marquent une pause, une attente, une surprise dans un texte.

Quand soudain…, il s'aperçut qu'il n'était pas seul.

- **Les deux-points**

Les deux-points annoncent une énumération, une citation, des propos.

Tout l'irritait : ses rires, ses plaisanteries, ses expressions.

Elle s'exclama : « Comme c'est original ! »

Les deux-points annoncent parfois une explication, une justification.

Maxime annula son rendez-vous avec Julie : il n'était pas d'humeur à voir du monde.

- **Les parenthèses et les crochets**

Les parenthèses servent à mettre à part un mot, une remarque ou un passage.

Un horloger suisse (et plus précisément, romand) s'était installé en Auvergne.

Trois points consécutifs placés entre crochets *([...])* indiquent l'omission d'un passage plus ou moins long. Il s'agit souvent d'un extrait de citation.

- **Les guillemets**

Ils ont été imaginés par l'imprimeur Guillaume, dit Guillemet. Les guillemets servent à encadrer une citation.

Baudelaire a écrit : « Homme libre, toujours tu chériras la mer... »

On utilise les guillemets pour mettre en évidence un titre d'article, une expression étrangère, un mot familier.

Il a enfilé ses nouvelles « grolles » pour son premier entretien d'embauche.

On utilise enfin les guillemets pour rapporter des paroles prononcées.

- **Le tiret**

Dans un dialogue, le tiret annonce un nouvel interlocuteur.

« Voulez-vous souper avec moi ?

– Oui, avec plaisir. »

Les tirets peuvent remplacer des parenthèses. Dans le traitement de texte, le tiret est précédé d'un espace. *Nota bene :* le second tiret n'est pas indispensable devant un point ou un point-virgule.

Quand il s'adressa à Shimon Peres – le président de l'Etat d'Israël – Daniel fut submergé par l'émotion.

24. DES TERMINAISONS INATTENDUES

- **Des noms masculins qui se terminent par un *-e***

Des noms masculins terminés par **-ée :** *un athée, un caducée, un camée, un apogée, un hyménée, un lycée, un mausolée, un musée, un pygmée, un scarabée, un trophée...*

Des noms masculins terminés par **-ie :** *un amphibie, un génie, un incendie, un parapluie, un sosie, le foie...*

Des noms masculins terminés par **-oire :** *un accessoire, un auditoire, un conservatoire, un interrogatoire, l'ivoire, un laboratoire, un observatoire, un pourboire, un réfectoire, un territoire...*

Des noms masculins terminés par **-eurre :** *le beurre, un leurre.*

Un nom masculin terminé par **-ette :** *un squelette.*

- **Des adjectifs au masculin qui se terminent par un *-e***

Les adjectifs au masculin terminés par le son **[il]** s'écrivent **-ile :** *habile, débile, futile, sénile, immobile...*

Exceptions : *civil, puéril, subtil, vil, volatil, tranquille.*

- **Des terminaisons inattendues pour des mots au singulier**

Certains noms au singulier se terminent par **-s** : *un croquis, le cambouis, une fois, un héros, un legs, un poids, un puits, un compromis, un remords, un relais, un tiers, un concours, un discours, un parcours, un recours, le velours...*

Certains noms au singulier se terminent par **-x** : *une croix, un crucifix, une faux, le flux, une noix, la paix, une perdrix, le prix, la toux, la voix...*

Tous les adjectifs masculins terminés par le son **[eü]** s'écrivent **-eux,** même au singulier : *ambitieux, mystérieux, précieux, respectueux, chanceux, honteux...*

Exceptions : *un bleu de travail / des bleus de travail ; un pneu de moto / des pneus de moto.*

- **Des terminaisons inattendues pour des mots féminins**

Les noms féminins terminés par le son **[tje]** s'écrivent **-tié.** Ils ne prennent jamais de *-e* final : *la pitié, l'amitié, la moitié...*

Quatre noms féminins terminés par le son **[y]** s'écrivent **-u,** sans *-e* final : *la bru, la glu, la tribu, la vertu.*

Les noms féminins terminés par le son **[te]** s'écrivent **-té,** sans *-e* final : *la beauté, la cité, la gaieté, la fierté, l'humanité, la quantité, la propriété, la satiété, la piété...*

Exceptions : *la butée, la dictée, la jetée, la montée, la nuitée, la pâtée, la portée, la tétée* ; les noms qui expriment un contenu : *une assiettée, une platée, une potée...*

- **Les noms féminins sans -*e***

Les noms de cette liste sont féminins. Ils se terminent par un « son » voyelle, mais s'écrivent sans -*e* final, contrairement à la majorité des noms féminins.

la brebis	la glu	la paroi	la tribu
la bru	la loi	la perdrix	la vertu
la clé	la nuit	la souris	
la foi	la paix	la toux	

25. QUELQUES MOTS INVARIABLES

Attention aux mots suivants qui sont invariables et qui doivent le rester !

BEAUCOUP, HIER, SELON, SURTOUT, TANT, TROP, PARMI (et jamais avec un « s » !), ENTRE, DURANT et CERTES (et jamais sans « s » donc !)

26. MASCULIN OU FEMININ ?

Dit-on *un* ou *une astérisque ?* Nous donnons ici une liste de noms sur lesquels les erreurs sont les plus nombreuses.

- **Masculin :** acolyte, amalgame, arcane, aromate, astérisque, cerne, épilogue, interstice, intervalle, obélisque.

- **Féminin :** acné, agora, anagramme, arrhes, épithète, équivoque, obsèques, orbite, pléthore, réglisse.

27. EPICENES

Rappel : un mot épicène est un mot dont la forme ne change pas avec le genre qu'il désigne. Exemples : critique (un critique d'art, une critique acerbe), garde (un garde forestier, la garde royale), greffe (une greffe d'organe, un greffe du tribunal de commerce), livre (un livre passionnant, une livre de fraises), etc.

Rappelez-vous également qu'il existe également quelques prénoms épicènes comme : Claude, Maxime, Camille et Dominique.

⚠ **ATTENTION** Il peut arriver que dans des tests d'aptitude logique ou d'aptitude au raisonnement, vous soyez amené par exemple à dénombrer le nombre de filles ou de garçons qu'il y a dans une famille. Attention donc à ne pas tomber dans le piège des prénoms épicènes et de ne pas considérer avec erreur que Dominique est une fille alors que Dominique peut aussi être un garçon !

28. L'ECRITURE DES ADJECTIFS NUMERAUX CARDINAUX ET ORDINAUX

- **Les adjectifs numéraux cardinaux**

On met normalement un trait d'union dans les composés inférieurs à cent sauf s'ils sont coordonnés par *et* : *vingt-deux* mais *vingt et un.*

Les adjectifs numéraux cardinaux sont invariables sauf *un, cent* et *vingt.*

– *Un* s'accorde en genre (masculin ou féminin).

J'ai lu trente et un paragraphes. J'ai lu trente et une pages.

– *Cent* prend un *-s* quand il est multiplié : *deux cents livres,* sauf quand il est suivi d'un autre numéral : *deux cent trois livres,* ou quand il est employé comme ordinal : *page deux cent* (= la deux centième page).

– *Vingt* ne prend un *-s* que dans le nombre *quatre-vingts* : *il a quatre-vingts euros,* sauf quand il est suivi d'un autre numéral : *il a quatre-vingt-cinq ans* ou quand il est employé comme ordinal : *ouvrez vos manuels page quatre-vingt* (= la quatre-vingtième page).

Mille est toujours invariable : *cinq mille hommes.*

⚠ **ATTENTION** *Million* et *milliard* ne sont pas des adjectifs mais des noms. Ils prennent donc la marque du pluriel : *six milliards et cinq cents millions de personnes.*

- **Les adjectifs numéraux ordinaux**

Ces adjectifs indiquent le rang, l'ordre. Ils sont formés d'un numéral cardinal auquel on ajoute la terminaison *-ième* : *deuxième, cinquième, trente et unième.*

Les adjectifs numéraux ordinaux s'accordent en nombre.
Ils sont huitièmes ex-æquo.

Les adjectifs *premier* et *second* s'accordent aussi en genre.
C'est le premier, c'est la première. Ils sont premiers, elles sont premières.

⚠ **ATTENTION** Lorsque deux adjectifs numéraux se rapportent au même nom au pluriel, ils restent au singulier : *les dix-septième* et *dix-neuvième siècles.*

29. SIGLES ET ACRONYMES

Rappel : un sigle est une abréviation constituée des initiales (ou de certaines lettres) de plusieurs mots.

Exemples :

- **p**roduit **i**ntérieur **b**rut : **PIB**
- **i**nterruption **v**olontaire de **g**rossesse : **IVG**
- **o**rganisme **g**énétiquement **m**odifié : **OGM**
- **s**ans **d**omicile **f**ixe : **SDF**
- **F**onds **m**onétaire **i**nternational : **FMI**

Un sigle qui peut se lire et se prononcer comme un mot est un acronyme : ONU, CAC (CAC 40), SICAV, SMIC, OVNI. Ces acronymes s'écrivent de plus en plus souvent en minuscules : une Sicav monétaire, un Smic brut.

Pour votre culture générale, les sigles et les acronymes prennent le genre du mot principal qui les compose CFDT est du féminin (la Confédération française démocratique du travail). CNRS est du masculin (le Centre national de la recherche scientifique).

30. PLURIELS PARTICULIERS

- La plupart des noms qui ont une terminaison en *-ail* ont un pluriel régulier en *-s*. Ils s'écrivent donc *-ails* au pluriel : *un portail/des portails, un caravansérail/des caravansérails*.

Cas particuliers

Certains noms font leur pluriel en *-aux*. Parmi les plus courants, on trouve :

un bail – des baux	un travail – des travaux
un corail – des coraux	un vantail – des vantaux
un émail – des émaux	un vitrail – des vitraux
un soupirail – des soupiraux	

- Seuls sept noms en *-ou* font leur pluriel en *-x*. Il faut les connaître.

des bijoux	des genoux
des choux	des joujoux
des hiboux	des poux
des cailloux	

FICHE 9

Logique

Vocabulaire et style

1. ATTENTION AUX PLEONASMES

L'objectif visé ici est de ne pas redoubler des mots de même sens.

Eviter les pléonasmes demande une bonne appréciation du vocabulaire : on doit être capable de reconnaître que deux mots sont porteurs du même sens afin de ne pas les employer ensemble.

- Abolir entièrement
- Allumer la lumière
- L'apparence extérieure
  Apparence signifie déjà « ce que l'on voit de l'extérieur ».
- Commémorer un souvenir
- Comparer ensemble, comparer entre eux
  Comparer signifie déjà « mettre en relation, confronter plusieurs choses entre elles ».
- Se dévisager mutuellement (ou l'un l'autre)
- Divulguer publiquement
- Une dune de sable
- Un hasard imprévu
  Un hasard est, par définition, toujours imprévisible.
- Marcher à pied, marche à pied
- Avoir le monopole exclusif
- La panacée universelle
- Pondre un œuf
- La première priorité
- Se relayer tour à tour
- Répéter deux fois la même chose

- Retenir d'avance
- Solidaires l'un de l'autre
- Assez suffisant
- A l'unanimité de tous les présents
- Opposer son veto

2. ATTENTION A BIEN DISTINGUER LES MOTS DE SENS PROCHES

- Une alternative / Un dilemme
- Analogue / Identique
  Analogue : qui présente quelques similarités, qui est semblable.
  Identique : qui est en tous points pareil à autre chose.
- Anoblir / Ennoblir
- Assurer / Promettre
  Assurer : certifier, garantir.
  Promettre : s'engager envers quelqu'un, garantir, certifier (mais ne doit être employé que pour faire référence au futur).
- Ceci / Cela
  Ceci : se réfère à ce qui va être dit.
  Cela : se réfère à ce qui a été dit.
- La cohérence / La cohésion
  Cohérence : union étroite d'idées qui s'accordent entre elles.
  Cohésion : attribut d'un ensemble dont les parties sont solidaires.
- Colorer / Colorier
  Colorer : donner de la couleur (nom dérivé : coloration)
  Colorier : appliquer des couleurs sur une surface (nom dérivé : coloriage).
- Congénital / Héréditaire
- La découverte / L'invention
  La découverte : elle consiste à faire connaître ce qui existe mais qui était occulté ou ignoré jusque-là.
  L'invention : elle consiste à concevoir une technique ou un appareil qui n'existait pas jusque-là.
- Dédicacer / Dédier
  Dédicacer : signer l'exemplaire d'une œuvre dont on est l'auteur.
  Dédier : mettre une œuvre sous le patronage de quelqu'un.

- Délivrer / Libérer
- Démythifier / Démystifier
- Dessécher / Assécher
- L'égalité / L'équité
- Emménager / Aménager
- Enfantin / Infantile
- Ephémère / Provisoire
- Gourmand / Gourmet
- La graduation / La gradation
- Hiberner / Hiverner
- Illettré / Analphabète
- Imminence / Immanence
- Immoral / Amoral
- L'inclination / L'inclinaison
- L'intégration / L'assimilation
- L'intégrité / L'intégralité
- Jadis / Naguère
- Judiciaire / Juridique
- La justesse / La justice
- Légal / Légitime
- Marin / Maritime
- La maturité / La maturation
- Médiéval / Moyenâgeux
- La médisance / La calomnie
- Le mobile / Le motif
- Mutuel / Réciproque
- Neuf / Nouveau
- Notable / Notoire
- Officiel / Officieux
- Oppresser / Opprimer
- Original / Originel
- Parmi / Entre
- Partial / Partiel
- Pédestre / Piétonnier
- Possible / Probable
- La prévoyance / Une prévision
- La prolongation / Le prolongement
- Le racisme / La xénophobie
- Raisonnable / Rationnel
- Transparent / Translucide
- Vivable / Viable

3. ATTENTION AUX PARONYMES

Les **paronymes** sont des mots qui sont presque homonymes. Ils se ressemblent à une ou à quelques lettres près, à un préfixe près. Ce sont des mots que l'on prend souvent l'un pour l'autre alors qu'ils ont des sens bien différents : *recouvrer/recouvrir, compréhensif/compréhensible, acceptation/acception, allocution/allocation, pandémie/épidémie,* etc. La différence est donc minime. Mais ces mots si proches par leur appartenance n'ont pas du tout le même sens.

4. MEFIEZ-VOUS DES HOMONYMES

- Un abord / Les abords
  Un abord : façon d'aborder quelqu'un ou de s'introduire auprès de quelqu'un. / Les abords (toujours au pluriel) : ce qui donne accès à un lieu, les alentours.
- Un acquis / Acquit
  Un acquis : qui a été gagné, une conquête, un héritage. / Acquit : qui a été payé.
- Une ballade / Une balade
  Une ballade : un poème (souvent mis en musique). / Une balade : une promenade (les dérivés de balade s'écrivent aussi avec un seul l).
- Un cahot / Un chaos
- Censé / Sensé
- Décrépi / Décrépit
- Détoner / Détonner
- Différent / Différend
- Une session / Une cession
- Subi / Subit

5. DES ASSOCIATIONS A EVITER

- **D'avance, avant…** sont incompatibles avec les verbes composés du préfixe, **pré-** qui expriment déjà une action anticipée : *prédire, prévenir, préparer, prévoir…*
- **Ensemble** est incompatible avec les verbes qui expriment déjà la mise en commun, l'action commune : *collaborer, se concerter, débattre, joindre, mélanger, se réunir…*
- **Encore** est incompatible avec les verbes comportant déjà le préfixe de répétition **re-** : *recommencer, refaire, redemander…*
- **Faire en sorte** est inutile et doit être supprimé après les verbes *tâcher, s'efforcer…*

- **Mutuellement, les uns les autres, réciproquement, ensemble…** sont incompatibles avec les verbes composés du préfixe **entre-** qui expriment déjà une action mutuelle : *s'entre-déchirer, s'entremêler, s'entretuer, s'entretenir…*

- **Ne… que** est incompatible avec **seulement, uniquement, juste…** On ne doit pas employer les deux tournures en même temps.

- **Ne… que** et **seulement** sont incompatibles avec les verbes exprimant déjà la restriction : *se borner à, se résumer à, se limiter à, s'en tenir à, se contenter de…*

- **Pouvoir** est incompatible avec **(im)possible** puisque *(im)possible* signifie déjà « (ne pas) pouvoir ».

- **Ou** est incompatible avec **sinon.** On n'emploiera donc pas les deux mots ensemble.

- **Permettre de…** est à éviter avec **pouvoir.**

- **Le superlatif** *(le plus, le moins)* ainsi que **très, entièrement…** sont incompatibles avec des adjectifs qui ont déjà une valeur de superlatif : *excellent, immense, imminent, omniprésent, maximum, minimum, supérieur…*

- **Préférer** est incompatible avec **plutôt, plus, mieux…**

- **Il suffit de** est à éviter avec **simplement.**

- **Trop** est incompatible avec les mots qui expriment déjà l'abus, la quantité excessive : *abuser, exagérer, excessif, extrême…*

6. REFORMULER AVEC ELEGANCE

CONSEIL Cachez la colonne de droite et essayez de deviner vous-mêmes la formulation proposée pour améliorer le style.

Avoir une profession	Exercer une profession
Avoir des revenus	Disposer de revenus
Avoir mal	Souffrir
Avoir l'air heureux	Sembler, paraître heureux
Le sportif a du courage	Le sportif est courageux
Dire une histoire	Raconter une histoire
Dire un secret	Confier un secret
Dire l'avenir	Prédire l'avenir
Dire des mensonges	Mentir
Dire en plus	Ajouter
Faire un meuble	Fabriquer un meuble
Faire un bijou	Confectionner un bijou
Faire un procès	Intenter un procès
Faire des projets	Projeter
Faire des progrès	Progresser

7. MOTS DE LIAISON

1. Comment exprimer...

- **La conséquence**
  Alors, Ainsi, C'est pourquoi, D'où, Dans ces conditions, De sorte que, Donc, En conséquence, Par conséquent

- **La terminaison**
  Ainsi, Etant donné, Puisque

- **L'introduction**
  D'abord, En premier lieu

- **L'addition**
  Aussi, De même, De plus, Encore, Et, Egalement

- **L'énumération**
  D'abord, Enfin, Ensuite

- **La liaison, la transition**
  Bref, D'ailleurs, Donc, Ensuite, En somme, En outre, Or, Par ailleurs, Puis

- **L'explication**
  Car, C'est-à-dire, En effet, Effectivement, Etant donné que, Puisque

- **L'illustration**
  Entre autres, Notamment, Par exemple

- **L'opposition**
  Au contraire, Néanmoins, Par contre, En revanche, Pourtant, Quoique, Toutefois

2. Synonymes des mots de liaison

- **A notre avis**
  En ce qui nous concerne, Pour notre part, Quant à nous

- **Au sujet de**
  A cet égard, A propos de, En ce qui a trait, Pour ce qui est de, Quant à, Relativement à, Sur ce point

- **Car (dans une phrase)**
  En effet, C'est qu'en effet, De fait

- **De plus**
  En outre, De surcroît

- **De toute façon**
  De toute manière, Quoi qu'il en soit

- **D'ailleurs**
  D'un autre côté, Par contre, En revanche, Du reste

- **D'une part… d'autre part**
  A première vue… mais toute réflexion faite, mais à bien considérer les choses, Non seulement… mais encore, mais aussi, mais en outre, Tout d'abord… ensuite

- **En réalité**
  A vrai dire, Effectivement

- **En résumé**
  Au fond, Bref, Dans l'ensemble, En d'autres termes, En définitive, En somme, Essentiellement, Somme toute, Tout compte fait

- **Enfin**
  Finalement, En dernier lieu, En fin de compte

- **Par conséquent**
  Ainsi, Ainsi donc, Aussi, C'est pourquoi, Donc, En conséquence, Partant de ce fait, Pour cette (ces) raison(s)

- **Pourtant**
  Cependant, Néanmoins, Toutefois

8. LISTE DE MOTS DIFFICILES

Mots	Définitions
Abhorrer	Eprouver de l'aversion pour quelque chose ou quelqu'un ; détester, exécrer
Abject	Qui inspire le dégoût, le mépris, par sa bassesse, sa dégradation morale ; ignoble
Annihiler	Anéantir un ensemble abstrait, le détruire, le ruiner complètement
Bougon	Qui a l'habitude de bougonner, de maugréer
Carcéral	Relatif aux prisons : le monde carcéral
Cataclysme	Désastre, bouleversement complet dans la situation d'un Etat, d'un groupe, d'une personne ; catastrophe
Chimère	Animal fabuleux ayant la tête et le poitrail d'un lion, le ventre d'une chèvre et la queue d'un serpent / Projet séduisant, mais irréalisable ; idée vaine qui n'est que le produit de l'imagination ; illusion : poursuivre des chimères
Colloque	Entretien entre deux ou plusieurs personnes / Réunion visant à l'étude d'une question scientifique ou à la discussion de problèmes diplomatiques, économiques, politiques, etc. ; congrès

Commensal	Personne qui mange (habituellement) à la même table qu'une autre ; hôte / Animal qui pratique le commensalisme. (Exemples : le pluvian avec le crocodile, le pique-bœuf avec les bovins)
Courroux	Vive colère, emportement
Dextérité	Adresse de la main dans l'exécution de quelque chose, adresse d'esprit, ingéniosité dans l'accomplissement d'une action ; habileté
Diatribe	Critique amère et violente ; pamphlet
Egide	Couche égide, couche d'un faisceau qui est exploitée la première, pour assurer une détente des terrains et éventuellement faciliter leur dégazage
Emoluments	Actifs que recueille un héritier ; rémunération ; profit
Emphase	Exagération pompeuse dans le ton, le geste, dans les termes employés ; enflure, grandiloquence : parler avec emphase / Mise en relief d'un des constituants de la phrase par l'intonation ou par l'ordre des mots
Episode	Partie d'une œuvre s'intégrant à un ensemble mais ayant ses caractéristiques propres / Evénement qui fait partie d'une action plus générale et qui se distingue par tel ou tel caractère ; circonstance, péripétie
Equinoxe	Epoque de l'année (20 ou 21 mars, 22 ou 23 septembre) où le Soleil, dans son mouvement propre apparent sur l'écliptique, traverse l'équateur céleste et qui correspond à l'égalité de durée du jour et de la nuit
Esclandre	Manifestation bruyante faite en public contre quelqu'un ou quelque chose ; scandale
Euphémisme	Atténuation dans l'expression de certaines idées ou de certains faits dont la crudité aurait quelque chose de brutal ou de déplaisant
Exsangue	Qui a perdu beaucoup de sang / Qui est d'une grande pâleur, livide
Fallacieux	Qui cherche à tromper, à nuire ; perfide
Gallicisme	Idiotisme propre à la langue française (Ce sont des expressions comme se mettre en quatre, être sur les dents ou des constructions comme « il y a », « c'est lui qui », etc.) / Construction ou forme particulière à la langue française introduite abusivement dans une autre langue
Geôle	Cachot, prison
Gouailleur	Qui gouaille, dénote un esprit railleur ; narquois

Harangue	Littéraire : discours solennel prononcé devant une assemblée, une personnalité importante, des troupes, etc. / Familier : discours quelconque, ou discours pompeux, ennuyeux ou moralisateur
Hécatombe	Massacre, destruction d'un grand nombre de personnes ou d'animaux : les hécatombes des deux guerres mondiales / Grand nombre de personnes atteintes ou éliminées par quelque chose : l'hécatombe annuelle des blessés de la route
Héraldique	Discipline ayant pour objet la connaissance et l'étude des armoiries
Impécunieux	Qui a peu d'argent
Incriminer	Mettre quelqu'un, quelque chose en cause, les dénoncer comme responsable d'une action ou d'une situation blâmable ou dommageable
Indigène	Originaire du pays où il vit
Inextinguible	Qu'il est impossible d'éteindre. Qu'on ne peut apaiser, arrêter
Infléchir	Incliner quelque chose, le plier de façon à produire une courbe / Influer sur l'évolution de quelque chose en en modifiant le cours
Insulaire	Relatif aux îles
Intempestif	Qui est fait à contretemps, se produit mal à propos ou apparaît comme inconvenant
Irascible	Qui est prompt à s'irriter
Irrévérencieux	Qui manque de respect
Lilliputien	Personne très petite
Malthusien	Relatif à la doctrine de Malthus ; partisan de cette doctrine
Matrimonial	Relatif au mariage
Moiteur	Etat de quelque chose qui est moite, humide
Morbide	Qui relève de la maladie, la caractérise ou en résulte : état morbide / Qui a un caractère malsain, anormal : curiosité morbide. Une littérature morbide
Morigéner	Réprimander quelqu'un en lui faisant une leçon de morale ; sermonner
Népotisme	Abus de quelqu'un qui use de son autorité pour procurer des avantages à sa famille
Obséquieux	Qui manifeste, qui marque un excès de respect, d'égards
Onirique	Relatif au rêve

Onomatopée	Processus permettant la création de mots dont le signifiant est étroitement lié à la perception acoustique des sons émis par des êtres animés ou des objets
Ostracisme	Action de tenir quelqu'un qui ne plaît pas à l'écart d'un groupe, d'une société, d'une manière discriminatoire et injuste
Paupérisme	Phénomène social caractérisé par un état de pauvreté endémique d'une partie de la population
Pédant	Personne qui fait étalage d'une science souvent superficielle ; cuistre
Pittoresque	Qui, par sa disposition originale, son aspect séduisant, est digne d'être peint / Qui a du relief, de la couleur, qui fait image
Plagiat	Acte de quelqu'un qui, dans le domaine artistique ou littéraire, donne pour sien ce qu'il a pris à l'œuvre d'un autre
Posthume	Qui ne se produit qu'après la mort de la personne intéressée
Quolibet	Raillerie, moquerie
Rasséréner	Rendre sa sérénité, son calme
Rebut	Ce qu'il y a de plus mauvais dans quelque chose et qui est laissé de côté / Ce qu'il y a de plus vil, de plus méprisable dans un groupe
Sarcasme	Action de railler avec méchanceté
Sévices	Mauvais traitements exercés sur quelqu'un qu'on a sous son autorité ou sous sa responsabilité
Solécisme	Construction qui n'est pas conforme aux règles de la syntaxe d'une langue à une époque donnée ou qui n'est pas acceptée dans une norme ou un usage jugé correct
Subterfuge	Moyen habile et détourné pour se tirer d'embarras
Succédané	Produit de remplacement
Surseoir	Différer une action, une décision
Tergiverser	User de détours, de faux-fuyants, pour éviter de dire nettement quelque chose, pour retarder une décision
Torpeur	Etat de quelqu'un chez qui l'activité psychique et physique, la sensibilité sont réduites
Tribulations	Suite d'aventures plus ou moins désagréables, de revers, d'obstacles surmontés
Usurper	S'approprier indûment une dignité, un bien
Velléitaire	Qui est incapable de s'en tenir à une décision prise

FICHE 10 Logique

Conjugaison

1. **Avoir**
2. **Etre**
3. **Jeter** (appeler, projeter, renouveler, harceler, rejeter, s'atteler, amonceler, etc.)
4. **Finir** (choisir, réfléchir, définir, subir, investir, garantir, fournir, avertir, réunir, réjouir, remplir, aboutir, nourrir, agir, s'agir, etc.)
5. **Aller**
6. **Faire** (satisfaire, défaire, parfaire, refaire, contrefaire, etc.)
7. **Mettre** (permettre, soumettre, transmettre, commettre, admettre, compromettre, émettre, remettre, omettre, etc.)

1. AVOIR – AUXILIAIRE

INDICATIF

Présent	Imparfait	Passé simple	Futur
J'ai	J'avais	J'eus	J'aurai
Tu as	Tu avais	Tu eus	Tu auras
Il a	Il avait	Il eut	Il aura
Nous avons	Nous avions	Nous eûmes	Nous aurons
Vous avez	Vous aviez	Vous eûtes	Vous aurez
Ils ont	Ils avaient	Ils eurent	Ils auront

Passé composé	Plus-que-parfait	Passé antérieur	Futur antérieur
J'ai eu	J'avais eu	J'eus eu	J'aurai eu
Tu as eu	Tu avais eu	Tu eus eu	Tu auras eu
Il a eu	Il avait eu	Il eut eu	Il aura eu
Nous avons eu	Nous avions eu	Nous eûmes eu	Nous aurons eu
Vous avez eu	Vous aviez eu	Vous eûtes eu	Vous aurez eu
Ils ont eu	Ils avaient eu	Ils eurent eu	Ils auront eu

SUBJONCTIF

Présent	Passé	Imparfait	Plus-que-parfait
Que j'aie	Que j'aie eu	Que j'eusse	Que j'eusse eu
Que tu aies	Que tu aies eu	Que tu eusses	Que tu eusses eu
Qu'il ait	Qu'il ait eu	Qu'il eût	Qu'il eût eu
Que nous ayons	Que nous ayons eu	Que nous eussions	Que nous eussions eu
Que vous ayez	Que vous ayez eu	Que vous eussiez	Que vous eussiez eu
Qu'ils aient	Qu'ils aient eu	Qu'ils eussent	Qu'ils eussent eu

CONDITIONNEL / IMPERATIF

Présent	Passé	Présent	Passé
J'aurais	J'aurais eu	Aie	Aie eu
Tu aurais	Tu aurais eu	Ayons	Ayons eu
Il aurait	Il aurait eu	Ayez	Ayez eu
Nous aurions	Nous aurions eu		
Vous auriez	Vous auriez eu		
Ils auraient	Ils auraient eu		

INFINITIF / PARTICIPE

Présent	Passé	Présent	Passé
Avoir	Avoir eu	Ayant	Eu, ayant eu

2. ETRE – AUXILIAIRE

INDICATIF

Présent	Imparfait	Passé simple	Futur
Je suis	J'étais	Je fus	Je serai
Tu es	Tu étais	Tu fus	Tu seras
Il est	Il était	Il fut	Il sera
Nous sommes	Nous étions	Nous fûmes	Nous serons
Vous êtes	Vous étiez	Vous fûtes	Vous serez
Ils sont	Ils étaient	Ils furent	Ils seront

Passé composé	Plus-que-parfait	Passé antérieur	Futur antérieur
J'ai été	J'avais été	J'eus été	J'aurai été
Tu as été	Tu avais été	Tu eus été	Tu auras été
Il a été	Il avait été	Il eut été	Il aura été
Nous avons été	Nous avions été	Nous eûmes été	Nous aurons été
Vous avez été	Vous aviez été	Vous eûtes été	Vous aurez été
Ils ont été	Ils avaient été	Ils eurent été	Ils auront été

SUBJONCTIF

Présent	Passé	Imparfait	Plus-que-parfait
Que je sois	Que j'aie été	Que je fusse	Que j'eusse été
Que tu sois	Que tu aies été	Que tu fusses	Que tu eusses été
Qu'il soit	Qu'il ait été	Qu'il fût	Qu'il eût été
Que nous soyons	Que nous ayons été	Que nous fussions	Que nous eussions été
Que vous soyez	Que vous ayez été	Que vous fussiez	Que vous eussiez été
Qu'ils soient	Qu'ils aient été	Qu'ils fussent	Qu'ils eussent été

CONDITIONNEL / IMPERATIF

CONDITIONNEL Présent	CONDITIONNEL Passé	IMPERATIF Présent	IMPERATIF Passé
Je serais	J'aurais été	Sois	Aie été
Tu serais	Tu aurais été	Soyons	Ayons été
Il serait	Il aurait été	Soyez	Ayez été
Nous serions	Nous aurions été		
Vous seriez	Vous auriez été		
Ils seraient	Ils auraient été		

INFINITIF / PARTICIPE

INFINITIF Présent	INFINITIF Passé	PARTICIPE Présent	PARTICIPE Passé
Etre	Avoir été	Etant	Eté, ayant été

3. JETER – 1er GROUPE

INDICATIF

Présent	Imparfait	Passé simple	Futur
Je jette	Je jetais	Je jetai	Je jetterai
Tu jettes	Tu jetais	Tu jetas	Tu jetteras
Il jette	Il jetait	Il jeta	Il jettera
Nous jetons	Nous jetions	Nous jetâmes	Nous jetterons
Vous jetez	Vous jetiez	Vous jetâtes	Vous jetterez
Ils jettent	Ils jetaient	Ils jetèrent	Ils jetteront

Passé composé	Plus-que-parfait	Passé antérieur	Futur antérieur
J'ai jeté	J'avais jeté	J'eus jeté	J'aurai jeté

SUBJONCTIF

Présent	Passé	Imparfait	Plus-que-parfait
Que je jette	Que j'aie jeté	Que je jetasse	Que j'eusse jeté
Que nous jetions	Que nous ayons jeté	Qu'il jetât	Qu'il eût jeté
		Que nous jetassions	Que nous eussions jeté

CONDITIONNEL

Présent	Passé
Je jetterais	J'aurais jeté
Nous jetterions	Nous aurions jeté

IMPERATIF

Présent
Jette
Jetons
Jetez

INFINITIF

Présent	Passé
Jeter	Avoir jeté

PARTICIPE

Présent	Passé
Jetant	Jeté, ayant jeté

4. FINIR – 2e GROUPE

INDICATIF

Présent	Imparfait	Passé simple	Futur
Je finis	Je finissais	Je finis	Je finirai
Tu finis	Tu finissais	Tu finis	Tu finiras
Il finit	Il finissait	Il finit	Il finira
Nous finissons	Nous finissions	Nous finîmes	Nous finirons
Vous finissez	Vous finissiez	Vous finîtes	Vous finirez
Ils finissent	Ils finissaient	Ils finirent	Ils finiront

Passé composé	Plus-que-parfait	Passé antérieur	Futur antérieur
J'ai fini	J'avais fini	J'eus fini	J'aurai fini

SUBJONCTIF

Présent	Passé	Imparfait	Plus-que-parfait
Que je finisse	Que j'aie fini	Que je finisse	Que j'eusse fini
Qu'il finisse	Qu'il ait fini	Qu'il finît	Qu'il eût fini
Que nous finissions	Que nous ayons fini	Que nous finissions	Que nous eussions fini

CONDITIONNEL

Présent	Passé
Je finirais	J'aurais fini

IMPERATIF

Présent
Finis
Finissons
Finissez

INFINITIF

Présent	Passé
Finir	Avoir fini

PARTICIPE

Présent	Passé
Finissant	Fini, ayant fini

5. ALLER – 3e GROUPE

INDICATIF

Présent	Imparfait	Passé simple	Futur
Je vais	J'allais	J'allai	J'irai
Tu vas	Tu allais	Tu allas	Tu iras
Il va	Il allait	Il alla	Il ira
Nous allons	Nous allions	Nous allâmes	Nous irons
Vous allez	Vous alliez	Vous allâtes	Vous irez
Ils vont	Ils allaient	Ils allèrent	Ils iront

Passé composé	Plus-que-parfait	Passé antérieur	Futur antérieur
Je suis allé	J'étais allé	Je fus allé	Je serai allé

SUBJONCTIF

Présent	Passé	Imparfait	Plus-que-parfait
Que j'aille	Que je sois allé	Que j'allasse	Que je fusse allé
Qu'il aille	Qu'il soit allé	Qu'il allât	Qu'il fût allé
Que nous allions	Que nous soyons allés	Que nous allassions	Que nous fussions allés

CONDITIONNEL

Présent	Passé
J'irais	Je serais allé

IMPERATIF

Présent
Va
Allons
Allez

INFINITIF

Présent	Passé
Aller	Etre allé

PARTICIPE

Présent	Passé
Allant	Allé, étant allé

6. FAIRE – 3e GROUPE

INDICATIF

Présent	Imparfait	Passé simple	Futur
Je fais	Je faisais	Je fis	Je ferai
Tu fais	Tu faisais	Tu fis	Tu feras
Il fait	Il faisait	Il fit	Il fera
Nous faisons	Nous faisions	Nous fîmes	Nous ferons
Vous faites	Vous faisiez	Vous fîtes	Vous ferez
Ils font	Ils faisaient	Ils firent	Ils feront

Passé composé	Plus-que-parfait	Passé antérieur	Futur antérieur
J'ai fait	J'avais fait	J'eus fait	J'aurai fait

SUBJONCTIF

Présent	Passé	Imparfait	Plus-que-parfait
Que je fasse	Que j'aie fait	Que je fisse	Que j'eusse fait
Qu'il fasse	Qu'il ait fait	Qu'il fît	Qu'il eût fait
Que nous fassions	Que nous ayons fait	Que nous fissions	Que nous eussions fait

CONDITIONNEL

Présent	Passé
Je ferais	J'aurais fait

IMPERATIF

Présent
Fais
Faisons
Faites

INFINITIF

Présent	Passé
Faire	Avoir fait

PARTICIPE

Présent	Passé
Faisant	Fait, ayant fait

7. METTRE – 3e GROUPE

INDICATIF

Présent	Imparfait	Passé simple	Futur
Je mets	Je mettais	Je mis	Je mettrai
Tu mets	Tu mettais	Tu mis	Tu mettras
Il met	Il mettait	Il mit	Il mettra
Nous mettons	Nous mettions	Nous mîmes	Nous mettrons
Vous mettez	Vous mettiez	Vous mîtes	Vous mettrez
Ils mettent	Ils mettaient	Ils mirent	Ils mettront

Passé composé	Plus-que-parfait	Passé antérieur	Futur antérieur
J'ai mis	J'avais mis	J'eus mis	J'aurai mis

SUBJONCTIF

Présent	Passé	Imparfait	Plus-que-parfait
Que je mette	Que j'aie mis	Que je misse	Que j'eusse mis
Qu'il mette	Qu'il ait mis	Qu'il mît	Qu'il eût mis
Que nous mettions	Que nous ayons mis	Que nous missions	Que nous eussions mis

CONDITIONNEL / IMPERATIF

Présent	Passé	Présent
Je mettrais	J'aurais mis	Mets
		Mettons
		Mettez

INFINITIF / PARTICIPE

Présent	Passé	Présent	Passé
Mettre	Avoir mis	Mettant	Mis, ayant mis

II. CALCUL

Ces fiches concernent les concours Accès, Sésame et Link.

FICHE 11 — Calcul

Rappel sur les nombres
Décomposer un nombre

1. RAPPEL SUR LES NOMBRES

1. Chiffres ou nombres ?

Il n'existe que dix chiffres : **0, 1, 2, 3, 4, 5, 6, 7, 8 et 9**.

En revanche, on dit qu'il existe une infinité de nombres (124, 67 615 273 ou encore 17 387 837 929). Les nombres s'écrivent donc avec un ou plusieurs chiffres et vous aurez donc compris que si les chiffres sont considérés comme des nombres (ainsi 3 est un chiffre mais aussi un nombre), les nombres eux, ne sont pas tous des chiffres !

2. Entiers naturels

Il s'agit de l'ensemble des nombres entiers positifs, 0 inclus : 0, 1, 2, 3, 4… 100 050, 185 175 719 617, etc. il y en a une infinité ! C'est avec l'ensemble des entiers naturels que nous avons tous appris à compter.

3. Entiers relatifs

L'ensemble des nombres entiers relatifs contient l'ensemble des nombres entiers naturels ***plus*** l'ensemble des nombres entiers naturels précédés du signe « – » (ce sont des nombres entiers *négatifs*).

Exemples : 918 ; – 12 ; – 2 232 ; – 11 ; 176 516 ; – 10 013 303 ; etc. Là encore, il en existe une infinité.

4. Nombres décimaux

Un nombre décimal est un nombre possédant un développement décimal **limité (*i.e.* que le nombre éventuel de chiffres après la virgule est limité)** et pouvant s'écrire sous la forme $a \times 10^p$ (où a et p sont des entiers relatifs).

Ainsi, des nombres comme – 12,87 ; 1,783 ; 8,819716517 ou tout simplement 10 003 sont des nombres décimaux.

⚠ **ATTENTION** Le nombre π n'est pas un nombre décimal car il possède un développement décimal illimité. En revanche, il existe des approximations dites décimales de π telles que 3,14 ; 3,14159 ou encore 3,1415926.

5. Nombres rationnels

Il s'agit de l'ensemble des nombres qui s'écrivent sous forme fractionnaire p/q avec p et q des entiers relatifs, q étant naturellement toujours différent de 0. Ces nombres admettent un développement décimal **illimité**.

Ainsi : 1/3, 3/4, 2/7, ou encore – 12/11 sont des nombres rationnels.

Remarque : les nombres rationnels présentent une particularité qui vous est peut-être déjà familière, à savoir que leur écriture sous la forme de nombres décimaux donne après la virgule une séquence finie de chiffres se répétant continuellement. Ainsi, si vous prenez par exemple la fraction 2/7, vous remarquerez que son écriture décimale donne : 0,285714**<u>285714</u>**28571428… et qu'ici la séquence finie de chiffres qui se répètent continuellement est précisément 285714.

6. Nombres irrationnels

Il s'agit de l'ensemble des nombres **que l'on ne peut écrire** sous la forme fractionnaire p/q avec p et q des entiers relatifs (q étant différent de 0).

Les premiers nombres irrationnels découverts sont les racines carrées des entiers qui ne sont pas des carrés parfaits. Vous noterez ainsi que les racines de 2, de 7 ou encore de 11 sont des nombres irrationnels. Mais ce n'est pas tout. D'autres nombres tels que **π** ou **e** (nombre exponentiel) sont également des nombres irrationnels puisqu'ils ne peuvent s'écrire, eux non plus, sous formes de fractions.

7. Nombres réels

L'ensemble des nombres réels est l'ensemble le plus large sur lequel on peut vous demander de travailler aux concours. Cet ensemble contient notamment l'ensemble des nombres entiers naturels et relatifs, des nombres décimaux mais encore l'ensemble des nombres rationnels et irrationnels.

> En résumé :
> 1. L'ensemble des **nombres rationnels** contient l'ensemble des **nombres décimaux** qui comprend **l'ensemble des nombres entiers**.
> 2. L'ensemble des **nombres rationnels** et l'ensemble des **nombres irrationnels** ne contiennent aucun élément commun, mais, ensemble, ils forment **l'ensemble des nombres réels**.

8. Les nombres premiers

Si 13 est un nombre premier, 51, lui n'est pas un nombre premier car il est – en plus d'être divisible par 1 et lui-même – divisible par 3 et 17.

Apprenez par cœur les premiers nombres premiers… jusqu'à 101 : **2, 3, 5, 7, 11, 13, 17, 19, 23, 29, 31, 37, 41, 43, 47, 53, 59, 61, 67, 71, 73, 79, 83, 89, 97, 101**.

2. DECOMPOSER UN NOMBRE

Si les nombres premiers sont des nombres entiers incassables, transparents… qui n'ont rien à cacher, les autres nombres entiers ont pour leur part *tous* une histoire à raconter. Et pour connaître leur histoire, il suffit de les décomposer en produits uniques de facteurs premiers.

Tout nombre entier peut se décomposer comme un produit <u>unique</u> de facteurs premiers.

Autrement dit, 91 par exemple, se décompose en 7 × 13 avec 7 et 13 qui sont des nombres premiers.

Si l'on qualifie cette décomposition d'**unique,** c'est parce qu'aucun autre nombre ne peut se décomposer de la même façon. On dit ainsi qu'il existe une **correspondance parfaite** entre [7 × 13] et 91. Pour utiliser une jolie image, on pourrait dire que 7 × 13 représente le noyau, l'ADN… l'oxygène de 91.

1. Divisibles par… et multiples de…

Si A est divisible par B alors A est un multiple de B.

Prenons à présent le nombre 42. Si l'on décompose 42 en un produit unique de facteurs premiers, cela nous donne : **42 = 2 × 3 × 7** avec 2, 3 et 7 des nombres premiers.

Comme vous l'aurez deviné, il y a d'autres façons d'écrire 42 en un produit de nombres entiers, mais *une seule* en un produit de nombres premiers. Voici toutes les façons d'écrire 42 comme un produit de nombres entiers :

(1) 42 = 1 × 42
(2) 42 = 2 × 21
(3) 42 = 3 × 14
(4) 42 = 6 × 7
(5) 42 = 2 × 3 × 7

Si l'on dresse à présent la liste de tous les nombres qui permettent de décomposer 42 en un produit de nombres entiers, cela nous donne : **1, 2, 3, 6, 7, 14, 21 et 42**.

On dira alors que 42 **est divisible par** 1, 2, 3, 6, 7, 14, 21 et 42 puisque la division de 42 par l'un de ces nombres donne un nombre entier.

On dira également que 42 **est un multiple de** 1, 2, 3, 6, 7, 14, 21 et 42 puisqu'il est possible d'écrire 42 comme le produit de l'un des nombres « 1, 2, 3, 6, 7, 21, 42 » par un autre nombre entier.

En règle générale, on dit qu'**un nombre entier A est un multiple d'un nombre entier B s'il existe un entier C tel que A = B × C**.
On dit également qu'**un nombre entier A est divisible par un nombre entier B si le reste de la division de A par B donne un quotient entier et un reste nul.** Cette dernière règle constitue une excellente transition pour notre prochain point : la division euclidienne.

2. Division euclidienne

Si A et B sont deux entiers naturels, B différent de 0, il existe des entiers Q et R déterminés de manière unique par les conditions suivantes :

$A = B \times Q + R$ avec R compris entre 0 et $B - 1$

Q s'appelle le quotient de la division de A par B et R s'appelle le reste de cette division. Si le reste est nul, cela signifie qu'il existe un entier Q tel que $A = B \times Q$. On dit alors que B divise A, ou encore que A est un multiple de B.

Exemple : si on divise 42 par 5, on obtient un quotient égal à 8 et un reste égal à 2. On écrit alors que $42 = 8 \times 5 + 2$ et on remarque alors que 2, le reste, est bien compris en 0 et 4.

FICHE 12 — Calcul

PPCM et PGCD

1. PPCM

Le Plus Petit Commun Multiple (PPCM) de deux entiers naturels A et B est le plus petit entier naturel qui soit à la fois multiple de A **et** de B.

- **Exemple 1 : quel est le PPCM de 30 et 84 ?**

Prenons les nombres 30 et 84 et décomposons-les en produits de facteurs premiers. Cela nous donne : $30 = \mathbf{2 \times 3 \times 5}$ et $84 = 2 \times 2 \times 3 \times 7 = \mathbf{2^2 \times 3 \times 7}$

Pour calculer le PPCM de ces deux nombres, **nous allons sélectionner les facteurs qui figurent au moins une fois dans l'un des produits. Si ces facteurs figurent avec des exposants, nous leur attribuerons leur plus grand exposant et nous effectuerons alors le produit de tous ces nombres.**
Pour le nombre premier 2, le plus grand exposant est 2. Pour les nombres premiers 3, 5 et 7, le plus grand exposant est 1.

On trouve alors PPCM $[30, 84] = 2^2 \times 3 \times 5 \times 7 = 420$

- **Exemple 2 : quel est le PPCM de 72 et 132 ?**

Prenons nos deux nombres et décomposons-les en produits de facteurs premiers. Cela nous donne : $72 = 2 \times 2 \times 2 \times 3 \times 3 = \mathbf{2^3 \times 3^2}$ et $132 = 2 \times 2 \times 3 \times 11 = \mathbf{2^2 \times 3^1 \times 11^1}$
Pour le nombre premier 2, le plus grand exposant est 3. Pour le nombre premier 3, le plus grand exposant est 2 ; et pour le nombre premier 11, le plus grand exposant est 1.

On trouve alors : PPCM $[72, 132] = 2^3 \times 3^2 \times 11 = 8 \times 9 \times 11 = 792$

Entraînez-vous à présent à trouver le PPCM des nombres suivants :
[36 et 24] ; [100 et 12] ; [144 et 81] puis [18 et 16]

Réponses : [36 et 24] : 72 ; [100 et 12] : 300 ; [144 et 81] : 1 296 ; [18 et 16] : 144

2. PGCD

Le Plus Grand Commun Diviseur (PGCD) de deux entiers naturels A et B est le plus grand entier naturel qui divise à la fois A **et** B.

- **Exemple : quel est le PGCD de 72 et 132 ?**

La décomposition de ces deux nombres en produits de facteurs premiers nous donne :
$72 = 2 \times 2 \times 2 \times 3 \times 3 = \mathbf{2^3 \times 3^2}$ et $132 = 2 \times 2 \times 3 \times 11 = \mathbf{2^2 \times 3^1 \times 11^1}$

Pour calculer le PGCD de ces deux nombres, **nous allons sélectionner les facteurs communs (*i.e.* présents dans les deux produits). S'ils figurent avec des exposants, nous leur attribuerons leur plus petit exposant et nous effectuerons alors le produit de tous ces nombres.**

On trouve alors : PGCD $[72, 132] = 2^2 \times 3^1 = 4 \times 3 = 12$

Entraînez-vous à présent à trouver le PGCD des nombres suivants :
[36 et 24] ; [100 et 12] ; [144 et 81] puis [18 et 16]

Réponses : [36 et 24] : 12 ; [100 et 12] : 4 ; [144 et 81] : 9 ; [18 et 16] : 2

FICHE 13 — Calcul

Critères de divisibilité

Vous devez savoir que les épreuves de **calcul** font largement appel à votre maîtrise parfaite du calcul mental : vous serez en effet souvent amenés à faire des calculs simples mais rapides de tête (additions, multiplications, puissances, simplification de fractions). Souvenez-vous que vous n'avez jamais le droit à la calculatrice et que vous serez condamnés à identifier rapidement si tel nombre est divisible par 4 ou si tel autre est divisible par 6.

Connaître vos critères de divisibilité est également un prérequis nécessaire si vous souhaitez décomposer rapidement un nombre en un produit de facteurs premiers ou si vous souhaitez simplifier une fraction. Soyez donc attentifs aux règles qui suivent.

1. CRITERE DE DIVISIBILITE PAR 2

Un nombre N est divisible par 2 si, et seulement si, il se termine par les chiffres 0, 2, 4, 6 ou bien 8… Autrement dit, si, et seulement si, il est pair.
Exemples de nombres divisibles par 2 : **0, 14, 898, 123 456**

2. CRITERE DE DIVISIBILITE PAR 3

Un nombre N est divisible par 3 si, et seulement si, la somme de ses chiffres est divisible par 3.
Exemples de nombres divisibles par 3 : **0, 12, 45, 99, 111, 189, 768, 123 456**

3. CRITERE DE DIVISIBILITE PAR 4

Un nombre N est divisible par 4 si, et seulement si, il se termine par 2 chiffres AB constituant un nombre divisible par 4.
Exemples de nombres divisibles par 4 : **0, 12, 96, 144, 2 028, 162 536, 7 115 308**

4. CRITERE DE DIVISIBILITE PAR 5

Un nombre N est divisible par 5 si, et seulement si, il finit par 0 ou 5.
Exemples de nombres divisibles par 5 : **0, 10, 125, 121 175, 1 971 860**

5. CRITERE DE DIVISIBILITE 6

Un nombre N est divisible par 6 si, et seulement si, il est divisible par 2 et par 3.
Exemples de nombres divisibles par 2 et par 3 : **0, 42, 54, 114, 594, 612, 6 172 194**

6. CRITERE DE DIVISIBILITE 9

Un nombre N est divisible par 9 si, et seulement si, la somme de ses chiffres est divisible par 9.
Exemples de nombres divisibles par 9 : **0, 18, 54, 117, 234, 504, 927, 617 891 751**

7. CRITERE DE DIVISIBILITE 10

Un nombre N est divisible par 10 si, et seulement si, il se termine par 0.
Exemples de nombres divisibles par 10 : **0, 10, 110, 278 270**

8. CRITERE DE DIVISIBILITE 11

Critère général : un nombre N est divisible par 11 si, et seulement si, la différence entre la somme de ses chiffres de rang impair et celle de ses chiffres de rang pair est un multiple de 11 (0, 11, 22, etc.). Ainsi, le nombre 1 485 est divisible par 11 puisque l'on a bien $(1 + 8) - (4 + 5) = 9 - 9 = 0$

Exemples de nombres divisibles par 11 : **0, 22, 88, 99, 275, 451, 704, 814, 72 556**

⚠ **ATTENTION** Erreur fréquente : 111 ou 333 ne sont pas divisibles par 11.

FICHE 14 — Calcul

Calcul mental

La calculatrice étant toujours interdite, le calcul mental est primordial pour réussir les tests de calcul. Un candidat entraîné et maîtrisant bien les techniques de calcul mental aura un énorme avantage sur ses concurrents. **Entraînez-vous donc à calculer le plus possible de tête dès que vous le pouvez dans la vie quotidienne** (rendre la monnaie, calculer votre moyenne de partiel, additionner des points ou scores, etc.).

1. TABLES DE MULTIPLICATION

Commençons par le commencement.

Les tables de multiplication sont à la base de tous les calculs mentaux. Inutile de vous dire que si vous hésitez sur 4 × 9 ou 7 × 8, alors il y a de très fortes chances que vous soyez condamnés à ne jamais progresser en calcul. N'oubliez jamais cela.

Voici donc toutes les tables de 2 à 9 (je ne vous fais pas l'affront de vous présenter les tables de 1 et de 10).

Que les choses soient claires : je vous interdis de lire la suite de cet ouvrage tant que vous ne connaissez pas vos tables sur le bout des doigts ! Je compte sur vous.

Table de 2		Table de 3		Table de 4	
2 × 1	**2**	3 × 1	**3**	4 × 1	**4**
2 × 2	**4**	3 × 2	**6**	4 × 2	**8**
2 × 3	**6**	3 × 3	**9**	4 × 3	**12**
2 × 4	**8**	3 × 4	**12**	4 × 4	**16**
2 × 5	**10**	3 × 5	**15**	4 × 5	**20**
2 × 6	**12**	3 × 6	**18**	4 × 6	**24**
2 × 7	**14**	3 × 7	**21**	4 × 7	**28**
2 × 8	**16**	3 × 8	**24**	4 × 8	**32**
2 × 9	**18**	3 × 9	**27**	4 × 9	**36**
2 × 10	**20**	3 × 10	**30**	4 × 10	**40**

Table de 5		Table de 6		Table de 7	
5 × 1	**5**	6 × 1	**6**	7 × 1	**7**
5 × 2	**10**	6 × 2	**12**	7 × 2	**14**
5 × 3	**15**	6 × 3	**18**	7 × 3	**21**
5 × 4	**20**	6 × 4	**24**	7 × 4	**28**
5 × 5	**25**	6 × 5	**30**	7 × 5	**35**
5 × 6	**30**	6 × 6	**36**	7 × 6	**42**
5 × 7	**35**	6 × 7	**42**	7 × 7	**49**
5 × 8	**40**	6 × 8	**48**	7 × 8	**56**
5 × 9	**45**	6 × 9	**54**	7 × 9	**63**
5 × 10	**50**	6 × 10	**60**	7 × 10	**70**

Table de 8		Table de 9	
8 × 1	**8**	9 × 1	**9**
8 × 2	**16**	9 × 2	**18**
8 × 3	**24**	9 × 3	**27**
8 × 4	**32**	9 × 4	**36**
8 × 5	**40**	9 × 5	**45**
8 × 6	**48**	9 × 6	**54**
8 × 7	**56**	9 × 7	**63**
8 × 8	**64**	9 × 8	**72**
8 × 9	**72**	9 × 9	**81**
8 × 10	**80**	9 × 10	**90**

2. VOCABULAIRE A CONNAITRE

Moitié	1/2 fois	**Double**	2 fois	**Triple**	3 fois
Quadruple	4 fois	**Septuple**	7 fois	**Décuple**	10 fois
Quintuple	5 fois	**Octuple**	8 fois	**Dodécuple ou Duodécuple**	12 fois
Sextuple	6 fois	**Nonuple**	9 fois	**Centuple**	100 fois

3. ASTUCES POUR CALCULER PLUS VITE

Ajouter un zéro ou décaler la virgule

Si un nombre est multiplié par 10, ajoutez un zéro à la fin du nombre (exemple : $85 \times 10 = 850$) ou décalez la virgule à gauche si un nombre est divisé par 10 (exemple : $789 \div 10 = 78{,}9$).

Découper l'opération

Pour calculer 14×33 par exemple, faites votre calcul en 2 étapes avec l'astuce du « découpage » :

- **Etape 1 :** séparez l'opération en 2 sous-opérations. En l'occurrence : $14 \times 30 + 14 \times 3$.
- **Etape 2 :** résolvez les 2 mini-calculs. $420 + 42 = 462$.

Autres exemples :

Calculons 19 × 13

Rien de plus simple !

- **Etape 1 :** calculez 20×13 qui vaut $20 \times 10 + 20 \times 3$ soit $200 + 60$, soit 260.
- **Etape 2 :** retranchez une fois 13 car vous voulez **19** × 13 et pas 20 × 13, ce qui donne $260 - 13 = 247$.

Calculons 18 × 13

- **Etape 1 :** calculez 20×13 qui vaut $20 \times 10 + 20 \times 3$ soit $200 + 60$, soit 260.
- **Etape 2 :** retranchez deux fois 13 (soit 26) car vous voulez **18** × 13 et pas 20 × 13, ce qui donne $260 - 26 = 260 - 20 - 6 = 240 - 6 = 234$.

Ne soyez jamais pressés en calcul mental. Décomposez un maximum.

Calculons : 182 × 50

- **Etape 1 :** calculez d'abord 182×100, ce qui donne 18 200.
- **Etape 2 :** divisez ensuite 18 200 par 2 (en effet 50 est la moitié de 100) ce qui nous donne 9 100 (vous faites d'abord 18 000 divisé par 2 soit 9 000 puis 200 divisé par 2 soit 100 ce qui donne bien 9 100).

Calculons : 182 × 25

- **Etape 1 :** calculez d'abord 182 × 100, ce qui donne 18 200.
- **Etape 2 :** divisez ensuite 18 200 par 4 (en effet 25 est égal au quart de 100) ce qui nous donne 4 550 (vous pouvez en effet diviser 18 200 par 2 une première fois, ce qui donne 9 100 puis une seconde fois… soit 4 550).

• Division par 5

Toujours dans le but d'être plus rapide, en cas de division par 5, divisez par 10 dans un premier temps puis multipliez le résultat par 2 pour obtenir le résultat final (exemple : 135 ÷ 5 → 135 ÷ 10 → 13,5 × 2 = 27).

• Multiplications et divisions de plusieurs facteurs

Si vous avez un produit de plusieurs facteurs (exemple : 18 × 3 × 6), ne multipliez pas les facteurs dans l'ordre ! **Multipliez en priorité les petits facteurs entre eux.** Reprenons notre exemple : 18 × 3 × 6. Deux options s'offrent à vous pour effectuer la multiplication :

- **Option classique (longue) :** multipliez d'abord 18 × 3 = 54 puis 54 × 6 = 324 ;
- **Option « multiplication des petits facteurs en priorité » (plus rapide et conseillée).** Dans un premier temps, vous analysez le produit et voyez que les facteurs 3 × 6 = 18. Il ne reste donc plus que 18 × 18, soit 18^2 = 324. En multipliant prioritairement les petits facteurs entre eux, vous pouvez soit tomber sur un carré (que vous devez connaître par cœur) soit avoir des multiplications plus rapides à effectuer. **Le même raisonnement s'applique pour les divisions.**

  Exemple : 186 ÷ 2 ÷ 5 = 186 ÷ 10 = 18,6.

4. POSER UNE MULTIPLICATION

```
     389
  ×   26
  ------
   2 334
 + 7 780
  ------
= 10 114
```

a) N'oubliez pas les retenues.
b) N'oubliez pas d'ajouter un 0 au commencement de chaque nouvelle ligne.

5. POSER UNE DIVISION

6554	17 **(diviseur)**
– 51	385,529 **(quotient)**
= 145	
– 136	
= 94	
– 85	
= 90	
– 85	
= 50	
– 34	
= 160	
– 153	
reste = 7	

a) 65 : 17 = 3 (au quotient) et 3 × 17 = 51. Il reste 65 – 51 = 14.
b) J'abaisse le 5. Puis, 145 : 17 = 8 (au quotient) et 8 × 17 = 136. Il reste 145 – 136 = 9.
c) Même raisonnement avec le 4. Quotient 5. Il reste 9.
d) Je n'ai plus de chiffres à abaisser, donc j'ajoute un 0 et mets une virgule au quotient. Puis je continue la division.
e) Raisonnements identiques jusqu'à l'obtention d'un **reste de 7** et d'un **quotient de 385,529**.

6. CARRES ET CUBES

Connaître les 20 premiers carrés entiers et les 10 premiers cubes entiers est un prérequis pour devenir un champion en calcul mental. Ne réfléchissez pas et faites-moi tout simplement confiance. Apprenez bêtement et par cœur les 20 premiers carrés et les 10 premiers cubes entiers et vous verrez au fil du temps ô combien vous aurez gagné en rapidité de calcul. C'est bluffant.

Table de carrés (jusqu'à 25)									
1^2	1	6^2	36	11^2	121	16^2	256	21^2	441
2^2	4	7^2	49	12^2	144	17^2	289	22^2	484
3^2	9	8^2	64	13^2	169	18^2	324	23^2	529
4^2	16	9^2	81	14^2	196	19^2	361	24^2	576
5^2	25	10^2	100	15^2	225	20^2	400	25^2	625

Table de cubes (jusqu'à 20)							
1^3	1	6^3	216	11^3	1 331	16^3	4 096
2^3	8	7^3	343	12^3	1 728	17^3	4 913
3^3	27	8^3	512	13^3	2 197	18^3	5 832
4^3	64	9^3	729	14^3	2 744	19^3	6 859
5^3	125	10^3	1 000	15^3	3 375	20^3	8 000

7. ASTUCES POUR LES CARRES

Calculer les carrés de nombres se terminant par 5

Pour calculer le carré d'un nombre qui se termine par 5, voici les différentes étapes (exemple : 75^2) :

- **Etape 1 :** isolez le(s) chiffre(s) se trouvant avant le dernier chiffre 5. Ici, 7.
- **Etape 2 :** multipliez-le(s) par son suivant. Ici, $7 \times 8 = 56$.
- **Etape 3 :** ajoutez 25 au résultat de l'étape 2. Soit ici $75^2 = 5\,625$.

Calculer des carrés consécutifs

Si vous connaissez un carré N, **ajoutez 2N + 1** à ce carré pour avoir la valeur du carré de l'entier suivant.

Exemple : $30^2 = 900$. Donc $31^2 = 900 + 2 \times 30 + 1 = 961$.

Jouer sur les écarts

Une fois vos carrés mémorisés, il est très facile de calculer des produits particuliers de nombres entiers tels 18×24. Ce produit correspond à une **identité remarquable cachée** qui est :

$(21 - 3) \times (21 + 3) = \mathbf{(A - B) \times (A + B) = A^2 - B^2} = 21^2 - 3^2 = 441 - 9 = 432$

Deux conseils importants

1. Si vous vous sentez encore peu à l'aise quant au fait de poser une multiplication ou une division alors je ne saurais que trop vous conseiller de regarder quelques bonnes vidéos sur le sujet sur YouTube. **Passez-y du temps si nécessaire car de vous à moi, je ne vois pas trop l'intérêt pour vous de continuer la lecture de ce livre si vous ne maîtrisez pas parfaitement le fait de poser une multiplication ou une division.** C'est comme si vous deviez courir le marathon pieds nus ou sans la possibilité de boire un peu d'eau… Vous pouvez aller jusqu'au bout mais au prix de quelle souffrance et de quelles douleurs ! Quand de bonnes capacités en calcul mental sont au rendez-vous, vous êtes armés pour aller loin, très loin et pouvez vraiment espérer progresser à toute vitesse et vous frotter à n'importe quelle question. Alors ne soyez pas avares en efforts. Accrochez-vous.

Voici les différents cas :

- https://www.youtube.com/watch?v=5wOFuTfgIBs
- https://www.youtube.com/watch?v=dt5J925tnwY
- https://www.youtube.com/watch?v=liOdPZes24M
- https://www.youtube.com/watch?v=vIaDkR6Y-6A

2. Je vous conseille vivement de télécharger l'application **MATH BOOSTER**. Cette application mobile va vous changer la vie et faire de vous de véritables champions du calcul mental. Faites-en dans le bus, dans le métro, avant de dormir, pendant le petit-déjeuner… Je vous fais la promesse que si vous utilisez l'application 2 ou 3 fois par jour, vous allez devenir imbattables en calcul mental !

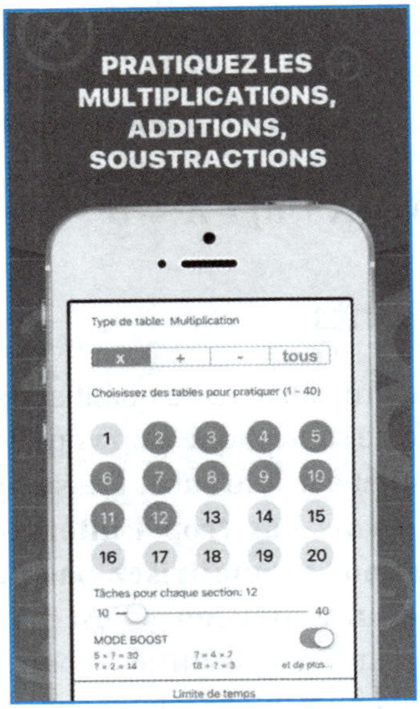

FICHE 15 Calcul

Nombres pairs et impairs Nombres consécutifs

1. NOMBRES PAIRS ET IMPAIRS

Un nombre pair est un entier positif qui se termine par 0, 2, 4, 6 ou 8.
Un nombre impair est un entier positif qui se termine par 1, 3, 5, 7 ou 9.

- **Addition de nombres pairs/impairs**

Soit P un nombre pair et I un nombre impair ; on a :

$$\mathbf{P + P = P} \qquad \mathbf{P + I = I} \qquad \mathbf{I + I = P}$$

- **Multiplication de nombres pairs/impairs**

Soit P un nombre pair et I un nombre impair ; on a :

$$\mathbf{P \times P = P} \qquad \mathbf{P \times I = P} \qquad \mathbf{I \times I = I}$$

2. NOMBRES CONSECUTIFS

On dit que deux nombres entiers sont consécutifs s'ils… se suivent ! Ainsi : 3 et 4 sont consécutifs, de même que 167 et 168.
On dit également que 9, 10, 11 et 12 (par exemple) sont des **nombres entiers consécutifs croissants,** tandis que 19, 18, 17, 16 et 15 (par exemple) sont des **nombres entiers consécutifs décroissants**.

On dit enfin que 22, 24, 26, 28 et 30 (par exemple) sont des **nombres entiers pairs consécutifs croissants** et que 87, 85, 83 et 81 (par exemple) sont des **nombres entiers impairs consécutifs décroissants**.

1. La somme de deux nombres entiers consécutifs (croissants ou décroissants) est toujours **impaire**. Ainsi, 16 + 17 = 33 et 224 + 223 = 447. **Rappel : P + I = I.**

2. La somme de quatre nombres entiers consécutifs (croissants ou décroissants) est toujours **paire**. Ainsi, 2 + 3 + 4 + 5 = 14.

3. La moyenne de trois nombres entiers consécutifs (croissants ou décroissants) est égale au deuxième d'entre eux. Ainsi, la moyenne des nombres 3, 4 et 5 est égale à 4 et la moyenne de 98, 97 et 96 est égale à 97.

4. Le produit de deux nombres entiers consécutifs (croissants ou décroissants) est toujours **pair**. **Rappel : P × I = P.**

FICHE 16 Calcul

Développement et factorisation La règle de 3 ou produit en croix

1. DEVELOPPEMENT

En cinquième vous avez appris que la multiplication est distributive par rapport à l'addition :

$$\boldsymbol{k \times (c + d) = k \times c + k \times d}$$

Puis en quatrième, vous avez découvert la relation suivante :

$$\boldsymbol{(a + b) \times (c + d) = ac + ad + bc + bd}$$

Enfin, en troisième, vous avez appris les trois identités remarquables suivantes :

$$\boldsymbol{(a + b)^2 = a^2 + 2ab + b^2}$$
$$\boldsymbol{(a - b)^2 = a^2 - 2ab + b^2}$$
$$\boldsymbol{(a - b)(a + b) = a^2 - b^2}$$

On appelle expression algébrique, une expression comprenant à la fois des nombres et des inconnues.

Ex. : $3x + 5 - y$ et $(3x - 4)(2x + 1)$

On appelle expression numérique, une expression ne contenant que des nombres.

Ex. : $2 \times (3 + 5) - 15$

Ex. : développez $5(x - y + 2) - 2(3 - x + y)$

▸ **Etape 1 :** vous développez. Ce qui nous donne : $5x - 5y + 10 - 6 + 2x - 2y$

- **Etape 2 :** vous rassemblez les x ensemble puis les y ensemble puis les nombres ensemble. Ce qui donne : $7x - 7y + 4$

Développer une expression algébrique, c'est la transformer en une somme algébrique.

2. FACTORISATION

Factoriser une expression algébrique, c'est la transformer en un produit de sommes algébriques.

Ex. : $3x + 3y - 6 = 3(x + y - 2)$

Développement →

$$k \times (c + d) = k \times c + k \times d$$
$$(a + b) \times (c + d) = ac + ad + bc + bd$$
$$(a + b)^2 = a^2 + 2ab + b^2$$
$$(a - b)^2 = a^2 - 2ab + b^2$$
$$(a - b)(a + b) = a^2 - b^2$$

← **Factorisation**

3. LA REGLE DE 3 OU PRODUIT EN CROIX

La règle de 3 (ou produit en croix) est une règle à maîtriser et qui vous sera utile pour la résolution de **problèmes de proportionnalité**. Tentons de répondre à la question suivante en appliquant la règle de 3. Il n'y a rien de mieux que de s'exercer pour apprendre et comprendre une règle !

Question : ★★ On considère que le temps de lecture est proportionnel au nombre de pages. Paolo, étudiant en finance, a lu un premier livre en français de 120 pages en 20 heures. Il doit également lire un autre livre de 150 pages mais en anglais cette fois-ci. Paolo sait qu'il lit 2 fois moins vite en anglais qu'en français. Combien de temps mettra-t-il pour lire son livre d'anglais ?

(A) 25 heures (B) 30 heures (C) 35 heures
(D) 40 heures (E) 50 heures

Réponse (avec explication de la règle de 3)

- **Etape 1 :** Paolo est 2 fois plus long pour lire en anglais. Cela revient à dire que le livre d'anglais correspond à 150 pages × 2 = 300 pages de français.
- **Etape 2 :** appliquons la règle de 3 à partir du tableau suivant :

Nombre de pages	120	300
Nombre d'heures	20	X

$$X = \frac{20 \times 300}{120} = 50 \text{ heures}$$

- **Etape 3 :** la bonne réponse est donc la **réponse E.**

Il existe en fait un coefficient de proportionnalité entre les colonnes 2 et 3 du tableau qui permet d'appliquer la règle de 3 ou le produit en croix. Il est donc fondamental de bien savoir faire les multiplications et les divisions pour trouver le résultat.

FICHE 17 — Calcul

Fractions, puissances et racines carrées

1. FRACTIONS

Maintenant que vous connaissez par cœur les multiplications, carrés et cubes, il faut savoir les utiliser au sein de plusieurs opérations usuelles telles que les fractions, les puissances, les racines carrées, les pourcentages et ratios.

1. Définition

Une **fraction** est une division non effectuée entre deux nombres entiers relatifs. Elle est représentée sous la forme $\frac{a}{b}$.

Le nombre du haut « ***a*** » est appelé le **numérateur**. Le nombre du bas « ***b*** » est appelé le **dénominateur** et ne doit pas être nul ($\neq 0$).

2. Opérations usuelles (*a*, *b*, *c* et *d* sont des nombres entiers non nuls)

- **Egalité de fractions**

$$\frac{a}{b} = \frac{c}{d} \Leftrightarrow a \times d = b \times c$$

$$c = a \times b \Leftrightarrow a = \frac{c}{b} \Leftrightarrow b = \frac{c}{a} \Leftrightarrow \frac{a}{c} = \frac{1}{b} \Leftrightarrow \frac{b}{c} = \frac{1}{a}$$

- **Additions et soustractions**

$$\frac{a}{b} + \frac{c}{b} = \frac{(a+c)}{b} \qquad \frac{a}{b} + \frac{c}{d} = \frac{(a \times d + c \times b)}{b \times d} \qquad \frac{a}{b} - \frac{c}{d} = \frac{(a \times d - c \times b)}{b \times d}$$

Même dénominateur

- **Multiplications**

$$a \times \frac{b}{c} = \frac{a \times b}{c} \qquad \frac{a}{b} \times \frac{c}{d} = \frac{a \times c}{b \times d} \qquad \frac{1}{a} \times \frac{1}{b} = \frac{1}{a \times b}$$

- **Divisions**

$$\frac{\frac{1}{a}}{\frac{1}{b}} = \frac{b}{a} \qquad \frac{\frac{a}{b}}{\frac{c}{d}} = \frac{a}{b} \times \frac{d}{c} \qquad \frac{a}{\frac{b}{c}} = \frac{a \times c}{b} \qquad \frac{1}{\frac{1}{a}} = a$$

Voici quelques expressions à connaître qui vous seront utiles dans la résolution de certaines questions :

$$A^n = A \times A^{n-1} \qquad A^n = \frac{A^n}{2} \times \frac{A^n}{2} \qquad A^n = \frac{A^{n+1}}{A}$$

- **Simplification**

Simplifier une fraction consiste à transformer une fraction en une autre avec un numérateur et un dénominateur plus petits (les plus petits possibles).

⚠ **ATTENTION** Toutes les fractions ne sont pas simplifiables (exemple : $\frac{5}{7}$, $\frac{11}{9}$ ou $\frac{4}{3}$, dans lesquelles vous remarquez que le numérateur et/ou le dénominateur sont des nombres premiers).

Pour simplifier une fraction, diviser le numérateur et le dénominateur par le même nombre.

Exemple : Simplifions $\frac{39}{21} = \frac{3 \times 13}{3 \times 7} = \frac{13}{7}$

2. PUISSANCES

Soit n un entier naturel supérieur ou égal à 2 et A un nombre réel :

$A^n = A \times A \times \ldots \times A$ (n fois).

Exemple : $8^4 = 8 \times 8 \times 8 \times 8$.

$$A^0 = 1 \qquad A^n \times A^p = A^{n+p} \qquad (A^n)^p = A^{n \times p} \qquad A^n \times A^{-n} = 1$$

$$\frac{A^n}{A^p} = A^{n-p} \qquad A^{-n} = \frac{1}{A^n} \qquad \frac{A^n}{B^n} = \left(\frac{A}{B}\right)^n$$

$$\sqrt{A} = A^{1/2} \text{ (A positif)} \qquad \sqrt[n]{A^p} = A^{p/n} \qquad A^n \times B^n \times C^n = (A \times B \times C)^n$$

3. RACINES CARREES

La racine carrée d'un nombre réel positif A est le nombre positif dont le carré vaut A.

⚠ ATTENTION Une racine carrée est toujours positive !

Soient A et B deux nombres réels positifs non nuls et C un nombre quelconque :

$$\sqrt{A} = A^{1/2} \qquad \sqrt{A} \times \sqrt{B} = \sqrt{A \times B} \qquad (\sqrt{A})^n = A^{n/2} \qquad \sqrt{A^2} = A$$

$$\frac{\sqrt{A}}{\sqrt{B}} = \sqrt{\frac{A}{B}} \qquad \frac{1}{\sqrt{A}} = \frac{\sqrt{A}}{A} \qquad \sqrt{2} \approx 1{,}4 \qquad \sqrt{3} \approx 1{,}7 \qquad \sqrt{5} \approx 2{,}2$$

$$\sqrt{7} \approx 2{,}7 \qquad \sqrt{10} \approx 3{,}1$$

Voici une application importante.

On peut vous demander parfois de faire disparaître une racine carrée au dénominateur d'une fraction. Voici comment vous devez vous y prendre.

Imaginons que vous devez faire disparaître la racine carrée au dénominateur de la fraction suivante : $\frac{2}{\sqrt{3}}$.

Ici, rien de plus simple : il vous suffit de multiplier le numérateur et le dénominateur par $\sqrt{3}$. Comme vous le savez, multiplier le numérateur et le dénominateur par une même valeur est tout à fait neutre et ne change en rien la valeur de la fraction ainsi obtenue.

Cela nous donne donc : $\frac{2 \times \mathbf{\sqrt{3}}}{\sqrt{3} \times \mathbf{\sqrt{3}}}$, soit encore $\frac{2\sqrt{3}}{3}$ étant donné que $\sqrt{3} \times \sqrt{3} = 3$.

Autre exemple. Imaginons que vous devez faire disparaître la racine au dénominateur de la fraction : $\frac{3}{\sqrt{2} - 1}$.

Ici vous devez multiplier le numérateur et le dénominateur par ce que l'on appelle la forme conjuguée du dénominateur, autrement dit la forme conjuguée de $\sqrt{2} - 1$ qui n'est autre que $\sqrt{2} + 1$. Ceci nous donne donc : $\frac{3 \times \mathbf{(\sqrt{2} + 1)}}{(\sqrt{2} - 1) \times \mathbf{(\sqrt{2} + 1)}}$.

En utilisant l'identité remarquable $(a - b)(a + b) = a^2 - b^2$ au dénominateur, on obtient :

$$\frac{3 \times (\sqrt{2} + 1)}{(\sqrt{2} - 1) \times (\sqrt{2} + 1)} = \frac{3\sqrt{2} + 3}{2 - 1} = 3\sqrt{2} + 3.$$

A noter donc : la forme conjuguée de $\sqrt{n} - p$ est $\sqrt{n} + p$ et la forme conjuguée de $\sqrt{n} + p$ est $\sqrt{n} - p$.

FICHE 18 — Calcul

Pourcentages

1. POURCENTAGE = FRACTION = RATIO = NOMBRE DECIMAL

Un **pourcentage** est l'expression d'une **fraction** sous une autre forme, en utilisant le **signe %** (exemple : 3/4 = 75 %). Il permet alors de calculer des **variations**, des **parts** d'un ensemble (20 % de 120 = 24) ou des **nombres décimaux** compris entre 0 et 1 si le pourcentage est inférieur à 100 (exemple : 50 % = fois 0,5) et supérieurs à 1 si le pourcentage est supérieur à 100 (exemple : 125 % = fois 1,25).

2. TABLEAU FONDAMENTAL DE CORRESPONDANCES

Voici la liste des principales correspondances à connaître par cœur. 6 secondes gagnées par question correspondent à 1 minute 30 secondes de plus par sous-test !

1 % = 1/100 = 0,01	2 % = 2/100 = 0,02	4 % = 1/25 = 0,04
5 % = 1/20 = 0,05	10 % = 1/10 = 0,1	12,5 % = 1/8 = 0,125
16,66 % ≈ 1/6 ≈ 0,166	20 % = 1/5 = 0,2	25 % = 1/4 = 0,25
33,33 % ≈ 1/3 ≈ 0,333	40 % = 2/5 = 0,4	50 % = 1/2 = 0,5
60 % = 3/5 = 0,6	66,66 % ≈ 2/3 ≈ 0,66	70 % = 7/10 = 0,7
75 % = 3/4 = 0,75	80 % = 4/5 = 0,8	100 % = 1
200 % = 2	1 000 % = 10	

Doubler (fois 2) revient à ajouter **100 %**
Tripler (fois 3) revient à ajouter **200 %**
Quadrupler (fois 4) revient à ajouter **300 %**
Décupler (fois 10) revient à ajouter **900 %**
Augmenter du **cinquième** revient à ajouter **20 %** ou à multiplier par **1,2**.
Diminuer du **cinquième** revient à baisser de **20 %** ou à multiplier par **0,8**.
Augmenter du **tiers** revient à ajouter **33,33 %** ou à multiplier par **1,33**.
Diminuer du **tiers** revient à baisser de **33,33 %** ou à multiplier par **0,66**.

3. ASTUCES DE CALCUL

- **Calcul d'un % de variation (hausse ou baisse)**

$$\text{Variation en \%} = \frac{\text{Variation}}{\text{Total}} \times 100$$

Exemple : réduction de 145 € sur un prix initial de 880 €.
Variation en % = 145/880 = – 16,47 %

- **Calcul d'une variation en valeur absolue (hausse ou baisse)**

$$\text{Variation} = \text{total} \times \text{Variation en \%}$$

$$\text{Nouveau total} = \text{ancien total} \times (1 \pm \text{Variation en \%})$$

Exemple : le prix du baril de pétrole était de 106 $ en 2012. En 2013, il a augmenté de 10 %. Quel est le prix de 2013 ?
Nouveau total = 106 × (1 + 10 %) = 106 × 1,1 = 116,6 $

- **Calcul d'un total avant variation**

$$\text{Ancien total} = \frac{\text{nouveau total}}{1 + \text{variation en \%}}$$

Exemple : en raison de l'augmentation du coût des matières premières de 20 % en 2012, le prix d'une tonne de métal est en moyenne de 720 € en 2013. Quel était le prix moyen d'une tonne en 2012 ?
Prix de la tonne en 2012 = 720 € / (1 + 20 %) = 720 € / 1,2 = 600 €.

- **Calcul d'une variation en %**

$$\text{Variation en \%} = \frac{\text{valeur d'arrivée} - \text{valeur de départ}}{\text{valeur de départ}} \times 100$$

Exemple : en 2012, le prix moyen d'une chambre d'hôtel était de 58 €. En 2013, le prix moyen est de 64 €. Quelle est l'évolution en % ?
Variation en % = (64 – 58)/58 × 100 = 6/58 × 100 = + 10,34 %

- **Calcul d'une succession de variation**

Variation = variation 1 × variation 2 × …

⚠ **ATTENTION** Les pourcentages ne s'additionnent pas mais se multiplient entre eux !
Exemple : le prix du litre de lait a augmenté de 10 % en 2011, baissé de 8 % en 2012 et augmenté de 20 % en 2013. Quelle est la variation du prix du litre de lait depuis 2011 ?
Variation = + 10 % × (– 8 %) × + 20 % = 1,1 × 0,92 × 1,2 = 1,214 → + 21,4 %

FICHE 19 — Calcul

Moyennes

1. MOYENNE ARITHMETIQUE

Définition : une moyenne arithmétique est la somme des valeurs numériques divisée par le nombre de ces valeurs numériques, c'est-à-dire :

Moyenne arithmétique = somme des termes / nombre de termes

Exemple : Michelle a un salaire mensuel de 1 500 €, Sacha un salaire trimestriel de 6 600 € et Baptiste un salaire annuel de 24 000 €. Quel est le salaire mensuel moyen de ce groupe ?
Moyenne arithmétique du salaire mensuel = (1 500 + 2 200 + 2 000) / 3 = 5 700/3 = 1 900 € en moyenne.

ASTUCE

- Somme des termes = moyenne arithmétique × nombre de termes
- Nombre de termes = somme des termes / moyenne arithmétique

2. MOYENNE PONDEREE

Définition : soient N termes X_1, X_2, X_3, …, X_n auxquels sont associés des poids respectifs P_1, P_2, P_3, …, P_n. Alors la moyenne pondérée des X termes est :

$$\textbf{Moyenne pondérée} = \frac{X_1 \times P_1 + X_2 \times P_2 + X_3 \times P_3 + \ldots + X_n \times P_n}{P_1 + P_2 + P_3 + \ldots + P_n}$$

Exemple : François a eu 12 en mathématiques coefficient 5, 14 en histoire-géographie coefficient 4, 7 en philosophie coefficient 3 et 11 en SVT coefficient 2. Quelle est la moyenne de François ?

Moyenne pondérée $= \dfrac{12 \times 5 + 14 \times 4 + 7 \times 3 + 11 \times 2}{5 + 4 + 3 + 2} = 11{,}36.$

3. MOYENNE HARMONIQUE

Définition : la moyenne harmonique est l'inverse de la moyenne arithmétique de l'inverse des termes. Soient a_1 à a_n des nombres strictement positifs. On appelle moyenne harmonique de ces nombres le nombre H tel que :

$$\textbf{Moyenne harmonique H} = \frac{n}{\dfrac{1}{a_1} + \dfrac{1}{a_2} + \ldots + \dfrac{1}{a_n}}$$

Exemple : Paul-Arnould se déplace d'une ville A à une ville B distante de 10 km à une vitesse de 40 km/h puis revient dans la ville A à 60 km/h. Quelle est la vitesse moyenne de Paul-Arnould ?

Moyenne harmonique $= \dfrac{2}{\dfrac{1}{40} + \dfrac{1}{60}} = 48$ km/h.

4. METHODE DU BARYCENTRE

Le **barycentre est le centre de gravité** (ou point d'équilibre) **de plusieurs points** auxquels des poids différents ont été associés.

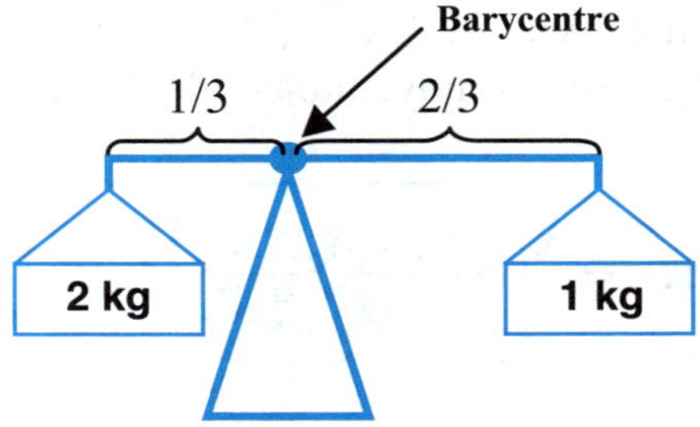

Question : ★★ Soit une classe de 35 élèves passant un examen de mathématiques. La moyenne générale à l'examen est de 11/20. La moyenne des garçons est de 15/20. La moyenne des filles est de 8/20. Combien y a-t-il de filles dans la classe ?

(A) 14 (B) 15 (C) 20 (D) 21 (E) 25

Réponse

▶ **Etape 1 : réalisez un schéma récapitulant les données de l'énoncé :**

Moyenne générale : 11, moyenne des filles : 8, moyenne des garçons : 15

8 ——— **11** ———— **15**

ASTUCE La moyenne générale étant plus proche de la moyenne des filles, le nombre de filles est plus important que le nombre de garçons.

▶ **Etape 2 :** calculez $\frac{\text{écart à gauche}}{\text{écart total}} = \frac{\text{moyenne générale} - \text{moyenne basse}}{\text{moyenne haute} - \text{moyenne basse}}$

$= \frac{11-8}{15-8} = \frac{3}{7}$

▶ **Etape 3 : multipliez le ratio obtenu (3/7) par l'effectif total (35)** pour avoir l'effectif de la moyenne haute (moyenne des garçons : 15) : (3/7) × 35 = **15 garçons**.

▶ **Etape 4 :** pour avoir le nombre de filles : **effectif total – effectif garçons** = 35 – 15 = **20 filles. Réponse C.**

FICHE 20 — Calcul

Unités et conversions

1. UNITES DE LONGUEUR

km	Kilomètre	1 000 m
hm	Hectomètre	100 m
dam	Décamètre	10 m
m	Mètre	1 m
dm	Décimètre	0,1 m
cm	Centimètre	0,01 m
mm	Millimètre	0,001 m

La longueur permet de mesurer la distance entre 2 points en m ou en km généralement. **Les multiples vont de 10 en 10 car l'unité est le mètre (puissance 1).**

2. UNITES AGRAIRES

1 are = 1 a = 100 m^2

1 centiare = 1 ca = 1 m^2

1 préau = 30 a

1 hectare = 1 ha = 10 000 m^2

1 verge = 0,25 a

3. UNITES D'AIRE

km^2	Kilomètre carré	10^6 m^2
hm^2	Hectomètre carré	10^4 m^2
dam^2	Décamètre carré	10^2 m^2
m^2	Mètre carré	1 m^2
dm^2	Décimètre carré	10^{-2} m^2
cm^2	Centimètre carré	10^{-4} m^2
mm^2	Millimètre carré	10^{-6} m^2

L'aire permet de mesurer la surface en m^2 ou en km^2 généralement. **Les multiples vont de 10^2 en 10^2 car l'unité est le mètre carré (puissance 2).**

4. UNITES DE VOLUME

km^3	Kilomètre cube	10^9 m^3
hm^3	Hectomètre cube	10^6 m^3
dam^3	Décamètre cube	10^3 m^3
m^3	Mètre cube	1 m^3
dm^3	Décimètre cube	10^{-3} m^3
cm^3	Centimètre cube	10^{-6} m^3
mm^3	Millimètre cube	10^{-9} m^3

Les multiples vont de 10^3 en 10^3 car l'unité est le mètre cube (puissance 3).

5. UNITES DE CAPACITE

kL	Kilolitre	1 000 L
hL	Hectolitre	100 L
daL	Décalitre	10 L
L	Litre	1 L
dL	Décilitre	0,1 L
cL	Centilitre	0,01 L
mL	Millilitre	0,001 L

Les unités de capacité permettent d'exprimer la contenance d'un objet.
1 kL = 1 m^3 = 1 000 L
1 L = 1 dm^3 = 1 000 cm^3
1 mL = 1 cm^3

ASTUCE Tableau de conversion capacité – volume pour vous aider :

km^3			hm^3			dam^3			m^3			dm^3			cm^3			mm^3		
											kL	hL	daL	L	dL	cL	mL			

6. UNITES DE MASSE

kg	Kilogramme	1 000 g
hg	Hectogramme	100 g
dag	Décagramme	10 g
g	Gramme	1 g
dg	Décigramme	0,1 g
cg	Centigramme	0,01 g
mg	Milligramme	0,001 g

1 tonne = T = 1 000 kg
1 quintal = q = 100 kg
1 T = 10 q

7. UNITES DE TEMPS

1 h = 60 min
1 h = 3 600 sec
0,1 h = 6 min
1/5 h = 12 min
1/3 h = 20 min
1 min = 60 sec
1 jour = 24 h = 1 440 min
1/6 h = 10 min
1/4 h = 15 min
1/2 h = 30 min
1 an = 365 jours (366 pour les années bissextiles : 2012, 2016, etc.)

FICHE 21 — Calcul

Géométrie

1. VOCABULAIRE DE LA GEOMETRIE

1. Le cercle

Le **cercle** est une courbe fermée constituée de points situés à égale distance ***r*** (nommé « **rayon** ») d'un point nommé « **centre** ». Il existe une infinité de cercles pour un même centre. La longueur **2*r*** est appelée « **diamètre du cercle** ». Un **arc de cercle** est la portion d'un cercle, définie par un angle ***a***.

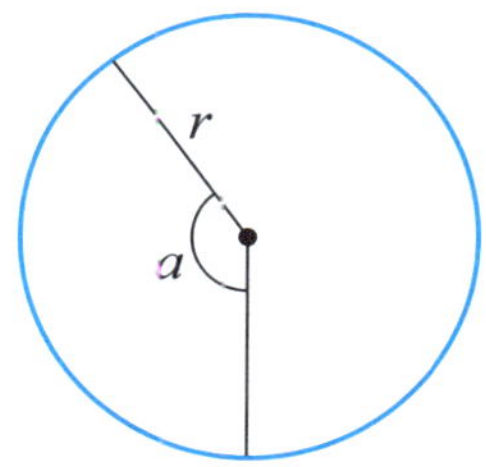

2. Le triangle

Le **triangle** est une figure à 3 côtés. La somme des 3 angles vaut 180°.

- **Triangle rectangle (1) :** triangle possédant un angle droit (90°). Le plus long côté est l'**hypoténuse**.
- **Triangle isocèle (2) :** triangle dont 2 côtés et 2 angles sont égaux.
- **Triangle équilatéral (3) :** triangle ayant 3 côtés et 3 angles égaux (60°).

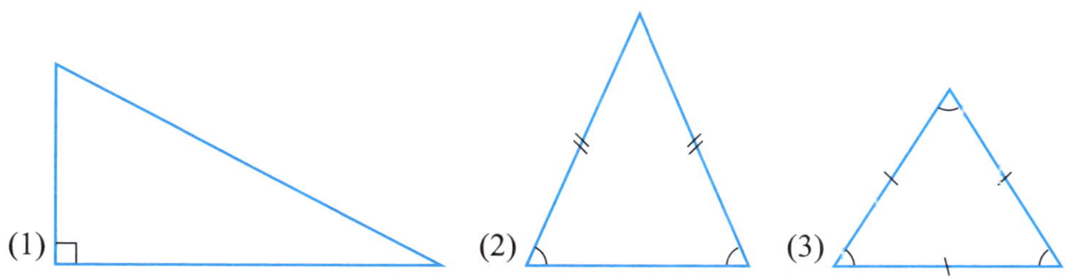

3. Le quadrilatère

Le **quadrilatère** est une figure à 4 côtés :

- **Trapèze (1) :** quadrilatère possédant 2 côtés opposés parallèles.
- **Parallélogramme (2) :** quadrilatère dont les côtés opposés sont parallèles deux à deux. Les diagonales du parallélogramme se coupent en leur milieu.
- **Losange (3) :** parallélogramme dont les diagonales sont perpendiculaires et se coupent en leur milieu.
- **Rectangle (4) :** quadrilatère possédant 4 angles droits (90°). Les diagonales du rectangle se coupent en leur milieu.
- **Carré (5) :** quadrilatère possédant 4 angles droits (90°) et 4 côtés égaux. Un carré est à la fois un rectangle et un losange.

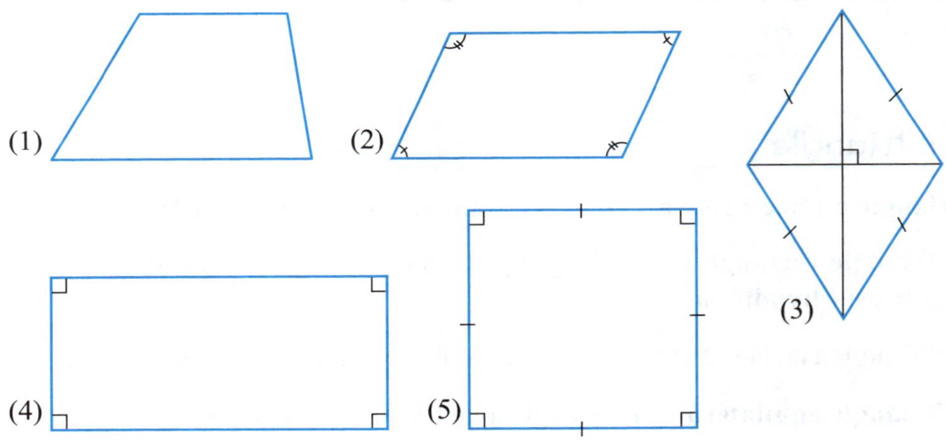

4. Autres figures

- **Pentagone :** figure à 5 côtés.
- **Pentagone régulier (5) :** pentagone possédant 5 côtés égaux.
- **Hexagone :** figure à 6 côtés.
- **Hexagone régulier (6) :** hexagone possédant 6 côtés égaux.
- **Heptagone :** figure à 7 côtés.
- **Heptagone régulier (7) :** heptagone possédant 7 côtés égaux.
- **Octogone :** figure à 8 côtés.
- **Octogone régulier (8) :** octogone possédant 8 côtés égaux.

(5) 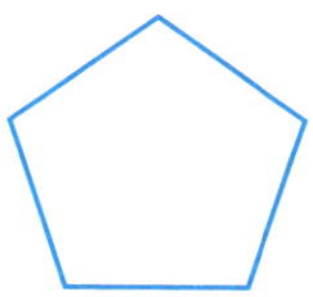
(6) 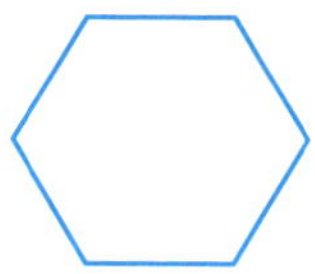
(7) 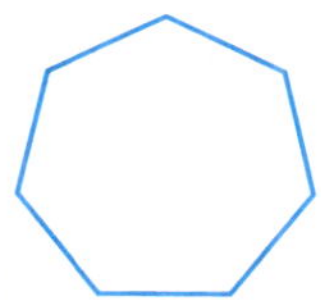
(8) 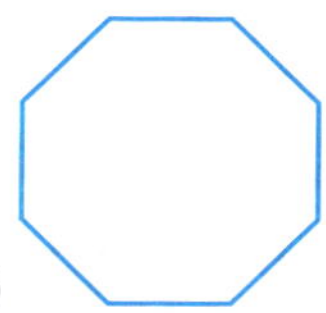

5. Autre vocabulaire

- **Médiatrice :** droite coupant perpendiculairement un segment en son milieu.

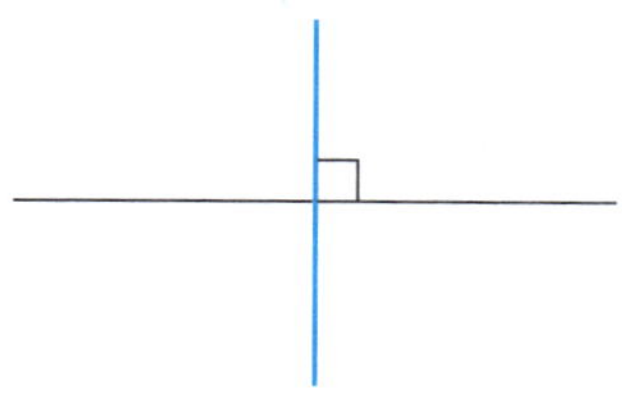

- **Bissectrice :** droite coupant un angle en 2 angles égaux.

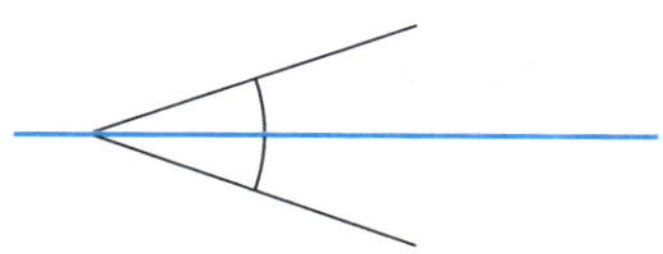

2. PERIMETRES ET AIRES

- **Carré de côté *c***
  - Périmètre = $4c$
  - Aire = c^2

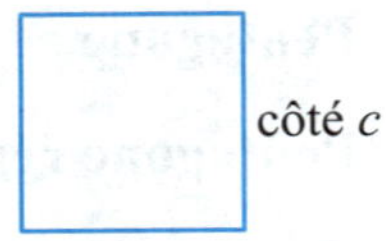

- **Rectangle de longueur *L* et largeur *l***
  - Périmètre = $2\,(L + l)$
  - Aire = $L \times l$

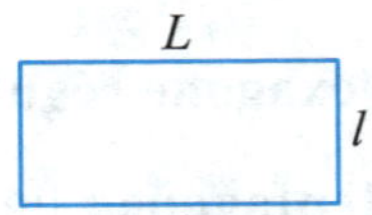

- **Triangle de base *b* et de hauteur *h***
  - Périmètre = somme des 3 côtés
  - Aire = $\dfrac{\text{Base} \times \text{hauteur}}{2}$

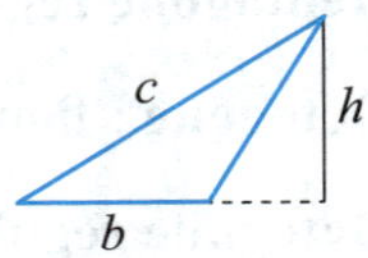

ATTENTION

Triangle isocèle (1) : périmètre = base + $2c$

Triangle équilatéral : périmètre = $3c$

Triangle rectangle (2) : aire = $\dfrac{b \times h}{2}$

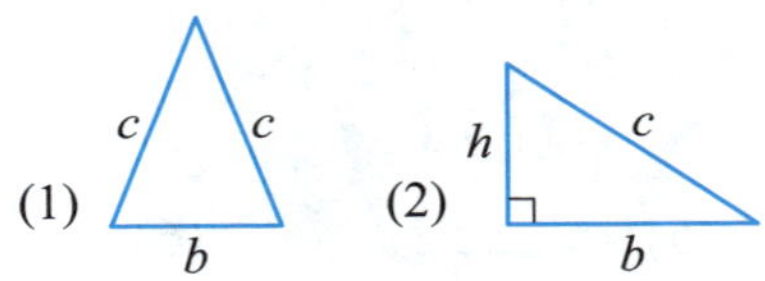

- **Parallélogramme de base *b* et de hauteur *h***
  - Périmètre = somme des 4 côtés
  - Aire = base × hauteur

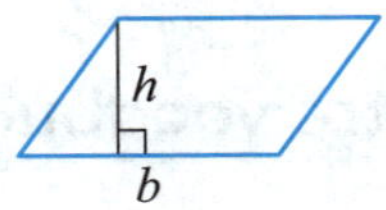

- **Trapèze de grande base *B*, de petite base *b* et de hauteur *h***
  - Périmètre = somme des 4 côtés
  - Aire = $\dfrac{(B + b) \times h}{2}$

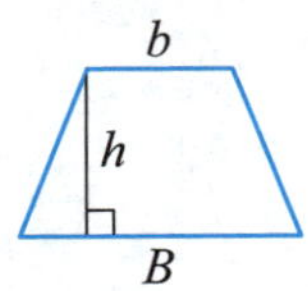

- **Cercle de rayon *r***
  - Périmètre = $2 \times \pi \times r$
  - Aire = $\pi \times r^2$

- **Arc de cercle de rayon *r* et d'angle *a***
  - Périmètre = $2 \times \pi \times r \times \dfrac{a}{360}$
  - Aire d'une portion de disque = $\pi \times r^2 \times \dfrac{a}{360}$

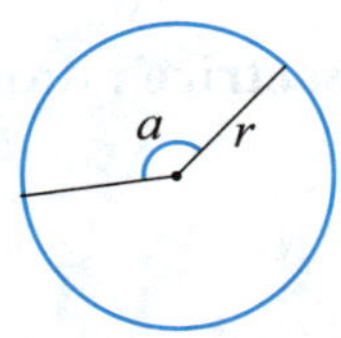

- **Losange (côté *c*, petite diagonale *d* et grande diagonale *D*)**
  - Périmètre = $4c$
  - Aire = $(d \times D)/2$

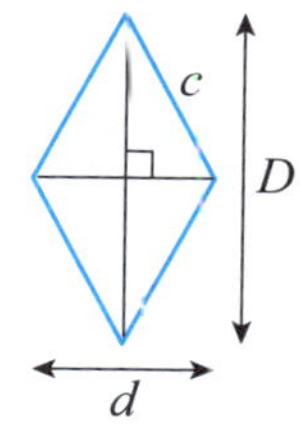

3. VOLUMES ET AIRES LATERALES

L'**aire latérale** d'une figure correspond à **la somme des aires de tous les côtés de la figure**.

- **Parallélépipède rectangle (pavé droit)**
  - Volume = $L \times l \times h$
  - Aire latérale = $2 \times (L \times l + l \times h + L \times h)$

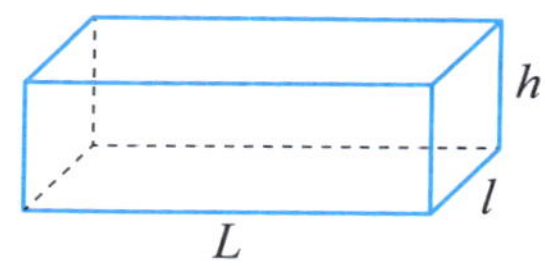

- **Cube**
  - Volume = c^3
  - Aire latérale = $6c^2$

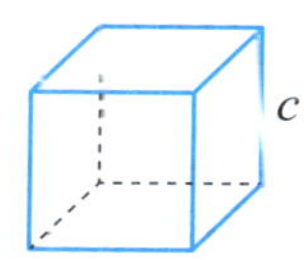

- **Cône (hauteur *h* et rayon *r*)**
  - Volume = $1/3 \times \pi \times r^2 \times h$

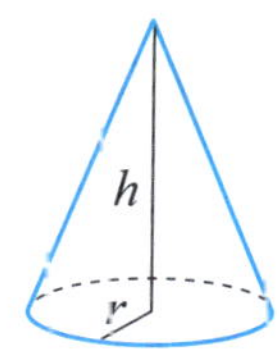

- **Sphère (rayon *r*)**
  - Volume = $4/3 \times \pi \times r^3$
  - Aire latérale = $4 \times \pi \times r^2$

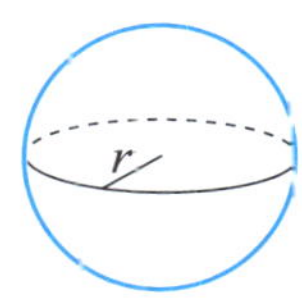

- **Cylindre (hauteur *h* et rayon *r*)**
  - Volume = $\pi \times r^2 \times h$
  - Aire latérale = $2\pi \times r \times h$
  - Aire extérieure totale = $2\pi \times r \times (r + h)$

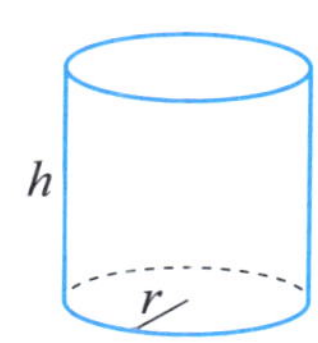

4. THEOREME DE PYTHAGORE

Dans un triangle rectangle, le carré de la longueur de l'hypoténuse est égal à la somme des carrés des longueurs des deux autres côtés. La formule du théorème est donc : $\boldsymbol{a^2 + b^2 = c^2}$

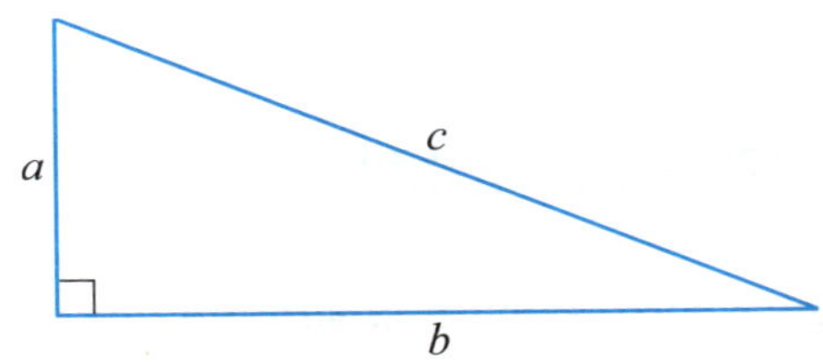

Réciproque du théorème de Pythagore : si $a^2 + b^2 = c^2$, alors le triangle est rectangle.

ASTUCE Dans un triangle équilatéral, la longueur d'un seul côté permet de déduire la totalité des données du triangle en appliquant le théorème de Pythagore.

5. THEOREME DE THALES

Le théorème de Thalès affirme que, dans un plan, toute droite parallèle à l'un des côtés d'un triangle sépare ce dernier en un triangle de **proportions identiques**. La formule du théorème est donc :

$$\frac{\mathbf{AC}}{\mathbf{AD}} = \frac{\mathbf{AB}}{\mathbf{AE}} = \frac{\mathbf{CB}}{\mathbf{DE}} \qquad \frac{\mathbf{BC}}{\mathbf{AD}} = \frac{\mathbf{EC}}{\mathbf{EA}} = \frac{\mathbf{BE}}{\mathbf{ED}}$$

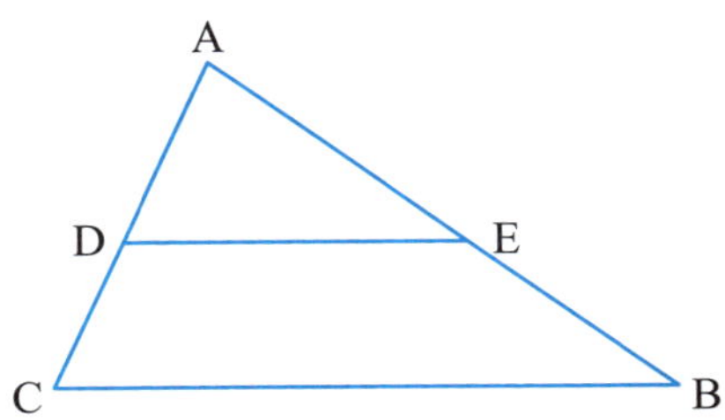

ou

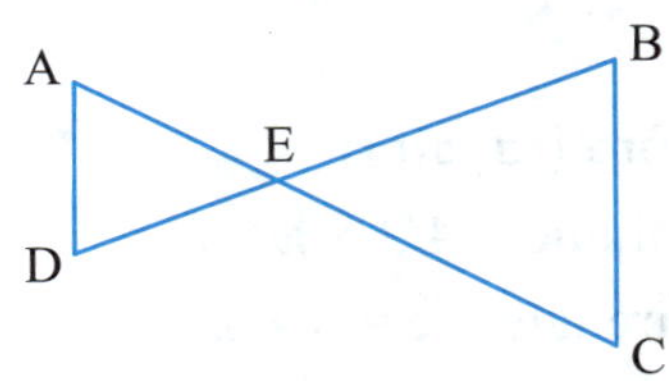

6. PROPRIETES GEOMETRIQUES IMPORTANTES

1. Les angles alternes internes

Si deux droites parallèles sont toutes les deux coupées par une même autre droite, les angles formés sont égaux deux à deux ($x_1 = x_2$, $x_3 = x_4$, $x_5 = x_6$, $x_7 = x_8$).

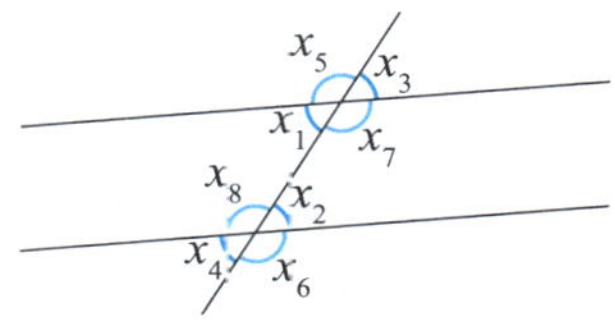

2. Les angles opposés par le sommet

Lorsque deux droites se croisent, elles forment des angles opposés par le sommet et égaux deux à deux ($x_1 = x_2$, $x_3 = x_4$).

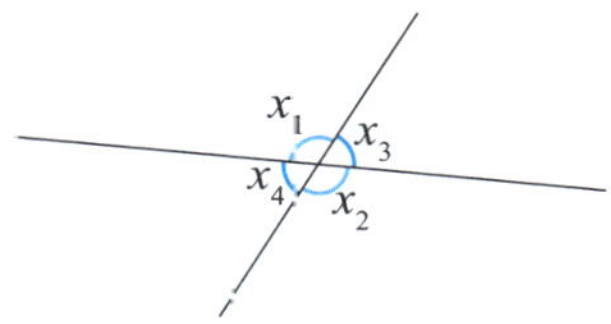

3. Triangles pythagoriciens

Le théorème de Pythagore s'applique aux triangles rectangles. Quatre triangles pythagoriciens sont à connaître par cœur ! (les longueurs sont des entiers naturels) :

- $a = 3, b = 4, c = 5$
- $a = 6, b = 8, c = 10$
- $a = 5, b = 12, c = 13$
- $a = 8, b = 15, c = 17$

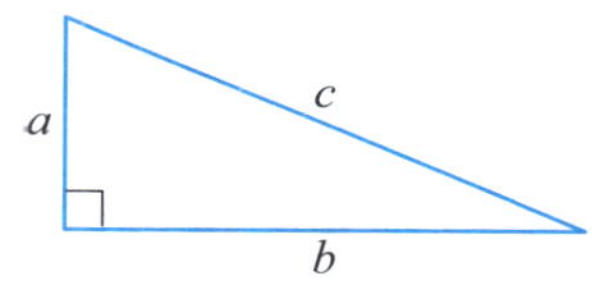

4. Triangles inscrits dans un cercle

Tout **triangle inscrit dans un cercle** (*i.e.* dont les 3 sommets se trouvent sur le cercle) et dont un des côtés est le diamètre est un **triangle rectangle**.

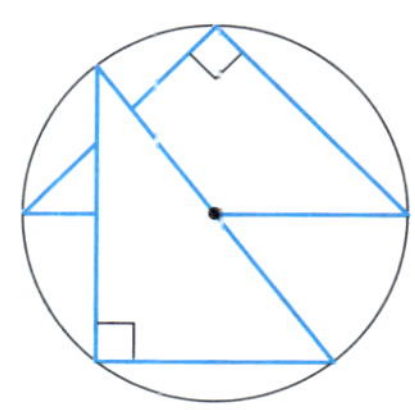

5. Hauteur et arête d'un cube

Dans un cube :

- 1 côté d'une face (= carré) = 1 arête.
- Soit X la longueur d'une arête, alors la diagonale (= **bissectrice** : droite qui coupe l'angle en 2 angles égaux) d'une face = $\mathbf{X\sqrt{2}}$.

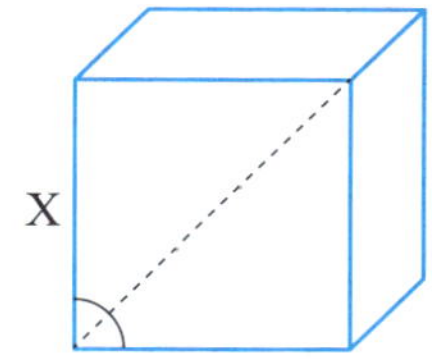

6. Triangle rectangle = 1/2 rectangle

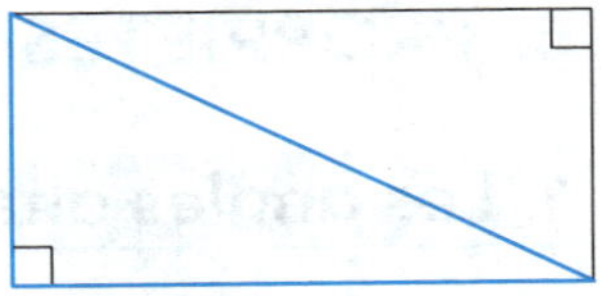

Un triangle rectangle correspond à la moitié d'un rectangle.

7. Triangle équilatéral

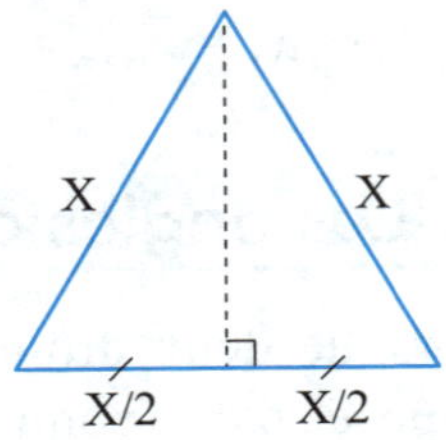

Toutes les données d'un triangle équilatéral (aire, périmètre, hauteur, médiane, bissectrice, médiatrice, etc.) **sont déductibles** avec le théorème de Pythagore si vous connaissez **la longueur d'un côté**.

8. Hexagone régulier

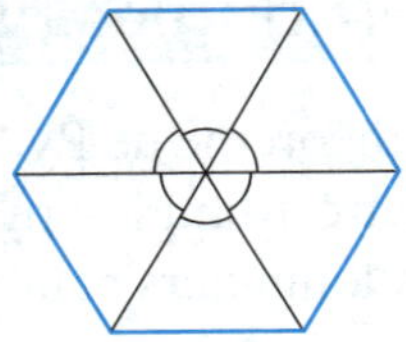

- La somme des angles est égale à 720°.
- Un hexagone régulier est composé de 6 triangles équilatéraux.
- Les angles opposés sont égaux.

9. Triangle isocèle ou équilatéral

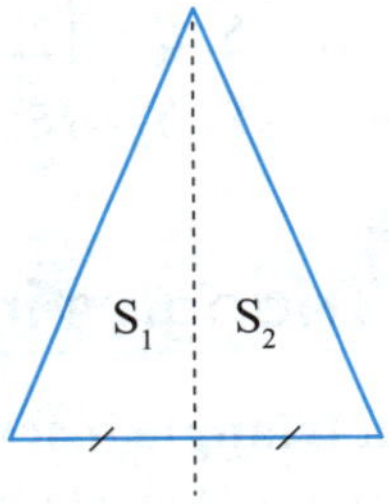

Dans un triangle isocèle ou équilatéral, l'**aire** de la partie à gauche de la bissectrice d'un angle (**S_1**) est **identique** à l'aire de la partie à droite (**S_2**).

10. Cercle inscrit dans un triangle rectangle

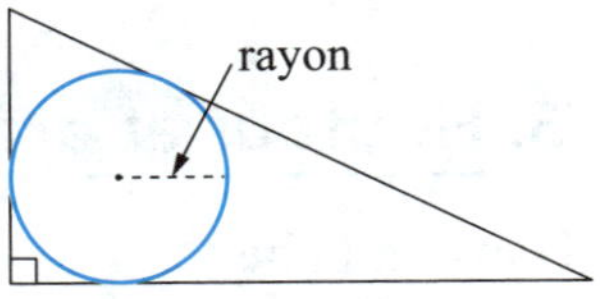

Pour calculer la longueur du rayon d'un cercle inscrit dans un triangle rectangle, appliquez la formule suivante :

$$\text{Rayon} = \frac{2 \times \text{Surface du triangle}}{\text{Périmètre du triangle}}$$

FICHE 22 Calcul

Temps de travail et productivité

1. TEMPS DE TRAVAIL

Pour connaître le temps T que vont mettre N personnes **ensemble** pour réaliser un travail, appliquez la formule suivante :

$$\frac{1}{T} = \sum_{k=1}^{n} \frac{1}{T_k} = \frac{1}{T_1} + \frac{1}{T_2} + \ldots + \frac{1}{T_n}$$

Avec T_1, T_2, …, T_n représentant les temps respectifs mis par les N personnes pour réaliser le travail mais seules !

Question : ★★ Anne et Dominique sont frère et sœur. Anne met 40 minutes pour ranger l'appartement de ses parents toute seule. Quant à Dominique, il met 30 minutes. S'ils rangent ensemble, combien de temps mettront-ils pour ranger l'appartement ?

(A) ≈ 17 minutes (B) ≈ 20 minutes (C) ≈ 23 minutes
(D) ≈ 26 minutes (E) ≈ 28 minutes

Réponse : soit $T_1 = 40$ minutes et $T_2 = 30$ minutes, alors en appliquant la formule du temps de travail, nous avons :
$\frac{1}{T} = \frac{1}{40} + \frac{1}{30} \Leftrightarrow \frac{1}{T} = \frac{7}{120} \Leftrightarrow T = \frac{120}{7} \approx 17$ minutes.

2. PRODUCTIVITE

La **production** correspond à la quantité de biens ou services produits (exemple : 20 pneus).

La **productivité** correspond à la production réalisée au cours d'une période (exemple : 10 pneus/heure).

Ainsi, la formule de la production correspond à :

$$\textbf{Production} = \textbf{productivité} \times \textbf{temps de travail}$$

Par conséquent, la formule de la productivité est :

$$\textbf{Productivité} = \frac{\textbf{production}}{\textbf{temps de travail}}$$

La formule du temps de travail est donc :

$$\textbf{Temps de travail} = \frac{\textbf{production}}{\textbf{productivité}}$$

⚠ **ATTENTION** Choisissez les mêmes unités de temps pour chaque variable (année, jour, heure, etc.).

III. MATHEMATIQUES

Ces fiches concernent principalement le concours Accès et dans une moindre mesure les concours Sesame et Link.

FICHE 23 Mathématiques

Equations, inéquations et systèmes d'équations

1. EQUATIONS

1. Définitions

- Une inconnue est une valeur que l'on ne connaît pas *a priori* mais qu'il ne faut pas forcément trouver et qui est souvent définie par une lettre (X, Y, Z, etc.).
- Une équation est une égalité liant une ou plusieurs inconnues (exemple : $X + 2Y = 35$).
- Une inéquation est une inégalité liant une ou plusieurs inconnues où le signe = est remplacé par le signe <, >, ≤ ou ≥ (exemple : $3X + 4Y < 6Z$).

⚠ **ATTENTION** Toutes les inconnues ne sont pas utiles dans la résolution d'une question. A vous de déterminer les inconnues utiles ou inutiles.

2. Equations

Dans une équation, les deux membres (c'est-à-dire le membre à gauche et celui à droite du « = ») sont interchangeables, c'est-à-dire que :

$X = 2Y + 12V \Leftrightarrow 2Y + 12V = X$.

Exemple de résolution d'équation du premier degré : $8X = 30 \Leftrightarrow X = 30/8$
$\Leftrightarrow X = 15/4 \Leftrightarrow \mathbf{X = 3{,}75}$.

Exemple de résolution d'équation du second degré : $4X^2 = 36 \Leftrightarrow X^2 = \frac{36}{4}$
$\Leftrightarrow X^2 = 9$, donc **X = 3 ou –3**.

Exemple de résolution d'équation du second degré de la forme : $aX^2 + bX + c = 0$.

- **Etape 1 : calculez le delta : $\Delta = b^2 - 4ac$.**
- **Etape 2 : étudiez le signe de Δ.**

Si **Δ < 0**, alors l'équation n'a **aucune solution** !

Si **Δ = 0**, alors l'équation n'a qu'**une seule solution :** $\mathbf{X = \frac{-b}{2a}}$.

Si **Δ > 0**, alors l'équation a 2 solutions : $\mathbf{X_1 = \frac{(-b - \sqrt{\Delta})}{2a}}$ et $\mathbf{X_2 = \frac{(-b + \sqrt{\Delta})}{2a}}$.

ASTUCE Vous pouvez utiliser les lettres des inconnues pour symboliser des prénoms. Exemple : Sébastien **(S) est 2 fois** plus grand qu'Adrien **(A)** ⇔ **S = 2A**. Vous utiliserez régulièrement cette astuce pour comparer les tailles, les âges ou les richesses entre plusieurs individus.

3. Inéquations

Dans une inéquation, les deux membres (c'est-à-dire le membre à gauche et celui à droite du signe >, <, ≤ ou ≥) ne sont pas interchangeables !

$X > 3Y + 4T \Leftrightarrow 3Y + 4T < X$.

Exemple de résolution d'inéquation : $5X > 12 + 2X \Leftrightarrow 3X > 12 \Leftrightarrow \mathbf{X > 4}$

Si a > b, alors – a < – b (**inversion du signe > !**)

Si a > b alors $\frac{1}{a} < \frac{1}{b}$ (**inversion du signe > !**)

ASTUCE Vous pouvez utiliser les initiales des prénoms pour symboliser les inconnues. Exemple : Célia (**C**) et Adeline (**A**) ont un QI **supérieur à** celui de Jérémy (**J**) et de Pierre (**P**) ⇔ **C + A > J + P**. Vous utiliserez régulièrement cette astuce pour comparer les tailles, les richesses ou le nombre de biens entre plusieurs individus.

2. SYSTEMES D'EQUATIONS

1. Définition

Un **système d'équations est un groupe de plusieurs équations à plusieurs inconnues** (X, Y, Z, etc.).

⚠ **ATTENTION** Pour qu'il y ait une solution, il faut que le nombre d'inconnues soit égal au nombre d'équations indépendantes et linéaires.

2. Systèmes d'équations

Maintenant que les équations constituées de plusieurs inconnues sont liées entre elles, tentons de résoudre l'exemple suivant (résolution du système par combinaison).

- **Etape 1 : trouvez X (ou Y) :**

$$\left.\begin{array}{l} X + 4Y = 24 \\ 3X + 2Y = 16 \end{array}\right\} \begin{array}{l} \text{Ligne 1} \\ \text{Ligne 2} \end{array}$$

$$\left.\begin{array}{l} X + 4Y = 24 \\ 6X + 4Y = 32 \end{array}\right\} \begin{array}{l} \text{Ligne 1} \\ \text{Ligne 2} \times 2 \end{array}$$

$$\left.\begin{array}{l} 5X + 0Y = 8 \\ \mathbf{X = 8/5 = 1{,}4} \end{array}\right\}$$

Ligne 2 – Ligne 1 (afin d'éliminer les Y et d'avoir une seule inconnue X). Puis, on intègre X dans la ligne 1 (ou la ligne 2) afin de calculer Y.

- **Etape 2 : trouvez Y (ou X) à partir de X (ou Y) connu :**

$1{,}4 + 4Y = 24 \Leftrightarrow 4Y = 24 - 1{,}4 \Leftrightarrow Y = 22{,}6/4 \Leftrightarrow \mathbf{Y = 5{,}65}$

3. Equations liées, incompatibles et indépendantes

Les équations d'un système d'équations peuvent être classées en **3 catégories** :

1. Les équations **liées** sont des équations donnant exactement la même information.
(Exemple : $2X + 2Y = 4$ et $2(X + Y) = 2^2$)

2. Les équations **incompatibles** sont 2 équations donnant 2 informations contradictoires.
(Exemple : $X + Y = 4$ et $2X + 2Y = 0$)

3. Les équations **indépendantes** sont des équations qui ne sont ni liées ni incompatibles.
(Exemple : $X + 3Y + 5Z = 12$ et $X + 2Y = 4$)

4. Opérations autorisées

Rappel sur les opérations autorisées dans un système d'équations :

- **Ajouter** la même quantité aux 2 membres :
  $X + Y = Z \Leftrightarrow X + Y + 4 = Z + 4$
- **Soustraire** la même quantité aux 2 membres :
  $X + Y = Z \Leftrightarrow X + Y - 5 = Z - 5$
- **Multiplier** les 2 membres par la même quantité :
  $X + Y = Z \Leftrightarrow 3 \times (X + Y) = 3Z$
- **Diviser** les 2 membres par la même quantité **non nulle** :
  $X + Y = Z \Leftrightarrow \frac{X + Y}{4} = \frac{Z}{4}$

⚠ **ATTENTION** Dans une inéquation, vous devez inverser le sens de l'inégalité si vous multipliez ou divisez par une quantité négative. Exemple : $X > Y \Leftrightarrow -X < -Y$.

Rappel des opérations possibles entre les différentes équations d'un même système d'équations :

- **Additionner, soustraire, multiplier et diviser** 2 équations est autorisé.

⚠ **ATTENTION** Une seule opération est autorisée entre 2 inéquations. Vous ne pouvez que les **additionner** et **à condition qu'elles soient dans le même sens**, *i.e.* $>$ et $>$, $<$ et $<$, $\geq$ et $\geq$ ou $\leq$ et $\leq$.

5. Résolution d'un système d'équations

Si le système comporte **plus d'inconnues que d'équations et aucune contrainte**, vous **ne pourrez pas trouver une valeur unique pour toutes les inconnues** (mais peut-être pour certaines).

Si le système comporte **autant d'équations que d'inconnues et aucune contrainte**, alors vous **pourrez trouver une valeur unique pour toutes les inconnues** à condition que les équations soient toutes indépendantes.

Si le système comporte **plus d'équations que d'inconnues**, c'est que **deux équations, au moins, sont forcément liées**.

FICHE 24 — Mathématiques

Combinatoire et probabilités

1. COMBINATOIRE

1. Calcul d'anagrammes (mot obtenu par la permutation des lettres d'un autre mot)

$$\textbf{Nb anagrammes} = \frac{\textbf{(nombre total de lettres)!}}{\textbf{(répétition lettre 1)!} \times \ldots \times \textbf{(répétition lettre } n\textbf{)!}}$$

Exemple : quel est le nombre d'anagrammes du mot ANANAS ?

Réponse : il y a 6 lettres dans ANANAS dont 3 A et 2 N.

Le nombre d'anagrammes est donc égal à :

$$\frac{6!}{3! \times 2!} = \frac{6 \times 5 \times 4 \times 3 \times 2 \times 1}{3 \times 2 \times 1 \times 2 \times 1} = \frac{6 \times 5 \times 4}{2} = \mathbf{60}$$

Rappel :

$n! = 1 \times 2 \times 3 \times \ldots \times (n-1) \times n$

Autrement dit, par exemple : $8! = 1 \times 2 \times 3 \times 4 \times 5 \times 6 \times 7 \times 8$

Mais on écrit plutôt généralement : $8! = 8 \times 7 \times 6 \times 5 \times 4 \times 3 \times 2 \times 1$

Ah oui et 8! se prononce « factorielle 8 ».

2. Arrangements

Pour calculer le nombre de combinaisons **successives** de ***p*** éléments (boules, personnes, objets, etc.) parmi ***n*** éléments distincts (**l'ordre de déroulement des événements a une importance**), appliquez la formule :

$$\mathbf{A}_n^p = \frac{\boldsymbol{n!}}{\boldsymbol{(n-p)!}}$$

Exemple : soit une loterie avec 100 inscrits. Les gagnants sont tirés au hasard. Le premier gagne 30 €, le deuxième 20 € et le dernier 10 €. Quel est le nombre de combinaisons de gagnants possibles ?

Réponse : dans cette question, l'ordre a une importance. Appliquons la formule des arrangements :

$A_{100}^{3} = \frac{\mathbf{100!}}{\mathbf{(100-3)!}} = \frac{100 \times 99 \times \ldots \times 1}{97 \times 96 \times 95\ldots \times 1}$ (beaucoup plus de combinaisons possibles !)

3. Combinaisons

Pour calculer le nombre de combinaisons **simultanées** de ***p*** éléments (boules, personnes, objets, etc.) parmi ***n*** éléments distincts (**l'ordre de déroulement des événements n'a pas d'importance**), appliquez la formule :

$$C_n^p = \frac{n!}{p! \times (n-p)!}$$

2. PROBABILITES

1. Evénements

Dans une **expérience**, l'ensemble de tous les résultats possibles, supposé fini, est **noté U** (exemple : lancer de dé, U = 1, 2, 3, 4, 5 et 6).

Un **événement**, **noté A**, est une partie de U, c'est-à-dire l'ensemble des résultats ayant une même propriété lors d'une expérience (exemple : les numéros pairs lors d'un lancer de dé sont 2, 4 et 6).

2. Opérations sur les événements

- **L'intersection $A \cap B$** signifie que l'événement est un résultat commun de l'**événement A et de l'événement B**. Exemple : A correspond aux chiffres pairs (2, 4, 6) et B correspond à un chiffre supérieur à 5, l'union $\mathbf{A \cap B}$ signifie « obtenir un chiffre pair **et** un chiffre supérieur à 5 », soit 6.
- **L'union $A \cup B$** signifie que l'événement est un résultat de **l'événement A ou de l'événement B**. Exemple : A correspond aux chiffres impairs (1, 3, 5) et B correspond à un chiffre inférieur à 3, l'union $\mathbf{A \cup B}$ signifie « obtenir un chiffre impair **ou** inférieur à 3 », soit 1, 2, 3 et 5. Sous forme mathématique, la formule est : $\mathbf{A \cup B = A + B - (A \cap B)}$.

- **Le contraire de l'événement A, noté Ā**, est l'ensemble des résultats réalisés dès que A n'est pas réalisé. Exemple : Si A est l'ensemble des chiffres pairs (2, 4, 6) alors l'événement Ā est l'ensemble des chiffres impairs (1, 3, 5).

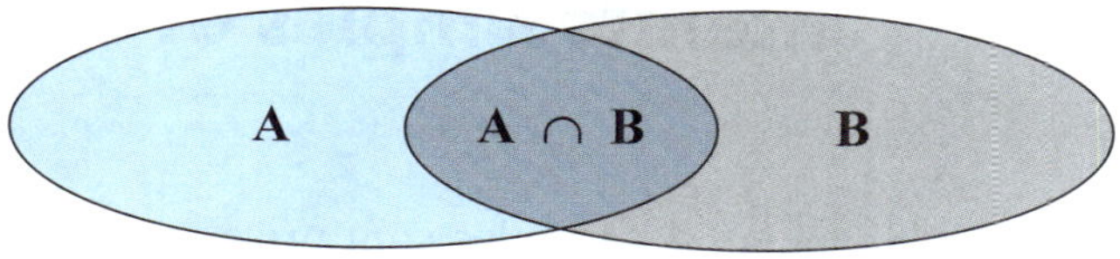

ATTENTION Si A et B sont disjoints (*i.e.* qu'ils n'ont aucun élément en commun), alors :

- **(A ∪ B) = A + B** étant donné que **(A ∩ B) = Ø (la probabilité est nulle)**
- **A = (A ∪ B) – B**

3. Probabilités

La probabilité (**notée P**), **toujours comprise entre 0 et 1**, correspond à l'évaluation du nombre de cas réalisables d'un événement aléatoire par rapport au nombre total de cas possibles équiprobables.

$$\textbf{Probabilité} = \textbf{P} = \frac{\textbf{nombre de cas réalisables}}{\textbf{nombre de cas possibles équiprobables}}$$

P(A ∪ B) = P(A) + P(B) – P(A ∩ B) et **P(Ā) = 1 – P(A)**

ATTENTION Si les événements sont indépendants, *i.e.* que la probabilité d'obtenir l'événement B ne dépend pas de l'événement A, alors on a : **P(A ∩ B) = P(A) × P(B)**.

ASTUCE Dans de nombreux cas, nous vous conseillons de faire un arbre de probabilité :

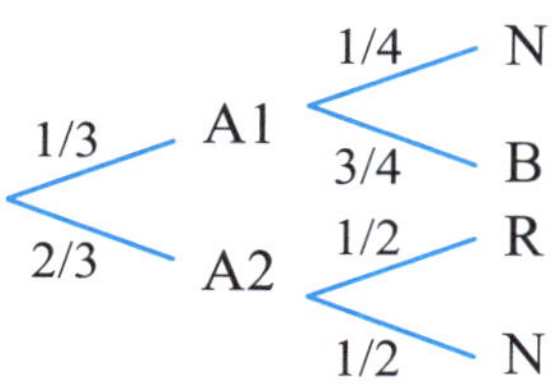

P(N) = P(A1 ∩ N) + P(A2 ∩ N)
= 1/3 × 1/4 + 2/3 × 1/2 = 1/12 + 1/3 = 5/12

FICHE 25 — Mathématiques

Intérêts simples et composés

Lors d'un investissement financier, 4 variables sont prises en compte pour le calcul du capital final et des intérêts obtenus :

- **Le capital initial :** somme d'argent investie au départ, notée $\mathbf{K_0}$;
- **La durée de placement :** nombre de périodes de capitalisation (années, mois, etc.), noté $\boldsymbol{n}$;
- **Le capital final :** valeur finale du capital de départ au bout de $\boldsymbol{n}$ périodes de placement, notée K_n ;
- **Le taux d'intérêt variable ou fixe** du placement, noté $\boldsymbol{r}$, exprimé en pourcentage (%).

1. LES INTERETS SIMPLES

Un placement de capital avec des intérêts simples signifie que le taux d'intérêt ne s'applique que sur le capital initial K_0. **Les intérêts ne sont pas réinvestis** et ne rapportent donc pas d'intérêts supplémentaires : **il n'y a pas d'intérêts sur les intérêts**. Ainsi, la valeur du capital final $\mathbf{K_n}$ est :

$$\mathbf{K_n = K_0 \times (1 + n \times r)}$$

Les intérêts simples sont calculés à chaque période selon la formule : $\boldsymbol{r \times K_0}$

La somme des intérêts gagnés au cours de n périodes est : $\boldsymbol{n \times r \times K_0 = K_n - K_0}$

Exemple : Aurèle investit 800 € à un taux d'intérêt simple fixe de 5 % pendant 5 ans. Quel sera le gain final de cet investissement ?

- **Etape 1 : Calcul du capital final :**
  $K_0 \times (1 + n \times r) = 800\text{ €} \times (1 + 5\,\% \times 5) = 800\text{ €} \times 1{,}25 = 1\,000\text{ €}$.
- **Etape 2 : Gain final :** $K_5 - K_0 = 1\,000\text{ €} - 800\text{ €} =$ **200 €**.

2. LES INTERETS COMPOSES

Un placement de capital avec des intérêts composés signifie que le montant des **intérêts à la fin de chaque période est réinvesti** en s'ajoutant au capital placé initialement : **il y aura alors des intérêts sur les intérêts**. Ainsi, la valeur du capital final K_n est :

$$\mathbf{K_n = K_0 \times (1 + r)^n}$$

Exemple : Bruno investit 1 000 € à un taux d'intérêt composé fixe de 10 % pendant 3 ans. Quel sera le montant du capital final de Bruno ?

- **Etape 1 :** $K_3 = K_0 \times (1 + 10\ \%)^3 = 1\ 000\ € \times 1{,}331 = 1\ 331\ €$

ASTUCE Quel est le cube de 11 ? 1 331, d'où $1{,}1^3 = 1{,}331$. Apprenez vos carrés et cubes par cœur !

FICHE 26 Mathématiques

Etude de fonctions

1. FONCTIONS AFFINES

Une fonction affine est une fonction qui s'écrit sous la forme : $f(x) = y = \boldsymbol{a}x + \boldsymbol{b}$, où a et b sont deux nombres réels quelconques. $\boldsymbol{a}$ est appelé coefficient directeur et $\boldsymbol{b}$ est appelé ordonnée à l'origine.

– Pour trouver $\boldsymbol{a}$, le coefficient directeur, il suffit de prendre deux points qui appartiennent à la droite $(x_1\,;f(x_1))$ et $(x_2\,;f(x_2))$ et d'écrire que :

$$\boldsymbol{a = \frac{f(x_2) - f(x_1)}{x_2 - x_1}}$$

– Une propriété importante :

$$\boldsymbol{f(x+2) - f(x+1) = f(x+1) - f(x)}$$

Ainsi par exemple : $f(2) - f(1) = f(1) - f(0)$

2. FONCTIONS DU SECOND DEGRE

Une fonction du second degré (ou trinôme) s'écrit sous la forme : $f(x) = y = \boldsymbol{a}x^2 + \boldsymbol{b}x + \boldsymbol{c}$ où a, b et c sont des nombres réels quelconques.

Lorsque le trinôme admet deux solutions distinctes $\boldsymbol{x_1}$ et $\boldsymbol{x_2}$, (*i.e.* quand son delta, son discriminant, est strictement positif) alors :

$f(x)$ s'écrit aussi : $\boldsymbol{f(x) = a(x - x_1)(x - x_2)}$

La somme des racines $x_1 + x_2$ est égale à $\frac{-b}{a}$

Le produit des racines x_1x_2 est égal à $\frac{c}{a}$

Pour calculer l'extremum d'une fonction du second degré (c'est-à-dire sa valeur minimum ou sa valeur maximum), il suffit de dériver la fonction et de trouver la valeur x_0 qui annule la dérivée. Une fois cette valeur trouvée, calculez $f(x_0)$ et le tour est joué.

Application :

Quelle est la valeur minimale pouvant être prise par l'expression $3x^2 - 5x + 4$?

(1) $-\frac{5}{4}$

(2) $-\frac{5}{12}$

(3) $\frac{5}{12}$

(4) $\frac{23}{12}$

(5) $\frac{12}{5}$

Réponse : nous sommes bien sûr face à une fonction trinôme du second degré. Pour trouver la valeur minimale prise par cette fonction, dérivons $3x^2 - 5x + 4$: $(3x^2 - 5x + 4)' = \mathbf{6x - 5}$. Or $6x - 5$ est égal à 0 lorsque $x = \frac{5}{6}$. On note donc que $x_0 = \frac{5}{6}$ est la valeur qui annule la dérivée de $3x^2 - 5x + 4$.

Calculons à présent : $f(x_0) = f\left(\frac{5}{6}\right) = 3 \times \left(\frac{5}{6}\right)^2 - 5 \times \frac{5}{6} + 4 = 3 \times \frac{25}{36} - \frac{25}{6} + 4$
$= \frac{75}{36} - \frac{150}{36} + \frac{144}{36} = \frac{69}{36} = \mathbf{\frac{23}{12}}$.

La valeur minimale pouvant être prise par $3x^2 - 5x + 4$ est donc $\frac{23}{12}$. **Réponse 4.**

3. DERIVEES DE FONCTIONS

Voici les dérivées que vous devez connaître par cœur :

a et *b* sont des réels quelconques, *n* est un entier naturel et U est une expression de *x* (ex. : $U = 2x + 3$ ou $U = x^2 + x + 1$)	
$f(x) = a$	$f'(x) = 0$
$f(x) = ax$	$f'(x) = a$
$f(x) = ax^2 + bx + c$	$f'(x) = 2ax + b$
$f(x) = \frac{1}{x}$	$f'(x) = -\frac{1}{x^2}$
$f(x) = x^n$	$f'(x) = nx^{n-1}$
$f(x) = \sqrt{x}$	$f'(x) = -\frac{1}{2\sqrt{x}}$
$f(x) = \ln(x)$	$f'(x) = \frac{1}{x}$
$f(x) = e^x$	$f'(x) = e^x$
$f(x) = \cos(x)$	$f'(x) = -\sin(x)$
$f(x) = \sin(x)$	$f'(x) = \cos(x)$
$f(x) = \frac{1}{U}$	$f'(x) = -\frac{U'}{U^2}$
$f(x) = U^n$	$f'(x) = n \times U' \times U^{n-1}$
$f(x) = \sqrt{U}$	$f'(x) = -\frac{U'}{2\sqrt{U}}$
$f(x) = \ln(U)$	$f'(x) = \frac{U'}{U}$
$f(x) = e^U$	$f'(x) = U'e^U$
$f(x) = \cos(U)$	$f'(x) = -U'\sin(U)$
$f(x) = \sin(U)$	$f'(x) = U'\cos(U)$

Application :

Soit la fonction $f(x) = \ln(x^2 + x - 3)$. Quelle est la dérivée de f en $x = 2$ sachant que si $f = \ln(u)$, alors $f' = \frac{u'}{u}$?

(1) $\ln\left(\frac{2}{3}\right)$

(2) $\frac{1}{e}$

(3) $\frac{6}{e}$

(4) $\frac{1}{3}$

(5) $\frac{5}{3}$

Réponse : ici $U = x^2 + x - 3$ et $U' = 2x + 1$.
Aussi : $f'(x) = \frac{2x+1}{x^2+x-3}$ et $f'(2) = \frac{4+1}{4+2-3} = \frac{5}{3}$. **Réponse 5.**

4. FONCTIONS COMPOSEES $f \circ g$

Le symbole « ∘ » est le **signe d'une opération appelée composition** effectuée sur les fonctions f et g. Pour trouver l'image d'un nombre par la fonction composée $f \circ g$, on applique successivement les deux fonctions, en commençant par celle de droite : ici, g.

On écrit aussi : $f \circ g(x) = f[g(x)]$.

Exemple : si f et g sont deux fonctions définies sur $\mathbb{R}$, par : $f(x) = 3x - 1$ et $g(x) = -2x + 4$ alors $f \circ g(x) = f[g(x)] = f(-2x + 4)$.

On trouve l'image par f du réel $(-2x + 4)$ en le multipliant par 3, puis en soustrayant 1 au résultat :

$f(-2x + 4) = 3 \times (-2x + 4) - 1$;

$f(-2x + 4) = -6x + 12 - 1$;

$f(-2x + 4) = -6x + 11$.

D'où : $f \circ g(x) = -6x + 11$

⚠ **ATTENTION** $g \circ f$ n'est généralement pas égale à $f \circ g$: $g \circ f(x) = g[f(x)] = g(3x - 1)$
On trouve l'image par g du réel $(3x - 1)$ en le multipliant par -2, puis en ajoutant 4 au résultat :
$g(3x - 1) = -2 \times (3x - 1) + 4$;
$g(3x - 1) = -6x + 2 + 4$;
$g(3x - 1) = -6x + 6$;
$g \circ f(x) = -6x + 6$

Dérivée d'une fonction composée :

$$(g \circ f)' = (g' \circ f) \times f'$$

5. GENERALITES SUR LES FONCTIONS

1. Variation, opérations et extremums

- f croissante si $x \leq y \Rightarrow f(x) \leq f(y)$
- f décroissante si $x \leq y \Rightarrow f(x) \geq f(y)$
- c maximum de f si $f(x) \leq f(c)$
- d minimum de f si $f(d) \leq f(x)$

Si f et g ont les mêmes sens de variation alors $f + g$ aussi.

$k > 0$: f et kf ont les mêmes sens de variation.

$k < 0$: f et kf ont des sens de variation opposés.

2. Théorème des valeurs intermédiaires

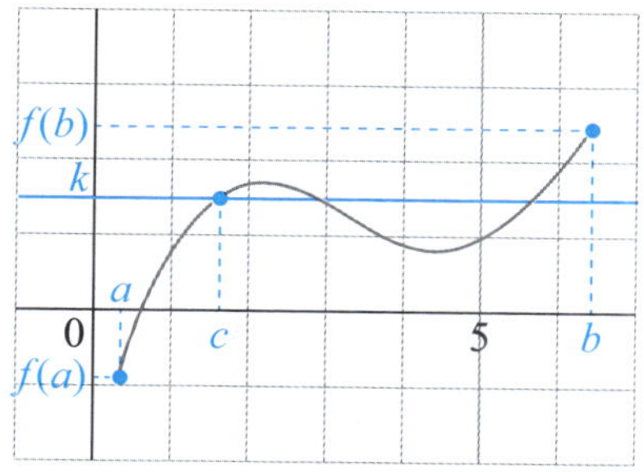

- **Théorème des valeurs intermédiaires :**

f continue, a et b deux réels $\Rightarrow$ Pour tout k compris entre $f(a)$ et $f(b)$, il existe au moins un réel c tel que $f(c) = k$.

A quoi sert ce théorème ?

Prouver qu'une valeur est atteinte par la fonction f. Si f est monotone (strictement croissante ou décroissante) alors le réel c est unique !

3. Propriétés de l'exponentielle et logarithme

- **Exponentielle fonction strictement croissante**

$e^{x+y} = e^x e^y$	$e^{-x} = \dfrac{1}{e^x}$	$(e^x)^n = e^{nx}$
$(e^x)' = e^x$	$e^0 = 1$ $e \approx 2{,}718$	$e^x > 0$

- **Logarithme fonction strictement croissante**

$\ln(xy) = \ln(x) + \ln(y)$		$\ln\left(\dfrac{1}{x}\right) = -\ln(x)$
$\ln(x^n) = n.\ln(x)$	$\ln(x)' = \dfrac{1}{x}$	$\ln(1) = 0$

- Pour tout $x \in]0\,;+\infty[$, $e^{\ln(x)} = x$
- Pour tout $x \in \mathbb{R}$, $\ln(e^x) = x$

4. Trigonométrie – formules difficiles à retenir

$\cos(a-b) = \cos a \cos b + \sin a \sin b$	$\cos(a+b) = \cos a \cos b - \sin a \sin b$
$\sin(a-b) = \sin a \cos b - \cos a \sin b$	$\sin(a+b) = \cos a \sin b - \sin a \cos b$
$\cos x^2 + \sin x^2 = 1$	$\cos\left(x + \frac{\pi}{2}\right) = \sin x$
$\cos x = \cos - x$	$- \sin x = \sin - x$
$\cos x^2 = \frac{1 + \cos 2x}{2}$	$\sin x^2 = \frac{1 - \cos 2x}{2}$
$\cos 2x = 2 \cos x^2 - 1$	$\sin 2x = 2 \sin x \cos x$

5. Informations complémentaires

- **Fonctions paires :** $f(x) = f(-x)$
- **Fonctions impaires :** $-f(x) = f(-x)$
- **Fonctions périodiques :** $f(x + \mathrm{T}) = f(x)$

FICHE 27 — Mathématiques

Limites de fonctions

On considère α un réel ou ± ∞.

1. PRESENTATION DES DIFFERENTES SITUATIONS FACE A UNE LIMITE

L et L' sont non nuls.

Si...										
$\lim\limits_{x \to \alpha} f(x) =$	L	$L < 0$	$L > 0$	$+\infty$	$-\infty$	$+\infty$	$+\infty$	0^+	$-\infty$	0
$\lim\limits_{x \to \alpha} g(x) =$	L'	$+\infty$	$-\infty$	$+\infty$	$-\infty$	$+\infty$	$-\infty$	$+\infty$	0^+	0
...Alors										
$\lim\limits_{x \to \alpha} (f+g)(x) =$	L+L'	$+\infty$	$-\infty$	$+\infty$	$-\infty$	$+\infty$	?	$+\infty$	$-\infty$	0
$\lim\limits_{x \to \alpha} (fg)(x) =$	L.L'	$-\infty$	$-\infty$	$+\infty$	$+\infty$	$+\infty$	?	?	?	0
$\lim\limits_{x \to \alpha} \left(\frac{f}{g}\right)(x) =$	$\frac{L}{L'}$	0	$-\infty$	?	?	?	?	0	$-\infty$	?

Les points d'interrogations correspondent à des **formes indéterminées** : on ne peut pas connaître le résultat (il faut modifier la forme des expressions pour se ramener à une situation qu'on maîtrise).

2. THEOREMES ET LIMITES A CONNAITRE

- **Théorème d'encadrement :**

Si $a(x) \leq f(x) \leq b(x)$ et $\lim\limits_{x \to \alpha} a(x) = \lim\limits_{x \to \alpha} b(x) = L$, alors $\lim\limits_{x \to \alpha} f(x) = L$

- **Théorème de comparaison :**

Si $f(x) \leq g(x)$, $\lim\limits_{x \to \alpha} f(x) = L$ et $\lim\limits_{x \to \alpha} g(x) = L'$, alors $L \leq L'$

- **Limites usuelles :**

$\lim\limits_{x \to -\infty} x^n e^x = 0$ $\lim\limits_{x \to +\infty} \frac{e^x}{x^n} = +\infty$ $\lim\limits_{x \to 0^+} x^n \ln(x) = 0$ $\lim\limits_{x \to +\infty} \frac{\ln(x)}{x^n} = 0$

3. ASYMPTOTES

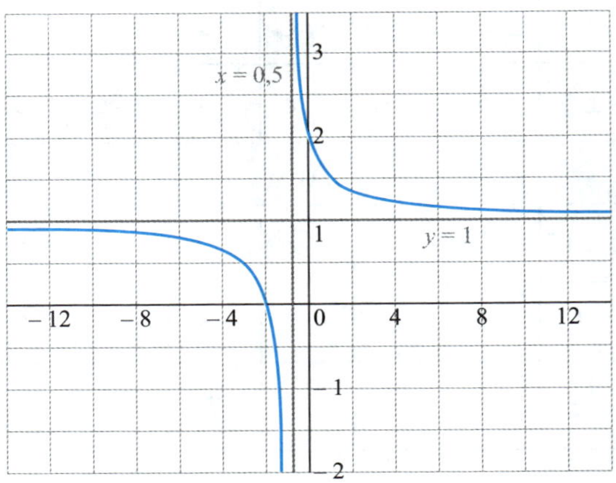

- C_f a une **asymptote horizontale** $y = L$ en ∞ si $\lim\limits_{x \to \infty} f(x) = L$ (en $+\infty$ ou $-\infty$)
- C_f a une **asymptote verticale** $x = l$ en a si $\lim\limits_{x \to a} f(x) = \pm\infty$

4. QUE FAIRE FACE A UNE FORME INDETERMINEE ?

- *En cas de quotient :* factoriser par le terme de plus haut degré (celui qui impose la limite !) au numérateur et dénominateur pour les simplifier.
- *En cas de produit :* chercher à développer l'expression au maximum !
- *Dans les autres cas :* utiliser les limites usuelles pour se ramener à une situation connue, ou utiliser les théorèmes d'encadrement (majoration – minoration) par une fonction dont la limite est connue. Parfois, la fonction est un **taux d'accroissement** caché (fonctions trigonométriques, exponentielles ou logarithmes !), donc la limite en a n'est que la dérivée de la fonction en a !

Exemples :

$$\lim_{x\to+\infty} \frac{4x^3 + 2x - 2}{7x^2 - 2x - 1} = \lim_{x\to+\infty} \frac{x^3\left(4 + 2\frac{1}{x^2} - 2\frac{1}{x^3}\right)}{x^2\left(7 - \frac{2}{x} - \frac{1}{x^2}\right)} = \lim_{x\to+\infty} \frac{4}{7}x = +\infty$$

$$\lim_{x\to+\infty} \frac{e^x - 1}{x} = (e^x)'(0) = 1$$

FICHE 28 Mathématiques

Suites

1. DEUX MANIERES DE DEFINIR UNE SUITE

Définition explicite	Définition par récurrence
$u_n = f(n)$	$u_{n+1} = f(u_n)$ avec u_0 connu

2. SUITES ARITHMETIQUES ET GEOMETRIQUES

	Suites arithmétiques	Suites géométriques
Définition par récurrence	$u_{n+1} = u_n + a$	$u_{n+1} = q \times u_n$
Définition explicite	$u_n = u_0 + n \times a$	$u_n = u_0 \times q^n$
Somme	$u_0 + \ldots + u_n = \dfrac{(u_0 + u_n) \times (n+1)}{2}$	$u_0 + \ldots + u_n = \dfrac{1 - q^{n+1}}{1 - q}$

Suite arithmétique	Variation	Limite
Si $a \geq 0$	Croissante	$+\infty$
Si $a \leq 0$	Décroissante	$-\infty$

- **Suite géométrique :**
  - $q > 1 \Rightarrow (u_n)$ diverge
  - $|q| < 1 \Rightarrow \lim\limits_{n \to \infty} u_n = 0$
  - $q < -1 \Rightarrow$ suite alternée, pas de limite !

3. VARIATIONS

Croissante : $u_n \leq u_{n+1}$ Décroissante : $u_{n+1} \leq u_n$ Constante : $u_{n+1} = u_n$

- $u_n = f(n)$: on étudie les variations de f sur $\mathbb{R}^*$.
- $u_{n+1} = f(u_n)$:
  - On compare $u_{n+1} - u_n$ à 0 si la suite est une somme de termes ;
  - On compare $\frac{u_{n+1}}{u_n}$ à 1 si la suite est un quotient.

4. ENCADREMENT

Majorée : $u_n \leq \text{M}$ Minorée : $m \leq u_n$

- Théorème de la limite monotone :

  (u_n) minorée et décroissante $\Rightarrow (u_n)$ admet une limite finie

  (u_n) majorée et croissante $\Rightarrow (u_n)$ admet une limite finie

- Théorème d'encadrement :

  $v_n \leq u_n \leq w_n$ et $\lim\limits_{n \to \infty} v_n = \lim\limits_{n \to \infty} w_n = l \Rightarrow \lim\limits_{n \to \infty} u_n = l$

FICHE 29 Mathématiques

Intégration et primitives

1. L'ESSENTIEL POUR MANIPULER DES INTEGRALES

Linéarité	Relation de Chasles
$\int_a^b (f+g)(x)dx = \int_a^b f(x)dx + \int_a^b g(x)dx$	$\int_a^b f(x)dx = \int_a^c f(x)dx + \int_c^b f(x)dx$

Si *f* est paire	Si *f* est T-périodique	Si *f* est impaire
$\int_{-a}^{a} f(x)dx = 2\int_0^a f(x)dx$	$\int_0^T f(x)dx = \int_a^{a+T} f(x)dx$	$\int_{-a}^{a} f(x)dx = 0$

Valeur moyenne
$V_m = \frac{1}{b-a}\int_a^b f(x)dx$

2. RELATION FONCTION – PRIMITIVES – INTEGRALES

F primitive de *f*	Lien intégrale-primitive	Unique primitive de *f* qui s'annule en *a*
$f(x) = F'(x)$	$\int_a^b f(t)dt = F(b) - F(a)$	$F(x) = \int_a^x f(t)dt$

3. PRIMITIVES A RETENIR ABSOLUMENT

f	F (à une constante près)
e^x	e^x
$\frac{1}{x}$	$\ln x$
x	$\frac{x^2}{2}$
$\frac{1}{\sqrt{x}}$	$2\sqrt{x}$
$\cos(x)$	$\sin(x)$
$\sin(x)$	$-\cos(x)$

4. COMPARER DES INTEGRALES

Si $f \geq 0$ sur $[a\,;b]$, alors $\int_a^b f(x)\,dx \geq 0$

Si $g \leq f$ sur $[a\,;b]$, alors $\int_a^b g(x)\,dx \leq \int_a^b f(x)\,dx$

- **Inégalité de la moyenne :**

Si $m \leq f(x) \leq \mathrm{M}$ sur $[a\,;b]$, $m(b-a) \leq \int_a^b f(x)\,dx \leq \mathrm{M}(b-a)$

FICHE 30 — Mathématiques

Statistiques

1. PREMIERES DEFINITIONS

Un individu, ou unité statistique, est un élément de l'ensemble sur lequel porte l'étude statistique. L'ensemble des individus constitue la **population-mère** (ou plus simplement population). Si cette population est trop nombreuse, on peut être amené à ne travailler que sur un sous-ensemble de celle-ci que l'on appelle **échantillon** issu de la population-mère.

Le nombre d'éléments constituant la population est appelée **taille**.

La population-mère étant définie, on souhaite étudier une ou plusieurs **caractéristiques** des individus de celle-ci. C'est alors là qu'intervient la notion de **variable(s) aléatoire(s) ou caractère(s)**, généralement désignés par des lettres majuscules (X, Y, Z…)

Dans une population donnée, un caractère peut varier d'un individu à un autre. On appelle alors **modalités** les différentes situations possibles.

On dit de ces modalités qu'elles doivent être incompatibles entre elles et exhaustives : un individu ne présente qu'une et une seule modalité de ce caractère. Si k est le nombre de modalités du caractère X, on note pour tout i variant de 1 à k, x_i la $i^{\text{ème}}$ modalité de X.

A chaque modalité x_i (i variant toujours de 1 à k), on peut associer le nombre d'individus de la population présentant cette modalité du caractère X, appelé **effectif** et noté n_i. La taille de la population, N, étant la somme de ces effectifs.

On appelle **série statistique** la liste des modalités successives prises par chacun des individus.

Pour travailler sur une série statistique, on établit un tableau statistique qui contient au moins deux colonnes (ou bien deux lignes) : la première donne la liste des modalités du caractère X et la seconde les effectifs correspondant à chacune de ces modalités :

Modalités x_i	**Effectif n_i correspondant**
x_i	n_i
	$\sum_{i=1}^{k} n_i = N$

NB : s'il existe un ordre dans les modalités, elles sont généralement classées par ordre croissant dans le tableau.

Ce tableau donne ce que l'on appelle **la distribution des individus** selon les modalités de la variable X. Pour comparer et relativiser les résultats obtenus, pour un même caractère X, sur des populations de taille différente, il faut travailler sur les fréquences et non plus sur les effectifs. La fréquence de la modalité x_i de X, notée f_i se définit, pour tout i variant entre 1 et k, par :

$$f_i = \frac{n_i}{N} \text{ et notons que } \sum_{i=1}^{k} f_i = 1$$

NB : On notera bien sûr l'analogie entre variable statistique et V.A.R., la fréquence jouant le rôle de P (X = x_i).

2. VARIABLES QUANTITATIVES DISCRETES

X est une variable quantitative discrète si elle prend des valeurs réelles $x_1, x_2, \ldots, x_k$.

Exemple : on considère la distribution de 40 mères selon le nombre de garçons qu'elles ont.

x_i : nombre de garçons	0	1	2	3	4	7
n_i : nombre de mères	5	10	12	8	4	1

Si l'on trace un **diagramme en bâtons** où la hauteur des bâtons est proportionnelle à l'effectif (ou la fréquence des modalités), cela donne :

Distribution des mères selon leur nombre de garçons

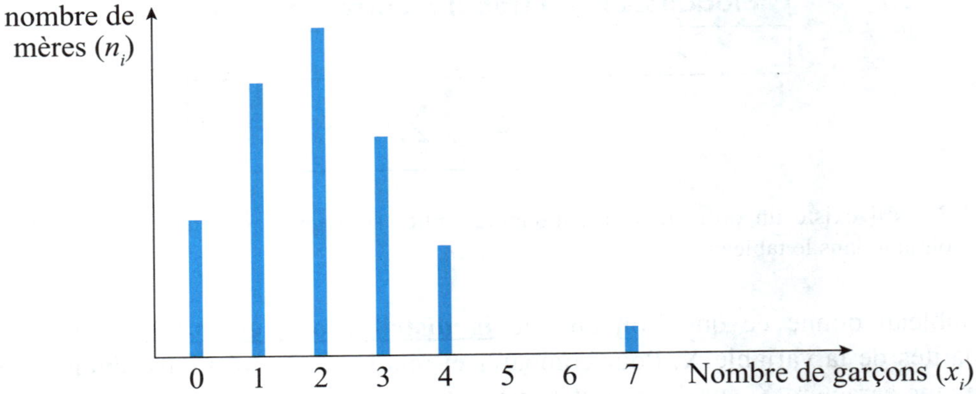

On peut aussi tracer le **diagramme des fréquences (ou effectifs) cumulés**. On obtient alors une courbe en escalier, appelée **fonction de répartition F(x)**. Cette fonction est définie sur ℝ et est croissante de 0 à 1.

3. CARACTERISTIQUES DE POSITION

Les caractéristiques de position, qui servent à préciser où se situe l'essentiel des individus de la série.

1. Le mode

Le mode d'une série statistique est défini comme la modalité de la variable qui correspond à l'effectif le plus élevé. Le mode se lit simplement dans le tableau statistique ou sur les graphes de distribution de la variable. Mais il peut ne pas être unique, plusieurs modalités peuvent en effet avoir le même effectif maximum. Si la série a un seul mode, elle est unimodale ; deux modes : bimodale.

2. La médiane

La médiane d'une série statistique est une valeur de la variable, telle que 50 % des individus de la série présentent une modalité inférieure à la médiane et 50 % une modalité supérieure. Elle se détermine à l'aide de la fonction de répartition puisque par définition F (médiane) = $\frac{1}{2}$.

Si la taille de la population est impaire, N = $2k + 1$, et le caractère ordinal ou discret, on peut ranger la série statistique par ordre croissant (ou décroissant) des modalités. La médiane est alors la $(k + 1)^{\text{ième}}$ valeur de la série.

Si la taille de la population est paire, N = $2k$, on a un intervalle médian correspondant aux valeurs de rang k et $k + 1$ de la variable (si celles-ci sont distinctes).

Application :

Considérons l'ordre alphabétique et l'échantillon statistique formés par l'ensemble des dix-neuf lettres du mot POSTSYNCHRONISATION.
Quelle est la médiane de cet échantillon ?

(1) A (2) N (3) O (4) S (5) T

Si on replace les lettres de ce mot dans l'ordre alphabétique on a : ACHIINNNOOOPRSSSTTY. Comme il y a 19 lettres, la médiane est en dixième position. Il s'agit donc du O. **Réponse 3.**

3. La moyenne arithmétique

La moyenne arithmétique pour une série quantitative, notée $\overline{X}$ ou $\bar{x}$ pour un échantillon donné, est définie par la somme des valeurs de X divisée par la taille N de la population, ou si l'on ne considère que les modalités différentes, par :

$$\bar{x} = \frac{1}{N}\sum_{i=1}^{k} n_i x_i = \sum_{i=1}^{k} f_i x_i$$

On parle alors de moyenne pondérée. La pondération utilisée dans le calcul étant l'effectif.

Propriétés de la moyenne arithmétique :

- si l'on fait un changement de variable de la forme $u_i = ax_i + b$ où a et b sont deux réels, alors $\overline{u} = a\overline{x} + b$
- si on mélange deux populations de tailles respectives N_1 et N_2, de moyennes respectives $\overline{x}_1$ et $\overline{x}_2$, alors la moyenne respective de l'ensemble est :

$$\overline{x} = \frac{N_1\overline{x}_1 + N_2\overline{x}_2}{N_1 + N_2}$$

Application :

La moyenne arithmétique de 9 nombres est 12. Si l'on retire l'un de ces nombres, la moyenne devient égale à 9,5. Quelle est la valeur du nombre que l'on a retiré ?

(1) –22 (2) 12 (3) 24 (4) 32 (5) 44

Cette application très simple permet de mettre en pratique de façon assez intuitive la notion de moyenne arithmétique (sans pondération, puisque toutes les modalités ne sont comptées qu'une fois ici – autrement dit, les effectifs liés à chacune des modalités sont tous égaux à 1).

Si la moyenne est égale à la somme des termes divisée par le nombre de termes, on conviendra alors du corollaire suivant : la somme des termes est égale à la moyenne multipliée par le nombre de termes.

Ici, la somme des termes, à l'origine est égale à : $9 \times 12 = 108$ et la somme des termes après avoir retiré un nombre est, elle, égale à : $9{,}5 \times 8 = 76$. On en déduit donc que le nombre que l'on a enlevé n'est autre que l'écart qui existe entre ces deux sommes, à savoir : $108 - 76$ soit 32. **Réponse 4.**

Application :

Le concours d'entrée à l'Université de Columbia comporte la passation de deux tests : un de logique et un de culture générale. Le test de logique, noté sur 20 est affecté d'un coefficient égal à 3 tandis que le test de culture générale, noté sur 20 est affecté d'un coefficient égal à 5. Pour être admis, il est indispensable d'obtenir une note minimale égale à 15. Quelle note minimale sur 20 doit-on obtenir au test de logique pour être admis sachant que l'on a obtenu 13,5 au test de culture générale ?

(1) 16,75
(2) 17,25
(3) 17,5
(4) 17,75
(5) Aucune réponse ne convient

Cette application permet de mettre en pratique la notion de moyenne pondérée (ici, les 2 modalités – note de logique et note de culture générale – sont affectées d'un coefficient, *i.e.* d'un effectif).

Si l'on appelle y, la note obtenue sur 20 au test de logique, alors on a :
$\frac{13{,}5 \times 5 + 3x}{5+3} \geq 15 \Leftrightarrow 67{,}5 + 3x \geq 15 \times 8 \Leftrightarrow 3x \geq 52{,}5 \Leftrightarrow x \geq 17{,}5$. **Réponse 3.**

4. La moyenne géométrique

La moyenne géométrique (G) d'une série statistique, dont les modalités sont toutes strictement positives, est définie par :

$$G = \sqrt[N]{x_1^{n_1}\, x_2^{n_2} \ldots x_k^{n_k}} = \left(\prod_{i=1}^{k} x_i^{n_i}\right)^{\frac{1}{N}}$$

DEUXIEME PARTIE

ENTRAINEZ-VOUS !

Au programme :

Partie 1
Deux sujets complets pour s'entraîner aux concours Sésame et Link

- Sujet 1
- Sujet 2

Partie 2
Sujets spécifiques au concours Accès

- Sujet 1 : raisonnement logique – 10 exercices – 1 heure et 15 minutes
- Sujet 2 : mathématiques – 15 exercices – 1 heure et 30 minutes
- Sujet 3 : problème – 5 exercices – 1 heure

Partie 3
Tests de séries logiques – Sésame et Link

- Test 1
- Test 2
- Test 3
- Test 4
- Test 5
- Test 6

Partie 4
Tests de logique verbale – Sésame et Link

- Test 1
- Test 2
- Test 3

Partie 5
Tests de calcul et de raisonnement logique – Accès, Sésame et Link

- Test 1
- Test 2
- Test 3
- Test 4
- Test 5
- Test 6
- Test 7
- Test 8

I. DEUX SUJETS COMPLETS POUR S'ENTRAINER AUX CONCOURS SESAME ET LINK

SUJET 1

- Ce test contient 100 questions à résoudre dans un temps maximum de 1 heure 30 minutes. Il se présente sous la forme d'un QCM et est composé de trois épreuves : Raisonnement logique (30 questions), Logique verbale (30 questions) et Calcul (40 questions).
- Pour chaque question, 4 propositions vous sont données. A chaque fois, **une seule réponse est juste**. Vous reporterez vos réponses sur la **grille de réponses** prévue à cet effet. Nous vous indiquerons précisément en page suivante comment reporter vos réponses sur la grille.
- Vous pouvez partager votre temps entre les 3 épreuves comme bon vous semble. Vous pouvez commencer par l'épreuve de votre choix et traiter également les questions dans l'ordre de votre choix.
- L'usage de la calculatrice est **strictement interdit** pendant toute la durée du test.
- Barème : **Réponse juste : 1 point. Réponse fausse ou absence de réponse : 0 point.** L'épreuve est donc notée sur un total de 100 points. La note obtenue est ensuite divisée par 5 pour obtenir une note finale sur 20.

PARTIE 1 : RAISONNEMENT LOGIQUE

Question 1. Complétez :

12 13 15 18 **?** **?** 33

(A) 22 et 28 (B) 21 et 28 (C) 22 et 27 (D) 21 et 26

Question 2. Complétez :

B E H K N **?** T **?** Z

(A) P et W (B) P et V (C) Q et V (D) Q et W

Question 3. Quel est l'intrus ?

A N K E Z F H

(A) E (B) A (C) N (D) K

Question 4. Complétez :

REVE (2) CHAPEAU (4) CINEMA (3) TELEREALITE (?)

(A) 5 (B) 6 (C) 7 (D) 8

Question 5. Complétez :

2 3 5 6 8 9 11 12 14 ? ?

(A) 15 et 17 (B) 16 et 18 (C) 15 et 18 (D) 16 et 17

Question 6. Complétez :

F36 B4 E25 C9 K?

(A) 16 (B) 121 (C) 14 (D) 144

Question 7. Complétez :

XUDE + NU + STROI + QNIC = ?

(A) 8 (B) 9 (C) 10 (D) 11

Question 8. Quel âge a Pierre sachant que Marianne a 8 ans, Elisabeth a 9 ans et Jonas a 5 ans ?

(A) 6 ans (B) 7 ans (C) 8 ans (D) 10 ans

Question 9. Quel est l'intrus ?

Dominique Paul Emmanuel Armand Xavier Pascal

(A) Xavier (B) Paul (C) Dominique (D) Armand

Question 10. Complétez :

1 = U 2 = D 3 = T 4 = Q 5 = **?**

(A) A (B) B (C) C (D) D

Question 11. Quel est l'intrus ?

ELLE CHERCHER RADAR RESSASSER POP

(A) ELLE (B) CHERCHER
(C) POP (D) RADAR

Question 12. Complétez :

32 33 25 17 27 **?**

(A) 81 (B) 72 (C) 82 (D) 75

Question 13. Complétez :

L M M J V ? D

(A) S (B) R (C) T (D) U

Question 14. Complétez :

10 20 60 240 ? 7 200

(A) 600 (B) 750 (C) 900 (D) 1 200

Question 15. Complétez :

Z Y W T P ?

(A) I (B) K (C) J (D) L

Question 16. Quelle lettre remplace les tirets ?

_A??E
G?O_E
_OU?E
_U??E

(A) M (B) L (C) B (D) C

Question 17. Complétez :

3 10 19 30 43 58 ?

(A) 73 (B) 75 (C) 77 (D) 79

Question 18. Complétez :

10 9 11 8 12 7 **?**

(A) 13 (B) 14 (C) 12 (D) 15

Question 19. Quel est l'intrus ?

5 2 8 9 7 4

(A) 3 (B) 4 (C) 4 (D) 6

Question 20. Quelle est la profession de Pierre sachant que Corinne est Notaire, qu'Emma est Médecin et qu'Effie est fleuriste ?

(A) Garagiste (B) Plasticien (C) Politologue (D) Restaurateur

Question 21. Quelle lettre remplace les tirets ?

_RAMPE
_ROUPE
_ORNIERE
_RUCHE

(A) F (B) T (C) B (D) C

Question 22. Complétez la série graphique suivante :

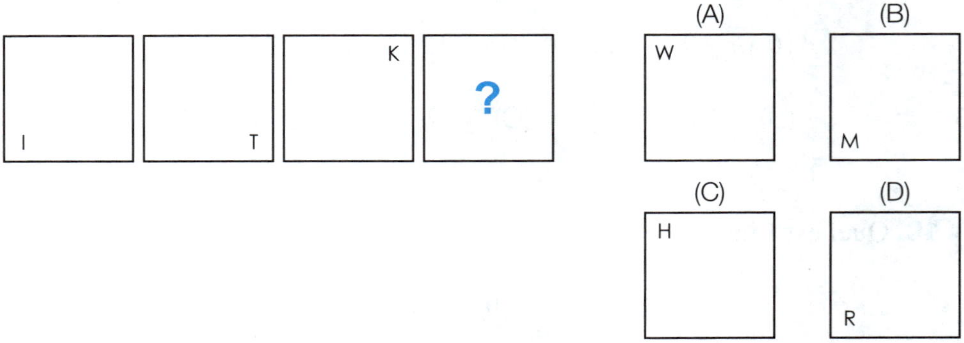

Question 23. Complétez la série graphique suivante :

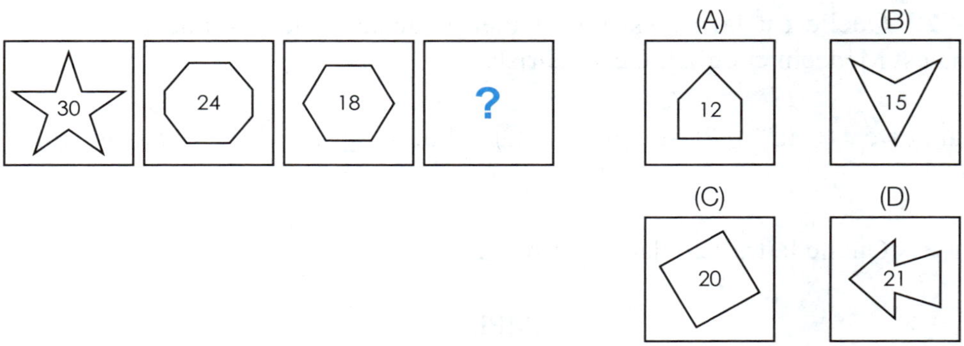

Question 24. Complétez la série graphique suivante :

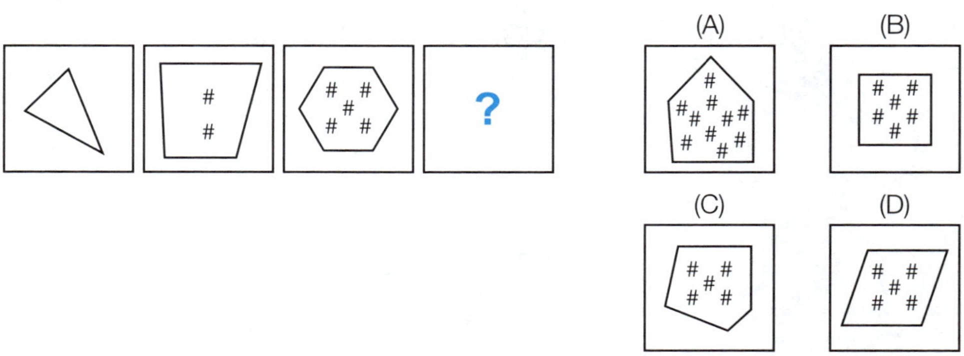

Question 25. Complétez la série graphique suivante :

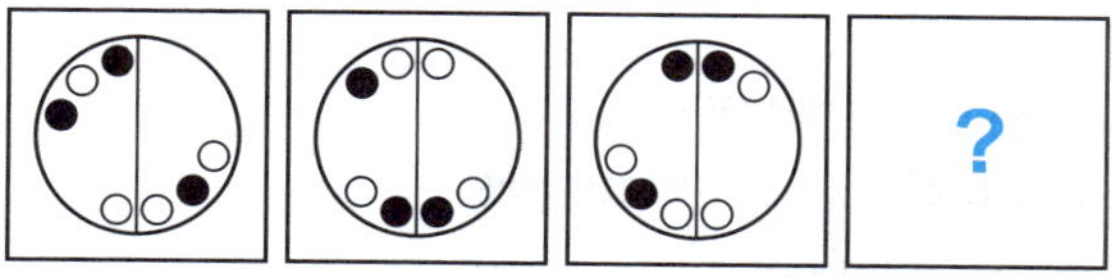

(A)

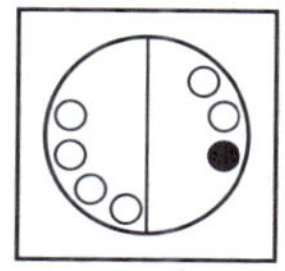

(B)

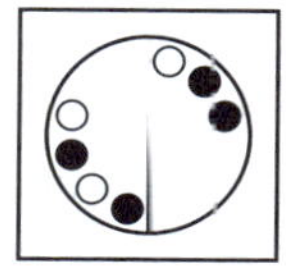

(C)

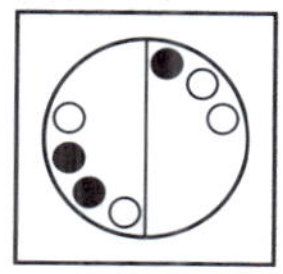

(D)

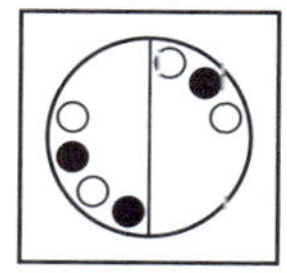

Question 26. Complétez :

Si CRANE = 59310, alors NACRE = **?**

(A) 53903 (B) 13590 (C) 15093 (D) 52903

Question 27. Nous sommes mercredi 22 octobre 2014. Quel jour de la semaine serons-nous dans 165 jours ?

(A) Dimanche (B) Jeudi (C) Vendredi (D) Samedi

Question 28. Les 1 999 habitants d'une île se répartissent en deux catégories : les « bons » qui disent toujours la vérité et les « truands » qui mentent toujours. Chaque habitant est soit un chanteur, soit danseur, soit un pêcheur. On pose trois questions à chaque habitant :

1. Es-tu un chanteur ?
2. Es-tu un danseur ?
3. Es-tu un pêcheur ?

1 000 personnes répondent oui à la première question, 700 à la deuxième et 500 à la troisième. Combien y a-t-il de truands sur l'île ?

(A) 102 (B) 180 (C) 201 (D) 322

Question 29. Quelle phrase est équivalente à « s'il ne pleut pas cet après-midi, alors je vais chez mon oncle » ?

(A) S'il pleut cet après-midi, je ne vais pas chez mon oncle

(B) Si je vais chez mon oncle cet après-midi, alors il ne pleut pas

(C) Si je ne vais pas chez mon oncle, alors il pleut cet après-midi

(D) Si je ne vais pas chez mon oncle cet après-midi, alors il ne pleut pas

Question 30. Quel mot faut-il écrire à la place des pointillés pour que la phrase suivante soit vraie ?

« Le nombre de mots et le nombre de lettres de cette phrase ont pour somme … »

(A) soixante-treize

(B) quatre-vingt-dix-sept

(C) quatre-vingt-quinze

(D) quatre-vingt-neuf

PARTIE 2 : LOGIQUE VERBALE

Question 31. Quelle phrase est correctement orthographiée ?

(A) Ils se sont succédé à la tribune.
(B) Ils se sont plus toute leurs vies.
(C) Je sais qu'hormi vous, personne ne m'aiment vraiment.
(D) Parmis tous les prétendants au pouvoir, aucun n'a encore été élu par le peuple.

Question 32. Cherchez, parmi les quatre phrases ci-dessous, la seule qui ne fasse pas appel à une métonymie.

(A) Buvons un verre à sa gloire !
(B) C'est la plus grande plume de la dernière décennie.
(C) Sa taille dépasse celle de tous les géants actuels.
(D) J'aime faire de la voile.

Question 33. Parmi les propositions ci-dessous, laquelle ne respecte pas la règle de concordance des temps ?

(A) Il regrettait que je sois parti sans attendre.
(B) Elle souhaite qu'on le laisse tranquille.
(C) Viens avec moi, j'ai des choses à te dire.
(D) Je ne veux pas que tu lui dises quand tu iras le voir.

Question 34. Régalien :

(A) définit ce qui est attaché à la souveraineté
(B) définit ce qui est attaché au bon goût
(C) définit ce qui est attaché à la raison
(D) définit ce qui est attaché à la connaissance

Question 35. Donnez un antonyme de « doux » :

(A) Audacieux (B) Méchant (C) Brutal (D) Fort

Question 36. Parmi les phrases suivantes, laquelle est grammaticalement incorrecte ?

(A) Même si je dois le regretter, je partirai prochainement pour le Brésil.
(B) Il se contente des secondes places, alors qu'il pourrait être le premier.
(C) Quoique je réussissais, je suis critiqué par des amis.
(D) Que dire de mes amours, sinon que c'est le néant total ?

Question 37. Quel est le nombre de fautes d'orthographe et de grammaire ?

Ensuite il s'est mis à marmotter je ne sais quoi de graines, de lambeaux de chair mis en macération dans l'eau, de différentes races d'animaux successifs qu'il voyait naître et passer.

(A) 0 faute (B) 1 faute (C) 2 fautes (D) 3 fautes

Question 38. Quel mot est correctement orthographié ?

(A) Atterrir (B) Attrapper (C) Anihiler (D) Argumanter

Question 39. Quel est le synonyme de « bravoure » ?

(A) Force (B) Gentillesse (C) Courage (D) Zèle

Question 40. Quel est l'antonyme de « précipitation » ?

(A) Réflexion (B) Lenteur
(C) Argumentation (D) Turpitude

Question 41. La difficulté pour le nouveau gouvernement : mener une politique sociale libérale **réprouvée** par une partie des électeurs.

Laquelle des propositions suivantes se rapproche le plus du mot en gras ?

(A) critiquée (B) maudite (C) éméchée (D) balancée

Question 42. Le SMIC aurait donc une double **vocation** implicite : lutter contre la pauvreté et fixer la norme salariale.

Laquelle des propositions suivantes se rapproche le plus du mot en gras ?
Ne tenez pas compte du genre (féminin/masculin) des mots proposés en solution.

(A) étoffe (B) visage (C) destinée (D) mission

Question 43. Il existe chez les économistes français un certain **consensus** sur la nécessité de contenir la hausse des salaires le plus possible.

Laquelle des propositions suivantes se rapproche le plus du mot en gras ?

(A) débat (B) accord (C) traitement (D) accueil

Question 44. En menant des réformes de **consolidation** fiscale importantes, la France a presque immédiatement retrouvé une bonne santé économique et jouit aujourd'hui d'un taux de croissance de la productivité parmi les plus élevés d'Europe.

Laquelle des propositions suivantes se rapproche le plus du mot en gras ?
Ne tenez pas compte du genre (féminin/masculin) des mots proposés en solution.

(A) remise en question (B) aliénation
(C) succès (D) affermissement

Question 45. Pour beaucoup, l'impôt le plus dommageable pour la croissance est l'impôt sur les sociétés qui **n'incite pas** les entreprises à augmenter leur activité, ce qui constitue pourtant le principal levier de la croissance.

Laquelle des propositions suivantes se rapproche le plus des mots en gras ?

(A) n'engendre pas
(B) ne vise pas
(C) ne pousse pas
(D) ne tonifie pas

Question 46. La gauche est très **hostile** au transfert de charges car elle reproche aux taxes à la consommation d'être injustes.

Laquelle des propositions suivantes se rapproche le plus du mot en gras ?

(A) disposée (B) insipide (C) défavorable (D) posée

Question 47. La France doit réduire son déficit et sa dette publics. Pour au moins deux raisons. D'abord (...). La seconde raison, **corroborée** par des études économétriques récentes (...).

Laquelle des propositions suivantes se rapproche le plus du mot en gras ?

(A) dévoyée (B) infirmée (C) confirmée (D) sondée

Question 48. Il y a deux méthodes pour maîtriser la dépense publique : il y a celle qui réussit – remettre à plat les missions publiques pour fixer des priorités claires, des objectifs et des échéanciers –, suivie notamment par l'Australie, le Canada et la suède. Et il y a la méthode **fruste**, celle que la France utilise trop souvent, à savoir le « coup de rabot ».

Laquelle des propositions suivantes se rapproche le plus du mot en gras ?

(A) qui manque de finesse
(B) qui manque de recul
(C) qui manque d'intérêt
(D) qui manque d'éclat

Question 49. L'étude d'Alesina et ses références ricardiennes ont déclenché **des réclamations pleines de colère**, en particulier à gauche.

Laquelle des propositions suivantes se rapproche le plus des mots en gras ?

(A) un autodafé
(B) un tollé
(C) un sursaut
(D) une manifestation

Question 50. Le lecteur se doit de savoir qu'aucune théorie ni analyse **empirique** sérieuse n'étaie l'idée qu'il faudrait taxer les revenus du capital – notamment le capital productif – comme ceux du travail.

Laquelle des propositions suivantes se rapproche le plus du mot en gras ?

(A) exhaustive (B) générale (C) complète (D) expérimentale

Question 51. Visa, le géant des solutions de paiement accueille sereinement l'arrivée de nouveaux acteurs, dont il entend être le chef d'orchestre. **Son principal défi** consiste à conserver assez de souplesse pour continuer à innover.

Laquelle des propositions suivantes se rapproche le plus des mots en gras ?

(A) Sa principale gageure
(B) Son principal espoir
(C) Sa principale vision
(D) Son principal acte

Question 52. Plusieurs solutions existent pour combler ce vide **abyssal.**

Laquelle des propositions suivantes se rapproche le plus du mot en gras ?

(A) profond (B) violent (C) sourd (D) odieux

Question 53. Hormi de sérieux embouteilages dans la capitale, une ministre du Commerce extérieur ridiculisé par sa critique gastronomique et l'agit-prop de l'association *Reporters sans frontières*, la visite en France du président chinois Xi Jinping s'est apparement bien déroulée.

Combien de fautes de grammaire ou d'orthographe y a-t-il dans ce texte ?

(A) aucune (B) 1 (C) 4 (D) 6

Question 54. Il n'est pas exclus de demander au conseil de soummettre l'affaire à une assemblée générale des actionnaires.

Combien de fautes de grammaire ou d'orthographe y a-t-il dans ce texte ?

(A) aucune (B) 1 (C) 2 (D) 3

Question 55. Vis est à Tournevis ce que Clou est à :

(A) Perceuse (B) Marteau (C) Mur (D) Massue

Question 56. Trou est à Creuser ce que Cheveux est à :

(A) Brosser (B) Tailler (C) Mouiller (D) Laver

Question 57. Analphabète est à Lecture ce que Pauvre est à :

(A) Valeur (B) Maison (C) Abondance (D) Richesse

Question 58. Lampe est à Lumière ce que Radiateur est à :

(A) Froid (B) Chaleur (C) Température (D) Commodité

Question 59. Naissance est à Vieillesse ce que Début est à :

(A) Arrêt
(B) Commencement
(C) Déclin
(D) Fin

Question 60. Gramme est à Masse ce que Mètre carré est à :

(A) Surface
(B) Chaleur
(C) Température
(D) Commodité

PARTIE 3 : CALCUL

Question 61. Tripler une somme revient à l'augmenter de :

(A) 300 % (B) 200 % (C) 250 % (D) 400 %

Question 62. Que vaut 15 % de 20 ?

(A) 4 (B) 1 (C) 3 (D) 2

Question 63. Par combien faut-il multiplier le quart de X pour obtenir le double de X ?

(A) Par 2 (B) Par 4 (C) Par 8 (D) Par 16

Question 64. Quelle est l'aire d'un cercle dont le rayon est égal à la solution de l'équation : $3R + 2 = 14$?

(A) Environ 46 (B) Environ 50 (C) Environ 55 (D) Environ 59

Question 65. La moyenne de 3 nombres vaut 5. Si je supprime l'un de ces nombres, la moyenne devient égale à 4,5. Quel est le nombre que j'ai supprimé ?

(A) 5 (B) 6 (C) 8 (D) 9

Question 66. Les cinq septièmes d'un gâteau sont partagés en dix parts égales. Quelle fraction du gâteau total une part représente-t-elle ?

(A) 1/21 (B) 1/16 (C) 1/14 (D) 1/12

Question 67. Anne met 30 minutes pour peindre un mur. Majid met 1 heure pour peindre le même mur. En combien de temps Anne et Majid peignent-il ce même mur en s'ils le peignent ensemble ?

(A) 15 minutes (B) 20 minutes (C) 25 minutes (D) 35 minutes

Question 68. Que vaut le cube de 8 divisé par la somme des chiffres du carré de 8 ?

(A) 60,4 (B) 51,2 (C) 55,6 (D) 62,2

Question 69. Sachant que $2^n = 4^{30}$, combien vaut n ?

(A) 30 (B) 15 (C) 60 (D) 120

Question 70. Le prix affiché est de 80 €. En passant à la caisse, on m'annonce une remise de 25 %. Quel prix vais-je finalement payer ?

(A) 60 € (B) 70 € (C) 50 € (D) 66 €

Question 71. Une piscine est longue de 12 mètres, large de 4 mètres et haute de 5 mètres. Quelle valeur faut-il rajouter à sa hauteur pour augmenter son volume de 120 mètres cubes ?

(A) 2,5 (B) 1,75 (C) 1,5 (D) 10

Question 72. Que vaut 5 % ?

(A) 1/20 (B) 1/50 (C) 1/5 (D) 1/10

Question 73. Un train part de la Gare de Lyon à 23 heures et doit parcourir un trajet de 780 kilomètres. Il parcourt le premier tiers du trajet à la vitesse de 130 km/h. Puis il parcourt le reste du trajet à la vitesse de 100 km/h. A quelle heure le train arrivera-t-il à destination ?

(A) 4 h 56 (B) 5 h 36 (C) 6 h 12 (D) 6 h 32

Question 74. Fanny dispose d'une somme de 215 euros, composée de 30 billets de 5 et 10 euros. Combien de billets de 10 euros a-t-elle ?

(A) 11 (B) 12 (C) 13 (D) 14

Question 75. Que vaut la somme des angles de deux triangles ?

(A) La somme des angles d'un hexagone
(B) La somme des angles d'un carré
(C) La somme des angles de deux trapèzes
(D) La somme des angles de deux carrés

Question 76. On écrit sur une feuille tous les nombres de 1 à 100. Combien de chiffres a-t-on écrit sur la feuille ?

(A) 192 (B) 180 (C) 190 (D) 198

Question 77. La somme de trois nombres entiers consécutifs est égale à la somme des deux nombres entiers consécutifs suivants.

Que vaut le plus grand de ces cinq entiers ?

(A) 6 (B) 7 (C) 8 (D) 9

Question 78. Si H est égal à 1 000 % de K, alors 0,1 × K est égal à :

(A) 1 000 × H (B) 100 % de H (C) 10 × H (D) 1 % de H

Question 79. La moyenne obtenue par les 20 élèves d'une classe de terminale est de 12 sur 20. Les filles ont obtenu en moyenne la note de 15 sur 20 et les garçons ont quant à eux obtenu en moyenne la note de 11 sur 20. Combien y a-t-il de garçons dans cette classe de terminale ?

(A) 15 (B) 12 (C) 16 (D) 14

Question 80. A et B sont deux nombres entiers positifs. B est le double de A. Quelle est la valeur de A sachant que $A^2 + B^2 = 245$?

(A) 7 (B) 10 (C) 14 (D) 8

Question 81. Le carré de trois additionné au cube de deux donne :

(A) La moitié de 18 (B) Le tiers de 60
(C) La moitié de 34 (D) Le double de 6

Question 82. Une voiture à essence s'avère consommer 60 % de carburant en plus que son modèle mixte. Quelle est la consommation du modèle mixte exprimée en pourcentage du modèle essence ?

(A) 52,5 % (B) 58 % (C) 59,5 % (D) 62,5 %

Question 83. Une somme de 3 650 € est composée de 31 billets de 50 et 200 euros. Quel est le nombre de billets de 50 € ?

(A) 16 (B) 17 (C) 19 (D) 20

Question 84. Un village compte 100 habitants en 2007. Chaque année la population double plus 25 personnes. Combien d'habitants compte le village en 2013 ?

(A) 3 975 (B) 6 425 (C) 1 975 (D) 7 975

Question 85. Quel est le plus petit nombre à deux chiffres (parmi ceux qui sont proposés) qui n'est pas la somme de trois nombres à un chiffre, tous différents ?

(A) 10 (B) 25 (C) 15 (D) 28

Question 86. On sait que X – 2 = Y + 5 = Z – 3 = T + 4 = W – 5. Des nombres X, Y, Z, T et W, lequel est le plus grand ?

(A) X (B) Z (C) T (D) W

Question 87. Quelle est la valeur du quart du tiers de 12 ?

(A) 2 (B) 1 (C) 3 (D) 1,5

Question 88. L'an dernier mon âge était multiple de 17. L'année prochaine, mon âge sera un carré entier. Quel est mon âge actuel sachant que j'ai moins de 100 ans ?

(A) 24 (B) 35 (C) 52 (D) 67

Question 89. Je considère un nombre. J'ajoute 10 à ce nombre ; je le divise ensuite par 6 et je le multiplie enfin par 13. J'obtiens 65. Quel est ce nombre ?

(A) 20 (B) 22 (C) 24 (D) 30

Question 90. Que vaut le volume d'un cube dont la somme des aires des six faces est égale à 54 cm^2 ?

(A) 18 cm^3 (B) 26 cm^3 (C) 27 cm^3 (D) 32 cm^3

Question 91. $1/4 \times 2/3$

(A) 1/6 (B) 1/8 (C) 4/9 (D) 2/3

Question 92. Combien y a-t-il de nombres de trois chiffres dont la somme des chiffres est égale à 24 ?

(A) 5 (B) 7 (C) 8 (D) 10

Question 93. Parmi les 2 000 étudiants d'une grande école, 10 % sont des garçons et 5 % des garçons sont myopes ? Combien y a-t-il de garçons myopes dans cette grande école ?

(A) 200 (B) 10 (C) 50 (D) 75

Question 94. Dalhia est trois fois plus âgée que son fils et onze fois plus vieille que son petit fils. Quel âge a Dalhia ?

(A) 99 ans (B) 72 ans (C) 88 ans (D) 110 ans

Question 95. Cinq personnes se saluent toutes une fois. Combien compte-t-on au total de marques de salutation ?

(A) 25 (B) 10 (C) 15 (D) 12

Question 96. Que vaut 1/3 + 1/4 + 1/5 + 1/6 ?

(A) 17/20 (B) 13/30 (C) 29/30 (D) 19/20

Question 97. Que vaut l'aire d'un triangle dont la base vaut 10,5 et la hauteur 22 ?

(A) 115,5 (B) 130 (C) 112,5 (D) 220

Question 98. 1/2 divisé par 1/8 est égal :

(A) A la moitié du quart du cube de 10
(B) Au quart du cube de 4
(C) A la moitié du cube de 2
(D) Au double du carré de 2

Question 99. Que vaut la somme des 10 premiers entiers naturels ?

(A) 40 (B) 65 (C) 55 (D) 60

Question 100. Mes actions ont perdu hier 20 % de leur valeur en bourse. Si je souhaite revenir à l'équilibre aujourd'hui, alors la valeur de mes actions devra gagner :

(A) 20 % (B) 25 % (C) 33 % (D) 40 %

CORRIGE DU SUJET 1

PARTIE 1 : RAISONNEMENT LOGIQUE

Question 1. Réponse C

Une question classique pour commencer ce test. Souvenez-vous que lorsque vous êtes face à une série de nombres, votre premier réflexe consiste à trouver entre les nombres de votre série une progression de type arithmétique ou géométrique. Si cela ne donne rien, votre second réflexe consiste alors à étudier la ou les propriétés communes de ces nombres.

Il s'agissait pour cette première question d'une progression arithmétique, dans laquelle on faisait : +1, +2, +3, +4, +5 et +6. Aussi : 18 + 4 = **22** et 22 + 5 = **27**.

Question 2. Réponse D

Réflexe : convertissez vos lettres en rangs (souvenez-vous bien de l'astuce EJOTY). Cela donne :

2 5 8 11 14 ? 20 ? 26

On comprend aisément que l'on passe d'un rang à l'autre en faisant +3. On obtient ainsi 14 + 3 = **17** et 20 + 3 = **23**.

Question 3. Réponse A

A s'écrit avec 3 barres tout comme N, K, Z, F et H. La seule lettre qui ne contient pas 3 barres mais 4 est le E. C'est donc l'intrus.

Question 4. Réponse B

Dans cette question, vous deviez simplement compter le nombre de voyelles qu'il y a dans chaque mot. REVE contient 2 voyelles, d'où REVE (2). Le mot TELEREALITE contient quant à lui 6 voyelles, d'où : TELEREALITE (6).

Question 5. Réponse A

Une question vraiment simple. Et soyez sûrs que vous en aurez quelques-unes aux concours (et c'est rassurant !) Il vous faudra en revanche être capable de les identifier et de les traiter rapidement si vous souhaitez disposer de plus de temps pour traiter les questions difficiles.

Il s'agit ici d'une série alternée : +1 / +2 / +1 / +2, etc. On trouvait donc 14 + 1 = **15** et 15 + 2 = **17**.

Question 6. Réponse B

N'oubliez pas que votre premier réflexe quand vous êtes face à une lettre est de la convertir en rang. Or ici, F est la 6e lettre de l'alphabet et 36, le nombre qui lui est associé, n'est autre que le carré de 6. C'est pareil pour B4 puisque B est la 2e lettre de l'alphabet et que le carré de 2 est 4. On trouve donc 121 puisque 121 est le carré de 11, le rang de la lettre K.

Question 7. Réponse D

Une question originale. En effet XUDE est une anagramme de DEUX, NU une anagramme de UN, STROI une anagramme de TROIS et QNIC une anagramme de CINQ. Cela nous donne donc : **DEUX + UN + TROIS + CINQ = 11**.

Question 8. Réponse A

Une question facile. Si Marianne a eu 8 ans c'est parce que son prénom contient 8 lettres. Il en est de même pour Elisabeth dont le prénom contient 9 lettres et qui a donc 9 ans. On conclut donc que Pierre dont le prénom contient 6 lettres a bien 6 ans.

Question 9. Réponse C

Le seul prénom épicène ici est Dominique. En effet Dominique est aussi bien un prénom masculin que féminin, et ce, à l'écrit comme à l'oral.

Question 10. Réponse C

Si 1 = U c'est parce que U est l'initiale de **<u>U</u>**N. De même 2 = D car D est l'initiale de **<u>D</u>**EUX. On trouve donc 5 = C car l'initiale de **<u>C</u>**INQ est bien C !

Question 11. Réponse B

Les mots de cette liste sont tous des palindromes (autrement dit ces mots que l'on peut lire aussi bien de gauche à droite que de droite à gauche et qui gardent bien sûr la même signification) hormis **CHERCHER**. C'est donc bien l'intrus.

Question 12. Réponse C

Il suffit ici de faire la somme des chiffres de chacun des nombres de la série, ce qui nous donne :

5 6 7 8 9 ?

On devine alors bien sûr qu'il nous manque 10 et la seule réponse dont la somme des chiffres est égale à 10 est 82.

Question 13. Réponse A

Une question originale puisque les lettres de cette série sont en fait les initiales respectives de Lundi, Mardi, Mercredi, Jeudi, Vendredi, Samedi et Dimanche. Il fallait donc trouver S. Réponse A !

Question 14. Réponse D

Si vous multipliez le premier nombre **par 2**, vous obtenez 20. Si vous multipliez ensuite 20 **par 3**, vous obtenez 60. Si vous multipliez alors 60 **par 4** vous obtenez 240 et si vous multipliez enfin 240 **par 5** vous obtenez 1 200. Il s'agissait donc simplement ici d'une série dont les nombres suivaient une progression géométrique : × 1, × 2, × 3, × 4, × 5 et × 6.

Question 15. Réponse B

En convertissant les lettres en rangs on obtient :

26 25 23 20 16 ?

On comprend alors aisément que l'on a fait : –1, –2, –3, –4 et –5. D'où 16 – 5 = 11 et 11 n'est autre que le rang de K.

Question 16. Réponse C

Vous devez tester les réponses une à une ici. La réponse C fonctionne parfaitement. On obtient en effet : **BALLE, GLOBE, BOULE** et **BULLE**.

Question 17. Réponse B

Les nombres de cette série progressent sur une base arithmétique. On passe en effet de 3 à 10 en faisant **+7**, de 10 à 19 en faisant **+9**, de 19 à 30 en faisant **+11** et ainsi de suite. On trouve donc 58 + **17** = **75**.

Question 18. Réponse A

On fait : **–1** / **+2** / **–3** / **+4** / **–5** et donc **+6**. On trouve donc la réponse A puisque 7 + **6** est bien égal à 13.

Question 19. Réponse B

Si vous écrivez les chiffres de cette série en toutes lettres, cela donne :

CINQ DEUX HUIT NEUF SEPT QUATRE

Vous remarquez alors que tous les mots obtenus contiennent 4 lettres sauf QUATRE qui en contient 6. C'est donc l'intrus.

Question 20. Réponse D

Si Cori**nn**e est **n**otaire, c'est parce l'initiale de son métier correspond à la lettre qui est doublée dans son prénom. Pie**rr**e est donc bien **r**estaurateur.

Question 21. Réponse D

Vous devez tester les réponses ici. La réponse D fonctionne parfaitement avec **CRAMPE**, **CROUPE**, **CORNIERE** et **CRUCHE**.

Question 22. Réponse A

Le premier cadre contient un I, une lettre à une barre ; le second cadre contient un T, une lettre à deux barres et le troisième cadre, contient un K, autrement dit une lettre à trois barres. Il nous faut donc en solution une lettre à quatre barres positionnée en haut à gauche du cadre – les lettres progressant en effet dans le sens inverse des aiguilles d'une montre.

Question 23. Réponse D

Il suffit ici de multiplier à chaque fois le nombre de côtés de la figure par 3. On retient donc la réponse D, puisque la flèche contient **7 côtés** est 7 × 3 est bien égal à **21**.

Question 24. Réponse C

	Cadre 1	Cadre 2	Cadre 3	Cadre solution
Nb de côtés	3	4	6	*5*
Nb de #	0	2	5	*6*
Nb de côtés moins nb de #	**3**	**2**	**1**	***0***

Question 25. Réponse D

Vous remarquez que lorsque l'on passe du demi-cercle gauche au demi-cercle droit et bien les ronds changent de couleur (les blancs deviennent noirs et les noirs deviennent blancs). Il en est de même lorsque l'on passe du demi-cercle droit au demi-cercle gauche.

Question 26. Réponse B

Une question de codage arbitraire. En effet si CRANE = 59310, cela signifie que C = 5, R = 9, A = 3, N = 1 et E = 0. Aussi NACRE est-il donc associé à 13590.

Question 27. Réponse A

Une question somme toute classique. Il suffit ici de diviser 165 par 7. On obtient alors un quotient de 23 et reste égal à 4. Cela signifie qu'au terme de 165 jours, 23 semaines complètes + 4 jours se seront écoulés. Or après 23 semaines complètes on retombe inexorablement sur un mercredi mais il reste encore 4 jours à compter, soit jeudi, vendredi, samedi et **dimanche**.

Question 28. Réponse C

Une question aux allures difficiles mais qui se résout assez facilement. Il suffit en effet de calculer : (1 000 + 700 + 500) – 1 999 pour obtenir 201.

Question 29. Réponse C

Pour répondre à cette question, vous devez absolument connaître la contraposée de « A implique B ». **En effet si « A implique B » alors « (non B) implique (non A) »** (et surtout pas « (non A) implique (non B) ». Il faut donc garder la réponse C.

Question 30. Réponse D

En injectant la réponse D, cela augmente le nombre de lettres de 15 lettres et d'1 mot (attention : quatre-vingt-neuf compte pour un seul mot) et l'on retrouve bien au total 89 mots et lettre au total dans la phrase.

SUJET 1 – CORRIGES

PARTIE 2 : LOGIQUE VERBALE

Question 31. Réponse A

Réponse B : toute leur vie. Réponse C : hormis. Réponse D : parmi.
Dans « Ils se sont succédé à la tribune », succédé ne s'écrit pas avec un **s** étant donné que l'on dit succéder à quelqu'un.

Question 32. Réponse C

La réponse C est en effet la seule réponse qui n'est pas une métonymie. Quand on boit un verre, on boit en fait le liquide qu'il y a dans le verre. Une plume c'est un écrivain (la plume étant l'objet caractéristique de l'écrivain). On ne fait pas de la voile mais on fait du bateau (lui-même constitué d'une voile).

Question 33. Réponse A

La réponse A ne respecte pas la règle de concordance des temps. Il aurait en effet fallu dire *: Il regrette que je sois parti sans attendre* ou bien *Il regrettait que je fusse parti.*

Question 34. Réponse A

Aujourd'hui, les fonctions régaliennes désignent souvent les fonctions suivantes :
– assurer la sécurité extérieure par la diplomatie et la défense du territoire ;
– assurer la sécurité intérieure et le maintien de l'ordre public avec, notamment, des forces de police ;
– définir le droit et rendre la justice ;
– détenir la souveraineté monétaire en émettant de la monnaie, notamment par le biais d'une banque centrale ;
– détenir la souveraineté budgétaire en votant le budget de l'Etat, en levant l'impôt et en assurant la gestion des finances publiques.

Question 35. Réponse C

A savoir : un antonyme de AUDACIEUX est COUARD ou CRAINTIF. Un antonyme de MECHANT est GENTIL et un antonyme de FORT est FAIBLE.

Question 36. Réponse C

Il aurait été bien sûr préférable d'avoir : *quoique je réussisse, je suis critiqué par des amis.*

Question 37. Réponse A

Aucune faute !

Question 38. Réponse A

Attention à l'orthographe d'**atterrir**. On écrit Attraper avec un seul p, annihiler avec 2 n et argumenter avec un e bien sûr !

Question 39. Réponse C

Question 40. Réponse B

A savoir : la turpitude est une laideur morale, une ignominie qui résulte d'un comportement honteux.

Question 41. Réponse A.

Réprouver signifie en effet **rejeter un acte en condamnant, en critiquant, en désapprouvant** : *des actes que la morale réprouve.* Source : *Le Larousse.*

Question 42. Réponse D

Question 43. Réponse B

Question 44. Réponse D

Question 45. Réponse C

Question 46. Réponse C

Question 47. Réponse C

Question 48. Réponse A

Question 49. Réponse B

Question 50. Réponse D

Question 51. Réponse A

Question 52. Réponse A

Question 53. Réponse C

Il y a en effet 4 fautes : hormis, embouteillages, ridiculisée, apparemment.

Question 54. Réponse C

2 fautes : exclu et soumettre.

Question 55. Réponse B

Question 56. Réponse A

Question 57. Réponse D

Question 58. Réponse C

Question 59. Réponse C

Question 60. Réponse A

PARTIE 3 : CALCUL

Question 61. Réponse B

ATTENTION Tripler une somme revient à l'augmenter de 200 %. En effet si j'ai une somme X, quand je la triple, j'obtiens 3X ; et pour passer de X à 3X j'augmente X de 2X autrement dit de 200 % (rappel : 200 % = 2).

Rappel : doubler une quantité équivaut à l'augmenter de 100 % ; tripler équivaut à augmenter de 200 % ; quadrupler équivaut à augmenter de 300 % et ainsi de suite !

Question 62. Réponse C

15 % de 20 c'est 15 % × 20 = 0,15 × 20 = 3.

On pouvait aussi écrire : 15 % × 20 = 15/100 × 20 = 300/100 = 3.

Question 63. Réponse C

On veut passer de 1/4 X à 2X. En testant les solutions, on comprend vite qu'il faut multiplier 1/4 X par 8. En effet 1/4 × 8 = 2 !

Question 64. Réponse B

Si 3R + 2 = 14 alors R = 4. Et si R = 4 alors l'aire d'un cercle de rayon 4 est égale à : $\pi \times 4^2$ et si on considère que π vaut environ 3, alors on obtient $\pi \times 4^2 = 3 \times 16 = 48$. Sachant que la réponse est un peu plus grande que 48 (π vaut en effet plutôt 3,14 que 3), on en déduit que la réponse supérieure la plus proche est la réponse B : environ 50.

Question 65. Réponse B

La somme de 3 nombres dont la moyenne vaut 5 est égale à : 5 × 3 = **15**.

En supprimant un nombre, il ne m'en reste que 2 et la somme de 2 nombres dont la moyenne vaut désormais 4,5 est égale à 4,5 × 2 = **9**.

On comprend par conséquent que le nombre qui a été retiré est **6** (*15 – 9*).

Question 66. Réponse C

Il suffit de faire 1/10 × 5/7 = 1/14. N'oubliez pas qu'il y aura toujours plusieurs questions faciles aux concours. Ne passez surtout pas à côté d'elles !

Question 67. Réponse B

Vous devez ici appliquer la formule $\mathbf{1/T_{Ensemble} = 1/T_{Anne} + 1/T_{Majid}}$

Notez bien que le temps est exprimé en heures.

En remplaçant cela nous donne : $1/T_{Ensemble} = 1/(1/2) + 1/1 = 2 + 1 = 3$.

Et si $1/T_{Ensemble} = 3$ alors $T_{Ensemble} = 1/3$ h = 60/3 minutes = 20 minutes.

Question 68. Réponse B

Le cube de 8 est égal à 512 et la somme des chiffres du carré de 8, autrement dit de 64 est égale à 10. On en déduit donc que le cube de 8 divisé par la somme des chiffres du carré de 8 est égal à 512/10 = **51,2** !

Question 69. Réponse C

Une question un peu plus technique.
$2^n = 4^{30}$ équivaut à $2^n = (2^2)^{30}$, ce qui équivaut encore à $2^n = 2^{2\times30}$ soit encore $2^n = 2^{60}$. On en déduit par identification que $\boldsymbol{n = 60}$.

Question 70. Réponse A

Encore une question largement à votre portée. Une remise de 25 % (1/4) équivaut à multiplier le prix du produit par 75 % (3/4). Et comme 3/4 × 80 = 60, on choisit la réponse A.

Question 71. Réponse A

Le volume initial de la piscine est **V = Longueur × Largeur × Hauteur**, soit V = 12 m × 4 m × 5 m = 240 m^3. Si le volume augmente de 120 m^3, cela signifie que le volume de la piscine augmente de moitié (120 étant la moitié de 240 !). Aussi, il suffit simplement d'augmenter la hauteur de moitié pour augmenter le volume de moitié. Et comme la hauteur initiale est égale à 5 mètres, alors il suffit d'augmenter cette hauteur de 1/2 × 5 soit de 2,5 mètres. Réponse A.

Question 72. Réponse A

5 % = 5/100 = 1/20.
N'oubliez pas de repérer ces questions courtes. Vous devrez les traiter en priorité afin d'engranger un maximum de points. Surtout, en commençant par ces questions qui demandent quelques secondes pour être traitées, vous libérerez un temps précieux pour aborder sereinement d'autres questions plus difficiles.

Question 73. Réponse C

Le premier tiers du trajet est constitué de 780/3 = 260 km. Le reste du trajet est donc constitué de 780 – 260 = 520 km.
Le temps mis pour parcourir le premier tiers du trajet est égal à **T = D/V** = 260/130 = 2 h. Quant au temps mis pour parcourir le reste du trajet, ce dernier est égal à T = D/V = 520/100 = 5,2 h = 5 h + 0,2 h = 5 h + 0,2 × 60 min = 5 h et 12 min = 5 h 12.
En conclusion, le train arrivera à destination à 23 h + 2 h + 5 h 12 soit à 6 h 12 du matin.

Question 74. Réponse C

La méthode la plus rapide pour venir à bout de cette question est de tester les réponses. En testant une des deux réponses du milieu, disons la réponse C ;) on vérifie que 13 × 10 € + (30 – 13) × 5 € est bien égal à 215 €. C'est donc la bonne réponse !

Question 75. Réponse B

Une question de cours qui ne comporte aucun piège. **En effet la somme des angles d'un triangle quelconque est de 180°.** Aussi, la somme des angles de deux triangles est-elle égale à 2 × 180° soit **360°**. En testant les réponses, on retient bien sûr la réponse B car la somme des angles d'un carré est effectivement égale à 360°.

Question 76. Réponse A

Voici une question qui demandait que l'on y passe un peu de temps.

Il faut distinguer 3 cas ici :

– Le cas des chiffres compris entre 1 et 9 inclus : il y en a **9**.
– Le cas des nombres compris entre 10 et 99 : il y en a 90 chacun composé de 2 chiffres, soit au total : 90 × 2 = **180** chiffres.
– Le cas de 100 : le seul nombre à **3** chiffres.

Vous l'aurez compris : on a écrit au total sur la feuille **9 + 180 + 3**, soit **192** chiffres.

Question 77. Réponse C

Testez donc les réponses !

Si c'est la réponse B, alors on doit avoir : 9 + 8 = 7 + 6 + 5… Ce qui n'est pas le cas.

On teste alors la réponse C qui fonctionne parfaitement puisque 8 + 7 est bien égal à 6 + 5 + 4. La réponse C est donc la bonne réponse.

Question 78. Réponse D

H = 1 000 % × K signifie que H = 1 000/100 × K soit H = 10 × K soit encore K = H/10.
Aussi 0,1 × K = 0,1 × H/10 = 1/10 × H/10 = H/100 = 1 % × H.

Question 79. Réponse A

Testez encore les réponses.

Si G = 12 (réponse B), alors F = 20 – 12 = 8. La moyenne générale obtenue par la classe est donc égale à : [(12 × 11) + (8 × 15)]/20 soit 252/20 soit encore 12,6. Or on veut trouver 12. Il faut donc « tirer » la moyenne générale vers le bas et pour cela il faut plus de garçons. On conclut donc que la bonne réponse est la A et vous vérifiez d'ailleurs que si G = 15, alors F = 5 et la moyenne générale obtenue par la classe est par conséquent égale à : [(15 × 11) + (5 × 15)]/20 = (165 + 75)/20 = 240/20 = 12. CQFD.

Question 80. Réponse A

Testez les réponses.

Si c'est la réponse C (testez toujours une réponse du milieu), on a A = 14 et B = 28 et alors $14^2 + 28^2$ est bien sûr très largement supérieur à 245. Ce n'est donc pas la bonne réponse et il vous faut aller chercher du côté d'une réponse « plus petite ». Vous testez alors la réponse A, soit A = 7 et B = 14. Et vous vérifiez en effet que $7^2 + 14^2 = 49 + 196 = 245$! C'est donc la bonne réponse.

Question 81. Réponse C

Le carré de 3 est égal à 9 et le cube de 2 est égal à 8. La somme de 9 et de 8 est donc égale à 17… Autrement dit à la moitié de 34.

Question 82. Réponse D

Si la voiture à essence consomme 60 % de carburant en plus que son modèle mixte, alors on peut écrire : **Essence = 1,6 × Mixte**. Par conséquent, Mixte = 1/1,6 × Essence. Il nous suffit à présent d'exprimer 1/1,6 sous forme de pourcentage. Pour ce faire, vous devez vous rappeler que 1 = 100 % et écrire que : 1/1,6 = 100 %/1,6 = 1 000 %/16 = 500 %/8 = 250 %/4 = 125 %/2 = 62,5 %. Réponse D !

Question 83. Réponse B

Testez vos réponses. La réponse B est parfaite ! En effet s'il y a 17 billets de 50 € alors il y a 31 – 17 = 14 billets de 200 €. On vérifie alors que 17 × 50 € + 14 × 200 € = 850 € + 2 800 € = 3 650 €.

Question 84. Réponse D

Il vous suffit de faire : 100 × 2 + 25 = 225 (*2008*), puis 225 × 2 + 25 = 475 (*2009*) puis 475 × 2 + 25 = 975 (*2010*) – disons environ 1 000 –, puis 1 000 × 2 + 25 = environ 2 000 (*2011*) puis 2 000 × 2 + 25 = environ 4 000 (*2012*) puis 4 000 × 2 + 25 = environ 8 000 (*2013*). La réponse la plus proche est bien sûr 7 975 (réponse D).

Question 85. Réponse B

En testant les réponses, on constate que la réponse A, 10, peut s'écrire comme la somme de trois nombres à un chiffre (par exemple 10 = 7 + 2 + 1). Idem pour la réponse C : par exemple 15 = 8 + 6 + 1. Il ne nous reste plus qu'à choisir entre les réponses B (25) et D (28). C'est bien sûr la réponse B, 25, qui est bien le plus petit nombre qui n'est pas la somme de 3 nombres à 1 chiffre tous différents.

Question 86. Réponse D

$X - 2 = Y + 5$ équivaut à $X = Y + 7$; donc $X > Y$.
$X - 2 = Z - 3$ équivaut à $X = Z - 1$ soit $Z = X + 1$; donc $Z > X$.
$Z - 3 = T + 4$ équivaut à $Z = T + 7$; donc $Z > T$.
$T + 4 = W - 5$ équivaut à $T = W - 9$ soit $W = T + 9$; donc $W > T$.
En conclusion, W est bien le plus grand de ces 5 nombres.

Question 87. Réponse B

Le quart du tiers de 12 est égal à 1/4 × 1/3 × 12 = 12/12 = 1.

Question 88. Réponse B

Testez les réponses !
On teste la réponse B. Elle marche parfaitement. En effet si mon âge actuel est de 35 ans, alors il y a un an, j'avais 34 ans – 34 est bien un multiple de 17 – et dans un an j'aurai 36 ans et 36 est bien un carré entier.

Question 89. Réponse A

Partez de la fin et appliquez des opérations réciproques.
65/13 = 5.
5 × 6 = 30.
30 – 10 = **20**.

Question 90. Réponse C

Si la somme des aires des 6 faces d'un cube vaut 54, alors cela veut dire que l'aire d'une face est égale à 54/6 = 9. Et si l'aire d'une face vaut 9 alors le côté (l'arête) est égal à 3. Et de conclure que le volume du cube est égal à $3^3 = 27$ cm^3.

Question 91. Réponse A

1/4 × 2/3 = 2/12 = 1/6.

Question 92. Réponse D

Il y a bien 10 nombres de trois chiffres dont la somme des chiffres est égale à 24 : **996**, **969**, **699**, **978**, **987**, **897**, **879**, **798**, **789** et **888**.

Question 93. Réponse D

Si 10 % des étudiants sont des garçons, alors cela nous donne 10 % × 2 000 = 200 garçons. Et 5 % de 200 est égal à 5/100 × 200 = **10**. Réponse D.

Question 94. Réponse A

Si Dalhia est 3 fois plus âgée que son fils et onze fois plus âgée que son petit-fils alors son âge est nécessairement un multiple de 33 (3 × 11). Parmi les réponses proposées, la seule qui convient est la réponse A (99 = 3 × 33).

Question 95. Réponse B

Il faut appliquer ici la formule **[N × (N – 1]/2** avec **N = 5**. Cela nous donne : (5 × 4)/2 = 10.

Question 96. Réponse D

1/3 + 1/4 + 1/5 + 1/6 = 20/60 + 15/60 + 12/60 + 10/60 = 57/60 = **19/20**.

Question 97. Réponse A

Aire = (base × hauteur)/2 = (10,5 × 22)/2 = 10,5 × 11 = **115,5**.

Question 98. Réponse C

(1/2)/(1/8) = 8/2 = 4. Et 4 est bien la moitié de 8, le cube de 2.

Question 99. Réponse C

Il faut appliquer ici la formule selon laquelle : **1 + 2 + 3 + … + N = [N × (N + 1)]/2**
Dans cette question, **N = 10**, ce qui nous donne : (10 × 11)/2 = 55.

Question 100. Réponse B

Disons que mes actions valaient 100 €. Et bien si ces dernières ont perdu, hier, 20 %, alors il ne me reste plus que 80 €. Aussi, pour revenir à l'équilibre, autrement dit pour que mes actions valent à nouveau 100 €, ces dernières doivent gagner **25 %**. En effet, 80 € + 25 % × 80 € = 80 € + 1/4 × 80 € = 80 € + 20 € = 100 €.

SUJET 2

- Ce test contient 100 questions à résoudre dans un temps maximum de 1 heure 30 minutes. Il se présente sous la forme d'un QCM et est composé de trois épreuves : Raisonnement logique (30 questions), Logique verbale (30 questions) et Calcul (40 questions).
- Pour chaque question, 4 propositions vous sont données. A chaque fois, **une seule réponse est juste**. Vous reporterez vos réponses sur la **grille de réponses** prévue à cet effet. Nous vous indiquerons précisément en page suivante comment reporter vos réponses sur la grille.
- Vous pouvez partager votre temps entre les 3 épreuves comme bon vous semble. Vous pouvez commencer par l'épreuve de votre choix et traiter également les questions dans l'ordre de votre choix.
- L'usage de la calculatrice est **strictement interdit** pendant toute la durée du test.
- Barème : **Réponse juste : 1 point. Réponse fausse ou absence de réponse : 0 point.** L'épreuve est donc notée sur un total de 100 points. La note obtenue est ensuite divisée par 5 pour obtenir une note finale sur 20.

PARTIE 1 : RAISONNEMENT LOGIQUE

Question 1. Complétez la série suivante :

1 1 2 6 24 ?

(A) 36 (B) 64 (C) 96 (D) 120

Question 2. Complétez la série suivante :

F L Q U ?

(A) Y (B) X (C) Z (D) A

Question 3. Complétez :

MAISON (6) PROPRIETE (9) DOMAINE (7) HUTTE (?)

(A) 3 (B) 4 (C) 5 (D) 6

Question 4. Complétez :

CHAT (124) GRIPPE (1245) SERMON (1346) ACHETER (?)

(A) 2357 (B) 1246 (C) 2356 (D) 1347

Question 5. Complétez la série suivante :

2 3 5 7 11 ?

(A) 19 (B) 17 (C) 15 (D) 13

Question 6. Complétez :

X2 N3 T2 I1 W4 ?

(A) H3 (B) L1 (C) F4 (D) K5

Question 7. Quel est l'intrus ?

H64 J100 F36 D25 K121 G49

(A) H64 (B) F36 (C) D25 (D) G49

Question 8. Complétez la série suivante :

2 5 9 14 **?** 27 **?** 44

(A) 16 et 22 (B) 20 et 35 (C) 18 et 32 (D) 21 et 36

Question 9. Complétez la série :

Si 132 = 6 ; 432 = 9 et 536 = 14, alors que vaut 737 = **?**

(A) 15 (B) 16 (C) 17 (D) 18

Question 10. Complétez la série :

1 4 **?** 16 **?** 36 49 64 **?** 100 **?**

(A) 12, 26, 98 et 120 (B) 12, 29, 76 et 121
(C) 9, 27, 89 et 120 (D) 9, 25, 81 et 121

Question 11. Le LIBAN est au PAYS DU CEDRE ce que LA CHINE :

(A) est au PAYS DU SOLEIL LEVANT
(B) est à L'EMPIRE DU MILIEU
(C) est à la CONTREE DES MATINS CALMES
(D) est au PAYS DU SOURIRE

Question 12. Complétez la série :

23 33 52 71 **?** 91

(A) 90 (B) 72 (C) 82 (D) 75

Question 13. Complétez la série :

1U 2D 4Q 7S 11O **?**

(A) 15Q (B) 16Q (C) 15S (D) 16S

Question 14. Complétez la série :

SSS SCC C SC **?**

(A) SSSS (B) SSSC (C) CCCC (D) SSCC

Question 15. Complétez la série :

134 459 7613 6915 881**?**

(A) 9 (B) 8 (C) 6 (D) 7

Question 16. Complétez la série :

3 12 48 192 768 **?**

(A) 3 072 (B) 3 274 (C) 3 384 (D) 4 238

Question 17. OFFICINE est à PHARMACIEN ce qu'ETUDE est à **?**

(A) AVOCAT (B) NOTAIRE (C) MEDECIN (D) JUGE

Question 18. Complétez la série :

AIME (13) HACHE (8) CES (3) EAU (15) AIRE (**?**)

(A) 20 (B) 19 (C) 17 (D) 18

Question 19. Parmi les anagrammes suivantes, laquelle n'est pas celle d'un pays ?

(A) SALUTAIRE (B) CHIEN
(C) ALITE (D) GENDARME

Question 20. Complétez :

PORTAIL (3) CERCEAU (4) EAU (3) JET (1) HISTOIRE (?)

(A) 3 (B) 5 (C) 4 (D) 6

Question 21. Complétez la série graphique suivante :

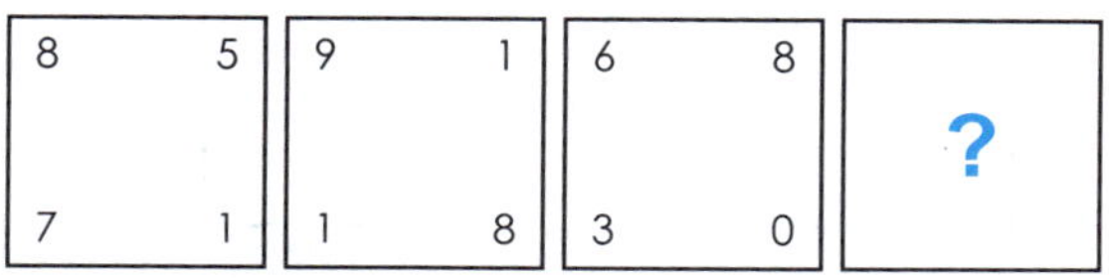

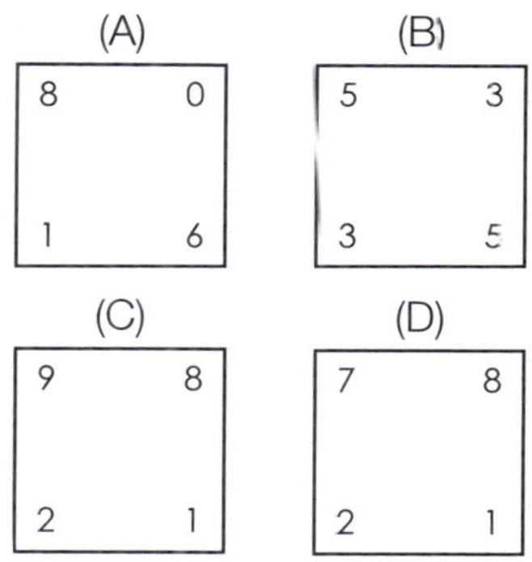

Question 22. Complétez la série graphique suivante :

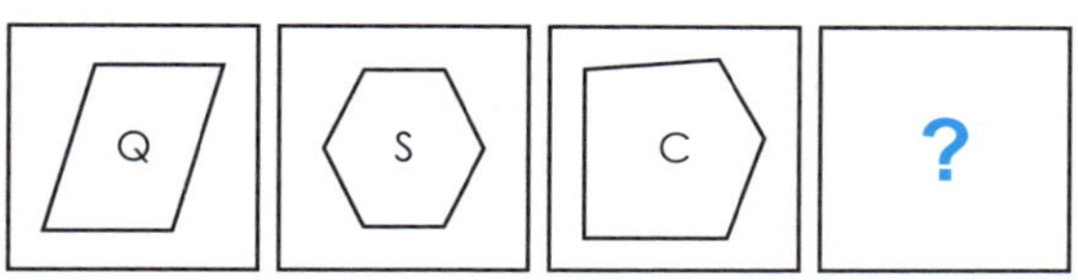

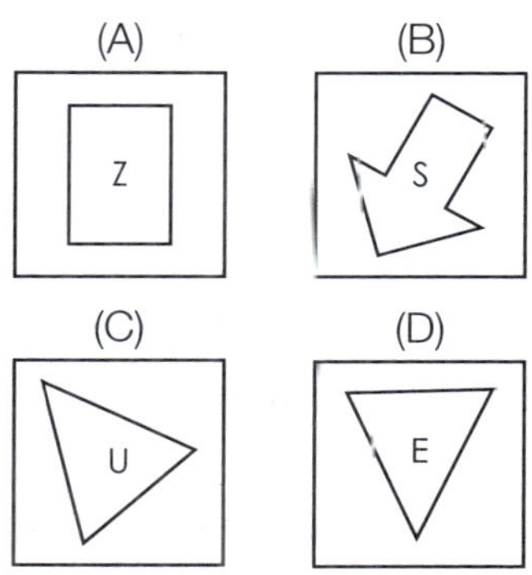

Question 23. Complétez la série graphique suivante :

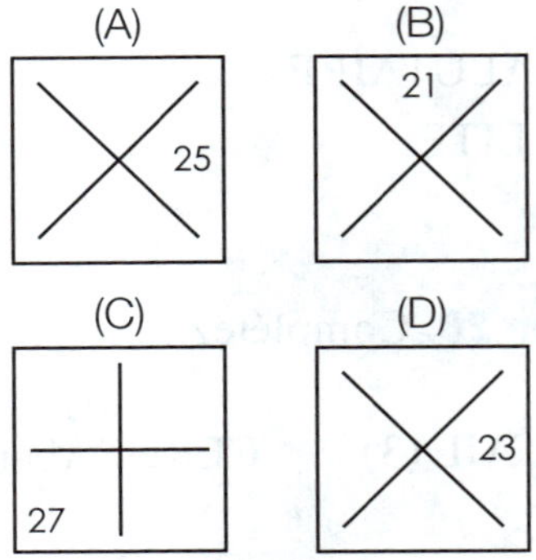

Question 24. Complétez la série graphique suivante :

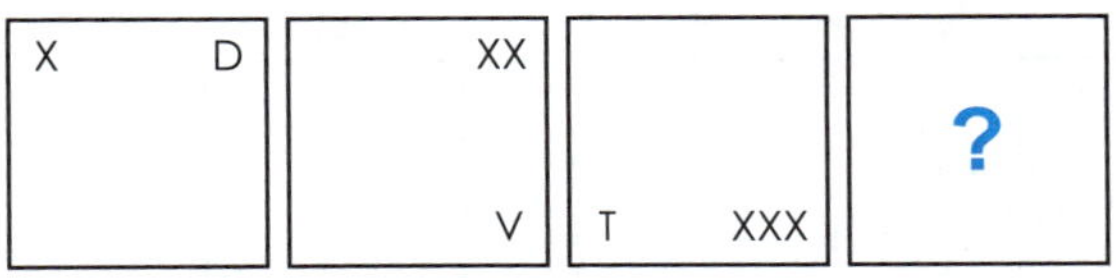

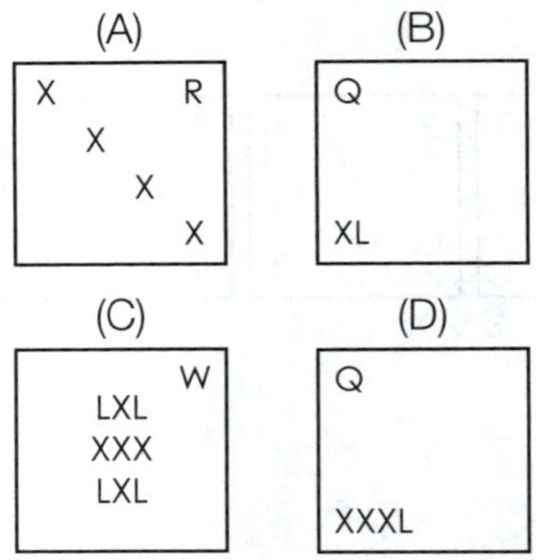

Question 25. Complétez la série graphique suivante :

12,5 11 9,5 8 6,5 ?

(A) 5,5 (B) 5 (C) 6 (D) 4,5

Question 26. Lors d'un même mois, 3 jeudis sont impairs.
Quel jour de la semaine tombe le 25 du mois ?

(A) On ne peut répondre à la question
(B) Vendredi ou dimanche
(C) Dimanche
(D) Samedi

Question 27. La négation de la phrase « Tous les chats sont noirs » est :

(A) Aucun chat n'est noir.
(B) Tous les chats sont gris.
(C) Il existe au moins un chat qui n'est pas noir.
(D) Certains chats sont noirs, d'autres sont gris.

Question 28. Cette phrase contient … « t » et … « n ».

(A) huit *et* trois (B) sept *et* trois (C) huit *et* quatre (D) sept *et* cinq

Question 29. Baptiste est plus riche que Madeleine et Pierre est plus pauvre que Baptiste.
Qui est le plus pauvre des trois sachant qu'ils ont chacun une richesse différente des deux autres ?

(A) Baptiste (B) Madeleine
(C) Madeleine ou Pierre (D) Baptiste ou Jacques

Question 30. Amir et Jean sont deux frères. Ils mentent souvent à leurs parents mais pas tous les jours de la semaine. Ainsi, Amir ment le lundi, le mardi et le mercredi mais il dit la vérité les autres jours de la semaine. Pour sa part, Jean, ment le jeudi, le vendredi et le samedi, mais il dit la vérité les autres jours de la semaine. Un jour, leur mère les interroge. Amir dit « Hier, j'ai menti. » Jean répond aussi « Hier j'ai menti. » Quel jour sommes-nous ?

(A) Lundi (B) Mardi (C) Mercredi (D) Jeudi

PARTIE 2 : LOGIQUE VERBALE

Question 31. *Après avoir longuement réfléchi, il jeta (...) sur une petite villa située en plein cœur du village, qui lui convenait parfaitement.*

Laquelle des propositions complète la phrase de la manière la plus adéquate ?

(A) son sort (B) sa main (C) son dévolu (D) ses cartes

Question 32. *Cet écrivain réussit à s'exprimer avec une remarquable économie de mots. Il est devenu célèbre pour son style (...).*

Laquelle des propositions complète la phrase de la manière la plus adéquate ?

(A) concis (B) diligent (C) laconique (D) épique

Question 33. Laquelle de ces quatre expressions signifie *abandonner un avantage certain pour un profit illusoire* ?

(A) Laisser entrer le loup dans la bergerie
(B) Lâcher le paquet à quelqu'un
(C) Il y a loin de la coupe aux lèvres
(D) Lâcher la proie pour l'ombre

Question 34. Dans laquelle des quatre propositions suivantes le mot en gras est-il le plus adapté ?

(A) Les enfants s'extasièrent devant ce paysage **soporifique**.
(B) Le professeur prit cette mesure **soporifique** pour rétablir la discipline.
(C) Cette invention **soporifique** peut rapporter des millions. J'en suis sûr !
(D) La présentation était tellement **soporifique** qu'il n'arrivait plus à l'écouter.

Question 35. Que signifie *être sous l'égide de* ?

(A) Etre sous l'influence de
(B) Etre sous la protection de
(C) Etre sous le contrôle de
(D) Etre sous la domination de

Question 36. *(...) soient mes envies, tu dois les satisfaire !*

Laquelle des propositions complète la phrase de la manière la plus adéquate ?

(A) Quelles que
(B) Qu'elles que
(C) Quel que
(D) Quelles qu'elles

Question 37. L'adjectif *amène* signifie :

(A) Embarrassé
(B) Faible
(C) Courtois
(D) Rapide

Question 38. **Le délicieux parfum** que je sentis en ouvrant la marmite me replongea immédiatement dans les premières années de mon enfance.

Laquelle des propositions suivantes se rapproche le plus des mots en gras ?

(A) La délicieuse émanation
(B) Le délicieux relent
(C) La délicieuse odeur
(D) Le délicieux fumet

Question 39. Aimer, cela consiste toujours à trouver, grâce à un autre, sa vérité et aider alors cet autre à trouver la sienne. C'est **établir une connivence enflammée**.

Laquelle des propositions suivantes se rapproche le plus des mots en gras ?

(A) fonder une union illuminée
(B) convenir d'une entente parfaite
(C) achever l'œuvre d'une vie
(D) créer les conditions d'une complicité passionnée

Question 40. Cherchez, parmi les quatre phrases ci-dessous, la seule qui ne fasse pas appel à une métonymie.

(A) Dans cet orchestre milanais, les cuivres et les bois sont excellents.
(B) C'est la plus grande plume de la dernière décennie.
(C) Il n'est plus tout jeune malheureusement.
(D) Dix têtes de bétail sont parties ce matin à l'abattoir.

Question 41. Trouvez, parmi les cinq phrases ci-dessous les deux qui sont correctes d'un point de vue grammatical.

[1] Les confiseries que je t'ai faites envoyer sont délicieuses.
[2] Elle me sourie, mais je suis toujours en colère.
[3] Dès que j'eus fini mon travail, j'allai rejoindre mes amis au restaurant.
[4] Nous n'étions seulement que trois à cette réunion de travail !
[5] J'ai nagé deux heures durant pour rejoindre le rivage.

(A) Phrases [1] et [3]
(B) Phrases [2] et [4]
(C) Phrases [3] et [5]
(D) Phrases [2] et [3]

Question 42. Le mot *carcéral* est relatif au monde :

(A) de la prison
(B) de la danse
(C) de l'agriculture
(D) de la cuisine

Question 43. Des *arguments fallacieux*, ce sont :

(A) des arguments très convaincants
(B) des arguments peu solides
(C) des arguments qui cherchent à tromper
(D) des arguments séduisants

Question 44. *Tergiverser* signifie :

(A) Donner son avis à tord et à travers
(B) User de détours pour éviter de dire nettement quelque chose
(C) S'opposer à tout raisonnement contraire au sien
(D) Prodiguer des louanges à quelqu'un

Question 45. Qu'est-ce qu'un *free-lance* ?

(A) Un travailleur indépendant
(B) Un journaliste spécialiste du secteur de la mode
(C) Un avocat libre d'esprit
(D) Un concurrent déloyal

Question 46. Cette question présente un texte dans lequel manquent plusieurs parties. Quatre réponses sont proposées pour compléter la phrase. Choisissez la réponse qui convient le mieux.

Lorsque j'ai remarqué pendant la fête du carnaval que Karim, mon ami du lycée, avait les cheveux blancs, (...) persuadé qu'ils (...) ses cheveux naturels. Mais après m'être souvenu que (...) j'ai pensé à l'éventualité que ces cheveux (...).

(A) j'étais / faisaient partie de son déguisement et que ce n'étaient pas / je ne l'avais pas vu depuis dix ans / étaient les siens et avaient blanchi
(B) j'étais / ne faisaient pas partie de son déguisement mais que c'étaient / nous étions à un bal costumé / n'étaient pas du tout teints
(C) je n'étais pas / étaient teints et que ce n'étaient pas / nous étions à un bal costumé / étaient les siens et avaient blanchi
(D) je n'étais pas / ne faisaient pas partie de son déguisement mais que c'étaient / nous n'étions plus très jeunes / n'étaient pas naturels mais teints en blanc

Question 47. *Pour ses lectures, mon ami fait preuve d'un grand (...) ; il puise dans tous les genres et dans tous les siècles.*

Quelle proposition complète la phrase de la manière la plus adéquate ?

(A) puritanisme (B) éclectisme (C) optimisme (D) élitisme

Question 48. *Face à ce puissant concurrent, les deux anciens rivaux ont décidé (...).*

Quelle proposition complète la phrase de la manière la plus adéquate ?

(A) de mettre les bouchées doubles (B) d'agir pour la bonne cause
(C) de joindre les deux bouts (D) de faire cause commune

Question 49. Combien de fautes d'orthographe le texte ci-après contient-il ?

Astrologue confirmé exerce dans le quartier depuis quatres ans. Très à l'écoute, je suis un travailleur chevroné, et je ne laisse aucune personne quittée mon établissement s'en croire à mes méthodes. Sur rendez-vous uniquement.

(A) 1 faute (B) 2 fautes (C) 3 fautes (D) 4 fautes

Question 50. Parmi les propositions ci-dessous, laquelle ne respecte pas la règle de concordance des temps ?

(A) Je ne veux pas que tu le lui dises quand tu iras le voir.
(B) Il regrette que je fusse parti sans attendre.
(C) L'enfant hurle pour qu'on le laisse tranquille.
(D) Je souhaite qu'il vienne avec moi.

Question 51. *Assurer la sécurité extérieure par la diplomatie et la défense du territoire, assurer la sécurité intérieure et le maintien de l'ordre public, avec, notamment, des forces de police, définir le droit et rendre la justice ; détenir la souveraineté économique et financière en émettant de la monnaie, notamment par le biais d'une banque centrale… Telles sont les fonctions (…) de l'Etat.*

Quelle proposition complète la phrase de la manière la plus adéquate ?

(A) régaliennes (B) agrégées (C) universelles (D) exceptionnelles

Question 52. Parmi les quatre adages populaires ci-dessous, trouvez le seul dont le sens est en contradiction avec l'énoncé « *Les voyages forment la jeunesse* » ?

(A) Si tu trouves une route, suis-la longtemps.
(B) Quand on change le tam-tam de place, on invente un nouveau son.
(C) Traverse le lac et tu auras changé tes habitudes.
(D) Les vérités existent au-delà des montagnes.

Question 53. *François est un manager qui connaît un grand succès dans son entreprise. Il n'y a pas un seul de ses collaborateurs qui remet en cause son leadership. Il s'agit d'un management de type (…).*

Quelle proposition complète la phrase de la manière la plus adéquate ?

(A) coercitif (B) consensuel (C) conciliaire (D) consistorial

Question 54. Ce jeune professeur **exhorte** ses étudiants à se comporter de façon exemplaire en dehors de l'établissement.

Laquelle des propositions suivantes se rapproche le plus du mot en gras ?

(A) invite (B) enrôle (C) encourage (D) galvanise

Question 55. *Jean-François prétend que les dernières heures de l'après-midi sont (...) pour la navigation à la voile dans la baie de San Francisco, car (...) soufflent dans la baie des vents (...) forts pour faire voguer les bateaux, (...).*

Quelle proposition complète la phrase de la manière la plus adéquate ?

(A) idéales / à toute autre heure / suffisamment / rendant ainsi la navigation très agréable
(B) moins favorables / à ces heures-là / trop / rendant ainsi la navigation très agréable
(C) idéales / à ces heures-là / suffisamment / sans toutefois créer des tourbillons dangereux
(D) moins favorables / aux autres heures de la journée / trop / rendant ainsi la navigation terrifiante et dangereuse

Question 56. Quelle phrase est correctement orthographiée ?

(A) Ils se sont succédé au pupitre.
(B) Ils ont répétés plusieurs fois leur discours.
(C) Les savoirs-faires qu'ils ont acquis sont prodigieux.
(D) La réservé que j'emmétrai au conseil d'administration sera sans appelle.

Question 57. Quelle proposition est correctement orthographiée ?

(A) Suffisament (B) Hormi (C) Un souci (D) Parmis

Question 58. Donnez un antonyme de *brutal* :

(A) Innocent (B) Doux (C) Inoffensif (D) Gentil

Question 59. Ce pays asiatique connaît des changements politiques majeurs, **toujours répétés**.

Laquelle des propositions suivantes se rapproche le plus des mots en gras ?

(A) récurrents (B) renaissants (C) recrudescents (D) récusables

Question 60. Trouvez parmi les cinq phrases ci-dessous les deux seules qui soient orthographiquement et/ou grammaticalement incorrectes.

[1] La comptable qu'ont rencontrée les commerciaux est une jeune femme fort dévouée et appliquée dans son travail.
[2] Je fis sa connaissance et la trouvai sublime. Un vrai coup de foudre.
[3] C'est en intrigant qu'on devient intrigant.
[4] Nous retrouvons là un thème dont il s'inspire et développe avec beaucoup de vigueur.
[5] Il craignait curieusement que mes remarques n'eussent été mal interprétées.

(A) Phrases [2] et [3]
(B) Phrases [4] et [5]
(C) Phrases [3] et [5]
(D) Phrases [3] et [4]

PARTIE 3 : CALCUL

Question 61. Que vaut le cube de 9 multiplié par le carré de 16 ?

(A) 186 624 (B) 196 762 (C) 202 446 (D) 212 898

Question 62. Anne est née en 1953. En quelle année son âge a t-il été pour la première fois de sa vie égal à la somme des chiffres de l'année ?

(A) 1970 (B) 2008 (C) 1965 (D) 1997

Question 63. Un fût de 91 litres de contenance est rempli au 5/7. Combien de bouteilles de 65 cl peut-on remplir avec le contenu de ce fût ?

(A) 75 (B) 90 (C) 100 (D) 110

Question 64. Un terrain mesure 1 200 dm de longueur et 6 000 cm de largeur. Quelle est l'aire de ce terrain ?

(A) 720 000 mètres carrés (B) 0,72 hectares
(C) 1 800 kilomètres carrés (D) 18 ares

Question 65. La moyenne de 10 nombres vaut 8. Si je supprime l'un de ces nombres, la moyenne devient égale à 7. Quel est le nombre que j'ai supprimé ?

(A) 17 (B) 14 (C) 10 (D) 9

Question 66. Un triangle rectangle (ABC) rectangle en B a pour longueur AC = 17 et AB = 8. Que vaut le côté BC ?

(A) 13 (B) 14 (C) 16 (D) 15

Question 67. Vous choisissez de découper un tronc d'arbre en cinq coups de scie et vous obtenez des morceaux de 33 cm et moitié moins de morceaux réduits de 1/3. Quelle est la taille de ce tronc d'arbre ?

(A) 1 mètre 32 (B) 1 mètre 54 (C) 1 mètre 76 (D) 1 mètre 98

Question 68. Que vaut 4,5 *kilomètres par heure* (km/h) en *mètres par seconde* (m/s) ?

(A) 9 (B) 2,5 (C) 1,25 (D) 1

Question 69. Sachant que $4^n + 4^n = 2^{2011}$, combien vaut n ?

(A) 1 005 (B) 1 006 (C) 2 010 (D) 2 011

Question 70. A, B, C, D, E et F sont six nombres entiers positifs consécutifs. La somme de C et D est égale à 23. Quelle est la valeur de la somme de A, B, E et F ?

(A) 37 (B) 41 (C) 46 (D) 53

Question 71. Trois candidats ont passé la même épreuve de tests d'aptitude. Ils ont obtenu trois notes différentes. Sur l'ensemble des candidats, les notes se sont échelonnées de 6,3 à 19,7. Ils obtiennent à eux trois la moyenne de 15. Le meilleur des trois a obtenu à l'épreuve quatre points de plus que le plus faible. Quelle est la note obtenue par le deuxième ?

(A) 14 (B) 15
(C) 16 (D) Il y a plusieurs réponses possibles.

Question 72. Mia met 12 minutes pour mettre la table. En combien de temps mettrait-elle la table avec l'aide de sa grande sœur qui, elle, est trois fois plus rapide ?

(A) 5 minutes (B) 1 minute (C) 4 minutes (D) 3 minutes

Question 73. Lors d'une réunion, chaque personne a serré la main de chaque autre personne. S'il y a eu 36 poignées de main en tout, combien de personnes étaient présentes à cette réunion ?

(A) 6 (B) 8 (C) 9 (D) 12

Question 74. Je décide de donner 1/3 de mon épargne à mon frère qui est au chômage depuis plusieurs mois et 25 % de ce qui me reste à des œuvres caritatives. Quelle part de la somme initiale me reste-t-il ?

(A) 1/5 (B) 1/4 (C) 1/3 (D) 1/2

Question 75. Que vaut 12,5 % ?

(A) 1/9 (B) 1/8 (C) 1/7 (D) 1/6

Question 76. Pascal et Farid décident de faire un concours : se laisser pousser les cheveux jusqu'à ce qu'ils atteignent 150 cm. Les cheveux de Pascal poussent de 1,5 cm par mois ; ceux de Farid de 3,6 cm par trimestre. Le 1er jour du concours, Pascal et Farid se sont intégralement rasés la tête. Qui et combien de mois avant l'autre ira chez le coiffeur ?

(A) Pascal, 25 mois avant Farid (B) Pascal, 24 mois avant Farid
(C) Farid, 25 mois avant Pascal (D) Pascal, 18 mois avant Farid

Question 77. Que vaut la somme des angles d'un triangle isocèle ?

(A) 360 degrés (B) 220 degrés (C) 180 degrés (D) 160 degrés

Question 78. Un rectangle ABCD est découpé en 4 rectangles comme le montre la figure. Les périmètres de trois de ces rectangles sont 11 cm, 16 cm, 19 cm. Le quatrième rectangle n'est ni celui de plus petit périmètre, ni celui de plus grand périmètre. Quel est le périmètre de ABCD ?

(A) 28 cm
(B) 30 cm
(C) 32 cm
(D) 38 cm

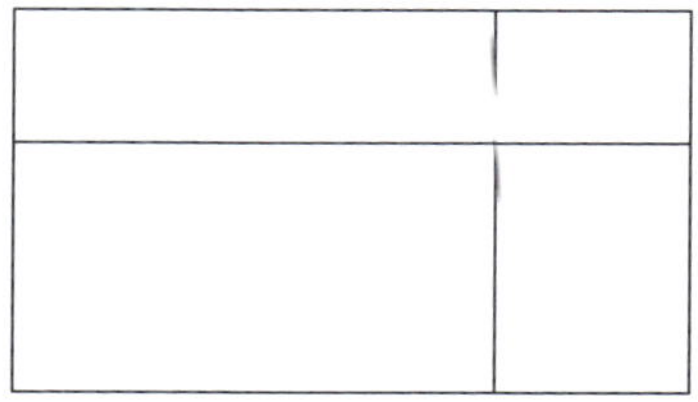

Question 79. Cathy joue à pile ou face avec sa grand-mère. Elle gagne chaque fois que la pièce montre pile. Quelle est la probabilité que Cathy ait gagné deux fois après trois lancers ?

(A) 1/2 (B) 1/3 (C) 2/3 (D) 3/8

Question 80. Quelle est la somme d'argent dont je dispose si la soustraction des trois cinquièmes au cinq tiers de cette somme est égale à 17 600 € ?

(A) 18 000 € (B) 16 500 € (C) 15 600 € (D) 18 800 €

Question 81. Une orchidée en pot coûte 20 euros. Quel est le prix du pot en céramique sachant que la plante contenue à l'intérieur coûte 19 euros de plus que le pot en céramique ?

(A) 0,5 euro (B) 0,75 euro (C) 1 euro (D) 1,5 euro

Question 82. Si F est égal à 150 % de P, alors 0,5 × P est égal à :

(A) 50 % de F (B) 3/2 de F (C) 1,5 × F (D) 1/3 de F

Question 83. Si trois hommes plantent quarante clous en dix heures et que quatre enfants peuvent faire le travail de deux hommes, combien de clous seront plantés en cinq heures avec une équipe de six hommes et six enfants ?

(A) 32 (B) 48 (C) 60 (D) 72

Question 84. Un réservoir de forme parallélépipédique est long de 8 mètres, large de 6 mètres et haut de 2,5 mètres. Quelle valeur faut-il rajouter à sa hauteur pour augmenter son volume de 60 mètres cubes ?

(A) 2 (B) 1,5 (C) 1,25 (D) 1,2

Question 85. Dans un lycée, la moyenne obtenue à une session préparatoire à l'examen du baccalauréat par les 36 élèves d'une classe de terminale scientifique est de 14 sur 20. Les filles ont obtenu en moyenne la note de 15 sur 20 et les garçons ont eux obtenu en moyenne la note de 9 sur 20. Combien y a-t-il de filles dans cette classe de terminale scientifique ?

(A) 28 (B) 18 (C) 30 (D) 24

Question 86. Que vaut la solution de l'équation $0{,}2X + 0{,}4 = 8$?

(A) 38 (B) 0,68 (C) 26 (D) 16

Question 87. Un concessionnaire a liquidé ce mois-ci tous les modèles de voitures de sa concession. 60 % des voitures vendues étaient de modèle essence, deux septièmes de modèle diesel et 92 de modèle hybride. Combien de voitures ce concessionnaire a-t-il vendues ?

(A) 790 (B) 827 (C) 805 (D) 812

Question 88. Eléonore dispose d'une somme de 215 euros, composée de 30 billets de 5 et 10 euros. Combien de billets de 10 euros a-t-elle ?

(A) 11 (B) 13 (C) 14 (D) 17

Question 89. Un train part à 22 h et doit parcourir un trajet de 780 kilomètres. Il parcourt le premier tiers du trajet à la vitesse de 130 km/h. Puis il parcourt le reste du trajet à la vitesse de 100 km/h. A quelle heure le train arrivera-t-il ?

(A) 3 h 56 (B) 4 h 32 (C) 4 h 52 (D) 5 h 12

Question 90. La somme de trois nombres entiers consécutifs est égale à la somme des deux nombres entiers consécutifs suivants. Que vaut le plus petit de ces cinq entiers ?

(A) 4 (B) 5 (C) 6 (D) 7

Question 91. Que vaut le quart du cinquième du carré de 30 ?

(A) 40 (B) 25 (C) 45 (D) 30

Question 92. Que vaut la moyenne de 2 012 et du double de 6 001 ?

(A) 6 998 (B) 7 007 (C) 7 072 (D) 7 124

Question 93. En base 3, 0 s'écrit 0, 1 s'écrit 1, 2 s'écrit 2, 3 s'écrit 10, 4 s'écrit 11, 5 s'écrit 12. Comment 8 s'écrit-il en base 3 ?

(A) 22 (B) 100 (C) 31 (D) 20

Question 94. Un pot contient 30 bonbons. Quatorze enfants prennent chacun des bonbons dans le pot. Chacun prend 1, 2 ou 3 bonbons dans le pot. Si tous les bonbons sont pris, quel est le nombre maximal possible d'enfants ayant pris 3 bonbons?

(A) 6 (B) 7 (C) 8 (D) 9

Question 95. Un nénuphar dont la surface double tous les jours, met 200 jours pour couvrir la surface totale d'un lac. Combien de temps mettra un nénuphar pour couvrir le quart de la surface du lac ?

(A) 198 jours (B) 100 jours (C) 150 jours (D) 196 jours

Question 96. Si je monte un escalier 2 marches à la fois, il reste 1 marche ; 3 marches à la fois, il reste 2 marches ; 4 marches à la fois, il reste 3 marches. Combien de marches cet escalier peut-il avoir si l'on sait qu'il a moins de 20 marches ?

(A) 13 (B) 15 (C) 17 (D) 11

Question 97. Dans l'opération C4 × C6 = 224, que vaut C ?

(A) 1 (B) 2 (C) 3 (D) 4

Question 98. Le carré de 1 500 est égal à :

(A) 1 500 000 (B) 2 250 000 (C) 1 750 000 (D) 3 250 000

Question 99. A et B sont des entiers naturels (entiers positifs) non nuls. Que vaut A sachant que 3A + B = 10 ?

(A) 1, 2 ou 3 (B) 2, 3 ou 4 (C) 1 (D) 3

Question 100. Que vaut le tiers de 3^{33} ?

(A) 1^{33} (B) 3^{32} (C) 3^{30} (D) 3^{11}

CORRIGE DU SUJET 2

PARTIE 1 : RAISONNEMENT LOGIQUE

Question 1. Réponse D

Entre 1 et 1 on multiplie par 1. **Entre 1 et 2** on multiplie par 2. **Entre 2 et 6** on multiplie par 3. **Entre 6 et 24** on multiplie par 4. **Entre 24 et 120** on multiplie par 5.

Rappel : dans une série de nombres, vous devez d'abord chercher à identifier des relations de construction de type : +1 / +2 / +3 ; +2 / +4 / +6 ; +2 / −1 / +2 / −1 ; ×1 / ×2 / ×3 ou encore ×2 / ×4 / ×6, etc.

Question 2. Réponse B

ASTUCE Dès que vous êtes face à des lettres vous devez systématiquement convoquer un des trois réflexes suivants :

1. Transformer la lettre en rang, c'est-à-dire transcrire la lettre selon le rang qu'elle occupe dans l'alphabet (A = 1, B = 2, …, M = 13, N = 14, …, Z = 26) ;
2. Voir les lettres comme des barres (A = 3 barres, T = 2 barres, W = 4 barres, etc.) ;
3. Voir les lettres comme des initiales de mots, ou comme les lettres médianes ou finales de mots (T initiale de Triangle, N finale de Un et X finale de Deux, etc.).

Dans cette question, lorsque l'on transforme les lettres en rangs, cela donne : 6 – 12 – 17 – 21. Autrement dit, on fait +6 / +5 / +4 et on doit donc faire +3 pour continuer la série. On obtient dès lors 21 + 3 = 24 et 24 n'est autre que le rang de X.

Question 3. Réponse C

Une question plutôt facile !
Le nombre entre parenthèses indique le nombre de lettres que contient le mot auquel il est lié. Ainsi HUTTE contient 5 lettres. D'où HUTTE (5).

Réflexe ! Dès que vous avez un mot lié à un nombre, vous devez avoir le réflexe de :

- Compter le nombre de lettres ;
- Compter le nombre de consonnes ;
- Compter le nombre de voyelles ;
- Compter le nombre de syllabes ;
- Regarder attentivement la position des consonnes et des voyelles ;
- Regarder attentivement les premières et dernières lettres ainsi que les lettres du milieu (au centre du mot).

Question 4. Réponse A

Une question plutôt difficile. Il fallait ici comprendre que les chiffres du nombre entre parenthèses décrivaient les positions des consonnes dans le mot. Ainsi pour CHAT (124), les chiffres 1, 2 et 4 indiquent que dans le mot CHAT les consonnes sont en position 1, 2 et 4. Aussi dans ACHETER, les consonnes sont en position 2, 3, 5 et 7 d'où ACHETER (2357).

Question 5. Réponse D

Vous reconnaissez ici une suite de nombres premiers. Le prochain nombre premier après 11 est 13.

Rappel : un nombre premier est un nombre qui n'est divisible que par 1 et par lui-même.

CONSEIL Apprenez par cœur la liste de tous les nombres premiers de 2 à 97 !

Question 6. Réponse A

X2 signifie que X s'écrit avec 2 barres. N3 signifie que N s'écrit avec 3 barres, etc. D'où H3 car H s'écrit bien à 3 barres.

Question 7. Réponse C

Le rang de H est 8 et le carré de 8 est égal à 64 d'où H64. Cela fonctionne bien sûr de la même façon pour J100 ou F36. Mais cela ne fonctionne pas pour D25 (car on aurait du avoir D16 du fait que le rang de D est 4 et que le carré de 4 est égal à 16). D25 est donc l'intrus.

CONSEIL Apprenez vos carrés de 1 à 20. Vous devez ainsi savoir en un instant que le carré de 9 est égal à 81 ou que le carré de 17 est égal à 289 !

Question 8. Réponse B

On remarque ici une progression croissante entre les nombres de type +3 / +4 / +5 / +6 / +7 / +8 / +9. On garde donc la réponse B : 20 et 35.

Question 9. Réponse C

132 = 6 car la somme des chiffres de 132, à savoir 1 + 3 + 2 est précisément égale à 6. Ainsi 737 = 17 car 7 + 3 + 7 = 17.

Question 10. Réponse D

Celles et ceux qui connaissaient leurs carrés de 1^2 à 20^2 répondaient à cette question en moins de 5 secondes. En effet, vous reconnaissez ici la liste des carrés de 1^2 à 11^2 et il fallait donc répondre : 9, 25, 81 et 121.

Question 11. Réponse B

Il s'agit ici d'analogies qui s'appuient sur des métonymies. Ainsi, LE PAYS DU CEDRE est une autre façon (réductrice certes) de parler du LIBAN. Il fallait donc répondre L'EMPIRE DU MILIEU. Pour votre information, le PAYS DU SOLEIL LEVANT représente le JAPON. La CONTREE DES MATINS CALMES représente la Corée et le PAYS DU SOURIRE représente généralement LES PHILIPPINES.

Question 12. Réponse B

La somme des chiffres de 23 vaut 5. La somme des chiffres de 33 vaut 6. La somme des chiffres de 52 vaut 7. La somme des chiffres de 71 vaut 8. Il faut donc trouver un nombre dont la somme des chiffres vaut 9. On garde donc 72.

Question 13. Réponse A

L'initiale de **1** UN est **U**, l'initiale de **2** DEUX est **D**, etc. On garde donc 15Q car l'initiale de **15** QUINZE est bien **Q**.

Question 14. Réponse A

Une question très difficile !
SSS est lié à A car A s'écrit avec 3 barres et 1 barre est ici représentée par un S.
SCC est lié à B car B s'écrit avec 1 barre et 2 courbes. La barre est représentée par un S et une courbe par un C.
C est lié à C et SC est lié à D. Il fallait donc répondre SSSS car la lettre qui clôt la série est le E et le E est bien constitué de 4 barres (soit 4 S).

Question 15. Réponse C

Pour chacun des nombres de cette série, on remarque que la somme des deux premiers chiffres est égale à la suite du nombre. Ainsi, dans 134, on remarque que 1 + 3 = 4. Aussi dans 7613 on note que 7 + 6 = 13. On répond donc 6 car la somme des deux premiers chiffres (8 + 8) dans 8816 est bien égale à 16.

ASTUCE Pensez à séparer vos nombres pour tenter de trouver des relations entre les chiffres qui se trouvent à l'intérieur.

Question 16. Réponse A

On fait × 4 entre chaque nombre. Ainsi 768 × 4 = 3 072.

Rappel : vous n'aurez pas le droit à la calculatrice. Vous devrez donc être habitué à poser des multiplications et des divisions.

ASTUCE Pour trouver rapidement la bonne réponse, il suffisait de calculer le produit du dernier chiffre de 768, soit 8 par 4 pour remarquer que cela faisait 32. Aussi, il était nécessaire que la réponse se termine par le chiffre 2 ! Et la seule réponse qui se terminait par 2 était la A !

Question 17. Réponse B

On parle bien d'une ETUDE pour un NOTAIRE. Pour un AVOCAT ou un MEDECIN on parle d'un CABINET.

Question 18. Réponse D

Cette question est assez originale.
Lorsque vous lisez le mot AIME à voix haute, vous remarquez qu'il « sonne » comme la lettre M dont le rang (position de la lettre dans l'alphabet) est 13. Aussi le mot HACHE « sonne » comme la lettre H dont le rang est 8. Il fallait donc répondre ici 18 car AIRE sonne comme la lettre R dont le rang est 18.

Question 19. Réponse D

Rappel : une **anagramme** est une construction fondée sur une figure de style qui inverse ou permute les lettres d'un mot ou d'un groupe de mots pour en extraire un sens ou un mot nouveau.

SALUTAIRE donne AUSTRALIE.
CHIEN donne CHINE.
ALITIE donne ITALIE.
GENDARME donne DEMANGER (et ce n'est donc pas l'anagramme d'un pays !).

Question 20. Réponse C

Il fallait compter ici le nombre de voyelles du mot. Ainsi dans PORTAIL, il y a 3 voyelles. Et dans HISTOIRE il y a 4 voyelles d'où HISTOIRE (4).

Question 21. Réponse A

Vous remarquez ici que d'un cadre à l'autre, la somme des chiffres diminue de 2. Dans le premier cadre, la somme des chiffres vaut 8 + 5 + 7 + 1 = **21**. Dans le second cadre, la somme vaut : 9 + 1 + 1 + 8 = **19** et dans le troisième cadre, la somme vaut : 6 + 8 + 3 + 0 = **17**. Il faut un cadre en solution dont la somme des chiffres est égale à **15**. Autrement dit, il faut retenir la réponse A dont la somme des chiffres est égale à : 8 + 0 + 1 + 6 = 15.

Question 22. Réponse B

La lettre dans la figure géométrique est l'initiale du nombre de côtés. Ainsi, la première figure est constituée de **Q**uatre côtés (d'où le Q) et la seconde de **S**ix côtés (d'où le S). On garde donc la réponse B dont la figure est constituée de **S**ept côtés.

Question 23. Réponse D

Vous reconnaissez une suite de nombres de premiers : 13, 17, 19 et donc 23. Quant aux mouvements, ils sont assez rudimentaires : dans la sens inverse des aiguilles d'une montre.

Question 24. Réponse B

Une série qui n'était pas facile !
Le X dans le premier cadre est égal à 10 si l'on considère qu'il s'agit d'un chiffre romain. Or, l'initiale de 10, Dix, est **D**ix d'où le fait que vous trouvez dans le même cadre un X et un D. Aussi, dans le second cadre, vous avez XX qui se lit 20 en chiffres romains, or 20, **V**ingt a pour initiale V d'où la présence d'un V dans le cadre…
Il fallait répondre B ici car XL se lit 40 en chiffres romains (en effet L vaut 50 et si vous mettez un X avant le L, cela donne XL soit 50 – 10 = 40) et comme 40 s'écrit **Q**uarante, on comprend maintenant pourquoi il y a dans le même cadre XL et Q.

SUJET 2 – CORRIGES

Question 25. Réponse B

Une série très facile (enfin !)

Il suffit de retirer à chaque fois **1,5** entre deux nombres. Ainsi, on passe de 12,5 à 11 en retirant 1,5 puis de 11 à 9,5 en retirant encore 1,5, etc. On répond donc 5 car 6,5 – 1,5 est bien égal à 5.

Question 26. Réponse B

Il existe deux façons d'avoir 3 jeudis impairs dans un même mois.

Jeudi 1, Jeudi 15, Jeudi 29

Jeudi 3, Jeudi 17, Jeudi 31

Ainsi, le 25 du mois tombera dans le premier cas un dimanche et dans le second cas un vendredi.

Question 27. Réponse C

La négation de la phrase « Tous les chats sont noirs » est : « Il existe au moins un chat qui n'est pas noir ». Il suffit en effet qu'au moins un chat ne soit pas noir pour que la phrase « Tous les chats sont noirs » soit fausse. Ceux qui ont répondu la B, attention ! Il n'est en effet absolument pas nécessaire que tous les chats soient noirs pour que la phrase « Tous les chats sont noirs » soit fausse.

Question 28. Réponse A

Une question originale !

Vous l'avez compris. Quand on rajoute dans la phrase de l'énoncé les mots proposés dans les réponses cela augmente mécaniquement le nombre de lettres qu'il y a dans la phrase. Au départ, dans la phrase *Cette phrase co<u>n</u>tie<u>n</u>t ... « t » et ... « <u>n</u> »* on compte 6 « t » et 3 « n ». En ajoutant les mots de la réponse A, cela donne : *Cette phrase co<u>n</u>tie<u>n</u>t huit « t » et trois « <u>n</u> »* et on compte alors bien 8 « t » et 3 « n ». La cohérence et la vérité de la phrase sont parfaitement préservées.

Question 29. Réponse C

On B > M et B > P. Autrement dit, on sait pour sûr que Baptiste est le plus riche des trois. En revanche, il est impossible de savoir qui de Madeleine ou de Pierre est le plus pauvre… On répond donc la réponse C.

Question 30. Réponse D

La bonne réponse est jeudi !

En effet, le jeudi Amir dit la vérité. Donc quand il dit à sa mère « Hier, j'ai menti », il dit vrai et il faut alors vérifier que la veille, mercredi, était bien un jour où il mentait… Ce qui est le cas.

De la même façon, jeudi est un jour où Jean ment. Donc quand il dit à sa mère « Hier j'ai menti », il faut vérifier que la veille, mercredi, il ne mentait pas… Ce qui est bien la cas !

PARTIE 2 : LOGIQUE VERBALE

Question 31. Réponse C

Il s'agit ici d'une expression consacrée. ***Jeter son dévolu sur quelqu'un ou quelque chose*** signifie ***fixer son choix sur quelqu'un, sur quelque chose.***

Question 32. Réponse C

Laconique signifie précisément : ***qui s'exprime ou qui est exprimé en peu de mots ; bref, concis.***

Question 33. Réponse D

Lâcher la proie pour l'ombre signifie ***abandonner quelque chose de réel pour quelque chose d'incertain.***

Cette expression fut rendue célèbre par Jean de la Fontaine. Dans sa fable, un chien se fait surprendre par l'ombre de sa proie, lâchant la vraie proie, il courut vers ce reflet qu'il croyait réel. Au final il a tout perdu, il n'obtint ni l'ombre ni le corps !

Question 34. Réponse D

Il s'agit en effet de la seule réponse qui convienne ici.

Soporifique signifie ***Qui ennuie au point de donner envie de dormir.***

Question 35. Réponse B

Etre sous l'égide de quelqu'un, quelque chose signifie être sous sa protection. On dit par exemple: « prendre quelqu'un sous son égide ».

Question 36. Réponse A

L'accord se fait en genre et en nombre. Ainsi, ***envies*** étant féminin pluriel, on doit également avoir ***quelles*** au féminin pluriel.

Question 37. Réponse C

Selon *Le Larousse*, ***amène*** signifie ***qui est agréable, courtois, qui charme par sa douceur.*** Ex. : un visage amène.

Question 38. Réponse D

Le fumet est l'odeur agréable que dégage un plat. Même si la réponse C pouvait convenir, il n'en demeure pas moins que la réponse D, ***Le délicieux fumet*** constituait ici la meilleure réponse étant donné qu'elle prenait bien en compte le contexte dans lequel ***Le délicieux parfum*** s'inscrivait.

Question 39. Réponse D

La réponse D convient parfaitement. On retrouve en effet dans ***complicité*** l'idée de ***connivence***. Par ailleurs, dans un contexte amoureux, ***passionnée*** est un très bon synonyme d'***enflammée***.

SUJET 2 – CORRIGES

Question 40. Réponse C

La métonymie est une figure de style qui opère un « transfert de dénomination ». Elle réside plus particulièrement dans le procédé qui consiste à désigner une chose ou une notion par une autre chose ou notion appartenant au même ensemble.
Ainsi, dans la réponse A, on retrouve bien une métonymie. En effet, les cuivres et les bois désignent l'ensemble plus large des instruments de musique. Dans la réponse B, la plume désigne l'écrivain.
Seule la réponse C n'est pas une métonymie ici.

Question 41. Réponse C

Phrase 1 : il aurait fallu écrire « que je t'ai fait envoyer »
Phrase 2 : elle me sourit, avec un t.
Phrase 3 : on dit « nous n'étions que trois » ou « nous étions seulement trois », pas « nous n'étions seulement que trois ».

Question 42. Réponse A

Carcéral est relatif au monde de la prison. On parle souvent d'**univers carcéral** pour désigner le monde de la prison.

Question 43. Réponse C

Fallacieux siginifie ***qui cherche à tromper, à nuire ; perfide***.

Question 44. Réponse B

Tergiverser est un verbe intransitif (du latin *tergiversari*, tourner le dos, de *tergum*, dos, et *vertere*, tourner) qui signifie selon *Le Larousse*, user de détours, de faux-fuyants, pour éviter de dire nettement quelque chose, pour retarder une décision. Ex. : *Répondez-moi sans tergiverser.*

Question 45. Réponse A

Free-lance : se dit d'un travail qu'un professionnel indépendant (professionnel libéral, publicitaire, architecte, etc.) effectue à la commande auprès de diverses entreprises.

Question 46. Réponse A

Question 47. Réponse B

Eclectisme : caractère de quelqu'un qui s'intéresse à des choses ou des êtres très divers, qui a des connaissances en des domaines très variés sans manifester aucune exclusive.
Pour information, **puritanisme** est utilisé pour parler d'un rogorisme moral excessif.

Question 48. Réponse D

Question 49. Réponse D

Depuis **quatre** ans. Travailleur **chevronné**. Aucune personne **quitter**. **Sans** croire à mes méthodes.

Question 50. Réponse B

On aurait pu dire « il regrettait que je fusse parti » ou « il regrette que je sois parti ». « Il regrette que je fusse parti » ne respecte absolument pas les règles fondamentales de concordance des temps.

Question 51. Réponse A

Régalien : se dit des fonctions politiques et administratives (police, défense, etc.) qui dépendent directement de l'Etat ou de son représentant suprême. Ex. : Ministères régaliens. *Le Larousse.*

Question 52. Réponse A

Attention, ne tombez pas dans le piège ici ! Il s'agit de trouver l'adage dont le sens est **en contradiction**.

Question 53. Réponse B

Consensuel : de consensus, accord et consentement du plus grand nombre.

Question 54. Réponse C

Exhorter : tenter d'amener quelqu'un à quelque chose par des encouragements, par la persuasion, les prières, etc.

Question 55. Réponse C

Question 56. Réponse A

Attention, étant donné que l'on dit **succéder** à il ne faut jamais accorder ce verbe à son sujet. Ex. : *Elle lui a succédé, ils se sont succédé, elles se sont succédé, etc.*
Il fallait écrire : **Ils ont répété. Les savoir-faire. Sans appel.**

Question 57. Réponse C

On écrit en effet : **suffisamment, hormis et parmi**. On écrit bien **un souci** mais **des soucis** bien sûr !

Question 58. Réponse B

Question 59. Réponse A

Récurrent signifie qui revient, qui réapparaît, qui se reproduit. *Le Larousse.*

Question 60. Réponse D

Il aurait fallu écrire pour la phrase [3] : C'est en intriguant que l'on devient intrigant. De même pour la phrase [4] : Nous retrouvons là un thème dont il s'inspire et **qu'il** développe avec beaucoup de vigueur.

SUJET 2 – CORRIGÉS

PARTIE 3 : CALCUL

Question 61. Réponse A

Le cube de 9 vaut 729 et le carré de 16 vaut 256. Aussi 729 × 256 est égal à un nombre dont le dernier chiffre est le dernier chiffre du produit 9 × 6 (9 le dernier chiffre de 729 et 6 le dernier chiffre de 256), soit 4 (en effet, le dernier chiffre de 9 × 6 = 54 est 4).

Question 62. Réponse A

En 1970, Anne aura 17 ans soit exactement la somme des chiffres de 1970 (1 + 9 + 7 + 0 = 17).

Question 63. Réponse C

5/7 × 91 = 5/7 × (7 × 13) = 5 × 13 = 65.

Le fût contient donc 65 litres et avec 65 litres, on peut remplir 100 bouteilles de 65 centilitres.

Question 64. Réponse B

1 200 dm = 120 m

6 000 cm = 60 m

Aussi l'aire du terrain est égale à 120 m × 60 m = 7 200 m^2, soit encore 0,72 hectare. En effet, 1 hectare est égal à 10 000 m^2. Ainsi, 7 200 m^2 est bien égal à 0,72 hectare.

Question 65. Réponse A

La somme des 10 nombres vaut 8 × 10, soit 80. En enlevant un nombre il nous en reste 9 et la somme de ces 9 nombres vaut alors 7 × 9, soit 63. Ainsi le nombre qui a été enlevé est égal à 80 – 63 = **17**.

Question 66. Réponse D

Grâce au théorème de Pythagore, on trouve facilement la longueur de BC. En effet, $AC^2 = BC^2 + AB^2$ soit $289 = BC^2 + 64$, soit $BC^2 = 289 - 64$, soit $BC^2 = 225$ soit encore BC = 15.

Question 67. Réponse C

Après 5 coups de scie, on obtient 6 morceaux (faites un dessin). D'après l'énoncé, on a alors 4 morceaux de 33 cm et 2 morceaux de 22 cm (moitié moins de morceaux réduits de 1/3). Ainsi, la taille du tronc est égale à 4 × 33 + 2 × 22 = 132 + 44 = 176 cm, soit 1 mètre 76.

Question 68. Réponse C

Il suffit de diviser 4,5 par 3,6. Or 4,5/3,6 = 45/36 = 5/4 = 1,25.

Question 69. Réponse A

$4^n + 4^n = 2^{2011}$ équivaut à $2^{2n} + 2^{2n} = 2^{2011}$ soit $2 \times 2^{2n} = 2^{2011}$ soit encore $2^{2n+1} = 2^{2011}$.

Par identification, on trouve $2n + 1 = 2\,011$ soit $2n = 2\,010$ soit encore $n = 1\,005$.

Question 70. Réponse C

C + D = 23 nous permet d'en déduire que C = 11 et D = 12 (C et D sont consécutifs). On en conclut que A = 9, B = 10, C = 11, D = 12, E = 13 et F = 14. Ainsi, A + B + E + F = 9 + 10 + 13 + 14 = 46.

Question 71. Réponse D

Essayez 13 ; 15 et 17 mais encore 12,5 ; 16 et 16,5. On ne peut donc connaître assurément la note obtenue par le deuxième.

Question 72. Réponse D

1/T = 1/M + 1/S avec T le temps mis ensemble, M le temps mis par Mia seule, et S le temps mis par sa grande sœur seule. Si Mia met 12 minutes, sa grande sœur met nécessairement 4 minutes étant donné que l'énoncé nous dit que cette dernière est 4 fois plus rapide.

On en déduit : 1/T = 1/12 + 1/4 soit 1/T = 4/12, soit 1/T = 1/3 soit, par identification T = 3 minutes.

Question 73. Réponse C

On utilise la formule N(N – 1)/2 = 36, soit N(N – 1) = 72. En testant les réponses on trouve N = 9.

Question 74. Réponse D

25 % de ce qu'il reste vaut 1/4 × 2/3, soit 2/12 soit 1/6. Il me reste donc 1 – 1/3 – 1/6 soit 1/2.

Question 75. Réponse B

12,5 % est égal à 1/8.

CONSEIL Apprenez par cœur quelques équivalences fractions – pourcentages comme 1/10 = 10 %, 1/4 = 25 %, 1/5 = 20 % ou 1/8 = 12,5 % !

Question 76. Réponse A

Pascal : 150/1,5 = 100 mois.

Farid : 150/1,2 = 125 mois. (Rappel : 1 trimestre = 3 mois donc si les cheveux de Farid poussent de 3,6 cm par trimestre, alors ce fait bien 1,2 cm par mois).

Pascal gagne le pari et se le premier à aller chez le coiffeur, 25 mois avant Farid.

Question 77. Réponse C

La somme des angles d'un triangle quelconque est toujours égale à 180°. C'est donc aussi le cas d'un triangle isocèle.

Rappel : un triangle isocèle est un triangle ayant au moins deux côtés de même longueur. Les deux angles adjacents au troisième côté sont alors de même mesure. Réciproquement, tout triangle ayant deux angles de même mesure est isocèle.

Question 78. Réponse B

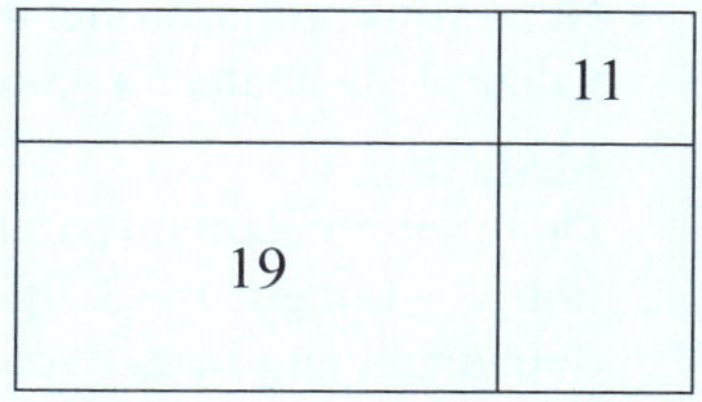

Une question difficile ! Bon, déjà, vous remarquiez qu'il était impossible d'identifier le rectangle dont le périmètre valait 16. Il fallait donc faire comme si cette information était inutile.

Ensuite, si vous preniez la longueur du rectangle de 19 cm de périmètre et que vous lui ajoutiez la longueur du rectangle de 11 cm de périmètre et bien cela donnait très exactement la longueur AB du rectangle ABCD. Vous répétiez la même opération avec « les 2 autres longueurs » pour obtenir la longueur DC. De la même façon, si vous preniez la largeur du rectangle de 19 cm de périmètre et que vous lui ajoutiez la largeur du rectangle de 11 cm de périmètre et bien cela donnait très exactement la largeur AD du rectangle ABCD. Vous répétiez la même opération avec « les 2 autres largeurs » pour obtenir la largeur BC.

En conclusion, en additionnant les longueurs et les largeurs des rectangles de périmètre 11 et 19 (autrement dit leur périmètre !) vous reconstituiez précisément le périmètre du rectangle ABCD. En conséquence de quoi le périmètre de ABCD est égal à 11 + 19 = 30.

Question 79. Réponse D

Soit P : Pile et F : Face.

Voici les 8 cas possibles après 3 lancers : PPP, PPF, PFF, FFF, FPP, FPF, FPP, FFP

Cathy a 3 façons de gagner. En faisant : **PPF**, **FPP** ou encore **PFP**. Autrement dit, Cathy a 3 chances sur 8 de gagner.

Question 80. Réponse B

Il suffit de résoudre l'équation : 5/3 × S – 3/5 × S = 17 600 € avec S la somme d'argent dont je dispose. Ce qui donne : 16/15 × S = 17 600 € soit encore S = 17 600/(16/15) € soit enfin S = (17 600 × 15)/16 = 16 500 €.

Question 81. Réponse A

On vérifie bien en effet que 0,5 (prix du pot) + 19,5 (19 euros de plus que le pot) = 20 euros.

Question 82. Réponse D

150 % = 1,5. Aussi si F = 1,5 × P alors P = F/1,5 soit P = F/(3/2), soit encore P = F × 2/3.

Par conséquent : 0,5 × P = 0,5 × F × 2/3 = F × 0,5 × 2/3 = F × 1/3.

Et 0,5 × P est donc égal à 1/3 de F.

Question 83. Réponse C

6 hommes + 6 enfants = 9 hommes (car 1 homme = 2 enfants).

Ainsi, si 3 hommes plantent 40 clous en 10 heures, on en conclut que 9 hommes plantent 120 clous en 10 heures soit encore 60 clous en 5 heures.

Question 84. Réponse C

Nous vous proposons ici de découvrir trois méthodes différentes permettant de trouver la valeur de la hauteur à ajouter, que nous appellerons h.

Méthode 1

Un réservoir étant un parallélépipède rectangle, son volume V est donc donné par l'équation V = Longueur × Largeur × Hauteur, soit ici $V = 8 \times 6 \times 2{,}5 = 120\ m^3$.

Souhaitant augmenter son volume de $60\ m^3$, nous voulons en réalité faire en sorte que celui-ci soit égal à $120 + 60 = 180\ m^3$. La longueur et la largeur restant inchangées, l'équation s'écrit donc : $180 = 6 \times 8 \times (2{,}5 + h)$. Soit :

$$h = \frac{180}{6 \times 8} - 2{,}5 = \frac{6 \times 2 \times 15}{6 \times 2 \times 4} - 2{,}5 = \frac{15}{4} - 2{,}5 = 3{,}75 - 2{,}5 = 1{,}25$$

Méthode 2

Nous souhaitons augmenter le volume du réservoir $60\ m^3$ sans en changer la longueur et la largeur. L'équation donnée uniquement par le volume de la partie à ajouter est donc :

$60 = 6 \times 8 \times h$, soit : $h = \frac{60}{6 \times 8} = \frac{10}{8} = \frac{5}{4} = 1{,}25$

Méthode 3

Un réservoir étant un parallélépipède rectangle, son volume V est donc donné par l'équation V = Longueur × Largeur × Hauteur, soit ici $V = 8 \times 6 \times 2{,}5 = 120\ m^3$.

Augmenter son volume de **60 m³, revient en réalité à ajouter à ce réservoir la moitié de son volume** comme le montre la figure suivante :

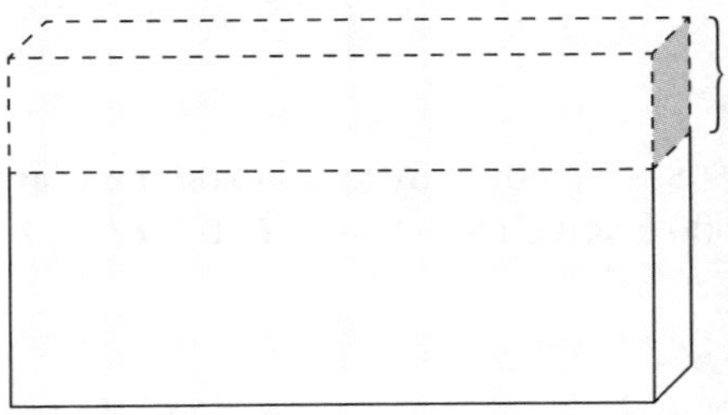

Partie à ajouter

Ainsi, pour ajouter la moitié du volume, il suffit d'ajouter la moitié de la hauteur, soit 1,25 m.

Question 85. Réponse C

En comparant l'écart des moyennes des filles et des garçons à la moyenne générale, on remarque qu'il y a nécessairement 5 fois plus de filles que de garçons et de conclure qu'elles étaient donc au nombre de 30 (et les garçons au nombre de 6 donc).

Question 86. Réponse A

$0{,}2X = 8 - 0{,}4 = 7{,}6$ soit $X = 7{,}6/0{,}2 = 76/2 = 38$.

Question 87. Réponse C

Ici, on peut légitimement affirmer qu'il est difficile de vendre, par exemple, 2,7 ou 12,7777 voitures. Autrement dit, nos inconnues E (nombre de voitures Essence), D (nombre de voitures Diesel) et H (nombre de voitures Hybrides) seront des nombres entiers. Or on sait que le nombre de voitures Essence représente 60 %, soit 3/5 du nombre

total de voitures. Conséquence : le nombre total de voitures **DOIT ETRE DIVISIBLE PAR 5, car si tel n'est pas le cas, le nombre de voitures Diesel ne peut être un nombre entier**.
De la même façon, le nombre de voitures Diesel, qui représente 2/7 du nombre total de voitures, implique que le nombre total de voitures **DOIT ETRE DIVISIBLE PAR 7**.
On garde donc la réponse C qui est bien à la fois divisible par 5 et par 7.

Question 88. Réponse B

Traduisons les données de l'énoncé en notant X le nombre de billets de 5 € et Y le nombre de billets de 10 € :

(1) $X + Y = 30$ (2) $5X + 10Y = 215$

En divisant les membres de la seconde équation par 5, on obtient :

(1) $X + Y = 30$ (2) $X + 2Y = 43$

Puis, en retranchant membre à membre la première équation à la seconde, on trouve : $X + 2Y - X - Y = 43 - 30$, soit $\mathbf{Y = 13}$.
Donc Charles possède 13 billets de 10 €.

Une autre méthode de résolution faisant appel au ***backsolving*** permettait d'arriver vite à la même réponse. En effet, en testant la C, on comprenait que Charles disposait d'une somme trop importante (220 €) et qu'il lui fallait alors moins d'argent. Pour ce faire, il devait échanger un billet de 10 € (le nombre de billets de 10 € passant alors de 14 à 13) au profit d'un billet de 5 € (le nombre de billets de 5 € passant alors de 16 à 17), perdant au passage 5 €… L'amenant par conséquent tout naturellement à détenir une somme totale de **215 €** et non plus de 220 €.

Question 89. Réponse D

Rappel : T = D/V
T1 = 260/130 = 2 heures.
T2 = 520/100 = 5,2 heures = 5 heures et 12 minutes.
En conclusion, le train arrive à 5 h 12.

Question 90. Réponse A

Soit à résoudre : $X + (X + 1) + (X + 2) = (X + 3) + (X + 4)$. Soit : $3X + 3 = 2X + 7$ soit $X = 4$.

Question 91. Réponse C

Le carré de 30 vaut 900. Le cinquième de 900 vaut 180 et le quart de 180 vaut 45.

Question 92. Réponse B

Le double de 6 001 vaut 12 002. Aussi, (2 012 + 12 002)/2 = 14 004/2 = 7 007.

Question 93. Réponse A

En base 3, on ne peut écrire les nombres qu'avec les chiffres 0, 1 et 2.
Ainsi : 0 = 0, 1 = 1, 2 = 2, 3 = 10, 4 = 11, 5 = 12, 6 = 20, 7 = 21, **8 = 22**, 9 = 100, 10 = 101, 11 = 102, 12 = 110, etc.

Question 94. Réponse C

La réponse D, 9, ne convient pas, sinon cela veut dire qu'il y a des enfants qui ne prennent aucun bonbon.
La réponse C, 8, en revanche convient parfaitement car dans ce cas là, il y a 8 enfants qui mangent 3 bonbons chacun et il reste alors 30 – 24 = 6 bonbons et les 6 autres enfants (car ils sont 14) prennent chacun 1 bonbon.

Question 95. Réponse A

Il faut faire le chemin inverse : le 200e jour, le nénuphar recouvre tout le lac. Aussi, la veille, le 199e jour, il recouvre **la moitié** du lac (c'est normal, il double de volume jour après jour !) et l'avant-veille, le 198e jour, il recouvre donc la moitié de la moitié du lac soit **le quart** du lac.

Question 96. Réponse D

Il faut tester les réponses ici. Seule la réponse D fonctionne. En effet, 11/2 = 5 et il reste 1. 11/3 = 3 et il reste 2. 11/4 = 2 et il reste 3.

Question 97. Réponse A

Une question facile !
Si C = 1, alors 14 × 16 est bien égal à 224.

CONSEIL Parcourez vite votre sujet avant de commencer et démarrez par les questions les plus courtes. Parfois, elles seront à la fin !

Question 98. Réponse B

Question 99. Réponse A

A peut valoir 1, 2 ou 3… Auquel cas B vaut respectivement 7, 4 ou 1.

Question 100. Réponse B

Le tiers de 3^{33} est égal $3^{33}/3^{1} = 3^{33-1} = 3^{32}$.

II. SUJETS SPECIFIQUES AU CONCOURS ACCES

SUJET 1 : RAISONNEMENT LOGIQUE
10 exercices – 1 heure et 15 minutes

Consigne : pour rappel, pour chaque question, vous devez préciser pour chacune des propositions A, B, C et D si elle est vraie ou si elle fausse.

Question 1. Une étude indique le nombre de téléviseurs par foyer pour 100 foyers français. L'étude donne les résultats suivants :

0 poste	1 poste	2 postes	3 postes	4 postes	5 postes
25 %	30 %	25 %	16 %	3 %	1 %

(A) Ces 100 foyers ont au total 150 téléviseurs.

(B) Si l'on choisit un foyer au hasard, la probabilité qu'il possède au moins deux téléviseurs est égale à 45 %.

(C) En tout il y a plus de téléviseurs dans les foyers avec 3 téléviseurs que de téléviseurs dans les foyers avec 2 téléviseurs.

(D) Le nombre moyen de téléviseurs par foyer dépasse 1,5.

Question 2. Pour fêter un anniversaire, quatre amis se donnent rendez-vous à Paris. Ils viennent de Marseille, Lyon, Versailles et Paris. Ils sont tous arrivés par train ou métro. Sachant que :

- Ni Jean, ni Luc n'habitent sur la Méditerranée.
- Aline n'aime pas prendre le métro, mais le prend quand elle y est obligée.
- Caroline, qui a rencontré Luc dans le TGV n'habite pas en région parisienne.
- Aline a fait le voyage le plus court.

(A) Luc a fait le plus long voyage.
(B) Aline habite à Paris.
(C) Luc est monté dans le TGV alors que Caroline s'y trouvait déjà.
(D) Jean habite en région parisienne.

Question 3. Un tournoi de tennis professionnel accueille 64 joueurs. Le tournoi se joue en simple et fonctionne sur le principe de l'élimination directe. Tous les matchs ont lieu à des moments différents. 250 sets ont été joués au cours du tournoi.

(A) 64 matchs ont du être organisés pour décider du vainqueur.
(B) Le nombre moyen de sets par match est supérieur à 4.
(C) Le nombre moyen de matchs par joueur est supérieur à 2.
(D) Si un arbitre ne peut pas arbitrer deux fois le même joueur, il faut au moins 10 arbitres.

Question 4. Deux automobiles partent en même temps de la ville X, pour effectuer un aller-retour entre les deux villes X et Y, distantes de 100 km. Le premier véhicule roule à 80 km/h à l'aller et à 60 km/h au retour. Le second parcourt l'aller à 100 km/h et le retour à 40 km/h.

(A) Le premier véhicule a une vitesse moyenne sur l'aller-retour de 70 km/h.
(B) Le premier véhicule arriverait avant le second même s'il s'arrêtait 30 min en Y pour faire le plein.
(C) L'écart entre les deux vitesses moyennes sur l'aller-retour est supérieur à 20 km/h.
(D) Au retour, le deuxième véhicule devrait rouler à une vitesse moyenne supérieure à 52 km/h pour arriver avant le premier.

Question 5. Quatre enfants discutent :
- Mathilde : « j'ai deux frères de moins que de sœurs ».
- Luc, le frère de Mathilde : « j'ai deux fois plus de sœurs que de frères ».
- Paul dit à Luc : « j'ai autant de frères et sœurs qu'il y a d'enfants chez toi ».
- Virginie, la sœur de Paul : « j'ai un frère de plus que de sœurs ».

(A) Mathilde a 8 sœurs.
(B) Il y a 5 garçons dans la famille de Mathilde et Luc.
(C) Paul a 7 sœurs.
(D) Il y a 13 enfants dans la famille de Paul et Virginie.

Question 6. Les 11 frères d'une fratrie ont des âges consécutifs (exemple : 2, 3, 4…). Quand l'aîné avait l'âge du plus jeune, ce dernier avait le quart de l'âge qu'aura l'ainé quand le plus jeune aura son âge.

(A) Il y a 10 ans d'écart entre l'aîné et le plus jeune.
(B) L'aîné a 35 ans.
(C) La moyenne d'âge de l'équipe est de 25 ans.
(D) Le plus jeune a 20 ans.

Question 7. Un marchand possède 1 500 €, 2 produits A et 6 produits B. Un autre marchand ne possède qu'un produit C. Le premier marchand échange avec le second, son produit C contre deux produits A et 3 produits B plus x €. Une semaine plus tard, le premier marchand rachète un produit A contre 3 produits B et x €. Deux semaines plus tard, il repart acheter un produit B contre $(300 + x)$ €. Il reste alors au premier marchand encore 1 200 €.

(A) Le prix du produit C est égal à 4 000 €.
(B) Le prix du produit B est égal à 400 €.
(C) La somme des prix des produits A et C est égale à 5 200 €.
(D) Un produit A est trois fois moins cher qu'un produit C.

Question 8. Un entrepreneur achète 2 entreprises pour un total de 100 millions €. Il les revend à un fond d'investissement en faisant une marge de 10 % sur la première entreprise et de 12 % sur la deuxième entreprise. Le fond d'investissement tente de vendre ces entreprises à une banque en réalisant une marge de 20 millions € sur la première entreprise, et de 10 millions € sur la deuxième entreprise. Finalement, après négociation, le prix de vente de la première entreprise est réduit de 20 %, et le fond d'investissement arrive à vendre à la banque les deux entreprises au même prix.

(A) L'entrepreneur avait acheté la première entreprise à 55 millions €.
(B) L'entrepreneur a gagné plus de 10 millions € en revendant les deux entreprises au fond d'investissement.
(C) Le fond d'investissement a gagné plus de 25 millions € en revendant les deux entreprises à la banque.
(D) Les deux entreprises ont finalement été vendus 70 millions € chacune à la banque.

Question 9. Une caserne de pompiers répertorie les causes des interventions qu'elle a du effectuer au cours de l'année :

- 260 interventions sont causées par des incendies, et 160 sont causées par des blessures corporelles.
- 110 interventions sont causées par des incendies et par des blessures corporelles. 20 d'entre elles ne sont pas causées par un appel abusif.
- 40 interventions sont causées exclusivement par des blessures corporelles.
- Il y a deux fois plus d'interventions causées seulement par des incendies que par des blessures corporelles sans incendie.
- 200 interventions ne sont pas causées par des incendies et 150 interventions sont causées uniquement par un appel abusif.

(A) 280 interventions ne sont pas causées par des blessures corporelles.
(B) 60 interventions sont causées par exactement deux raisons.
(C) 90 interventions sont causées par les trois raisons.
(D) 300 interventions sont causées par un appel abusif.

Question 10. Lors d'une réunion, des hommes et des femmes se rencontrent. Les hommes se serrent la main et les femmes s'embrassent. On a compté 13 marques de salutation (poignées de main + embrassades). Les hommes et les femmes se sont salués d'un simple bonjour. Il y a deux fois plus d'hommes que de femmes.

(A) 4 femmes participent à la réunion.

(B) Si les hommes avaient salué les femmes, alors il y aurait eu 8 salutations.

(C) 9 personnes participaient à la réunion.

(D) 12 poignées de main ont été échangées.

SUJET 2 : MATHEMATIQUES
15 exercices – 1 heure et 30 minutes

Consigne : pour rappel, pour chaque question, vous devez préciser pour chacune des propositions A, B, C et D si elle est vraie ou si elle fausse.

Question 1. Dans un plan affine P, on considère l'ensemble E des droites d'équation générale :

$$(m-1)x + 2y + m - 1 = 0$$

et F l'ensemble des droites d'équation générale :

$$mx + 2my - m - 4 = 0$$

où m désigne un paramètre réel.

(A) Toutes les droites de E passent par un même point fixe du plan P.

(B) Quand m est différent de 0, F possède une direction fixe.

(C) m étant fixé, on désigne par D_1 la droite correspondante de E et D_2 la droite correspondante de F. D_1 et D_2 se coupent quel que soit m.

(D) D_1 est perpendiculaire à D_2 quand m vaut 3.

Question 2. Une caserne de pompiers est composée de deux équipes d'intervention. On désigne par E_1 l'événement « l'équipe 1 est en intervention » et E_2 l'évenement « l'équipe 2 est en intervention ». $E_1 \cap E_2$ est donc l'événement « les équipes 1 et 2 sont en intervention ». On donne les probabilités suivantes :

$$P(E_1) = 0{,}7 \qquad P(E_2) = 0{,}5 \qquad P(E_1 \cap E_2) = 0{,}3$$

(A) La probabilité que les deux équipes ne soient pas en intervention est de 0,7.

(B) La probabilité qu'une équipe au moins soit en intervention est de 0,3.

(C) La probabilité qu'une équipe seulement soit en intervention est de 0,6.

(D) La probabilité qu'une équipe au moins ne soit pas en intervention est de 0,8.

Question 3. Soit k un élément de $]0\ ;+\infty[$. On définit sur l'ensemble des réels, la fonction G_k par :

$$G_k(x) = e^{-kx^2}$$

(A) G_k est une fonction paire.

(B) La dérivée seconde de G_k s'annule pour $x = \dfrac{1}{\sqrt{2k}}$.

(C) Si $h < k$, alors $G_h < G_k$.

(D) Si $k = 1/2$, et un réel a qui vérifie l'équation $G_k''(a) = 0$, alors le coefficient directeur de la tangente à la courbe de G_k au point d'abscisse a est $-2ke^{-k}$.

Question 4. Pour tout t de l'intervalle $[1\ ;+\infty[$ on note $S(t)$ l'aire du domaine :

$$D(t) = \{M(x,y) \text{ tels que } 1 < x < t \text{ et } 0 < y < 1/x\}$$

Il s'agit de l'aire située entre l'axe des abscisses, l'hyperbole d'équation $y = 1/x$, et les droites d'équations $x = 1$ et $x = t$.

(A) Pour tout $h > 0$ et $t > 1$, $\dfrac{1}{t+h} < \dfrac{S(t+h) - S(t)}{h} < \dfrac{1}{t}$.

(B) $S'(t) = \dfrac{1}{t}$.

(C) Pour t de l'intervalle $[1\ ;+\infty[$, $S(t) - \ln(t)$ est constant.

(D) Sur l'intervalle $[1\ ;+\infty[$, $S(t) = \ln(t)$.

Question 5. Pour un match de tennis, on utilise 15 balles de tennis, 5 de chacun des types T_1, T_2 et T_3. Au cours du match, deux balles sont perdues en dehors du terrain. On admet que seul le hasard est responsable de la perte des balles.

(A) La probabilité pour que les deux balles perdues soient de types différents est de 5/7.

(B) La probabilité pour qu'au moins une balle de type T_1 soit perdue est de 1/3.

(C) La probabilité pour que l'une des deux balles perdues soit de type T_1, sachant que l'autre est de type T_3, est de 5/42.

(D) La probabilité pour que les deux balles perdues soient de même type est de 3/14.

Question 6. On considère une suite (U_n) définie pour tout entier naturel non nul, par :

$$U_1 = 1 \qquad U_{n+1} = 2U_n - 3n + 4$$

On définit également la suite (V_n) définie sur $\mathbb{N}^*$ par $V_n = U_n - 3n + 1$

(A) Le premier terme de la suite (V_n) vaut 0.

(B) (V_n) est une suite géométrique de raison 2.

(C) $U_n = 2^{n-1} + 3n - 1$

(D) Si $S_n = U_1 + U_2 + \ldots + U_n$, alors $S_n = 1 - 2 + 2^n + 3n^2/2 + n/2$

Question 7. On considère une fonction f définie par :

$$f(x) = \ln\left(\frac{1 + \sqrt{1 + x^2}}{x}\right)$$

(A) L'ensemble de définition de la fonction f est l'ensemble $]0 ; +\infty[$

(B) $\lim\limits_{x \to +\infty} f(x) = 0$

(C) $\lim\limits_{x \to 0} f(x) = 0$

(D) On considère un réel quelconque y strictement positif. Il existe un seul réel a positif tel que $f(a) = y$.

Question 8. Deux usines U_1 et U_2 fabriquent une même pièce de voiture. Elles produisent respectivement 60 % et 40 % de la production. Le pourcentage de pièces fabriquées dans U_1 et présentant un défaut est de 0,2 % et il est de 0,3 % pour U_2. On prélève au hasard une pièce.

(A) La probabilité que la pièce provienne de U_1 est de 2/5.

(B) La probabilité qu'elle soit défectueuse sachant qu'elle provient de U_2 est de 3×10^{-4}.

(C) La probabilité qu'elle provienne de U_1 et soit défectueuse est de 2×10^{-3}.

(D) La probabilité qu'elle soit défectueuse est de 26×10^{-4}.

Question 9. On considère l'équation (E) définie par : $x - a = \dfrac{(2x - b)^2}{4x - a}$ où a et b sont deux réels.

(A) Si $x = \dfrac{a}{4}$ alors l'équation (E) est définie.

(B) Si $a = 2$ et $b = 1$ alors l'équation (E) n'admet aucune solution.

(C) Si a et b sont nuls alors tout réel non nul est solution de l'équation (E).

(D) Pour que $x = \dfrac{b^2 - a^2}{4b - 5a}$ soit une solution de l'équation (E), il suffit que $a \neq \dfrac{4}{5}b$.

Question 10. On considère la suite (U_n) définie sur l'ensemble des entiers strictement positifs par :

$$U_1 = 4 \text{ et } U_{n+1} = 3U_n + 2n + 8$$

On définit également la suite (V_n) sur l'ensemble des entiers strictement positifs par :

$$V_n = U_n - 4n + 1$$

(A) Le premier terme de la suite (V_n) vaut 0.

(B) (V_n) est une suite géométrique de raison 3.

(C) $U_n = 3^{n-1} + 4n - 1$

(D) $S_n = U_1 + U_2 + U_3 + \ldots + U_n = -2(1 - 3^n) + 2n^2 + n$

Question 11. On considère une fonction f définie sur l'ensemble des réels strictement positifs par :

$$f(x) = x^2 \ln x - x^2$$

(A) La fonction f est monotone sur l'intervalle $]0\,;+\infty[$.

(B) L'équation $f(x) = 0$ admet deux solutions sur l'intervalle $]0\,;+\infty[$.

(C) La fonction f atteint son minimum en $\sqrt{e}$.

(D) La tangente à la courbe représentative de la fonction f au point d'abscisse 1 a pour équation $y = x$.

Question 12. Une école de commerce est équipée d'ordinateurs de trois modèles différents : 30 % sont de marque M_1, 50 % sont de marque M_2 et 20 % de marque M_3. Les probabilités respectives pour que les ordinateurs de marque M_1, M_2 et M_3 tombent en panne sont égales à 1/30, 1/20 et 1/40.

(A) La probabilité qu'un ordinateur tombe en panne est égale à 0,04.

(B) La probabilité qu'un ordinateur de marque M_2 ne tombe pas en panne est égale à 19/40.

(C) La probabilité qu'un ordinateur soit de marque M_1 sachant qu'il est tombé en panne est égale à 0,8.

(D) La probabilité qu'un ordinateur ne soit pas de marque M_1, sachant qu'il n'est pas tombé en panne est égale à 67/96.

Question 13. Dans un plan P muni d'un repère orthonormé, on considère la droite D passant par le point M(1 ; 1) et de pente 2. G est la courbe représentative d'une fonction f d'équation :

$$y = 2x^2 + 2x - 1$$

(A) $f(2) = 12$

(B) La droite D coupe la courbe G au point N(0 ; –1).

(C) Le nombre dérivé de f au point M vaut 8.

(D) La tangente passant par le point N(0 ; –1) à la courbe G est parallèle à la droite D.

Question 14. On considère la fonction k définie par :

$$k(x) = \frac{(x-1)(x^2+mx+4)}{(x^2+mx+6)}$$

où m désigne un paramètre réel et C la courbe représentative de k.

(A) Pour tout réel m, $\lim_{x\to+\infty} \frac{k(x)}{x} = 1$.

(B) Si $m < -4$ ou $m > 4$, la fonction k admet 3 racines réelles.

(C) Pour tout m réel, la courbe C ne possède pas d'asymptote verticale en $x = 1$.

(D) Pour $m = 1$, la tangente à C au point d'abscisse $x = 1$ a pour équation $y = (x - 1)/4$.

Question 15. On considère une suite définie sur l'ensemble des entiers naturels par :

$$U_0 = 2 \text{ et } U_{n+1} = \frac{4U_n + 2}{U_n + 5}$$

On définit deux autres suites par :

$$V_n = \frac{U_n - 1}{U_n + 2} \text{ et } W_n = \ln(V_n)$$

(A) Le premier terme V_0 vaut 1.

(B) (W_n) est une suite arithmétique de raison ln(0,5).

(C) $S_n = V_0 + V_1 + V_2 + \ldots + V_n = \exp(W_0 \times W_1 \times W_2 \times \ldots \times W_n)$

(D) $U_n = \dfrac{2^{n+2} + 2}{2^{n+2} - 1}$

SUJET 3 : PROBLEME – 5 exercices – 1 heure

Consigne : pour rappel, pour chaque question, vous devez préciser pour chacune des propositions A, B, C et D si elle est vraie ou si elle fausse.

⚠ **ATTENTION** Certaines questions peuvent être traitées indépendamment. D'autres nécessitent les résultats obtenus dans les questions précédentes.

La compagnie aérienne Easy Air souhaite améliorer sa performance économique. Pour cela, la direction générale, aidée d'une équipe de consultants réalise un audit stratégique de la compagnie en aidant tous les départements à réaliser les études nécessaires à l'optimisation du management de la compagnie.

La direction générale souhaiterait connaître précisément les habitudes de vol des passagers. Pour cela, le département marketing réalise une enquête portant sur 6 400 passagers d'un aéroport, et classe les vols en trois catégories : court-courrier, moyen-courrier et long-courrier. Le département marketing obtient les résultats suivants :

- 1 600 passagers volent sur des long-courriers, 2 000 sur des moyen-courriers et 600 sur des court-courriers.
- 300 passagers volent sur les trois types de vols.
- 1 100 passagers volent sur exactement deux types de destinations.
- Il y a autant de passagers qui volent sur les trois types de destinations qu'à voler uniquement sur des long-courriers.
- 1 200 passagers volent sur des long-courriers et des moyen-courriers.

Question 1. A partir de ces informations, on peut conclure que :

(A) Il y a exactement 4 000 passagers qui ne volent sur aucune des destinations.

(B) Aucun passager ne vole que sur les court-courriers.

(C) Il y a exactement 100 passagers qui ne volent que sur les long-courriers.

(D) Il y a exactement 400 passagers qui volent à la fois sur les moyen-courriers et les court-courriers.

Pour optimiser le revenu par passager, la direction marketing établit le profil d'un passager en classe affaire sur les vols long-courriers. Le passager type parcourt en moyenne y km, de son point de départ à son point d'arrivée. Pour cela il prend l'avion pour faire x km. Le voyageur va et part de l'aéroport en taxi. Le billet d'avion coûte 0,5 € par km parcouru. A chaque fois que le client prend un taxi, il paye 5 € au départ plus 2 € par km parcouru. L'avion lui a coûté 20 fois plus cher que le taxi.

Question 2. A partir de ces informations, on peut conclure que :

(A) Le coût total du voyage est de $(x + 2y + 10)$ €.

(B) Un passager paye un coût moyen de $[2 + 10/(y - x)]$ € par km parcouru en taxi.

(C) Le coût du taxi représente 5 % du coût total.

(D) S'il parcourt 2 000 km en avion, il doit parcourir 20 km en voiture.

L'équipe de consultants étudie ensuite le déroulement d'un vol. Lorsqu'un un avion effectue un aller-retour entre deux aéroports distants de x km, la vitesse moyenne est de 900 km/h à l'aller et de 600 km/h au retour. La différence de vitesse est due aux vents qui poussent l'avion à l'aller et le ralentissent au retour. L'avion consomme 400 litres au 100 km. Il pèse au départ 80 tonnes dont 16 tonnes de kérosène (volume équivalent à 16 000 litres). Sa vitesse maximale à l'instant t dépend de son poids et vaut :

$$750 \times (\text{Poids en } t)/ \text{ Poids de départ}$$

Question 3. A partir des informations précédentes, on peut conclure que :

(A) Sa vitesse moyenne sur l'ensemble du trajet aller-retour est de 690 km/h.

(B) Si le vent a toujours la même vitesse, alors il souffle à 100 km/h.

(C) L'avion a consommé $6x$ litres pour effectuer l'ensemble du trajet.

(D) La vitesse maximale de l'avion après y km est de $[750 \times (1 - 0{,}05y)]$ km/h.

Le directeur général souhaite diminuer le temps de rotation au sol des appareils de la compagnie. Entre chaque vol, la maintenance fait la révision des moteurs des avions. Elle est assurée par deux équipes de maintenance. La première équipe met 8 minutes par avion. La seconde équipe ne met que 6 minutes par avion. Les deux équipes commencent la maintenance des avions à 7 h, l'équipe 1 au terminal A et l'équipe 2 au terminal B. Au moment où les deux équipes terminent pour la première fois la révision d'un appareil en même temps, elles échangent de terminaux. Cet échange dure 10 min, avant que chacune puisse reprendre la maintenance d'un appareil. Après ce premier échange, la première équipe devient plus productive et met 7 min pour assurer la maintenance d'un appareil. Le prochain échange de terminaux arrive lorsque les deux équipes finissent à nouveau la révision d'un appareil en même temps.

Question 4. A partir de ces informations, on peut conclure que :

(A) Le premier échange de terminaux intervient à 7 h 25.

(B) Au moment du premier échange, 8 avions ont été vérifiés.

(C) Le deuxième échange arrive au bout de la révision du 9e avion de l'équipe 1.

(D) La 10e maintenance d'appareil aura été effectuée dans le terminal A.

La direction générale demande à la direction stratégique de prévoir la croissance du nombre de passagers de la compagnie aérienne. La direction stratégique estime avec précision la demande future en fonction du temps, noté t variant entre $[0 ; +\infty[$, ainsi qu'un paramètre a compris entre $[0 ; 1]$ décrivant la conjoncture économique mondiale. On admet que le nombre de passagers, noté $P(t)$, vérifie l'équation suivante :

$$P(t) = 10^{10} \times a \times e^{\left(t - \frac{t^2}{10}\right)}$$

L'unité de temps correspond à 10 ans.

Question 5. A partir des informations précédentes, on peut conclure que :

(A) Pour a donné, il existe une seule valeur de t telle que $P(t) = 10^{10}$.

(B) Le nombre de passagers augmente indéfiniment quand t tend vers l'infini.

(C) Il n'existe pas de nombre t tel que $P(t)$ soit maximum.

(D) Si $a = 1$, le nombre de passagers dans 20 ans sera égal à $10^{10} \times e^{1,6}$.

CORRIGES

SUJET 1 : RAISONNEMENT LOGIQUE

Question 1.

(A) Ces 100 foyers ont au total 150 téléviseurs : **FAUX**
Les pourcentages correspondent ici au nombre de foyers français. Par exemple, il y a 25 foyers avec 2 téléviseurs.
Il y a donc en tout 145 téléviseurs ($30 + 2 \times 25 + 3 \times 16 + 4 \times 3 + 5 \times 1$).

(B) Si l'on choisit un foyer au hasard, la probabilité qu'il possède au moins deux téléviseurs est égale à 45 % : **VRAI**
Il y a en tout 45 foyers sur 100 qui ont au moins 2 téléviseurs (25 foyers avec 2 téléviseurs, 16 foyers avec 3 téléviseurs, 3 foyers avec 4 téléviseurs et 1 foyer avec 5 téléviseurs), soit 45 %.

(C) En tout il y a plus de téléviseurs dans les foyers avec 3 téléviseurs que de téléviseurs dans les foyers avec 2 téléviseurs : **FAUX**
Dans les foyers avec 2 téléviseurs, il y a 50 téléviseurs ($2 \times 25 = 50$), alors que dans les foyers avec 3 téléviseurs, il y a 48 téléviseurs ($3 \times 16 = 48$).

(D) Le nombre moyen de téléviseurs par foyer dépasse 1,5 : **FAUX**
Pour les 100 foyers, il y a en tout 145 téléviseurs, ce qui correspond à une moyenne de 1,45 téléviseur par foyer.

Question 2.

Nous vous conseillons de réaliser un tableau à double entrée et d'éliminer les solutions impossibles :

	Jean	Luc	Caroline	Aline
Paris	X	X	X	
Lyon	X		X	X
Marseille	X	X		X
Versailles		X	X	X

En conséquence :

(A) Luc a fait le plus long voyage : **FAUX**

(B) Aline habite à Paris : **VRAI**

(C) Luc est monté dans le TGV alors que Caroline s'y trouvait déjà : **VRAI**

(D) Jean habite en région parisienne : **FAUX**

Question 3.

(A) 64 matchs ont du être organisés pour décider du vainqueur : **FAUX**
Un match permet à deux joueurs de s'affronter, et chaque match permet d'éliminer un joueur. A la fin du tournoi, il faut un vainqueur, c'est-à-dire éliminer 63 joueurs. Il y a donc 63 matchs : 32 matchs au premier tour, 16 matchs au deuxième tour, 8 matchs pour le troisième tour, 4 matchs pour les quarts de finale, 2 matchs pour les demi-finales et une finale.

(B) Le nombre moyen de sets par match est supérieur à 4 : **FAUX**
En effet 4 sets pour 63 matchs, cela représente 252 sets, soit 2 sets de trop.

(C) Le nombre moyen de matchs par joueur est supérieur à 2 : **FAUX**
Si à chaque match, il y a deux joueurs, cela fait 126 participants pour tous les matchs. Sachant qu'il y a 64 joueurs, cela fait moins de deux matchs par joueur.

(D) Si un arbitre ne peut pas arbitrer deux fois le même joueur, il faut au moins 10 arbitres : **FAUX**
En effet, il faut moins de 10 arbitres dans un tel cas. Par exemple, sachant qu'il y a 8 tours, si un arbitre s'occupe entièrement et uniquement d'un tour, 8 arbitres suffisent.

Question 4.

(A) Le premier véhicule a une vitesse moyenne sur l'aller-retour de 70 km/h : **FAUX**
Le premier véhicule fait l'aller en 100/80 = 5/4 h = 1 h 15, et le retour en 100/60 = 5/3 h = 1 h 40. Il parcourt 200 km en 2 h 55, et il a donc une vitesse moyenne inférieure à 70 km/h.

(B) Le premier véhicule arriverait avant le second même s'il s'arrêtait 30 min en Y pour faire le plein : **VRAI**
Le deuxième véhicule met 1 h à l'aller et 2 h 30 au retour, soit 3 h 30 en tout, ce qui correspond à 35 min de plus que le premier véhicule.

(C) L'écart entre les deux vitesses moyennes sur l'aller-retour est supérieur à 20 km/h : **FAUX**
La vitesse moyenne du second conducteur est égale à 300/2,5 = 57,15 km/h, comparé à 68 km/h pour le premier véhicule.

(D) Au retour, le deuxième véhicule devrait rouler à une vitesse moyenne supérieure à 52 km/h pour arriver avant le premier : **VRAI**
Pour arriver en même temps que le premier véhicule, le second véhicule doit parcourir l'aller-retour en 2 h 55, c'est-à-dire parcourir le retour en 1 h 55, ce qui correspond à une vitesse de 52 km/h (100/(23/12)).

CORRIGES

Question 5.

Interprétons les quatre affirmations des enfants en appelant A, B, C et D respectivement le nombre de garçons et de filles dans la famille de Mathilde et Luc puis dans la famille de Virginie et Paul. Attention à ne pas confondre à chaque fois le nombre de frères et de sœurs avec le nombre de garçons et de filles.

$$A + 2 = B - 1 \; ; \; 2(A - 1) = B \; ; \; C + D - 1 = A + B \; ; \; C = D$$

En substituant et après résolution, vous obtenez que A = 5, B = 8, C = 7 et D = 7.

(A) Mathilde a 8 sœurs : **VRAI**

(B) Il y a 5 garçons dans la famille de Mathilde et Luc : **VRAI**

(C) Paul a 7 sœurs : **VRAI**

(D) Il y a 13 enfants dans la famille de Paul et Virginie : **FAUX**

Question 6.

(A) Il y a 10 ans d'écart entre l'aîné et le plus jeune : **VRAI**
Comme les frères ont des âges consécutifs, si par exemple le plus jeune a 1 an, alors le plus vieux aura 11 ans. Par conséquence, l'aîné a 10 ans de plus que le plus jeune.

(B) L'aîné a 35 ans : **FAUX**
La condition « quand l'aîné avait l'âge du plus jeune » doit se traduire par « il y a 10 ans ». Posons A l'âge de l'aîné et B l'âge du plus jeune : $B - 10 = (A + 10)/4$. En substituant B par $(A - 10)$, on obtient finalement que l'aîné a 30 ans.

(C) La moyenne d'âge de l'équipe est de 25 ans : **VRAI**
Les âges des onze frères sont répartis linéairement autour de 25 ans. La moyenne est donc de 25 ans.

(D) Le plus jeune a 20 ans : **VRAI**
Le plus jeune a 10 ans de moins que le plus âgé, il a donc 20 ans.

Question 7.

Etablissez les égalités décrivant les échanges :
1er échange : $C = 2A + 3B + x$
2e échange : $A = 3B + x$
3e échange : $B = 300 + x$
Egalité entre les valeurs initiales et finales :

$$1\,500 + 2A + 6B = A + B + C + 1\,200 - 3x$$

La somme d'argent détenue par le marchand à la fin est égale à 1 200 € :

$$1\,500 - 3x = 1\,200 \Leftrightarrow x = 100$$

Par conséquent, B = 400, A = 1 300, C = 3 900

(A) Le prix du produit C est égal à 4 000 € : **FAUX**

(B) Le prix du produit B est égal à 400 € : **VRAI**

(C) La somme des prix des produits A et C est égale à 5 200 € : **VRAI**

(D) Un produit A est trois fois moins cher qu'un produit C : **VRAI**

Question 8.

(A) L'entrepreneur avait acheté la première entreprise à 55 millions € : **FAUX**

Soient A et B respectivement les prix des entreprises 1 et 2 payés par l'entrepreneur. En posant un système et en interprétant les données, on sait que :

$$\begin{cases} A + B = 100 \\ 1{,}12B + 10 = 0{,}8 \times (1{,}1A + 20) \end{cases} \Leftrightarrow \begin{cases} 0{,}88A + 0{,}88B = 88 \\ 0{,}88A - 1{,}12B = -6 \end{cases} \Leftrightarrow \begin{cases} A = 53 \\ B = 47 \end{cases}$$

(B) L'entrepreneur a gagné plus de 10 millions € en revendant les deux entreprises au fond d'investissement : **VRAI**

Sur l'entreprise 1, il réalise 10 % de marge sur 53 millions €, ce qui correspond à 5,3 millions €. Sur l'entreprise 2, il réalise une marge de 5,64 millions €. L'entrepreneur a donc réalisé une marge supérieure à 10 millions €.

(C) Le fond d'investissement a gagné plus de 25 millions € en revendant les deux entreprises à la banque : **VRAI**

Le fond d'investissement réalise une marge de 16 millions € (0,8 × 20) sur la première entreprise et de 10 millions € sur la deuxième entreprise. En tout, le fond réalise une marge de 20 millions €.

(D) Les deux entreprises ont finalement été vendues 70 millions € chacune à la banque : **FAUX**

Le fond vend la première entreprise à la banque 62,64 millions €.

Question 9.

Observez la représentation ci-dessous des causes des interventions. Commencez par inscrire toutes les informations initiales dans le schéma (attention aux « et » et aux « uniquement »). Procédez par la suite en complétant les parties de disques de telle sorte que la somme des parties soit bien égale au tout :

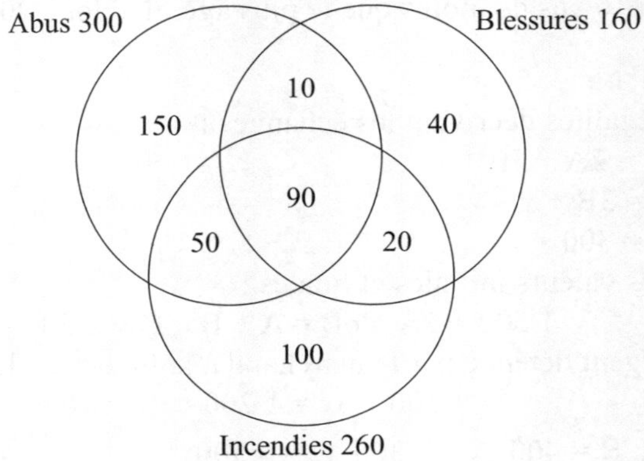

(A) 280 interventions ne sont pas causées par des blessures corporelles : **FAUX**

(B) 60 interventions sont causées par exactement deux raisons : **FAUX**

(C) 90 interventions sont causées par les trois raisons : **VRAI**

(D) 300 interventions sont causées par un appel abusif : **VRAI**

Question 10.

(A) 4 femmes participent à la réunion : **FAUX**
Le nombre de salutations au sein d'un groupe de n personnes lorsque tout le monde se salue est donné par la formule suivante : $n \times (n + 1)/2$. Soit H, le nombre d'hommes à la réunion et F le nombre de femmes à la réunion. On sait que :

H = 2F	H = 2F
H × (H + 1)/2 + F × (F + 1)/2 = 13	2F × (2F + 1) + F × (F + 1) = 26

Il y a finalement 4 hommes et 2 femmes.

(B) Si les hommes avaient salué les femmes, alors il y aurait eu 8 salutations : **VRAI**
Chaque homme adresse un bonjour à chaque femme. Cela signifie que s'il y a 1 homme et F femmes, alors il y aura F salutations. Par conséquent, le produit du nombre d'hommes par le nombre de femmes est égal au nombre de salutations. Il y a donc 8 salutations.

(C) 9 personnes participaient à la réunion : **FAUX**
Il n'y a que 6 personnes qui participent à la réunion : 4 hommes et 2 femmes.

(D) 12 poignées de main ont été échangées : **FAUX**
Le nombre de poignées de main est égal à $4 \times (4 + 1)/2 = 10$.

SUJET 2 : MATHEMATIQUES

Question 1.

(A) Toutes les droites de E passent par un même point fixe du plan P : **VRAI**
L'équation générale de E est $(m - 1)x + 2y + m - 1 = 0$
Pour tout réel m, le point de coordonnées (–1 ; 0) vérifie toujours l'équation générale. En effet, $-(m - 1) + 2 \times 0 + m - 1 = 0$.

(B) Quand m est différent de 0, F possède une direction fixe : **VRAI**
Quand m est différent de 0, $mx + 2my - m - 4 = 0 \Leftrightarrow y = -x/2 + 1/2 + 2/m$
F possède une unique direction fixe (–1/2).

(C) m étant fixé, on désigne par D_1 la droite correspondante de E et D_2 la droite correspondante de F. D_1 et D_2 se coupent quel que soit m : **VRAI**
Les droites D_1 et D_2 se coupent si et seulement si :
$(m - 1)x + 2y + m - 1 = mx + 2my - m - 4 \Leftrightarrow y = -x/2m + 1 + 3/2m$
Il existe donc une solution pour tout m.

(D) D_1 est perpendiculaire à D_2 quand m vaut 3 : **FAUX**
Deux droites sont perpendiculaires si le produit des coefficients directeurs des deux droites est égal à –1. Quand m vaut 3, l'équation de D_1 est égale à $y = -x - 1$, et l'équation de D_2 $y = -x/2 + 7/2$. Le produit des coefficients directeurs n'est pas égal à –1. En conclusion, lorsque $m = 3$, les droites ne sont pas perpendiculaires.

Question 2.

La situation peut être représentée par ce schéma :

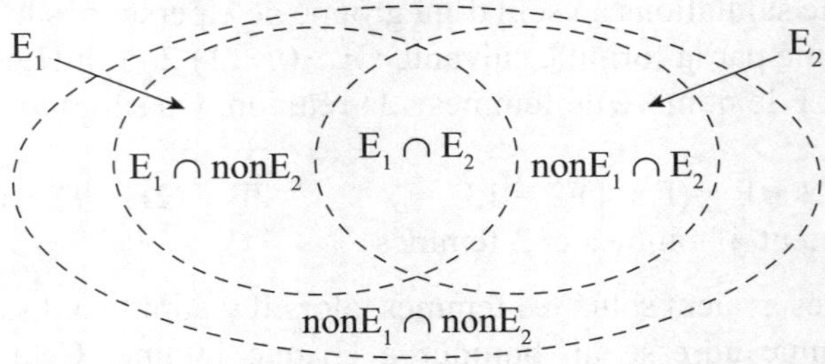

(A) La probabilité que les deux équipes ne soient pas en intervention est de 0,7 : **FAUX**
L'événement cherché est ($nonE_1 \cap nonE_2$). Par définition d'une intersection :
$P(A \cup B) = P(A) + P(B) - P(A \cap B)$
On sait que $P(nonA) = 1 - P(A)$, donc $P(nonE_1) = 1 - 0{,}7 = 0{,}3$ et $P(nonE_2) = 1 - 0{,}5 = 0{,}5$
$P(A \cup B) = 1 - P\big(non(A \cup B)\big) = 1 - P(nonA \cap nonB)$, donc $P(nonE_1 \cup nonE_2) = 1 - 0{,}3 = 0{,}7$
Par conséquent :
$P(nonE_1 \cap nonE_2) = P(nonE_1) + P(nonE_2) - P(nonE_1 \cup nonE_2) = 0{,}3 + 0{,}5 - 0{,}7 = 0{,}1$

(B) La probabilité qu'une équipe au moins soit en intervention est de 0,3 : **FAUX**
L'événement cherché correspond à l'événement : $E_1 \cup E_2$.
$P(E_1 \cup E_2) = P(E_1) + P(E_2) - P(E_1 \cap E_2) = 0{,}7 + 0{,}5 - 0{,}3 = 0{,}9$

(C) La probabilité qu'une équipe seulement soit en intervention est de 0,6 : **VRAI**
L'événement recherché est $\mathbf{(E_1 \cap nonE_2) \cup (nonE_1 \cap E_2)}$: en effet soit l'équipe 1 est en intervention mais pas l'équipe 2, soit l'équipe 2 est en intervention mais pas l'équipe 1. Ces deux derniers événements étant incompatible entre eux (ils ne peuvent se réaliser en même temps), on a donc :
$P\big((E_1 \cap nonE_2) \cup (nonE_1 \cap E_2)\big) = P(E_1 \cap nonE_2) + P(nonE_1 \cap E_2)$
$P(E_1 \cap nonE_2) = P(E_1) + P(nonE_2) - P(E_1 \cup nonE_2)$
$P(nonE_1 \cap E_2) = P(nonE_1) + P(E_2) - P(nonE_1 \cup E_2)$
Par conséquent en sommant :
$P\big((E_1 \cap nonE_2) \cup (nonE_1 \cap E_2)\big)$
$= P(E_1) + P(nonE_1) + P(E_2) + P(nonE_2) - \big(P(E_1 \cup nonE_2) + P(nonE_1 \cup E_2)\big)$
$P\big((E_1 \cap nonE_2) \cup (nonE_1 \cap E_2)\big)$
$= 1 + 1 - (2 - \big(P(E_1 \cup E_2) - P(E_1 \cap E_2)\big) = \big(P(E_1 \cup E_2) + P(E_1 \cap E_2)\big)$
En conclusion, $P\big((E_1 \cap nonE_2) \cup (nonE_1 \cap E_2)\big) = 0{,}9 - 0{,}3 = 0{,}6$.

(D) La probabilité qu'une équipe au moins ne soit pas en intervention est de 0,8 : **FAUX**
L'événement recherché est celui-ci : $P(nonE_1 \cup nonE_2)$
$P(nonE_1 \cup nonE_2) = P(nonE_1) + P(nonE_2) - P(nonE_1 \cap nonE_2) = 0{,}3 + 0{,}5 - 0{,}1 = 0{,}7$

CORRIGES

Question 3.

(A) G_k est une fonction paire : **VRAI**
Par définition, une fonction f est paire si et seulement si pour tout réel de son ensemble de définition, $f(-x) = f(x)$.
Pour tout réel x, $G_k(-x) = e^{-k(-x)^2} = e^{-kx^2} = G_k(x)$

(B) La dérivée seconde de G_k s'annule pour $x = \frac{1}{\sqrt{2k}}$: **VRAI**
$G_k(x) = e^{-kx^2}$ $\quad G'_k(x) = -2kxe^{-kx^2}$
$G''_k(x) = -2kxe^{-kx^2} + 4k^2x^2e^{-kx^2} = 2ke^{-kx^2}(2kx^2 - 1)$
La dérivée seconde s'annule pour $(2kx^2 - 1) = 0 \Rightarrow x = \sqrt{\frac{1}{2k}}$.

(C) Si $h < k$, alors $G_h < G_k$: **FAUX**
Pour tout x réel :
$h < k \Leftrightarrow hx^2 < kx^2 \Leftrightarrow -kx^2 < hx^2 \Leftrightarrow e^{-kx^2} < e^{-hx^2} \Leftrightarrow G_k < G_h$

(D) Si $k = 1/2$, et un réel a qui vérifie l'équation $G_k''(a) = 0$, alors le coefficient directeur de la tangente à la courbe de G_k au point d'abscisse a est $-2ke^{-k}$: **VRAI**
$G'_{1/2}(a) = 0 \Leftrightarrow e^{-\frac{a^2}{2}}(a^2 - 1) = 0 \Leftrightarrow a^2 = 1 \Leftrightarrow a = 1$
Au point d'abscisse 1, le coefficient directeur de la tangente est égal à :
$G'_{1/2}(1) = -2ke^{-k}$

Question 4.

(A) Pour tout $h > 0$ et $t > 1$, $\frac{1}{t+h} < \frac{S(t+h) - S(t)}{h} < \frac{1}{t}$: **VRAI**
Une intégrale se définit comme l'aire sous la courbe lorsque la fonction est positive sur un intervalle. Par conséquent :
$S(t) = \int_1^t \frac{dx}{x}$
$S(t+h) - S(t) = \int_1^{t+h} \frac{dx}{x} - \int_1^t \frac{dx}{x} = \int_t^{t+h} \frac{dx}{x}$
Pour tout x de $[t\,;\,t+h]$, $\frac{1}{t+h} < \frac{1}{x} < \frac{1}{t}$ et par croissance de l'intégration,
$\int_t^{t+h} dx \times \frac{1}{t+h} < \int_t^{t+h} \frac{dx}{x} < \int_t^{t+h} dx \times \frac{1}{t}$
$(t + h - t)\frac{1}{t+h} < S(t+h) - S(t) < (t + h - t)\frac{1}{t}$
$\frac{1}{t+h} < \frac{S(t+h) - S(t)}{h} < \frac{1}{t}$

(B) $S'(t) = \frac{1}{t}$: **VRAI**
$S(t) = \int_1^t \frac{dx}{x} = \ln(t) - \ln(1)$; $S'(t) = \frac{1}{t}$

(C) Pour t de l'intervalle $[1\,;\,+\infty[$, $S(t) - \ln(t)$ est constant : **VRAI**
Sur l'intervalle $[1\,;\,+\infty[$, $S(t) - \ln(t) = \ln(t) - \ln(1) - \ln(t) = 0$

(D) Sur l'intervalle $[1 ; +\infty[$, $S(t) = \ln(t)$: **VRAI**
$S(t) = \int_1^t \frac{dx}{x} = \ln(t) - \ln(1) = \ln(t)$

Question 5.

(A) La probabilité pour que les deux balles perdues soient de types différents est de 5/7 : **VRAI**
On tire au hasard deux balles perdues parmi les 15 (15 choix pour la première, puis 14 choix pour la seconde). Pour que les balles soient différentes, il faut tirer dans des catégories différentes (15 choix pour la première balle puis 10 choix pour la suivante) :
$\text{Probabilité} = \frac{15 \times 10}{15 \times 14} = \frac{5}{7}$

(B) La probabilité pour qu'au moins une balle de type T_1 soit perdue est de 1/3 : **FAUX**
L'événement au moins une balle de type T_1 est perdue, est l'événement complémentaire d'aucune balle de type T_1 est perdue :
$\text{Probabilité} = 1 - \frac{10 \times 9}{15 \times 14} = 1 - \frac{2 \times 5 \times 3 \times 3}{3 \times 5 \times 2 \times 7} = \frac{4}{7}$

(C) La probabilité pour que l'une des deux balles perdues soit du type T_1, sachant que l'autre est de type T_3, est de 5/42 : **VRAI**
On choisit d'abord une balle de type T_1 ou T_3 (10 choix) puis une balle dont le type n'a pas été choisi au premier tirage parmi T_1 ou T_3 (5 choix) :
$\text{Probabilité} = \frac{10 \times 5}{15 \times 14} = \frac{2 \times 5 \times 5}{3 \times 5 \times 2 \times 7} = \frac{5}{21}$

(D) La probabilité pour que les deux balles perdues soient de même type est de 3/14 : **FAUX**
On choisit d'abord une balle au hasard (15 choix), puis une balle parmi les quatre autres balles de la même catégorie :
$\text{Probabilité} = \frac{15 \times 4}{15 \times 14} = \frac{3 \times 5 \times 4}{3 \times 5 \times 2 \times 7} = \frac{2}{7}$

Question 6.

(A) Le premier terme de la suite (V_n) vaut 0 : **FAUX**
$V_1 = U_1 - 3 \times 1 + 1 = 1 - 3 + 1 = -1$

(B) (V_n) est une suite géométrique de raison 2 : **VRAI**
$V_{n+1} = U_{n+1} - 3(n + 1) + 1 = 2U_n - 3n + 4 - 3n - 2 = 2U_n - 6n + 2 = 2V_n$
La définition d'une suite géométrique de raison 2 est bien vérifiée.

(C) $U_n = 2^{n-1} + 3n - 1$: **FAUX**
Par définition, si $V_n = U_n - 3n + 1$ alors $U_n = V_n + 3n - 1$ et $V_n = -2^{n-1}$ (par définition d'une suite géométrique). Par conséquent, $U_n = -2^{n-1} + 3n - 1$.

(D) Si $S_n = U_1 + U_2 + \ldots + U_n$, alors $S_n = 1 - 2 + 2^n + 3n^2/2 + n/2$: **FAUX**
$S_n = (-2^0 + 3 \times 1 + 1) + (-2^1 + 3 \times 2 + 1) + \ldots + (-2^{n-1} + 3n + 1)$
$S_n = (1 - 2^n)/(1 - 2) + 3n^2 + n$

CORRIGÉS

Question 7.

(A) L'ensemble de définition de la fonction f est l'ensemble $]0 ; +\infty[$: **VRAI**
La fonction est définie si et seulement si l'expression à l'intérieur du logarithme est strictement positive, ce qui est le cas pour l'intervalle $]0 ; +\infty[$.
Pour tout x réel, $x^2 > 0$; $1 + x^2 > 0$; $\sqrt{1+x^2} > 0$; $1 + \sqrt{1+x^2} > 0$.
Le numérateur de l'expression étant toujours strictement positif, la positivité de l'expression à l'intérieur du logarithme dépend de son dénominateur x, qui est strictement positif sur l'intervalle $]0 ; +\infty[$.

(B) $\lim_{x\to+\infty} f(x) = 0$: **VRAI**

$$f(x) = \ln\left(\frac{1+\sqrt{1+x^2}}{x}\right) = \ln\left(\frac{1+\sqrt{x^2\left(\frac{1}{x^2}+1\right)}}{x}\right) = \ln\left(\frac{x\left(\frac{1}{x}+\sqrt{\frac{1}{x^2}+1}\right)}{x}\right)$$

Par conséquent, $f(x) = \ln\left(\frac{1}{x} + \sqrt{1+\frac{1}{x^2}}\right)$ et quand x tend vers $+\infty$, $\frac{1}{x}$ tend vers 0, $\frac{1}{x^2}$ tend vers 0 et $f(x)$ tend donc vers 0.

(C) $\lim_{x\to0^+} f(x) = 0$: **FAUX**

$$\lim_{x\to0}\left(1+\sqrt{1+x^2}\right) = 2 \; ; \; \lim_{x\to0}\frac{1}{x} = +\infty \; ; \; \lim_{x\to+\infty}\ln x = +\infty \; ; \; \lim_{x\to0^+} f(x) = +\infty$$

(D) On considère un réel quelconque y strictement positif. Il existe un seul réel a positif tel que $f(a) = y$: **VRAI**
Comme les fonctions carré, racine carré et logarithme sont strictement croissantes, et la fonction inverse décroissante sur l'intervalle $]0 ; +\infty[$:

$$x < y \Rightarrow 1+\sqrt{1+x^2} < 1+\sqrt{1+y^2} \Rightarrow \frac{1}{1+\sqrt{1+y^2}} < \frac{1}{1+\sqrt{1+x^2}} \Rightarrow f(y) < f(x)$$

On en déduit que la fonction f est strictement monotone (strictement décroissante plus exactement). L'image de l'ensemble de définition étant $]0 ; +\infty[$, et y appartement à $]0 ; +\infty[$, d'après le théorème des valeurs intermédiaires, il existe un unique réel a positif tel que $f(a) = y$.

Question 8.

On appelle l'événement D : « la pièce présente un défaut ».

(A) La probabilité que la pièce provienne de U_1 est de 2/5 : **VRAI**

$$P(U_1) = 40\ \% = 0{,}4 = \frac{2}{5}$$

(B) La probabilité qu'elle soit défectueuse sachant qu'elle provienne de U_2 est de 3×10^{-4} : **FAUX**

$$P_{U_2}(T) = \frac{P(U_2 \cap D)}{P(U_2)} = \frac{0{,}003}{0{,}4} = 0{,}0075 = 7{,}5 \times 10^{-3}$$

(C) La probabilité qu'elle provienne de U_1 et soit défectueuse est de 2×10^{-3} : **VRAI**
$P(U_1 \cap D) = 0{,}2\ \% = 0{,}002 = 2 \times 10^{-3}$

(D) La probabilité qu'elle soit défectueuse est de 6×10^{-3} : **FAUX**
$P(D) = P(U_1 \cap D) + P(U_2 \cap D) = 2 \times 10^{-3} + 3 \times 10^{-3} = 5 \times 10^{-3}$

Question 9.

(A) Si $x = \frac{a}{4}$ alors l'équation (E) est définie : **VRAI**
L'équation est définie si et seulement si le dénominateur $4x - a \neq 0$, c'est-à-dire si et seulement si $x = \frac{a}{4}$.

(B) Si $a = 2$ et $b = 1$ alors l'équation (E) n'admet pas de solution : **FAUX**
Si $a = 2$ et $b = 1$, alors
$x - a = \frac{(2x-b)^2}{4x-a} \Leftrightarrow x - 2 = \frac{(2x-1)^2}{4x-2} \Leftrightarrow (x-2)(4x-2) = 4x^2 - 4x + 1$
Par conséquent, $4x^2 - 10x + 4 = 4x^2 - 4x + 1$ et $6x = 3$ ou $x = \frac{1}{2}$
L'équation admet bien une solution.

(C) Si a et b sont nuls alors tout réel non nul est solution de l'équation (E) : **FAUX**
$x = \frac{2x^2}{4x} \Leftrightarrow x = \frac{x}{2} \Leftrightarrow x = 0$

(D) Pour que $x = \frac{b^2 - a^2}{4b - 5a}$ soit une solution de l'équation (E), il suffit que $a \neq \frac{4}{5}b$: **FAUX**
Le cas de la question (B) est un contre-exemple.

Question 10.

(A) Le premier terme de la suite (V_n) vaut 0 : **FAUX**
$V_1 = U_1 - 4 + 1 = 4 - 4 + 1 = -2$

(B) (V_n) est une suite géométrique de raison 3 : **VRAI**
$V_{n+1} = U_{n+1} - 4(n+1) + 1 = 3U_n - 2n + 8 - 4n - 4 + 1 = 3(U_n - 2n + 1) = 3V_n$

(C) $U_n = 3^{n-1} + 4n - 1$: **VRAI**
(V_n) étant une suite géométrique de raison 3 et de premier terme $V_1 = 1, V_n = 3^{n-1}$
Or, $V_n = U_n - 4n + 1$, d'où $U_n = 3^{n-1} + 4n - 1$.

(D) $S_n = U_1 + U_2 + U_3 + \ldots + U_n = -2(1 - 3^n) + 2n^2 + n$: **VRAI**
$S_n = U_1 + U_2 + U_3 + \ldots + U_n = (3^0 + 4 - 1) + (3 + 4n - 1) + (3^2 + 8 - 1) + \ldots + (3^{n-1} + 4n - 1)$
$S_n = U_1 + U_2 + U_3 + \ldots + U_n = (1 - 3^n)/(1 - 3) + 4n\,(n+1)/2 - n$
$S_n = U_1 + U_2 + U_3 + \ldots + U_n = -2(1 - 3^n) + 2n^2 + n$

Question 11.

(A) La fonction f est monotone sur l'intervalle $]0\,;+\infty[$: **FAUX**
Calculons la fonction dérivée de f :
$f'(x) = 2x\ln x + \frac{x^2}{x} - 2x = x(2\ln x - 1)$

CORRIGES

f' est monotone sur l'intervalle]0 ; +∞[si (2ln$x$ – 1) est de signe constant :

$2\ln x - 1 \Leftrightarrow \ln x < \frac{1}{2} \Leftrightarrow x < e^{\frac{1}{2}}$

Le signe de f' change en $\sqrt{e}$: f n'est pas monotone sur l'intervalle]0 ; +∞[.

(B) L'équation $f(x) = 0$ admet deux solutions sur l'intervalle]0 ; +∞[: **FAUX**

Appliquons le théorème des valeurs intermédiaires :

Sur l'intervalle]0 ; $\sqrt{e}$], d'après le signe de la dérivée, f est décroissante. De plus, $\lim_{x \to 0} f(x) = 0$, d'après les croissances comparées, et $f(\sqrt{e}) = e/2 - e = -e/2$. Par conséquent, la fonction étant monotone et strictement négative, il existe aucune solution à l'équation $f(x) = 0$ sur l'intervalle]0 ; $\sqrt{e}$].

Sur l'intervalle]$\sqrt{e}$; +∞[, d'après le signe de la dérivée, f est croissante. De plus, $\lim_{x \to +\infty} f(x) = +\infty$, et $f(\sqrt{e}) = e/2 - e = -e/2$. Par conséquent, la fonction étant strictement monotone, négative puis positive, il existe une unique solution à l'équation $f(x) = 0$ sur l'intervalle]$\sqrt{e}$; +∞[.

(C) La fonction f atteint son minimum en $\sqrt{e}$: **VRAI**

D'après l'étude de signe effectuée à la question précédente, f atteint bien son minimum en $\sqrt{e}$.

(D) La tangente à la courbe représentative de la fonction f au point d'abscisse 1 a pour équation $y = x$: **FAUX**

L'équation de la tangente est donnée par l'équation suivante :

$y = f'(1)(x - 1) + f(1) \Leftrightarrow y = 1(2\ln 1 - 1)(x - 1) + 1^2\ln 1 - 1^2$

$y = -x$

Question 12.

On appelle T, l'événement « l'ordinateur tombe en panne », et $\overline{T}$ l'événement « l'ordinateur ne tombe pas en panne ».

(A) La probabilité qu'un ordinateur tombe en panne est égale à 0,04 : **VRAI**

$P(T) = P(T \cap M_1) + P(T \cap M_2) + P(T \cap M_3) = \frac{3}{10} \times \frac{1}{30} + \frac{1}{2} \times \frac{1}{20} + \frac{1}{5} \times \frac{1}{40} = \frac{4}{100}$

(B) La probabilité qu'un ordinateur de marque M_2 ne tombe pas en panne est égale à 19/40 : **VRAI**

$P(\overline{T} \cap M_2) = \left(1 - \frac{1}{20}\right) \times \frac{1}{2} = \frac{19}{40}$

(C) La probabilité qu'un ordinateur soit de marque M_1 sachant qu'il est tombé en panne est égale à 0,8 : **FAUX**

$$P_T(M_1) = \frac{P(M_1 \cap T)}{P(T)} = \frac{\frac{3}{10} \times \frac{1}{30}}{\frac{4}{100}} = 0{,}75$$

CORRIGÉS

(D) La probabilité qu'un ordinateur ne soit pas de marque M_1, sachant qu'il n'est pas tombé en panne est égale à 67/96 : **VRAI**

$$P_T(\overline{M_1}) = \frac{P((M_2 \cup M_3) \cap T)}{P(T)} = \frac{\frac{19}{20} \times \frac{1}{2} + \frac{39}{40} \times \frac{1}{5}}{\frac{96}{100}} = \frac{\frac{95}{200} \times \frac{39}{200}}{\frac{192}{200}} = \frac{134}{192} = \frac{67}{96}$$

Question 13.

(A) $f(2) = 12$: **VRAI**

Remplaçons x par 2 dans l'équation de la courbe G :

$f(2) = 2 \times 2^2 + 2 \times 2 - 1 = 12$

(B) La droite D coupe la courbe G au point N(0 ; –1) : **VRAI**

Les coordonnées du point d'intersection de D et de G vérifient le système d'équations de G et de D :

$$\begin{cases} y = 2x^2 + 2x - 1 \\ y = 2x - 1 \end{cases} \Leftrightarrow 2x^2 + 2x - 1 = 2x - 1 \Leftrightarrow 2x^2 = 0 \Leftrightarrow x = 0$$

La droite D et la courbe G se coupent donc bien au point N(0 ; –1).

(C) Le nombre dérivé de f au point M vaut 8 : **FAUX**

Calculons la fonction dérivée de f : $f'(x) = 4x + 2$

Le nombre dérivé de f au point M vaut $(4 \times 1 + 2) = 6$.

(D) La tangente passant par le point N(0 ; –1) à la courbe G est parallèle à la droite D : **VRAI**

La tangente passant par le point N(0 ; –1) à la courbe G est parallèle à la droite D si et seulement si le nombre dérivé de f en 0 est égal à la pente de la droite D, c'est-à-dire 2 :

$f'(0) = 4 \times 0 + 2 = 2$

Question 14.

(A) Pour tout m réel, $\lim_{x \to +\infty} \frac{k(x)}{x} = 1$: **VRAI**

Lorsque x tend vers $+\infty$, $k(x)$ se comporte comme le rapport des monômes de plus haut degré du numérateur et du dénominateur. Par conséquent :

$$\lim_{x \to +\infty} k(x) = \lim_{x \to +\infty} \frac{x^3}{x^2} = \lim_{x \to +\infty} x$$

D'où

$$\lim_{x \to +\infty} \frac{k(x)}{x} = \lim_{x \to +\infty} \frac{x}{x} = \lim_{x \to +\infty} 1 = 1$$

(B) Si $m < -4$ ou $m > 4$, la fonction k admet 3 racines réelles : **VRAI**

Tout d'abord, $k(x)$ possède déjà une racine évidente 1, que l'on trouve à partir de l'expression $(x - 1)$. Observons comment se comporte le trinôme du second degré $(x^2 + mx + 4)$ au numérateur en calculant sont discriminant. Si ce trinôme possède deux racines alors $k(x)$ possède trois racines, ce qui est le cas si et seulement si :

$\Delta > 0 \Leftrightarrow m^2 - 4 \times 1 \times 4 > 0 \Leftrightarrow m^2 > 16 \Leftrightarrow m > 4$ ou $m < -4$

(C) Pour tout m réel, la courbe C ne possède pas d'asymptote verticale en $x = 1$: **VRAI**
Pour tout réel m, la courbe C possède une asymptote verticale en $x = 1$, si et seulement si lorsque $f(x)$ tend vers l'infini quand x tend vers 1 :

$$\lim_{x\to 1} k(x) = \lim_{x\to 1} \frac{(x-1)(x^2+mx+4)}{(x^2+mx+6)} = 0$$

(D) Pour $m = 1$, la tangente à C au point d'abscisse $x = 1$ a pour équation $y = (x - 1)/4$: **FAUX**
Calculons la dérivée de k pour déterminer son équation au point d'abscisse $x = 1$:

$$k'(x) = \frac{(3x^2+5x-4)(x^2+x+6)-(x-1)(x^2+x+4)(2x+1)}{(x^2+x+6)^2}$$

D'où

$$k'(1) = \frac{4\times 8}{8^2} = \frac{1}{2}$$

L'équation de la tangente ne peut pas être $y = (x - 1)/4$.

Question 15.

(A) Le premier terme V_0 vaut 1 : **FAUX**
$V_0 = (U_0 - 1)/(U_0 + 2) = (2 - 1)/(2 + 2) = 1/4$

(B) (W_n) est une suite arithmétique de raison ln(0,5) : **VRAI**

$$w_{n+1} - W_n = \ln\left(\frac{U_{n+1}-1}{U_{n+1}+2}\right) - \ln\left(\frac{U_n-1}{U_n+2}\right) = \ln\left(\frac{\frac{4U_n+2}{U_n+5}-1}{\frac{4U_n+2}{U_n+5}+2}\right) - \ln\left(\frac{U_n-1}{U_n+2}\right)$$

$$w_{n+1} - W_n = \ln\left(\frac{\frac{4U_n+2-U_n-5}{U_n+5}}{\frac{4U_n+2+2U_n+10}{U_n+5}}\right) - \ln\left(\frac{U_n-1}{U_n+2}\right) = \ln\left(\frac{3U_n-3}{6U_n+12}\right) - \ln\left(\frac{U_n-1}{U_n+2}\right)$$

$$w_{n+1} - W_n = \ln\left(\frac{U_n-1}{2(U_n+2)}\right) - \ln\left(\frac{U_n-1}{U_n+2}\right) = \ln\left(\frac{\frac{U_n-1}{2(U_n+2)}}{\frac{U_n-1}{U_n+2}}\right) = \ln(0{,}5)$$

(C) $S_n = V_0 + V_1 + V_2 + \ldots + V_n = \exp(W_0 \times W_1 \times W_2 \times \ldots \times W_n)$: **VRAI**
$S_n = V_0 + V_1 + V_2 + \ldots + V_n$
$S_n = \exp\big(\ln(V_0 + V_1 + V_2 + \ldots + V_n)\big)$
$S_n = \exp\big(\ln(V_0) \times \ln(V_1) \times \ln(V_2) \times \ldots \times \ln(V_n)\big)$
$S_n = \exp(W_0 \times W_1 \times W_2 \times \ldots \times W_n)$

(D) $U_n = \dfrac{2^{n+2}+2}{2^{n+2}-1}$: **VRAI**

Montrons par récurrence que pour tout entier naturel $U_n = \dfrac{2^{n+2}+2}{2^{n+2}-1}$:

CORRIGES

Au rang $n = 0$, $U_0 = \dfrac{2^{0+2}+2}{2^{0+2}-1} = \dfrac{6}{3} = 2$. Lorsque l'on calcule la valeur de U_0 à partir de la formule, on retrouve bien la valeur de U_0 donnée au départ.

Considérons désormais un entier naturel, tel que $U_n = \dfrac{2^{n+2}+2}{2^{n+2}-1}$: il existe au moins l'entier 0 qui vérifie cette égalité. On a alors :

$$U_{n+1} = \frac{4U_n+2}{U_n+5} = \frac{4\dfrac{(2^{n+2}+2)}{(2^{n+2}-1)}+2}{\dfrac{(2^{n+2}+2)}{(2^{n+2}-1)}+5} = \frac{\dfrac{4(2^{n+2}+2)+2(2^{n+2}-1)}{(2^{n+2}-1)}}{\dfrac{(2^{n+2}+2)+5(2^{n+2}-1)}{(2^{n+2}-1)}}$$

$$U_{n+1} = \frac{4U_n+2}{U_n+5} = \frac{4(2^{n+2}+2)+2(2^{n+2}-1)}{(2^{n+2}+2)+5(2^{n+2}-1)} = \frac{6\times 2^{n+2}+4}{6\times 2^{n+2}-3} = \frac{2^{n+2}+2}{2^{n+2}-1}$$

SUJET 3 : PROBLEME

Question 1.

Voici la représentation des vols :

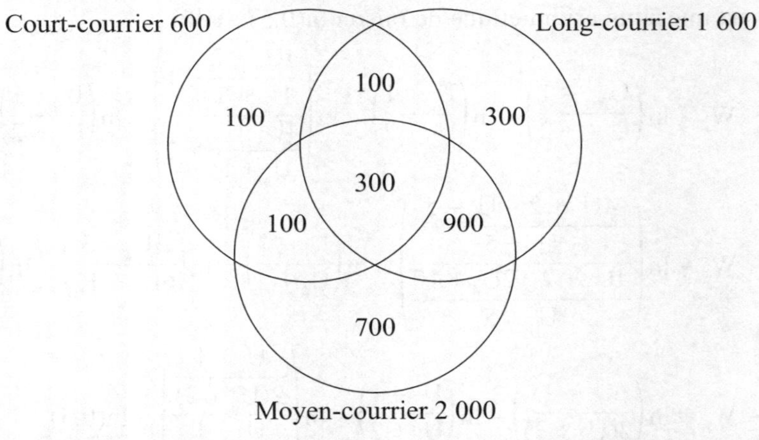

Inscrivez méthodiquement les informations initiales dans le schéma (attention aux « et » et aux « uniquement »). Procédez par la suite en complétant les parties de cercles en faisant en sorte que la somme des parties soit bien égale au tout.

(A) Il y a exactement 4 000 passagers qui ne volent sur aucune des destinations : **FAUX**
Sommez toutes les surfaces et ôtez ce nombre à 6 400 pour trouver le nombre de personnes qui ne volent sur aucune destination : 3 900 passagers ne volent sur aucune destination.

(B) Aucun passager ne vole que sur les court-courriers : **FAUX**
100 personnes volent uniquement sur les court-courriers.

(C) Il y a exactement 100 passagers qui ne volent que sur les long-courriers : **FAUX**
Il y a exactement 300 passagers qui ne volent que sur les long-courriers.

(D) Il y a exactement 400 passagers qui volent à la fois sur les moyen-courriers et les court-courriers : **VRAI**
L'intersection des moyens et des long-courriers représente 400 personnes.

Question 2.

(A) Le coût total du voyage est de $(x + 2y + 10)$ € : **FAUX**
Le passager parcourt y kilomètres dont x kilomètres en avion. L'avion lui coûte alors $0{,}5x$. Il parcourt également $(y - x)$ km en taxi avec 10 € de frais de départ. Le taxi coûte donc en tout $2(y - x) + 10$. Le coût total du voyage est donc de $(2y - 1{,}5x + 10)$.

(B) Le client type a payé $(2y/x + 10)$ € pour le taxi : **VRAI**
Le voyageur parcourt $(y - x)$ kilomètres en taxi. Le coût total du taxi comporte le prix par kilomètre parcouru, plus 5 € de charge fixe à l'aller et 5 € de charge fixe au retour. En tout, le passager a donc payé $[2(y - x) + 10]$ € et a parcouru $(y - x)$ kilomètres. Le coût moyen par kilomètre s'élève donc à $[2 + 10/(y - x)]$ €.

(C) Le coût du taxi représente 5 % du coût total : **FAUX**
L'avion a coûté 20 fois plus cher que le taxi, par conséquent le taxi représente un coût de $1/(20 + 1) = 1/21$. Or $5\ \% = 1/20$, et donc $1/21 \neq 5\ \%$.

(D) Sachant qu'il a parcouru 2 000 km en avion, il a donc dû parcourir 20 km en voiture : **VRAI**
S'il a parcouru 2 000 km en avion, alors l'avion lui a coûté 1 000 €. Comme le taxi lui coûte 20 fois moins cher que l'avion, le taxi lui a coûté 50 €, dont 10 € de frais fixe et 40 € de kilométrage. Il a donc parcouru 20 km en taxi.

Question 3.

(A) Sa vitesse moyenne sur l'ensemble du trajet aller-retour est de 690 km/h : **FAUX**
La vitesse moyenne sur un aller-retour est donnée par la formule suivante :

$$\frac{2V_{aller} \times V_{retour}}{V_{aller} + V_{retour}} = \frac{2 \times 900 \times 600}{900 + 600} = \frac{1\,080\,000}{1\,500} = 720 \text{ km/h}$$

(B) Sachant que le vent a toujours eu la même vitesse on peut conclure qu'il soufflait à 100 km/h : **FAUX**
On suppose que l'avion développe la même puissance à l'aller et au retour. Si le vent à l'aller augmente la vitesse de 100 km/h, alors sans vent, l'avion aurait volé à 800 km/h. Au retour, si le vent était de 100 km/h, l'avion aurait volé à 700 km/h. La vitesse sans vent à l'aller et au retour n'est pas identique. Le vent doit en fait avoir une vitesse de 150 km/h.

(C) L'avion a consommé $6x$ litres pour effectuer l'ensemble du trajet : **FAUX**
Au cours de l'aller-retour, il parcourt $2x$ kilomètres. Sachant que l'avion consomme 400 litres pour cent kilomètres, il consomme 4 L par kilomètre. Pour $2x$ kilomètres, l'avion aura consommé $8x$ litres.

(D) La vitesse maximale de l'avion après y km est de $[750 \times (1 - 0{,}05y)]$ km/h : **VRAI**
Après y kilomètres, l'avion a consommé $4y$ litres. Il pèse donc $(80 - 4y)$. D'après la formule, sa vitesse maximale à l'instant t est égale à :
$750 \times (80 - 4y)/80 = 750 \times (1 - 0{,}05y)$ km/h

Question 4.

(A) Le premier échange de terminaux intervient à 7 h 25 : **FAUX**
Si le premier échange de terminaux intervient à 7 h 25, cela signifie que la première pause a eu lieu à 7 h 15. Pourtant la première pause n'intervient pas au bout de 15 minutes, mais au bout de 24 minutes.

(B) Au moment du premier échange, 8 avions ont été vérifiés : **FAUX**
Au bout de 24 minutes, l'équipe 2 a vérifié 4 avions ($4 \times 6 = 24$) et l'équipe 1 a vérifié 3 avions ($3 \times 8 = 24$). Il y a donc 7 avions qui ont été vérifiés au bout de 24 minutes.

(C) Le deuxième échange arrive au bout de la révision du 9e avion de l'équipe 1 : **VRAI**
La fin de la première pause intervient après 8 avions. La deuxième pause intervient 42 minutes plus tard : l'équipe 1 aura vérifié 6 appareils ($6 \times 7 = 42$) et l'équipe 2 aura vérifié 7 appareils ($7 \times 6 = 42$). Finalement l'équipe 1 aura achevé la révision de son 9e appareil.

(D) La 10e maintenance d'appareil aura été effectuée dans le terminal A : **VRAI**
Après la première pause, 7 appareils ont été révisés. Le 8e appareil est révisé par l'équipe 2, le 9e par l'équipe 1, et le 10e par l'équipe 2. Après la première pause, l'équipe 2 se trouve bien dans le terminal A.

Question 5.

(A) Pour a donné, il existe une seule valeur de t telle que $P(t) = 10^{10}$: **VRAI**

Pour a donné, $P(t) = 10^{10} \Leftrightarrow a \times e^{\left(t - \frac{t^2}{10}\right)} = 1 \Leftrightarrow t - \frac{t^2}{10} + \ln a = 0$

Cette équation du second degré ne possède qu'une unique solution positive.

(B) Le nombre de passagers augmente indéfiniment quand t tend vers l'infini : **FAUX**

$\lim_{t \to +\infty} P(t) = \lim_{t \to +\infty} e^{\left(t - \frac{t^2}{10}\right)} = \lim_{t \to +\infty} e^{t\left(1 - \frac{t}{10}\right)} = 0$

(C) Il n'existe pas de nombre t tel que $P(t)$ soit maximum : **VRAI**
Calculons la dérivée de P :
$P'(t) = \left(1 - \frac{t}{5}\right) e^{\left(t - \frac{t^2}{10}\right)}$

La dérivée s'annule pour $t = 5$, et elle est positive quand $t < 5$ et négative quand $t > 5$. $P(t)$ admet donc un maximum.

(D) Si l'unité de temps correspond à 10 ans et que $a = 1$, le nombre de passagers dans 20 ans sera égal à $10^{10} \times e^{1{,}6}$: **VRAI**
$P(2) = 10^{10} \times e^{\left(2 - \frac{2^2}{10}\right)} = 10^{10} e^{1{,}6}$

III. TESTS DE SERIES LOGIQUES SESAME ET LINK

TEST 1 : 20 questions – 15 minutes

Consigne : pour chaque question, complétez la série.

1. 21 17 34 30 60 56 **?**

2. 12 21 23 32 **?** **?**

3. 2 8 18 32 50 **?**

4. 852 426 424 212 210 **?**

5. 21 25 33 49 **?**

6. 17 18 16 20 15 22 **?** **?**

7. 23 46 92 184 368 **?**

8. 120 96 84 78 **?**

9. 17 8 25 33 58 **?**

10. 14 17 18 24 22 31 **?** **?**

11. 8 11 24 22 72 44 **?** **?**

12. 4 5 9 18 32 59 109 **?**

13. 1 2 6 24 120 **?**

14. 16 30 19 33 22 **?**

15. 3128 3860 4591 5321 6050 **?**

16. 17 18 22 31 47 **?**

17. 21 42 126 504 **?**

18. 7 10 1 4 7 10 **?**

19. 17 35 69 139 277 **?**

20. 169 196 225 256 **?**

TEST 2 : 20 questions – 15 minutes

Consigne : pour chaque question, complétez la série.

1. D C G J Q ?
2. B D H P ?
3. L M M J V ?
4. R S U X B ?
5. B F D H F J H ?
6. DOQ est à BLT, ce que SDF est à ?
7. BCE est à EEF, ce que DAX est à ?
8. TOP est à VRT, ce que LPD est à ?
9. PSA est à QUB, ce que LMI est à ?
10. OAS est à KCR, ce que FKO est à ?
11. D I N S ?
12. D V T Q C S S ?
13. J F M A M J J A S O ?
14. C D F G I J L ?
15. B C D F G H ?
16. X B E G ?
17. B D H P ?
18. A P B Q C R ?
19. S M H J M ?
20. A D I P ?

TEST 3 : 10 questions – 10 minutes

Consigne : pour chaque question, complétez la série.

Question 1.

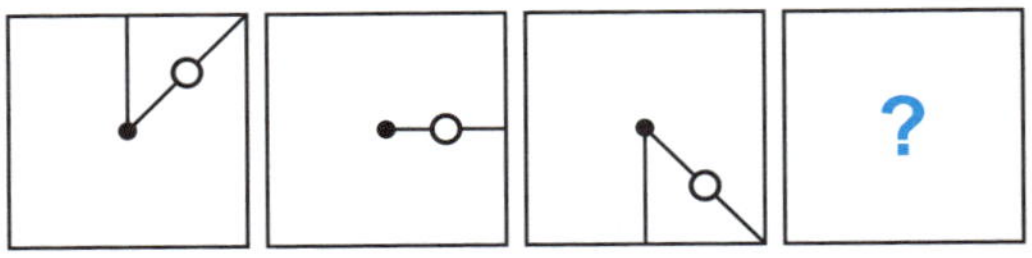

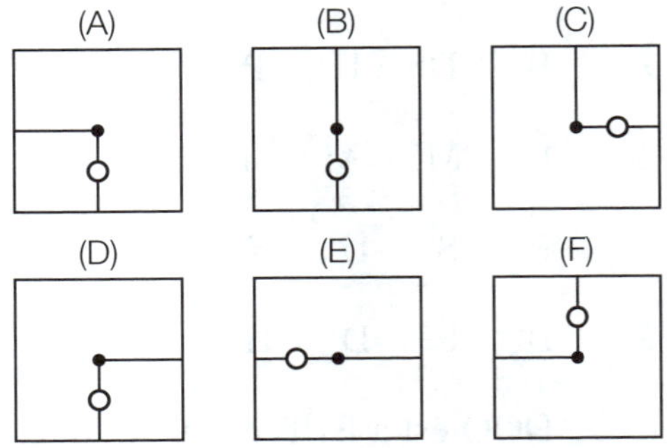

Question 2.

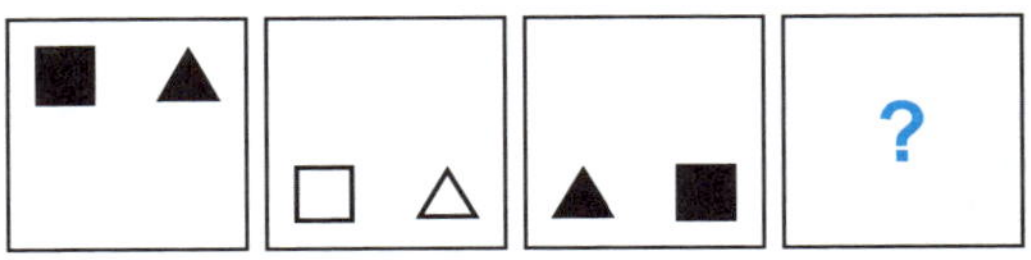

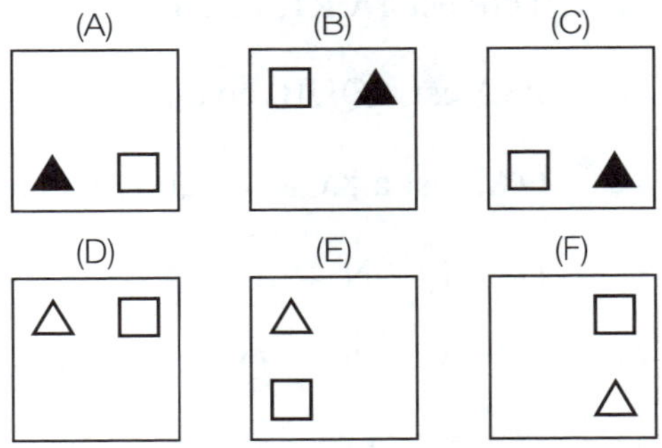

Question 3.

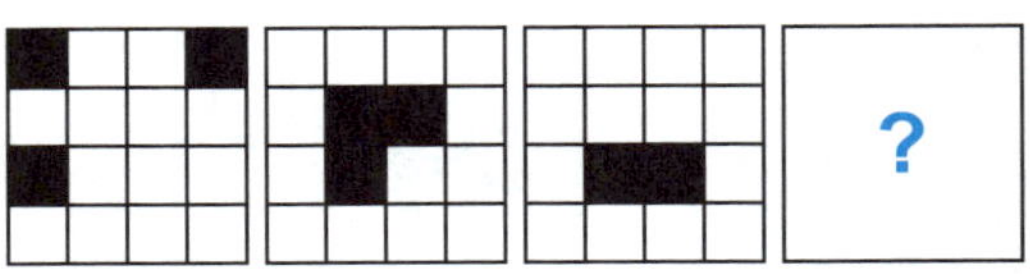

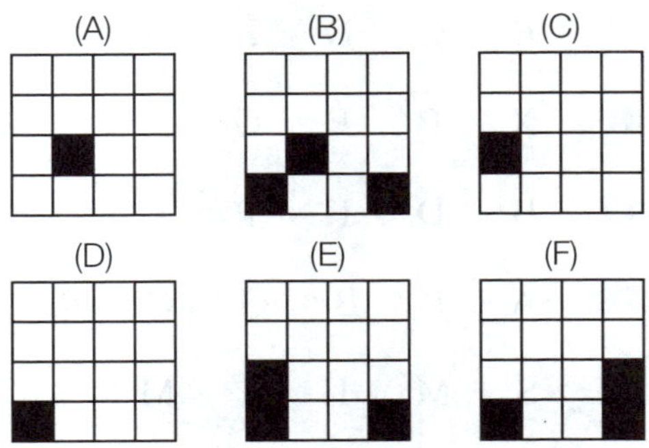

Question 4.

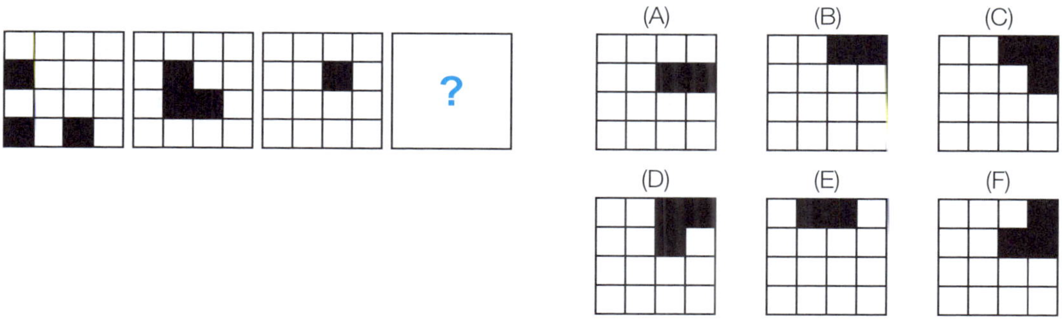

Question 5.

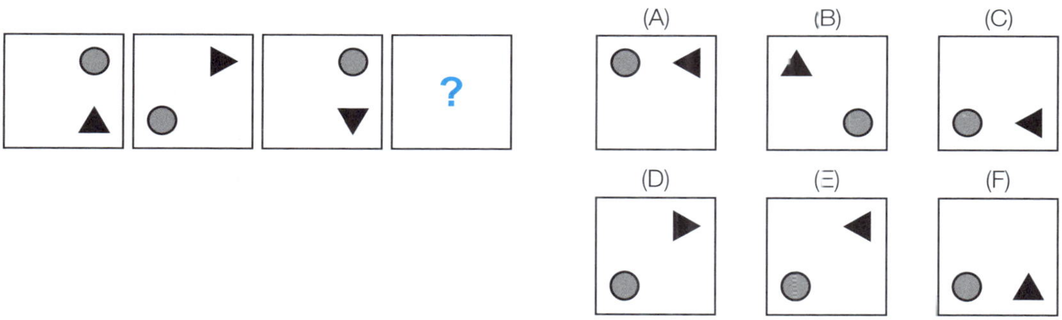

Question 6.

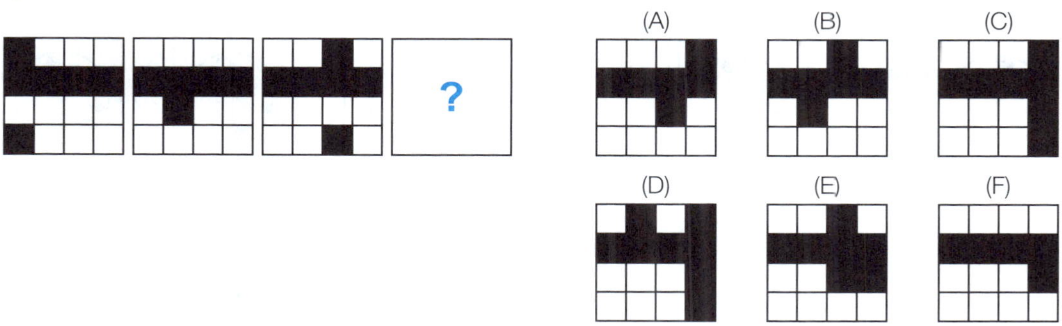

Question 7.

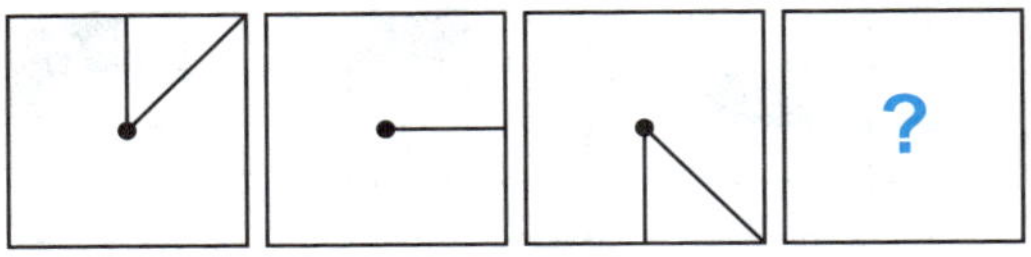

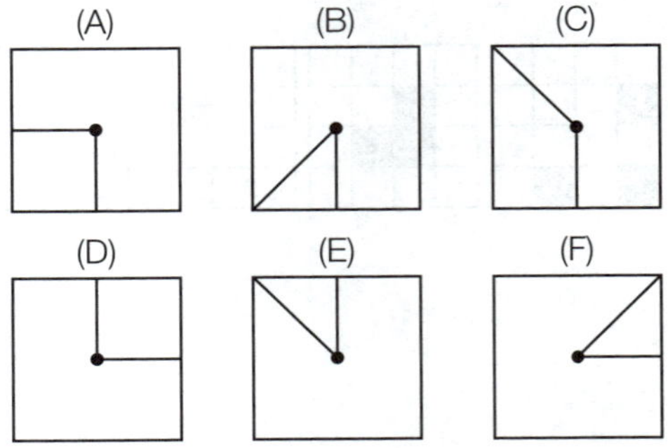

Question 8.

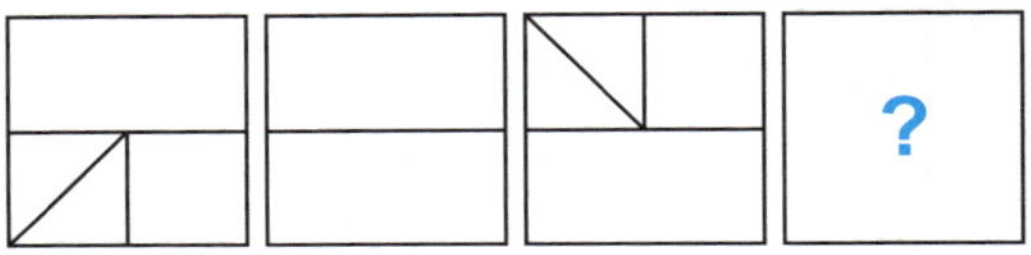

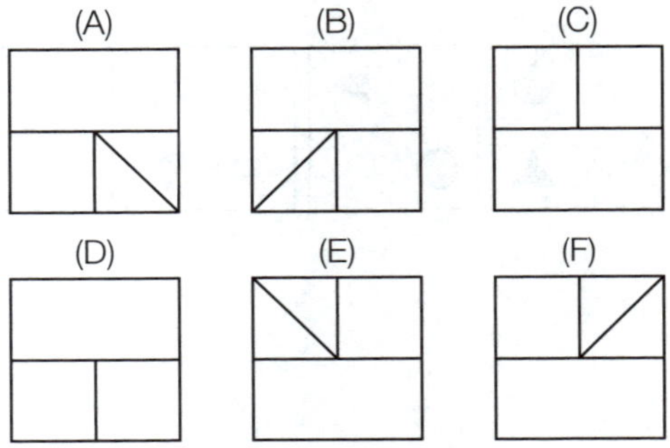

Question 9.

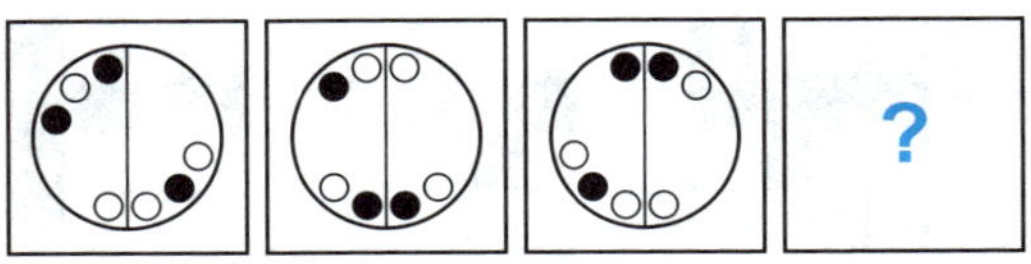

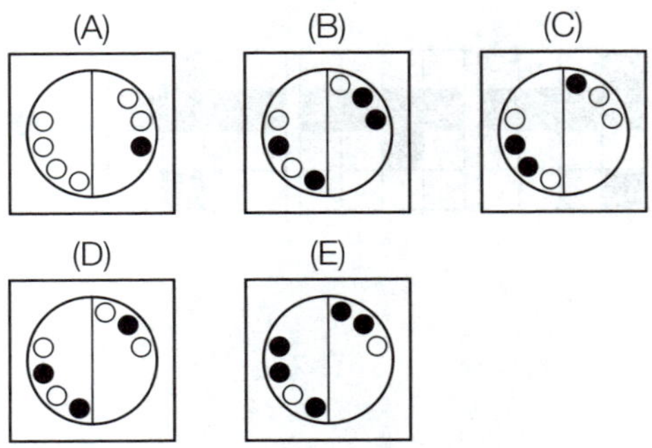

Question 10.

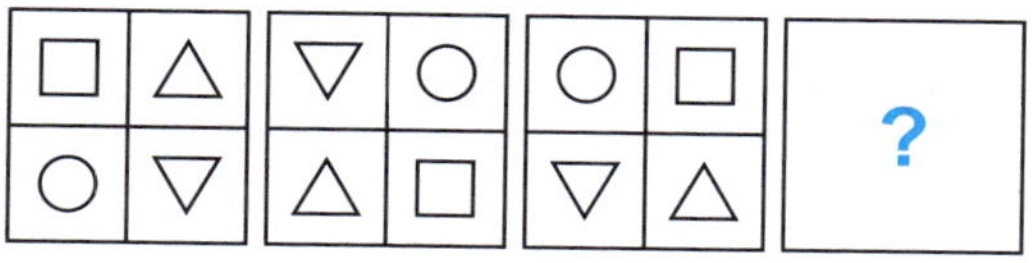

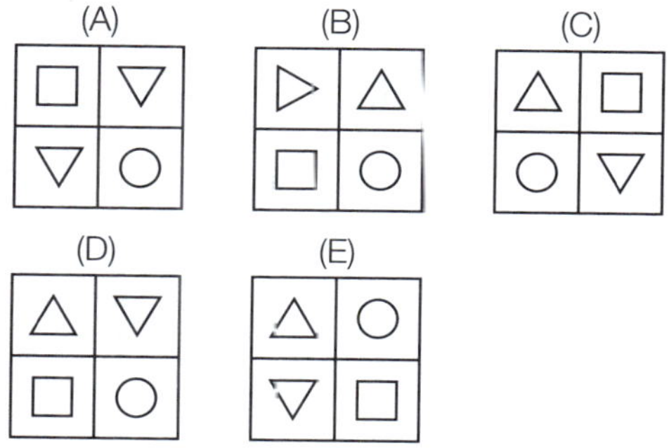

TEST 4 : 20 questions – 15 minutes

Consigne : trouvez la réponse juste parmi les réponses proposées.

Question 1.

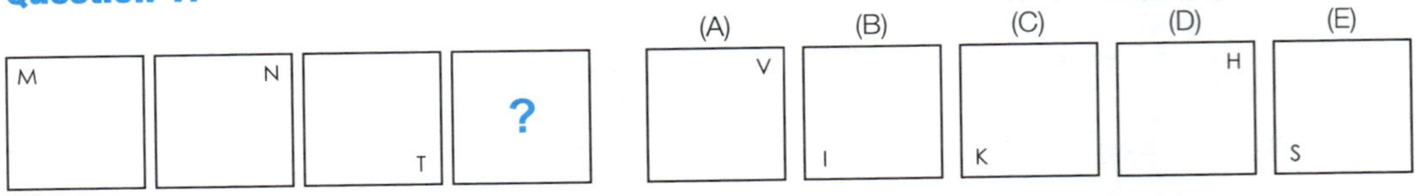

Question 2.

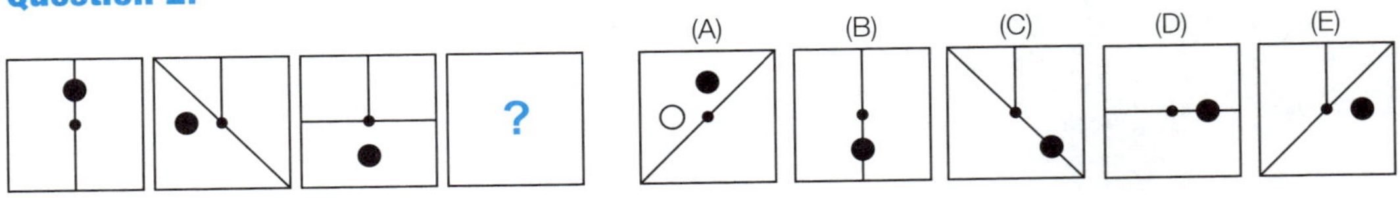

Question 3.

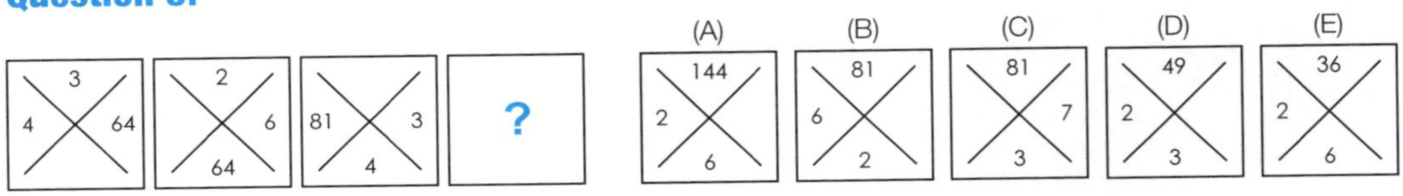

Question 4.

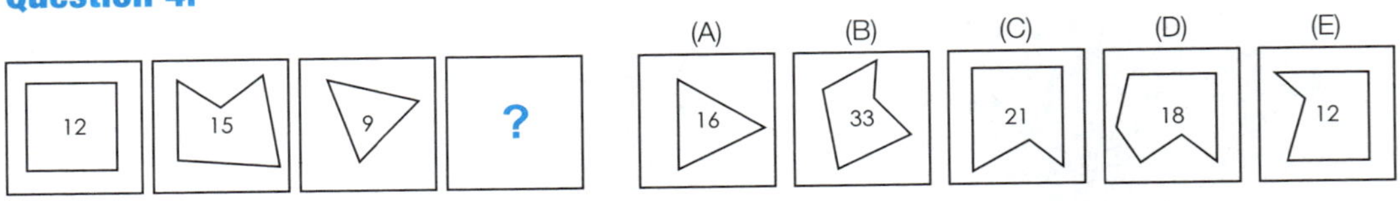

Question 5.

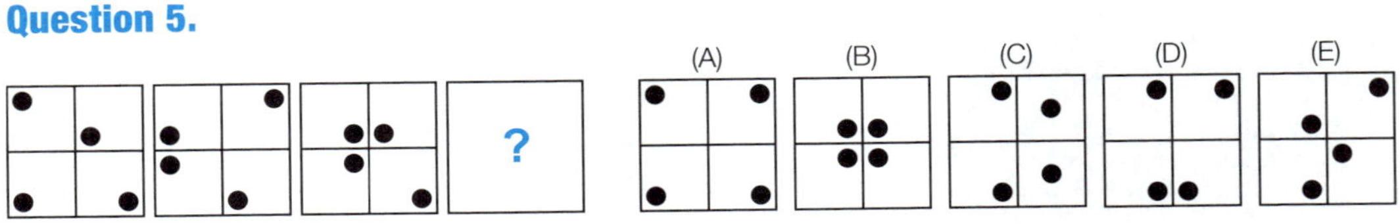

Question 6.

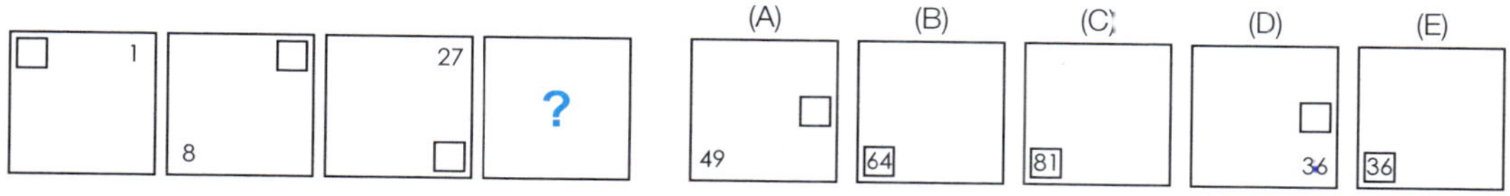

Question 7.

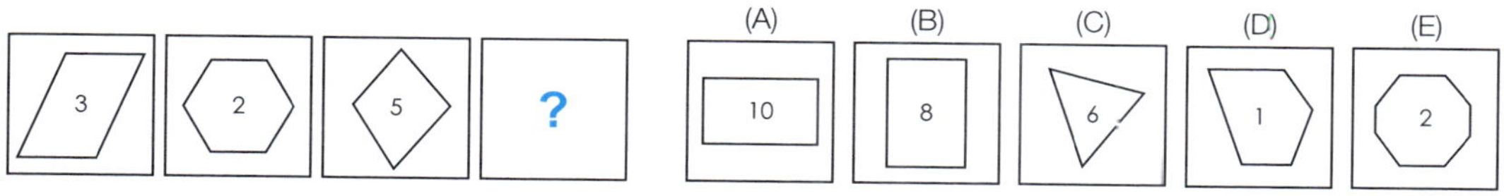

Question 8.

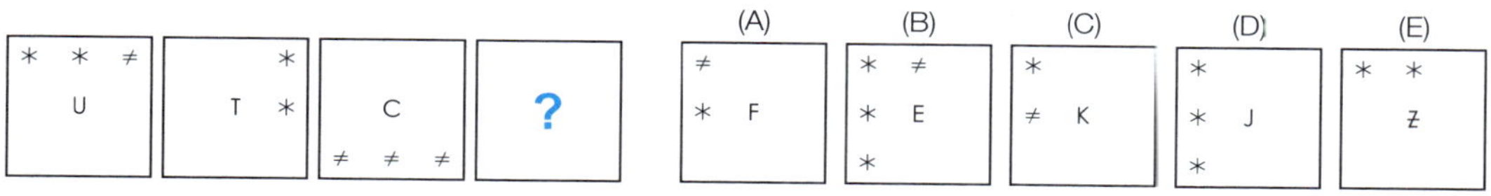

Question 9.

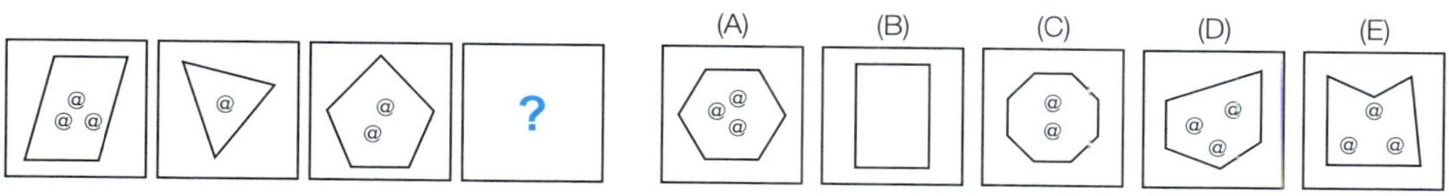

Question 10.

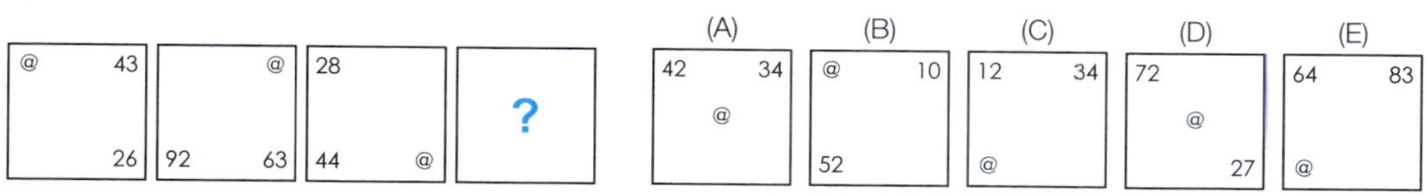

Question 11.

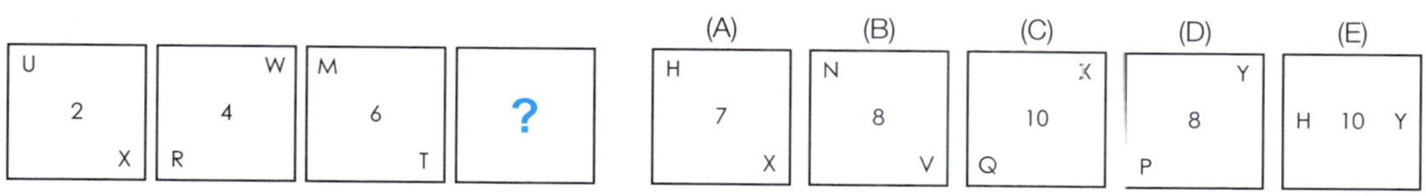

Question 12.

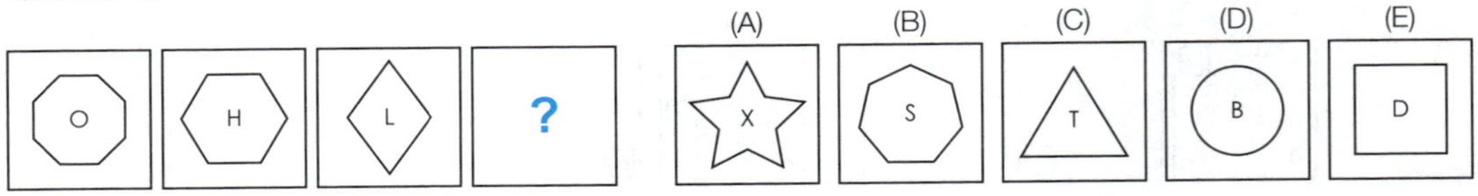

Question 13.

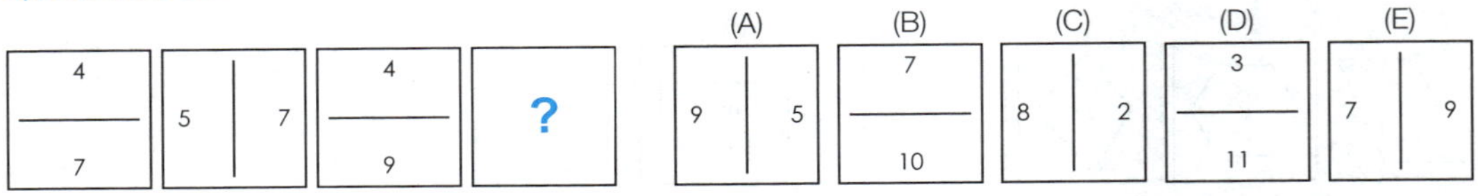

Question 14.

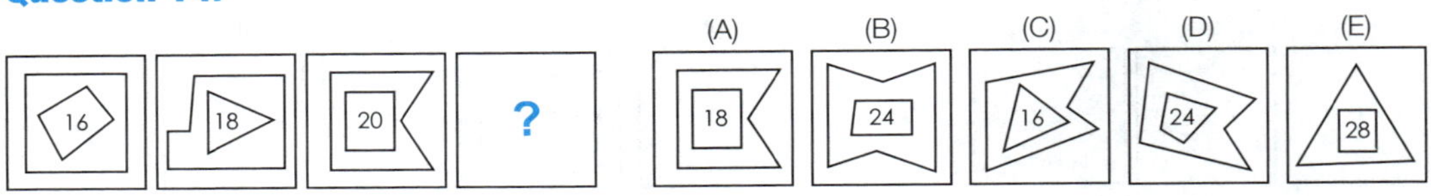

Question 15.

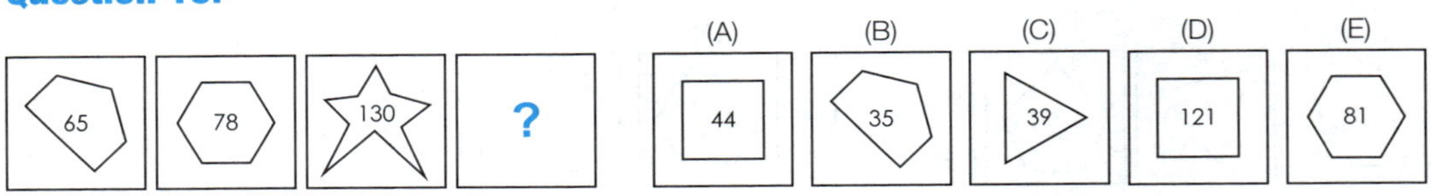

Question 16.

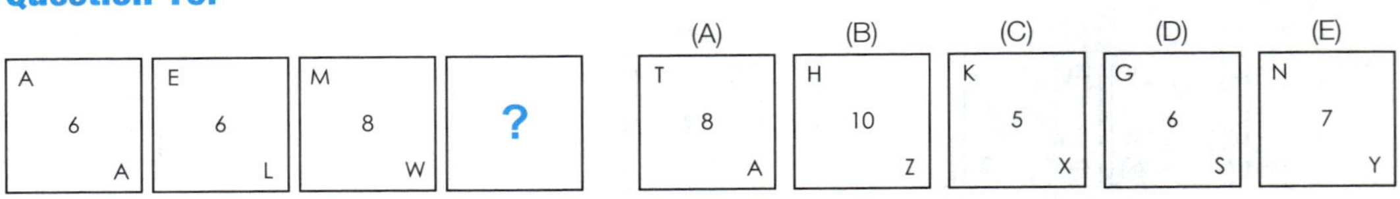

Question 17.

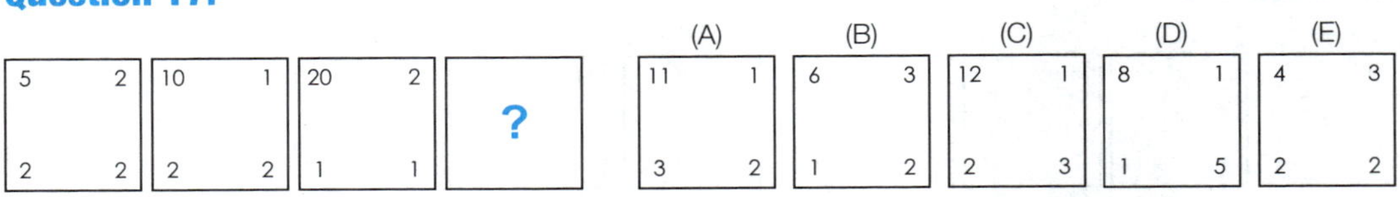

Question 18.

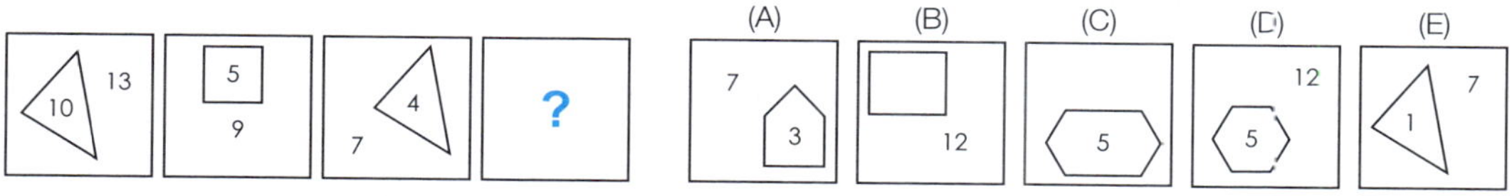

Question 19.

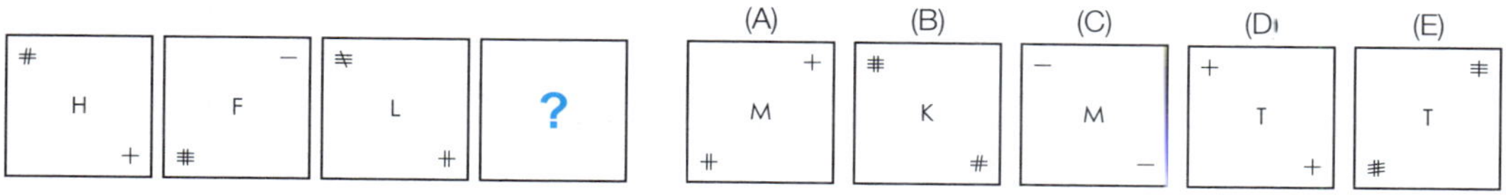

Question 20.

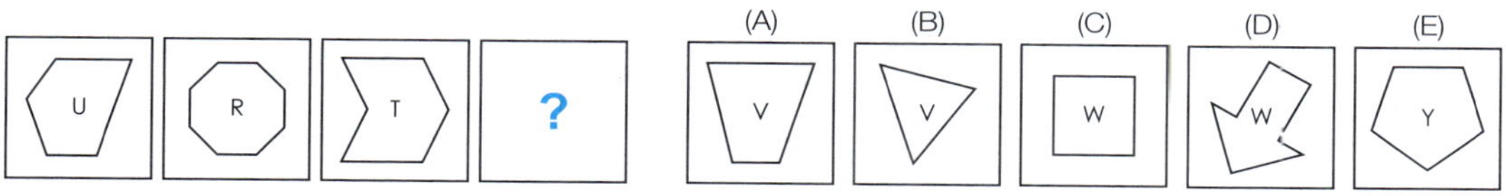

TEST 5 : 20 questions – 15 minutes

Consigne : trouvez la réponse qui complète la suite.

1.

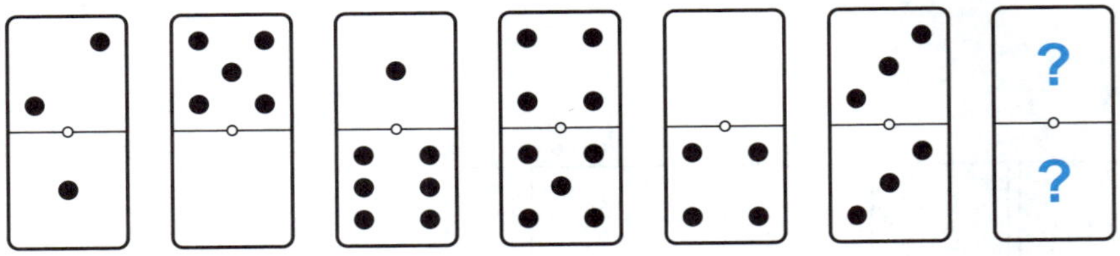

2.

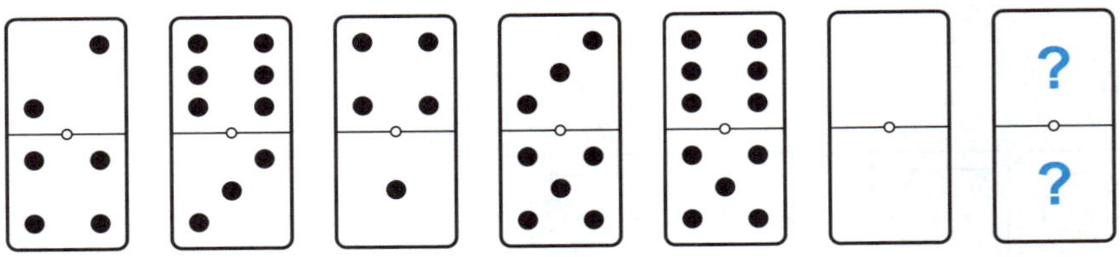

3.

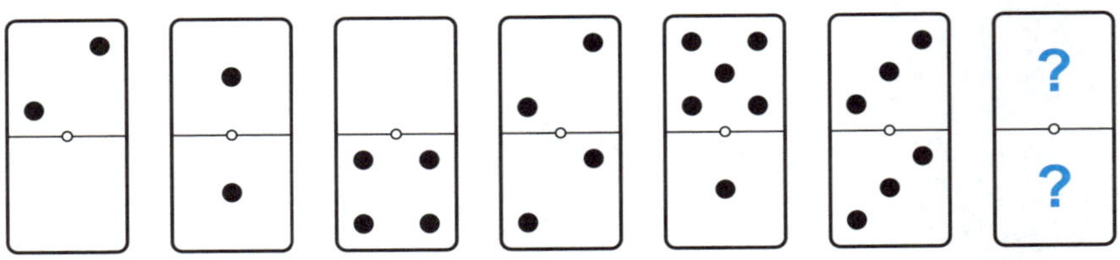

4.

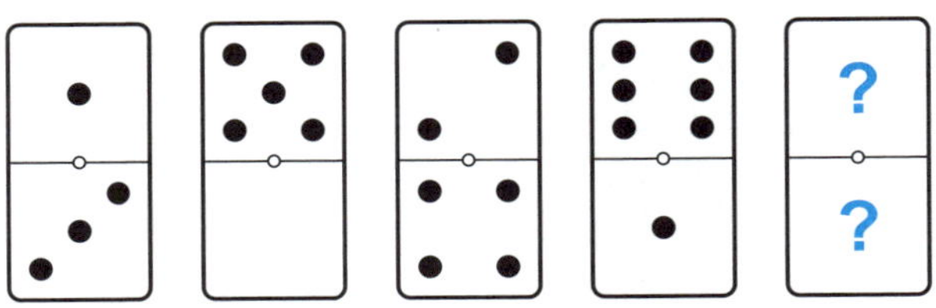

5.

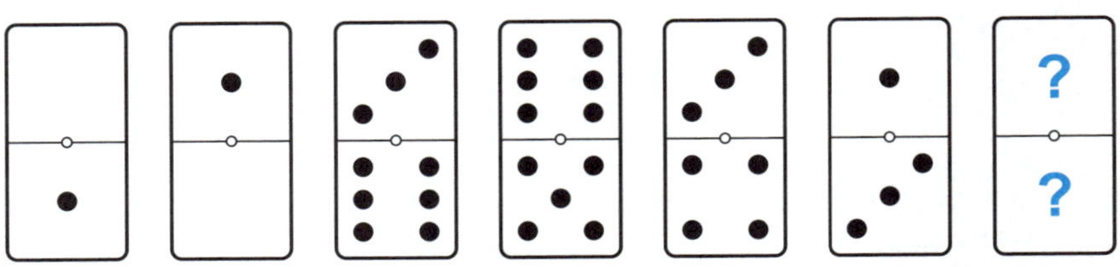

6.

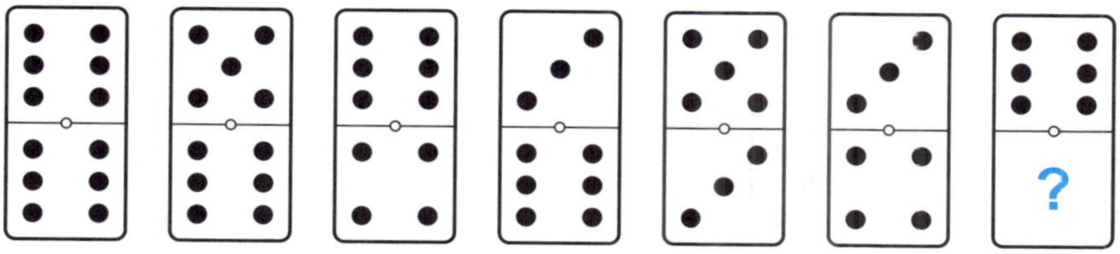

7.

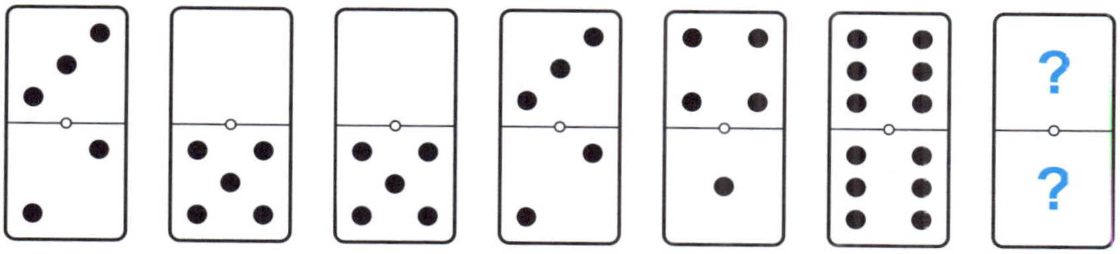

8.

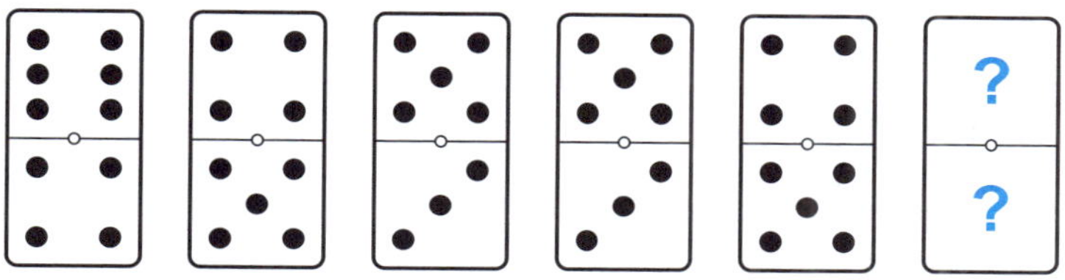

9.

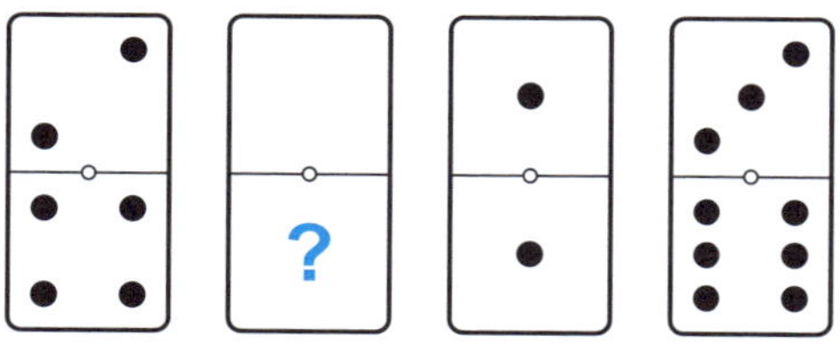

10.

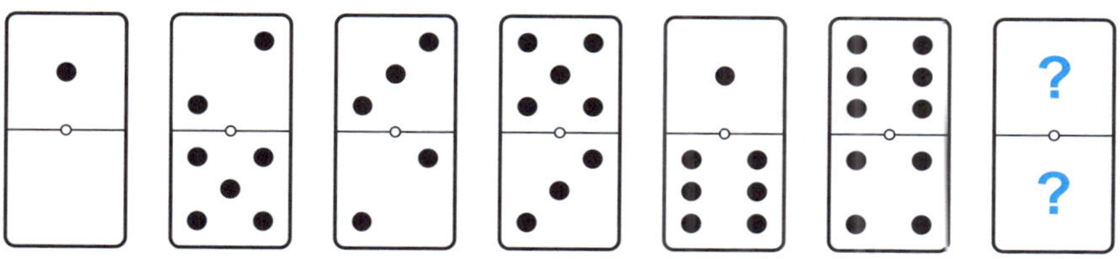

11.

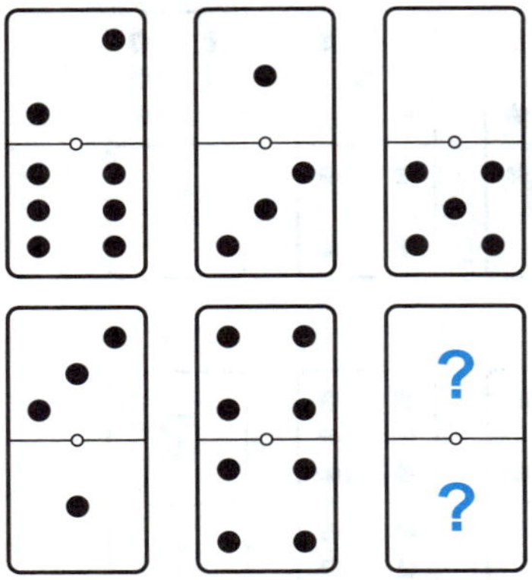

12.

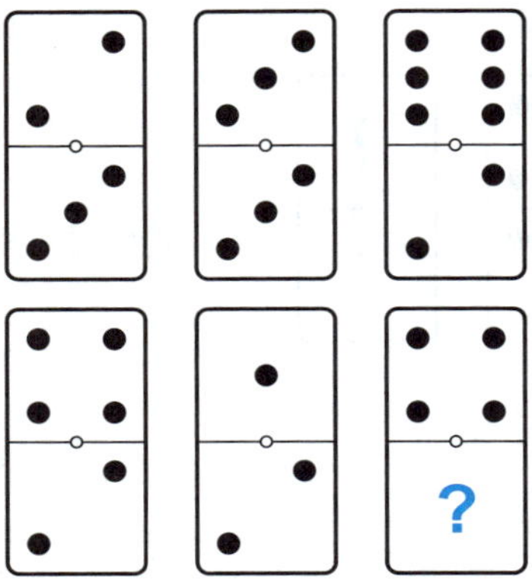

13.

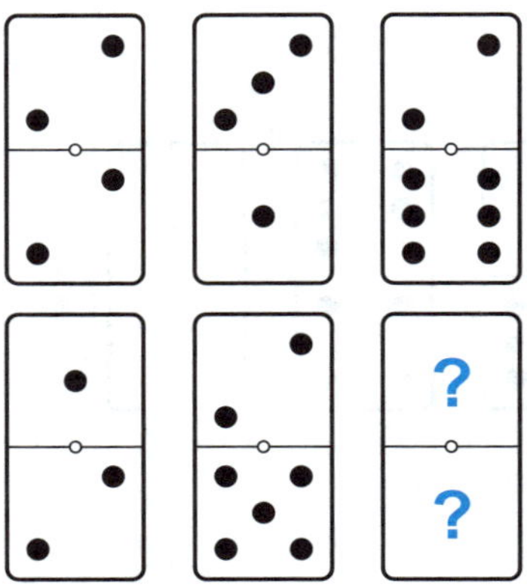

14.

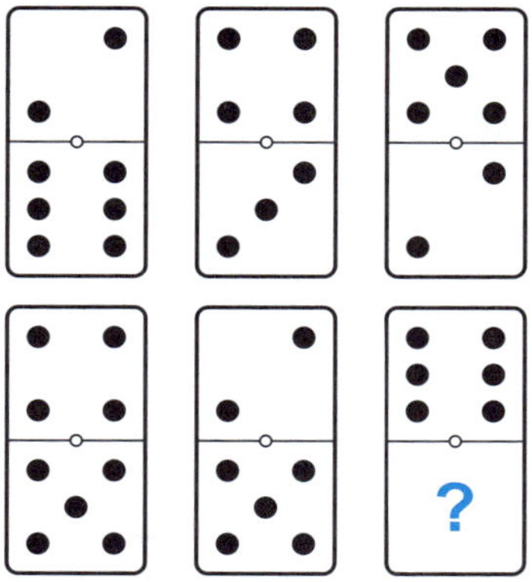

15.

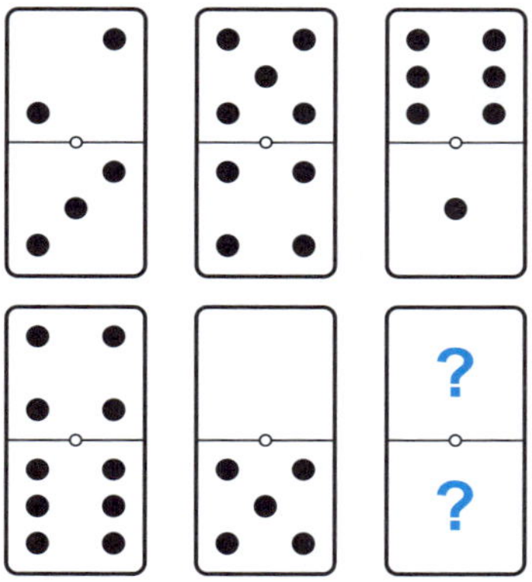

16.

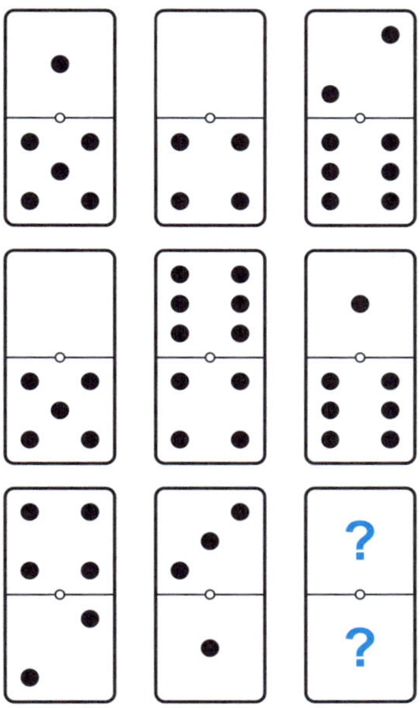

17.

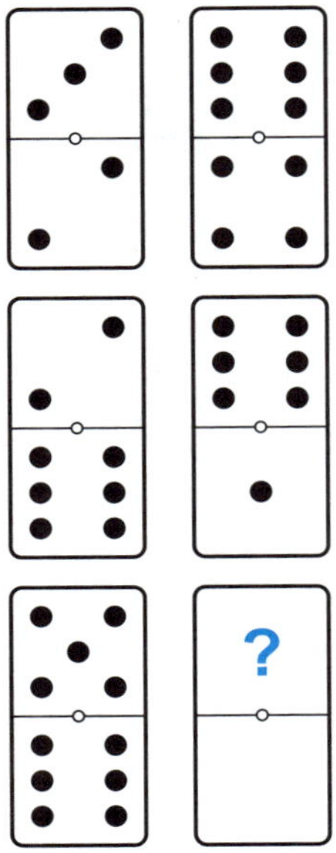

18.

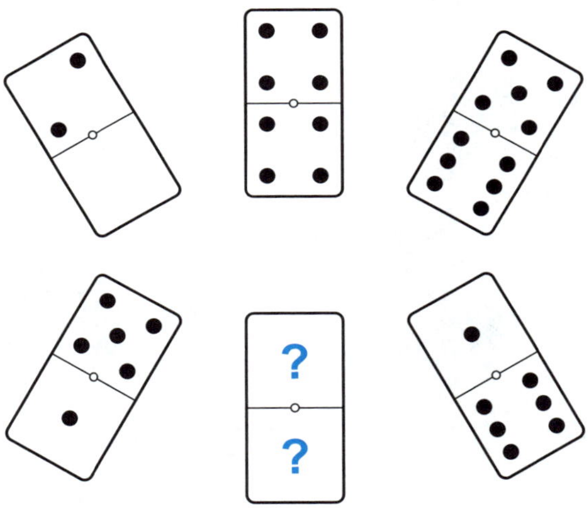

19.

20.

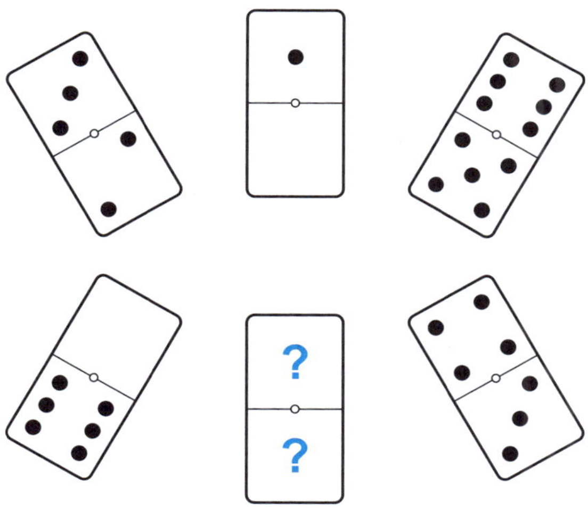

TEST 6 : 50 questions – 30 minutes

Consigne : pour chaque question, complétez la série.

1. FRAISE (6) COING (5) ORANGE (6) FRAMBOISE (?)
2. MANGECLOUS (10) SOLAL (5) QUASIMODO (9) SALTIEL (?)
3. ALBATOR (2) GOLDORAK (1) ANTHONY (1) ARKANSAS (?)
4. TSAR (18 – 20) CHATEAU (21 – 3) RUSSIE (?)
5. Riche Aigre Facile Difficile Doux ?
6. Dépendre Refaire Congeler Pendre Faire ?
7. 345 (Q) 234 (T) 567 (S) 789 (?)
8. Mètre Centimètre Décimètre 1 0,01 ?
9. Huit (4) Un (2) Sept (4) Six (?)
10. Heure Minute Seconde 1 60 ?
11. XXV (6) IV (3) XV (4) XXXXV (10) XXVIII (?)
12. Un (2) Six (3) Huit (4) Douze (5) Quatre (?)
13. 5 T 4 7 N 2 1 A 1 8 ? 3
14. Tonne Kilo Gramme 1 0,001
15. TERIF MANOR NICHE FRITE ROMAN ?
16. ACHETER 4268183 ? 41142683
17. Société (7) Vanité (6) Frère (5) Création (?)
18. Chien Marche Hirondelle Vole Truite ?
19. Ennui (5) Jean (4) Jus (3) il (?)
20. SINGE SIGNE NIMAL MALIN ABERB ?

21. Eté Elle Bob Rot**?**

22. XVI (S) XX (V) XII (D) XIII (**?**)

23. Moto (2) Camion (8) Voiture (4) Vélo (**?**)

24. 454 253 192 628 QDC(**?**)

25. 111 (C) 1111 (M) 11 (O) 1 (**?**)

26.

56	30
34	12
25	10
39	(**?**)

27.

95	4
83	5
71	(**?**)

28. MAS est à ASM ce que THU est à **?**

29. III V VII IX **?**

30. Gorille (4) Lapin (3) Eau (0) Bénédiction (**?**)

31. OUBLE / 23145 AUTEP / 23154 ITAL / **?**

32. 25 (V) 670 (S) 312 (T) 1342 (**?**)

33. DE = I AC = D LM = Y KH = **?**

34. Dent (1) Lait (2) Boisson (3) Courageux (**?**)

35. Etaler Table Etape **?**xe

36. A – 10 – L B – 11 – N S – 6 – Z L – **?** – R

37. ETE = 20 BOA = 16 SAH =12 ROC = **?**

38. Ramener Mener Défendre **?**

39. Maman (32) Papa (22) Benjamin (53) Jumeau (**?**)

40. Conduire / 74162895 **?** / 8162895

41. Dora 44 Anne 14 Dominique 49 Clara 35 Allégria **?**

42.

A2	P4	C1	M3		CAMP
N3	E5	O2	H1	T4	**?**

43. D 12 C R 18 A C 60 T G (**?**) J

44. Irak 2 Afghanistan 4 Pakistan 3 Koweït **?**

45. Décoration Accordéon Corps **?**ne

46. CRANE / 59310 ECRAN / **?**

47. PH est à QI ce que LX est à **?**

48. Quel âge a Jonny sachant que :

Ben a 12 ans

Joan a 22 ans

Péguy a 32 ans

49. 13/19 est à Mercedes ce que 10/8 est à **?**

A. Jeanne
B. Philippe
C. Alfred
D. Joseph
E. Fabrice

50. TUC est à CTU ce que GUY est à **?**

CORRIGES

TEST 1

1. **Réponse : 112**
   Vous devez retirer 4 au premier terme. Puis vous multipliez par 2 le deuxième terme. Vous retirez encore 4 au terme suivant. Ensuite, vous multipliez à nouveau par 2, et ainsi de suite.

2. **Réponse : 34**
   Vous devez considérer les nombres deux par deux : 12 avec 21, 23 avec 32 et 34 avec 43. Il y a une symétrie à chaque fois entre les deux nombres.

3. **Réponse : 72**
   Cette série est la suite des carrés que l'on a multipliés par deux. Le carré de 6 est égal à 36 et le double est égal à 72.

4. **Réponse : 105**
   Modèle de deux critères alternés : /2, –2, /2, –2, /2, –2, etc.

5. **Réponse : 81**
   Le critère est celui d'une progression arithmétique, que vous devez multiplier par deux à chaque nouveau terme : +4/+8/+16/+32.

6. **Réponse : 14 et 24**
   Cette série combine deux suites : la première suite est une suite arithmétique et décroissante de raison –1 (17, 16, 15, etc.) et la seconde est arithmétique et croissante de raison 2 (18, 20, 22, etc.).

7. **Réponse : 736**
   Cette série suit une progression géométrique de raison 2, avec comme premier terme 23 : 23 × 2 = 46, 46 × 2 = 92, etc. En conséquence, 368 × 2 = 736.

8. **Réponse : 75**
   Cette série décroissante suit un modèle de type –24/–12/–6/–3.

9. **Réponse : 91**
   Chaque terme est la somme des deux termes précédents : 25 = 17 + 8 ; 33 = 25 + 8 ; 58 = 33 + 25… Par conséquent, 58 + 33 = 91.

10. **Réponse : 26 et 38**
    Deux suites arithmétiques de raisons +4 et +7 sont combinées dans cette série. Les termes de la première suite sont : 14, 18, 22, et les termes de la seconde suite sont 17, 24, 31.

11. Réponse : 216 et 88

Vous devez combiner deux suites géométriques de raisons respectives 3 et 2 : 8, 24, 72, 216, et 11, 22, 44, 88.

12. Réponse : 200

Observez les sommes partielles des premiers nombres : 18 = 9 + 5 + 4 ; 32 = 18 + 9 + 5 ; 59 = 32 + 18 + 9 ; 109 = 59 + 32 + 18. Les trois premiers termes sont donnés et par la suite, chaque nouveau terme est la somme des trois termes précédents. En conséquence, 109 + 59 + 32 = 200.

13. Réponse : 720

Vous reconnaissez la suite des factoriels : 1 ; 1 × 2 ; 1 × 2 × 3 ; 1 × 2 × 3 × 4 ; 1 × 2 × 3 × 4 × 5. La réponse est donc égale à 1 × 2 × 3 × 4 × 5 × 6.

14. Réponse : 36

Modèle + 14/– 11, c'est-à-dire 16 + 14 = 30 ; 30 – 11 = 19 ; 19 + 14 = 33 ; 33 – 11 = 22. Vous ajoutez alors 14 à 22 pour obtenir la réponse.

15. Réponse : 6778

Dans cette série, la progression arithmétique est positive, mais décroissante : vous ajoutez d'abord 732, puis 731, ensuite 730, etc.

16. Réponse : 72

Pour passer d'un terme au suivant, vous devez ajouter chaque fois un carré parfait : + 1/+ 4/+ 9/+ 16… Vous devez alors ajouter le carré de 5 à 47, *i.e.* 25 à 47.

17. Réponse : 2520

Le critère à voir est une multiplication progressive : vous multipliez d'abord par 2, puis par 3, puis par 4…
Ainsi 21 × 2 = 42 ; 42 × 3 = 126 ; 126 × 4 = 504 et enfin 504 × 4 = 2 520.

18. Réponse : 1

C'est une progression de type horloge, c'est-à-dire lorsque vous passez à 12, au lieu de continuer avec 13, 14, 15 et ainsi de suite, vous repasser comme une horloge à 0, 1, 2, etc. Ici vous ajoutez 3 (3 heures) à chaque nouveau nombre. Donc 10 + 3 = 13 ou plutôt 1.

19. Réponse : 554

Deux suites arithmético-géométriques sont combinées, la première avec comme raison × 2/– 1 et la seconde avec le critère × 2/+ 1. Or 277 × 2 + 1 = 554.

20. Réponse : 289

Voici la suite des carrés des nombres à partir de 13 : $13^2 = 169$, $14^2 = 196$, $15^2 = 225$, $16^2 = 256$, $17^2 = 289$.

TEST 2

1. **Réponse : A**

   Cette série est de type récurrence : le rang de chaque terme est calculé à partir de la somme des rangs des deux lettres précédentes : D + C = 4 + 3 = 7 = G ; C + G = 3 + 7 = 10 = J. En conséquence, J + Q = 10 + 17 = 27 = 26 + 1 = A.

2. **Réponse : F**

   Observez les rangs : 2, 4, 8, 16. Vous multipliez par 2 le rang de la lettre qui précède dans la série. Par conséquent, le rang de la lettre solution est 32, ou plus exactement 6 si l'on considère qu'à Z on revient à A (32 = 26 + 6).

3. **Réponse : S**

   Voici la suite des initiales des jours de la semaine : **L**undi, **M**ardi, **M**ercredi, **J**eudi, **V**endredi, etc.

4. **Réponse : G**

   La série suit une règle de progression arithmétique qui évolue de manière croissante : +1/+2/+3/+4/+5.

5. **Réponse : L**

   Voici une série avec deux critères alternés : +4/–2. En conséquence, pour passer de B à F, vous ajoutez 4 lettres, pour passer de F à D, on retire 2 rangs, pour passer de D à H, on ajoute 4.

6. **Réponse : QAI**

   Progression de type –2/–3/+3.

7. **Réponse : GCY**

   Progression de type +3/+2/+1.

8. **Réponse : NSH**

   Progression de type +2/+3/+4.

9. **Réponse : MOJ**

   Progression de type +1/+2/+1.

10. **Réponse : BMN**

    Progression de type –4/+2/–1.

11. **Réponse : X**

    Les rangs des lettres de cette série suivent une progression arithmétique de raison 5. Observez la suite des rangs : 4, 9, 14, 19, 24. Le X a pour rang 24.

CORRIGÉS

12. Réponse : Q

Aucune progression mathématique ne marche ici. Vous devez vous référer au sens des lettres. Voilà en fait un critère fondé sur des initiales : chaque lettre représente l'initiale d'un mot. La série est ici Dix, Vingt, Trente, Quarante, Cinquante, etc. La bonne réponse est donc Q pour Quatre-vingt.

13. Réponse : N

Cette suite est celle des initiales des mois de l'année : Janvier, Février, Mars, Avril, Mai… Par conséquent, après le O d'Octobre, il y a le N de Novembre.

14. Réponse : M

Cette série suit un critère alterné de type + 1/+ 2. En conséquence, le M doit venir directement après le L.

15. Réponse : J

Commencez par remarquer qu'il n'y a aucune voyelle dans cette série. Cette série est en fait la suite des consonnes de l'alphabet. Après le H, vous sautez la voyelle I pour avoir le J.

16. Réponse : H

Il s'agit ici d'une série à progression arithmétique croissante qui diminue de type + 4/+ 3/ + 2/+ 1. L'écart entre les lettres diminue donc.

17. Réponse : F

Les rangs des lettres de la série suivent une progression géométrique de raison 2. Vous multipliez donc chaque rang par 2 pour obtenir le rang suivant : le rang de B est 2, et $2 \times 2 = 4$, ce qui correspond au rang de D, etc.

18. Réponse : D

Vous mélangez deux suites dans cette série : A, B, C et P, Q, R, etc. La lettre qui doit suivre est donc D.

19. Réponse : A

Voici une progression de type « initiales » qui donne la suite des unités de temps : Seconde, Minute, Heure, Jour, Mois et Année. Vous devez donc trouver A pour Année.

20. Réponse : Y

Inscrivez les rangs des lettres : 1, 4, 9, 16. Le rang des lettres correspond donc à la suite des carrés. Le carré qui suit est donc 25.

TEST 3

Question 1. Réponse A

L'aiguille (sans cercle) tourne d'un quart de tour. La petite (avec le cercle) tourne d'un huitième de tour.

Question 2. Réponse D

Les deux motifs intérieurs se déplacent en sens opposé et changent de couleur entre les mouvements.

Question 3. Réponse F

Les deux carrés supérieurs se déplacent en diagonale tandis que le troisième se déplace sur la troisième ligne.

Question 4. Réponse C

Le premier carré se déplace sur la deuxième ligne, tandis que le carré du bas de la première colonne se déplace en diagonale. Le troisième carré remonte la troisième colonne.

Question 5. Réponse E

Le rond se déplace sur la diagonale. Le triangle se déplace sur les deux coins de droite et effectue un quart de tour sur lui-même dans le sens des aiguilles d'une montre.

Question 6. Réponse F

Le premier carré se déplace en zigzag sur les deux premières lignes, et le deuxième carré le fait sur les deux lignes du bas.

Question 7. Réponse A

Deux traits tournent dans le sens des aiguilles d'une montre, l'un d'un quart de tour, l'autre d'un huitième de tour. Lorsqu'ils se rejoignent, ils se superposent.

Question 8. Réponse C

Même principe que le précédent. Un trait se déplace d'un quart de tour, un autre d'un huitième de tour. Le long trait horizontal reste fixe.

Question 9. Réponse D

Les disques tournent dans le sens horaire et changent de couleur lorsqu'ils traversent la barre du milieu.

Question 10. Réponse D

Pour que chaque figure se retrouve dans les 4 cases, il faut avoir le carré en bas à gauche, le triangle en haut à gauche, etc.

TEST 4

Question 1. Réponse B

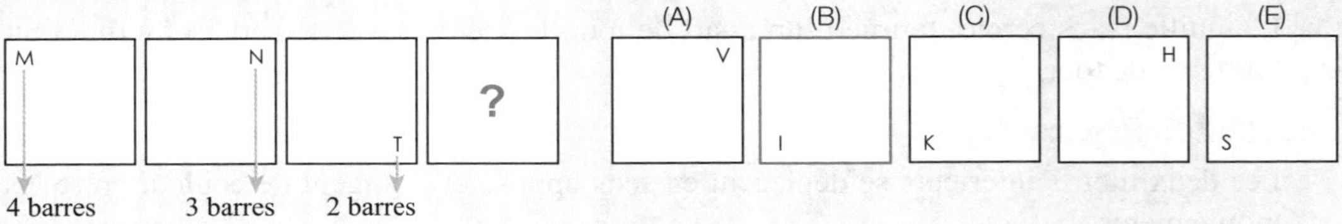

⚠ au mouvement horaire.

Question 2. Réponse E

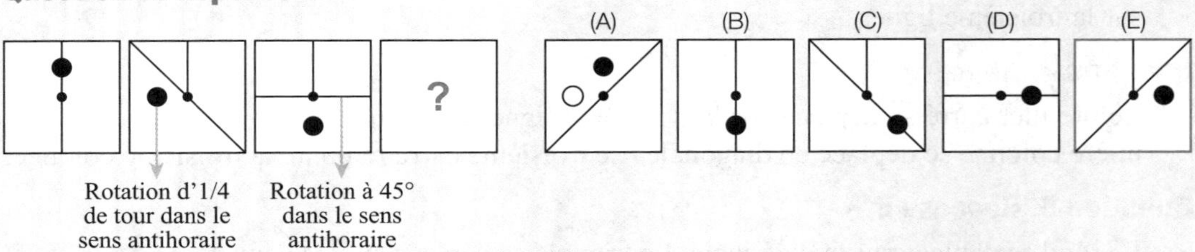

Question 3. Réponse E

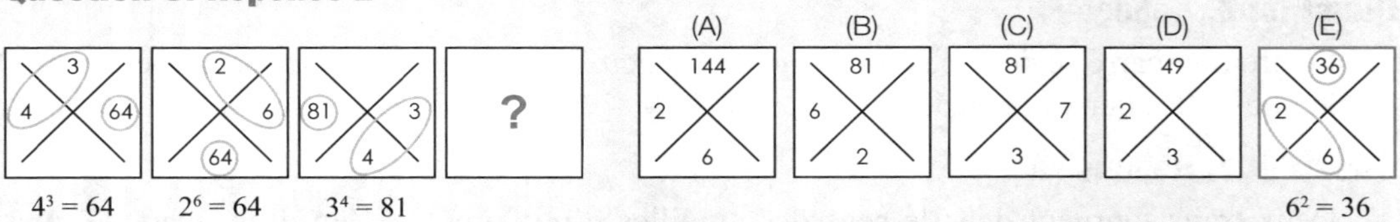

Question 4. Réponse D

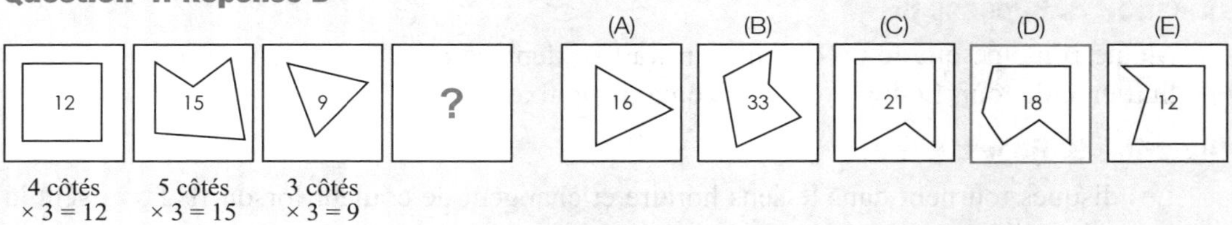

Question 5. Réponse D

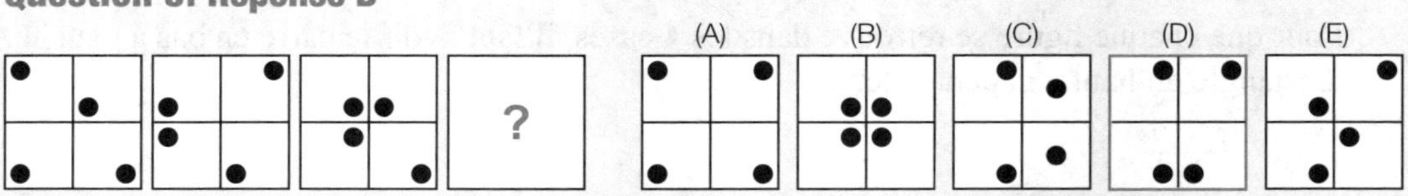

Suivez les points indépendamment. Le point en haut à gauche se déplace dans le sens antihoraire ; celui en haut à droite, en diagonale ; celui en bas à gauche, dans le sens horaire ; celui en bas à droite, de droite à gauche.

Question 6. Réponse B

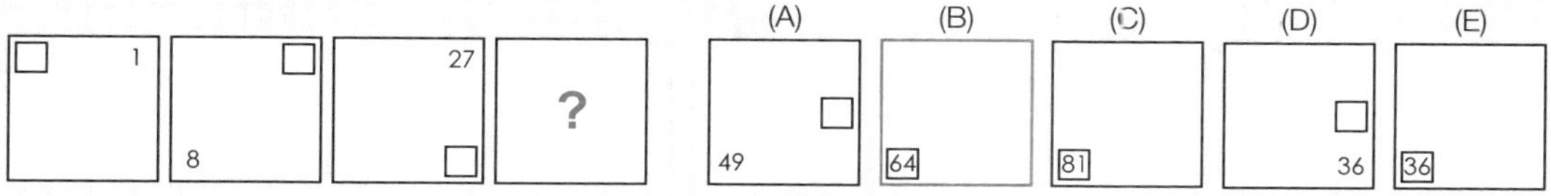

1 = $\mathbf{1^3}$ 8 = $\mathbf{2^3}$ 27 = $\mathbf{3^3}$

Les carrés tournent dans le sens horaire.

Question 7. Réponse E

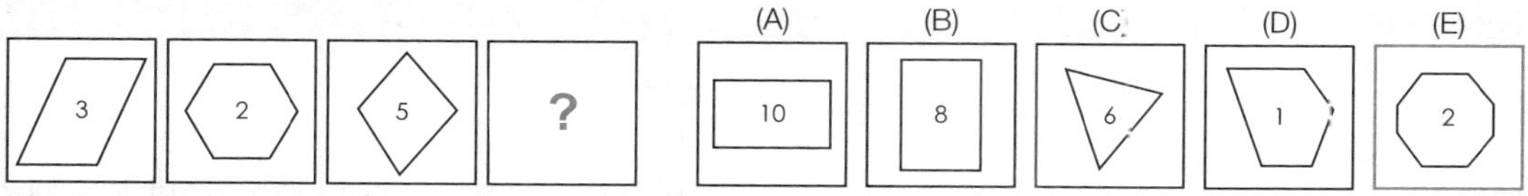

4 côtés + 3 = **7** 6 côtés + 2 = **8** 4 côtés + 5 = **9**

En additionnant le nombre de côtés et le nombre dans la figure, on trouve 7, puis 8, puis 9.

Question 8. Réponse C

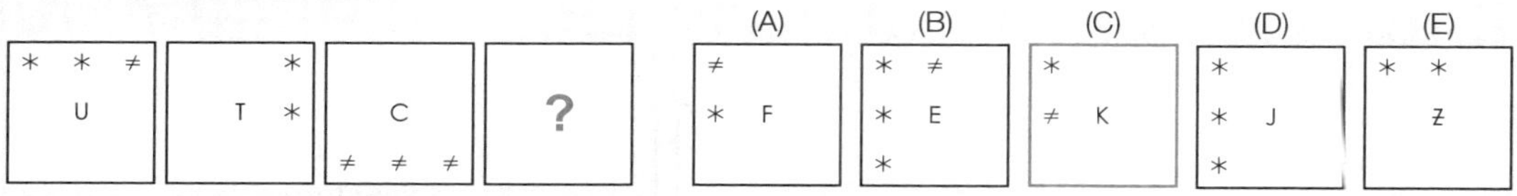

∗ + ∗ + ≠ = 21 ∗ + ∗ = 20 ≠ + ≠ + ≠ = 3

Code pour représenter la valeur numérique de la lettre (∗ = 10 ; ≠ = 1)

Question 9. Réponse B

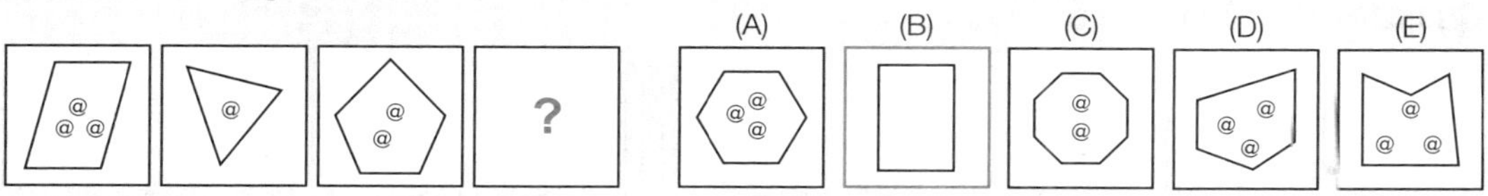

4 côtés – 3 @ = **1** 3 côtés – 1 @ = **2** 5 côtés – 2 @ = **3** 4 côtés – 0 @ = **4**

La différence (nombre de côtés – nombre d'@) suit une progression arithmétique de + 1.

Question 10. Réponse E

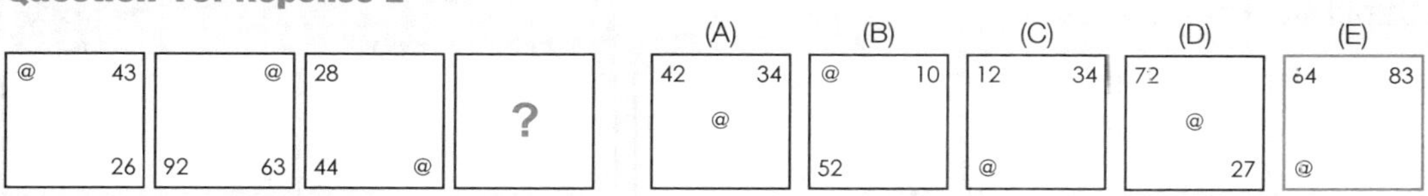

4 × 3 = 2 × 6 9 × 2 = 6 × 3 2 × 8 = 4 × 4

⚠ au mouvement de l'@.

Question 11. Réponse D

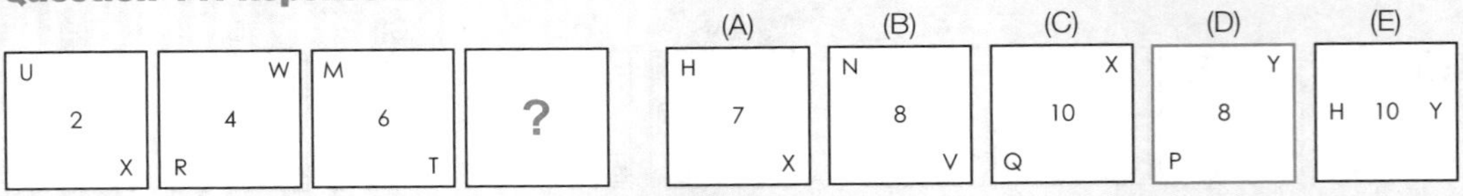

Progression arithmétique des chiffres de +2

Le chiffre représente l'écart entre les 2 lettres de la figure.

U – (V – W) – **X** → **2** lettres **R** – (S – T – U – V) – **W** → **4** lettres

Question 12. Réponse C

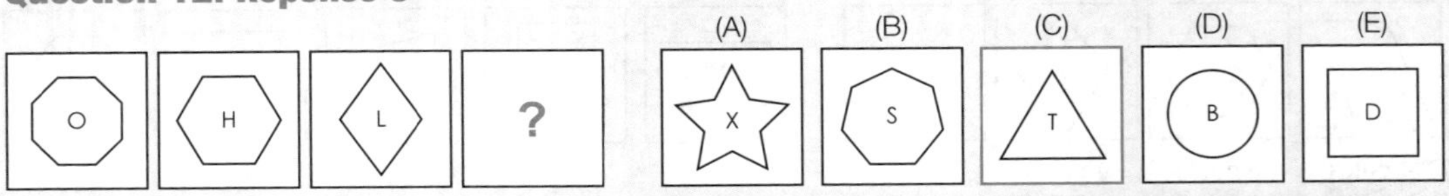

Il fallait en fait voir ici que la lettre qui se trouve à l'intérieur de la figure n'est rien d'autre que l'**initiale** du nom que porte la figure. Ainsi a-t-on la lettre **O** pour **O**ctogone, **H** pour **H**exagone, **L** pour **L**osange. On garde la réponse C (**T** pour **T**riangle bien sûr !)

Question 13. Réponse A

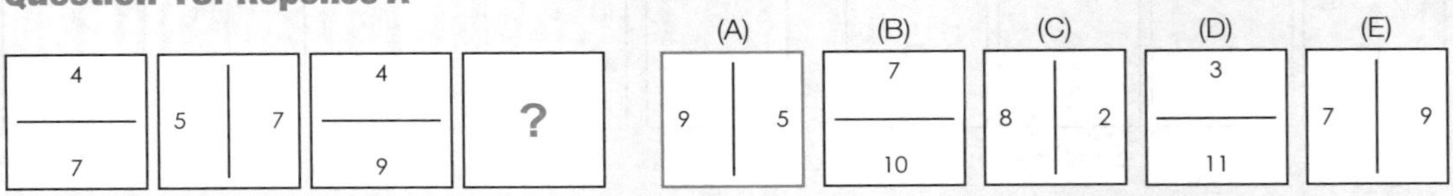

4 + 7 = **11** 5 + 7 = **12** 4 + 9 = **13**

La barre sera verticale. Progression arithmétique de + 1 de la somme des chiffres.

Question 14. Réponse B

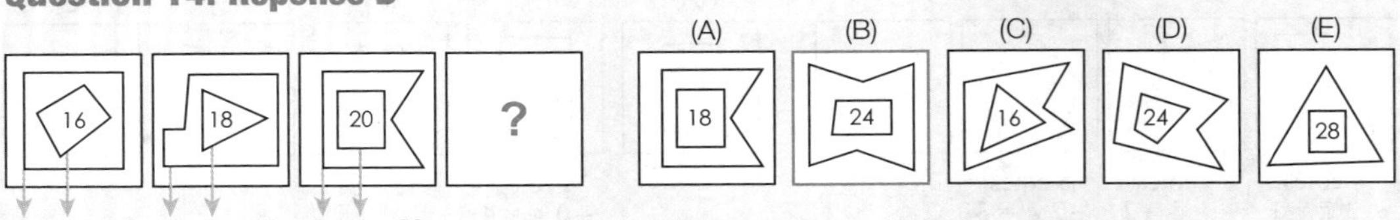

4 × 4 = **16** 6 × 3 = **18** 5 × 4 = **20**

Le produit des nombres de côtés des formes donne le nombre dans la figure.

Question 15. Réponse C

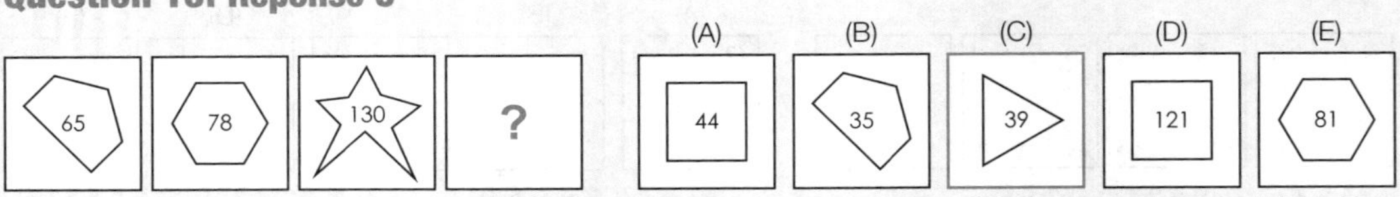

5 côtés × 13 = 65 6 côtés × 13 = 78 10 côtés × 13 = 130

CORRIGES

Question 16. Réponse C

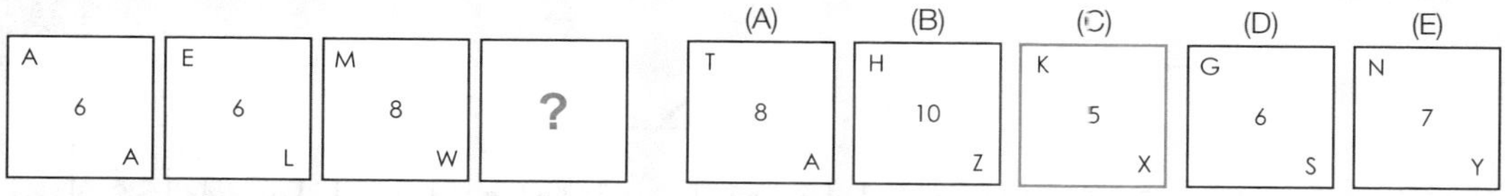

La somme des barres des lettres vaut le chiffre du milieu : A + A = 6 barres = 6.

Question 17. Réponse D

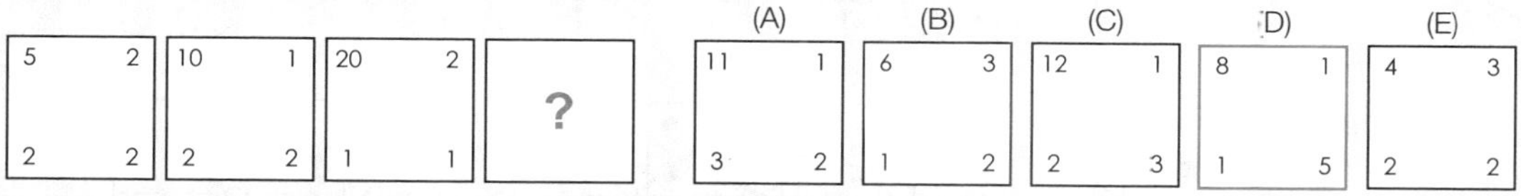

Le produit de tous les chiffres/nombres d'un même cadre est constant : ce produit est en effet toujours égal à 40.

$5 \times 2 \times 2 \times 2 = 40$ $10 \times 1 \times 2 \times 2 = 40$ $20 \times 2 \times 1 \times 1 = 40$

On garde la réponse D ($8 \times 1 \times 5 \times 1 = 40$!)

Question 18. Réponse C

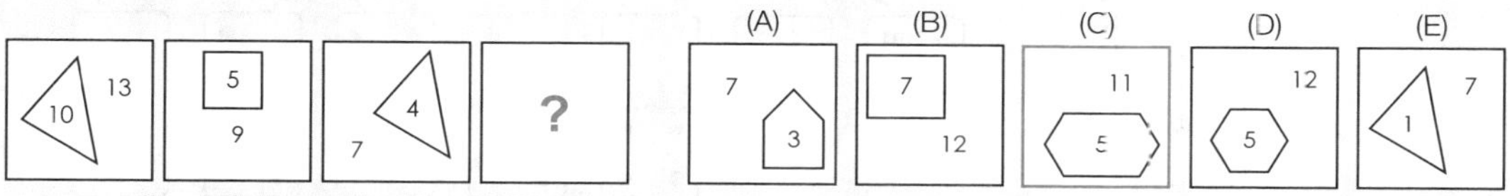

3 côtés + 10 = 13 4 côtés + 5 = 9 3 côtés + 4 = 7

La somme du nombre dans la figure et du nombre de côtés de la figure donne le chiffre à l'extérieur.

Question 19. Réponse A

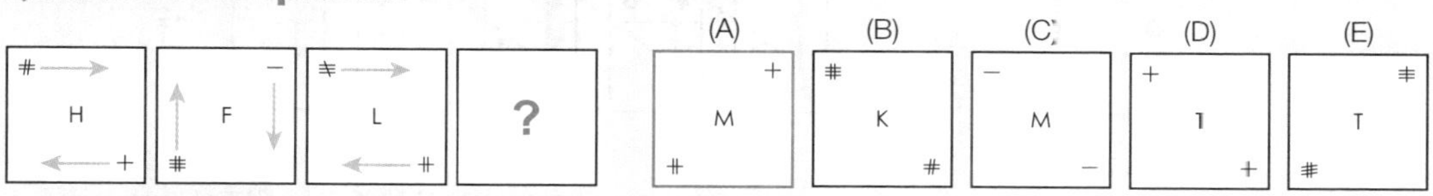

Nombre de barres des trois signes de la figure toujours égal à 9 (« # » + « H » + « + » = 9)

Question 20. Réponse A

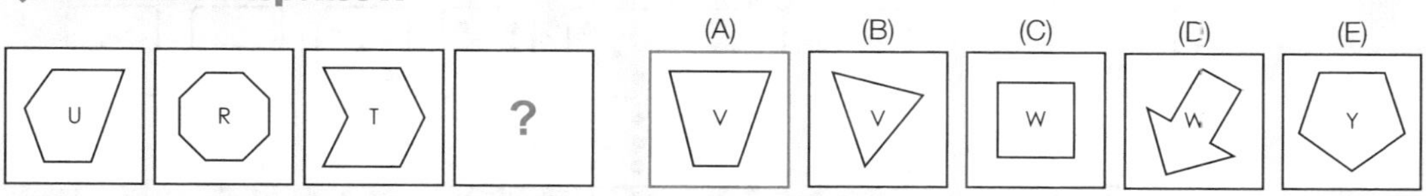

Valeur numérique de la lettre + nombre de côtés toujours égal à 26.

U est la 21e lettre de l'alphabet : 21 + 5 = 26…

CORRIGES

TEST 5

1. Réponse :

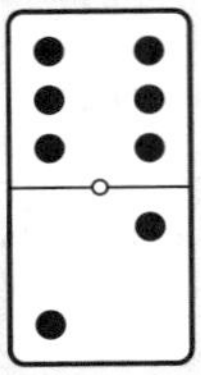

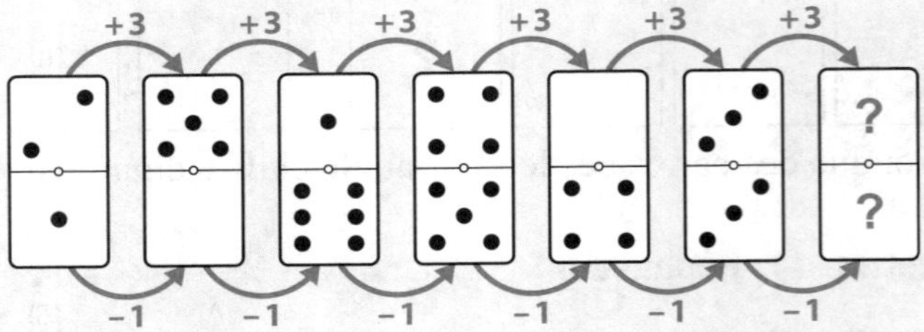

2. Réponse :

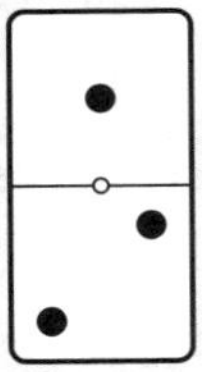

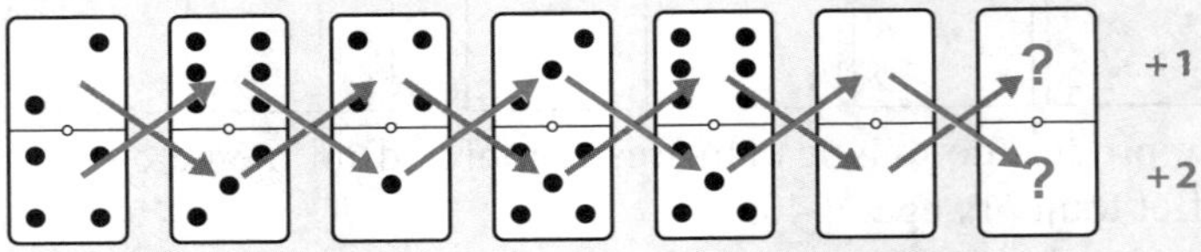

3. Réponse :

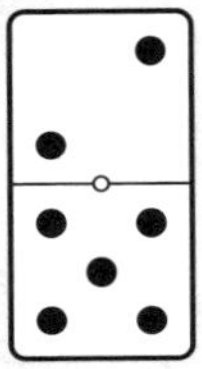

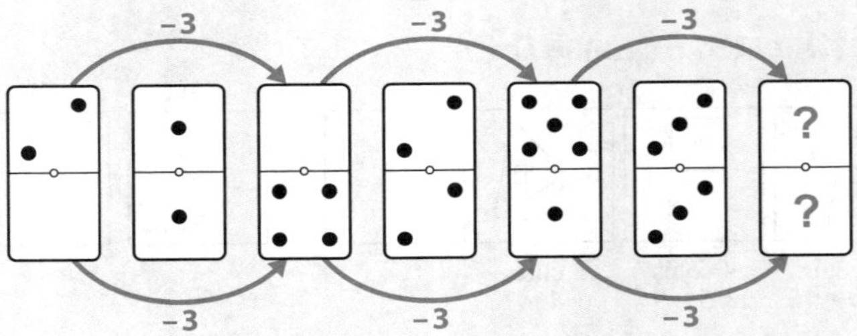

Les dominos n° 2, 4 et 6 ne sont pas à prendre en compte ici.

4. Réponse :

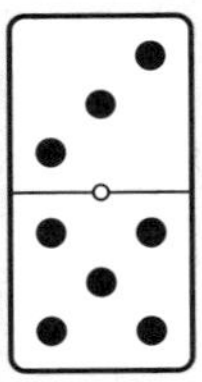

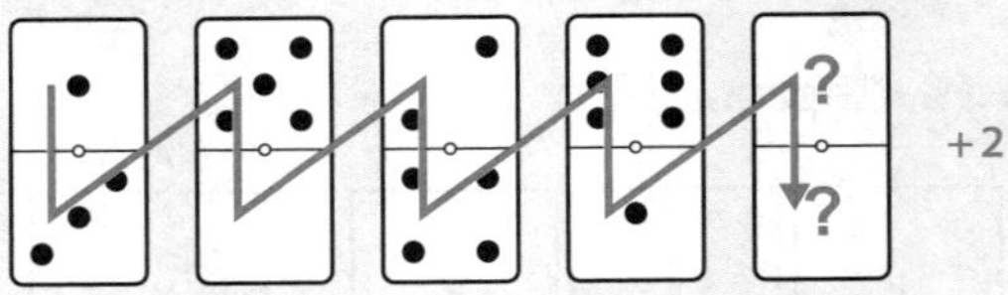

+2 avec mouvement en zigzag.

5. Réponse :

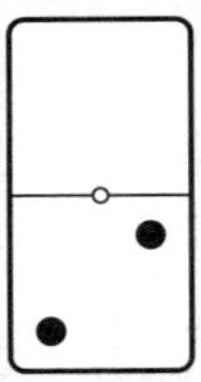

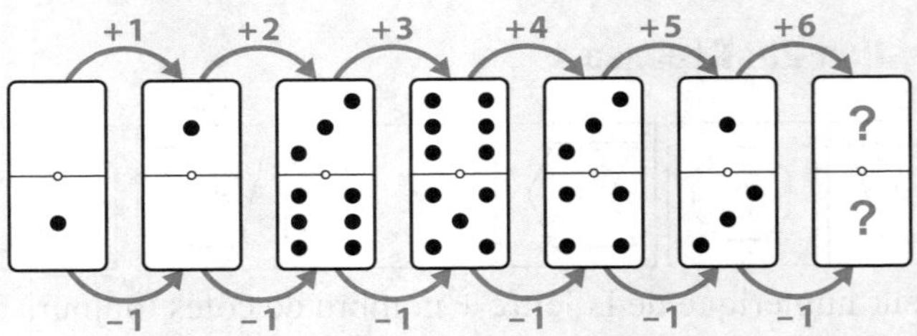

6. Réponse :

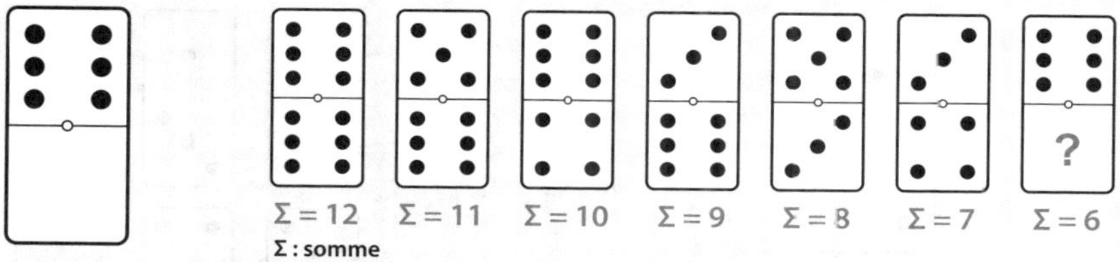

7. Réponse :

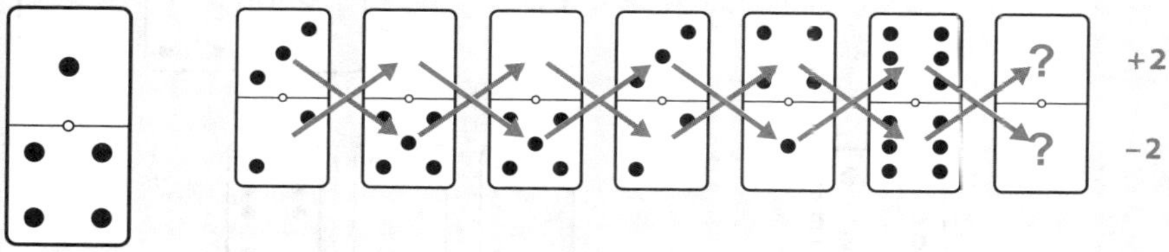

8. Réponse :

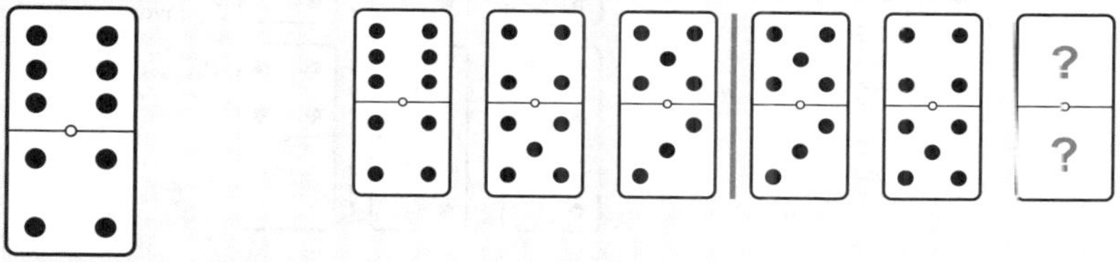

Effet miroir : le 6e domino est donc identique au 1er.

9. Réponse :

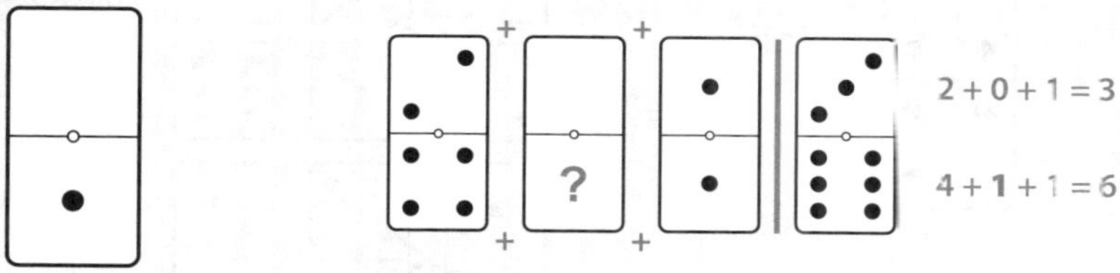

10. Réponse :

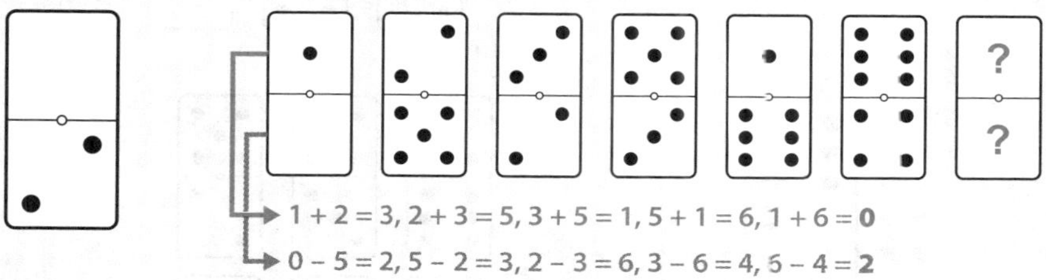

11. Réponse :

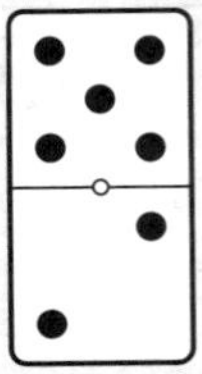

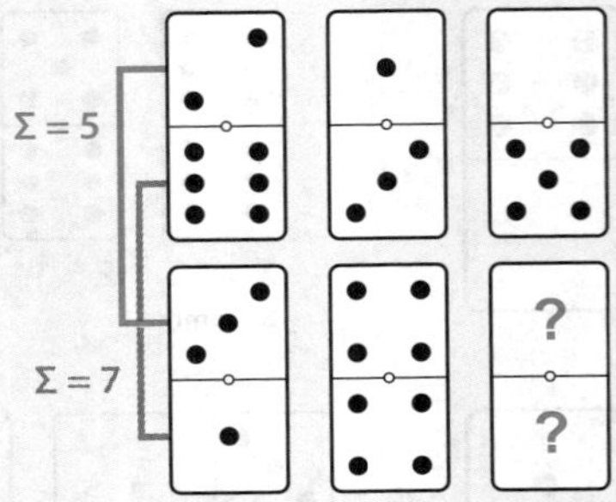

12. Réponse :

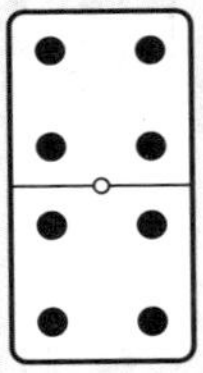

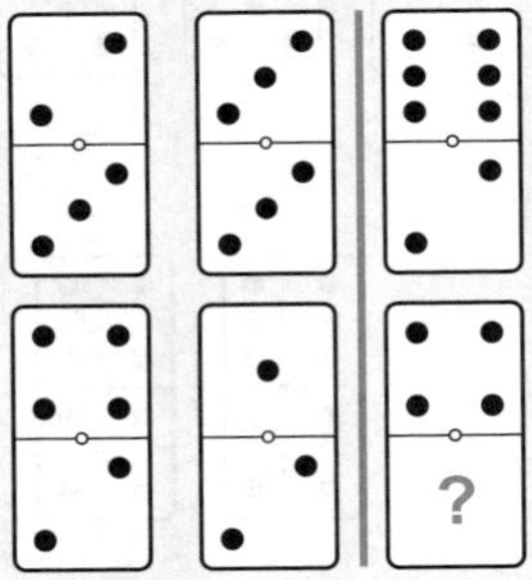

$2 \times 3 = 6$

$3 \times 3 = 2$
(avec retour à 0 après 6)

$4 \times 1 = 4$

$2 \times 2 = \mathbf{4}$

13. Réponse :

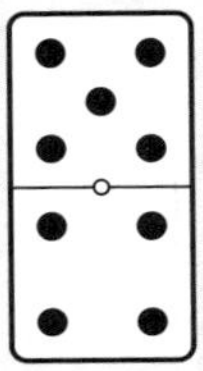

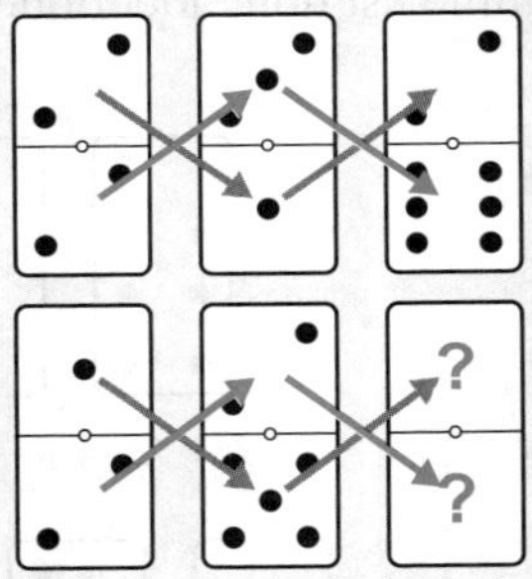

$2 \times 1 = 2$

$2 \times 3 = 6$

$1 \times 5 = \mathbf{5}$

$2 \times 2 = \mathbf{4}$

14. Réponse :

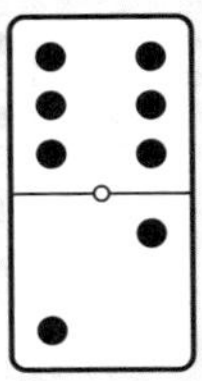

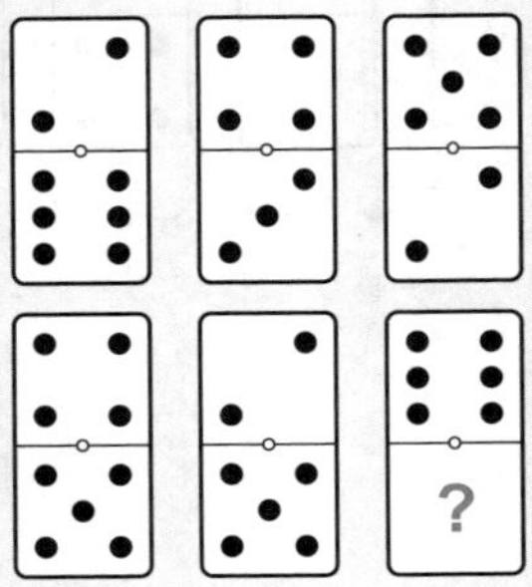

$2 + 4 + 5 = 11$

$6 + 3 + 2 = 11$

$4 + 2 + \mathbf{6} = 12$

$5 + 5 + \mathbf{2} = 12$

La somme des faces supérieures est égale à la somme des faces inférieures.

15. Réponse :

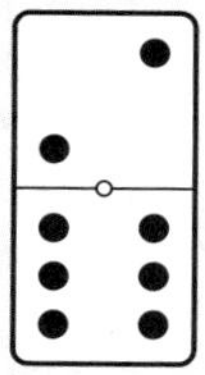

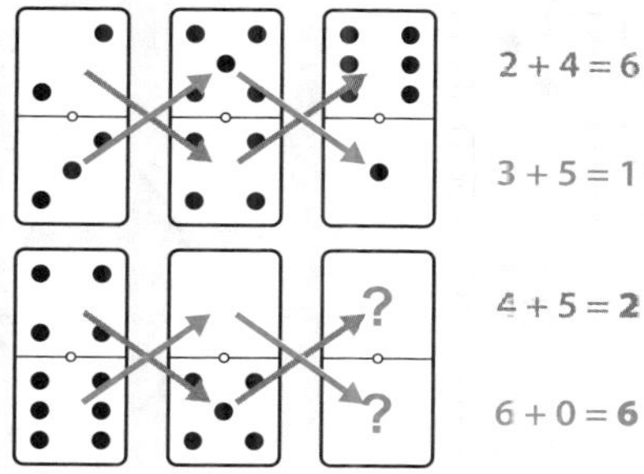

16. Réponse :

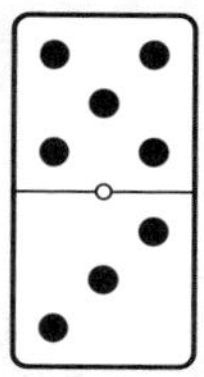

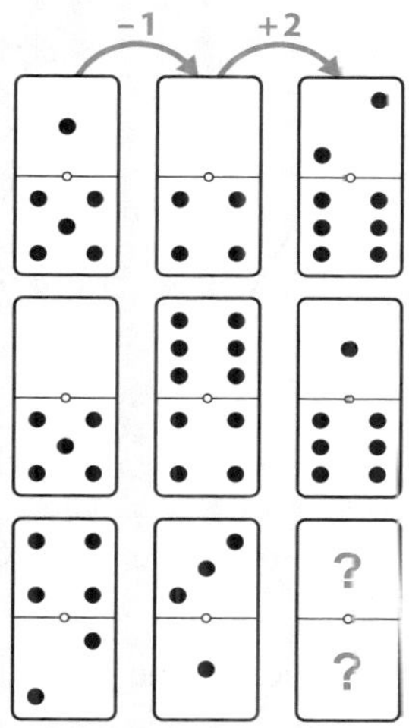

Sur chaque ligne, on fait –1 puis +2.

17. Réponse :

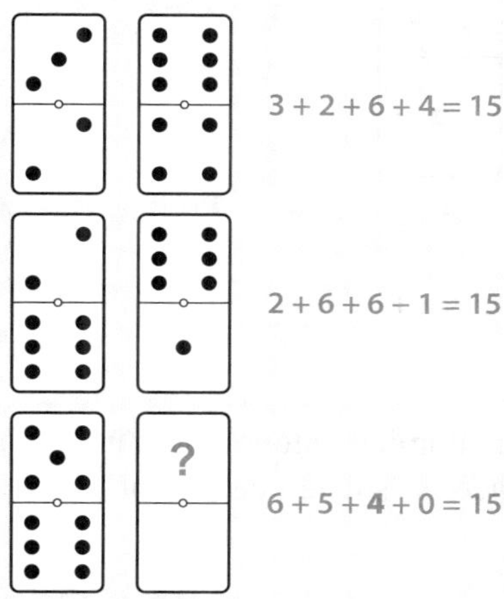

La somme des faces des deux dominos de chaque ligne vaut 15.

18. Réponse :

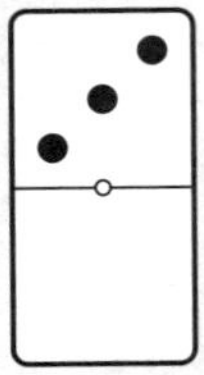

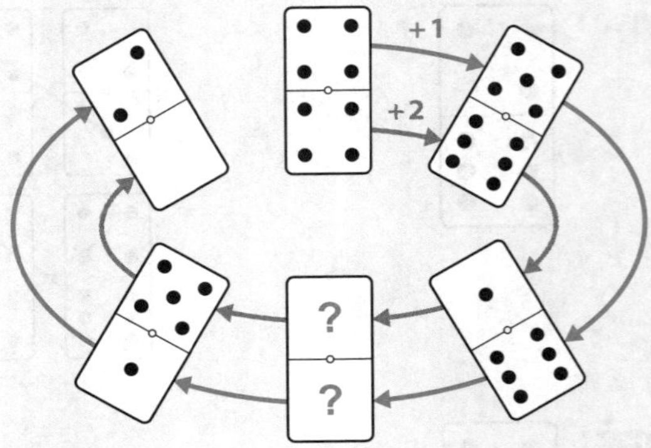

19. Réponse :

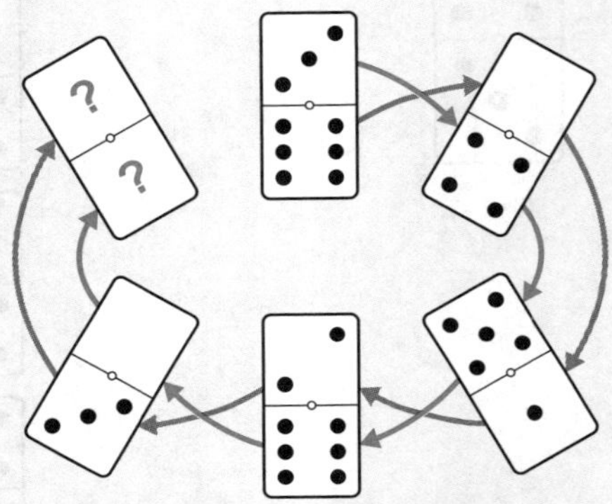

Une partie haute s'associe à une partie basse et on fait + 1 d'une face à l'autre.

20. Réponse :

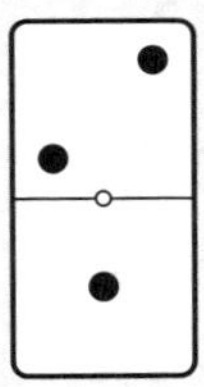

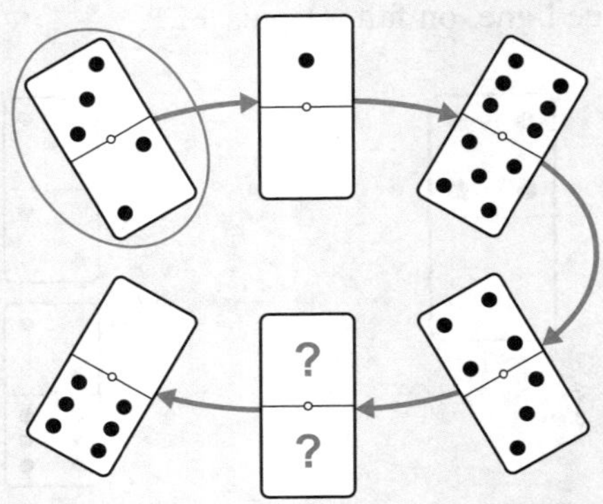

En partant du domino entouré, on fait : (3/2), (1/0), (6/5), (4/3), (2/1), (0/6).
Toutes les faces se suivent en faisant – 1.

TEST 6

1. **Réponse : FRAMBOISE (9)**
   Le chiffre entre parenthèses correspond au nombre de lettres qu'il y a dans le mot.

2. **Réponse : SALTIEL (5)**
   Nombre de lettres dans le mot.

3. **Réponse : ARKANSAS (3)**
   Nombre de A dans le mot.

4. **Réponse : RUSSIE (5 – 18)**
   Le premier chiffre correspond au rang de la dernière lettre du mot dans l'alphabet. Le second chiffre correspond au rang de la première lettre du mot dans l'alphabet.

5. **Réponse : Pauvre**
   Facile est l'antonyme de Difficile ; Aigre est l'antonyme de Doux ; Pauvre est l'antonyme de Riche.

6. **Réponse : Geler**
   On a fait tomber la première syllabe des trois premiers mots.
   *Dé*pendre → pendre ; *Re*faire → faire ; *Con*geler → geler

7. **Réponse : 789 (H)**
   La lettre entre parenthèses est la première lettre du deuxième chiffre des nombres.
   789 : Huit ; 345 : Quatre ; etc.

8. **Réponse : 0,1**
   1 mètre = 1 mètre ; 1 centimètre = 0,01 mètre ; 1 décimètre = 0,1 mètre.

9. **Réponse : Six (3)**
   Nombre de lettres dans le mot.

10. **Réponse : 3 600**
    1 heure = 1 heure ; 1 heure = 60 minutes ; 1 heure = 3 600 secondes.

11. **Réponse : XXVIII (9)**
    Il faut compter le nombre total de barres qui composent les chiffres romains.
    Ainsi, IV contient trois barres (une barre pour I et deux barres pour V).

12. **Réponse : Quatre (6)**
    Nombre de lettres dans le mot.

13. **Réponse : 8(X)3**
    Le rang de la lettre entre parenthèses est égal au produit des deux chiffres.
    Ainsi $8 \times 3 = 24$ et la vingt-quatrième lettre de l'alphabet est X.

14. **Réponse : 0,000001**
    1 tonne = 1 tonne ; 1 kilo = 0,001 tonne ; 1 gramme = 0,000001 tonne.

15. Réponse : CHIEN

Série d'anagrammes : une anagramme de TERIF est FRITE. Une anagramme de MANOR est ROMAN et une anagramme de NICHE est CHIEN.

Il fallait bien entendu donner des anagrammes qui sont des noms communs (des mots qui ont un sens) par analogie avec le fait qu'une anagramme de TERIF donnait FRITE (un mot qui a du sens).

16. Réponse : ATTACHER

Cryptage arbitraire. On a attribué à A la valeur 4, à C la valeur 2, à H la valeur 6, à E la valeur 8, etc.

A	C	H	E	T	E	R
4	**2**	**6**	**8**	**1**	**8**	**3**

A	T	T	A	C	H	E	R
4	**1**	**1**	**4**	**2**	**6**	**8**	**3**

17. Réponse : Création (8)

Nombre de lettres dans le mot.

18. Réponse : Nage

Truite Nage.

19. Réponse : Il (2)

Nombre de lettres dans le mot.

20. Réponse : BARBE

BARBE est une anagramme de ABERB de même que MALIN est une anagramme de NIMAL et SIGNE une anagramme de SINGE.

21. Réponse : Rotor

Série de palindromes. Il fallait ici compléter le mot Rot? de telle sorte que l'on obtienne aussi un palindrome.

22. Réponse : XIII (T)

Chaque nombre romain est suivi par sa première lettre. XIII : TREIZE ; XVI : SEIZE ; XX : VINGT ; XII : DOUZE.

23. Réponse : Vélo (2)

Analogie : nombre de roues qu'il y a dans chacun des moyens de locomotion.

24. Réponse : QDCS

454 : Quatre cent cinquante-deux ; 253 : Deux cent cinquante-trois ; 192 : Cent quatre-vingt-douze ; 628 : Six cent vingt-huit.

25. Réponse : 1(U)

111 : *Cent onze* ; 1111 : *Mille onze* ; 11 : *Onze* ; 1 : *Un*.

26. Réponse : (27)

La multiplication des chiffres des nombres de la colonne de gauche donne les nombres de la colonne de droite. 5 × 6 = 30 ; 3 × 4 = 12 ; etc.

27. Réponse : (6)

Si vous considérez les nombres de la colonne de gauche et que vous soustrayez le deuxième chiffre au premier, vous obtenez les chiffres de la colonne de droite.
Ainsi, 9 – 5 = 4 ; 8 – 3 = 5 ; 7 – 1 = 6.

28. Réponse : HUT

Il suffit de replacer les lettres dans le même ordre.

29. Réponse : XI

Progression arithmétique de raison 2. III (3) V (5) VII (7) IX (9) XI (11).

30. Réponse : Bénédiction (6)

Nombre de consonnes dans le mot.

31. Réponse : ITAL / 3421

OUBLE est une anagramme de BOULE et le cryptage est le suivant :

O	U	B	L	E
B	**O**	**U**	**L**	**E**
2	**3**	**1**	**4**	**5**

Les chiffres de la troisième ligne rendent compte du changement de position des lettres. Ainsi, O (de OUBLE) se trouve maintenant en position **2** (dans BOULE). U (de OUBLE) se trouve en position **3** (dans BOULE), B (de OUBLE) se trouve en position **1** (dans BOULE), etc.
Aussi, ITAL est une anagramme de LAIT et le cryptage est le suivant :

I	T	A	L
L	**A**	**I**	**T**
3	**4**	**2**	**1**

I (de ITAL) se trouve maintenant en position **3** dans le mot LAIT ; T (de ITAL) se trouve en position **4** dans LAIT ; A (de ITAL) se trouve en position **2** dans LAIT et L (de ITAL) se trouve en position **1** dans LAIT.

32. Réponse : 1 342 (M)

25 : Vingt-cinq ; 670 : Six cent soixante-dix ; 312 : Trois cent douze ; 1 342 : Mille trois cent quarante-deux.

33. Réponse : KH = S

Le rang de la lettre S est égal à la somme des rangs des lettres K et H dans l'alphabet.
K(11) + H(8) = S (19).

34. Réponse : Courageux (5)
Nombre de voyelles dans le mot.

35. Réponse : Taxe
La syllabe TA est commune à tous les mots.

36. Réponse : L – 5 – R
Le chiffre du milieu est égal à : [(rang de la deuxième lettre) – (rang de la première lettre) – 1].
Ainsi : 5 = 18 – 12 – 1.

37. Réponse : ROC = 30
30 = (rang de R) + (rang de O) – (rang de C).
De même pour SAH = 12 : 12 = (rang de S) + (rang de A) – (rang de H).

38. Réponse : Fendre
On a fait tomber la première syllabe des mots Ramener et Défendre.

39. Réponse : Jumeau (24)
Le premier chiffre est le nombre de consonnes dans le mot, le second chiffre est le nombre de voyelles.

40. Réponse : INDUIRE
Cryptage arbitraire.

C	O	N	D	U	I	R	E
7	**4**	**1**	**6**	**2**	**8**	**9**	**5**

I	N	D	U	I	R	E
8	**1**	**6**	**2**	**8**	**9**	**5**

41. Réponse : Allégria 18
Le premier chiffre est égal au rang de la première lettre du mot ; le second chiffre est égal au nombre de lettres qu'il y a dans le mot.

42. Réponse : HONTE
Cryptage « pendu ». Le chiffre associé à chaque lettre indique la place de la lettre dans le mot.

43. Réponse : G(70)J
Le chiffre entre parenthèses est égal à la multiplication des rangs des lettres.
70 = G(7) × J(10).

44. Réponse : Koweït 3
Nombre de voyelles dans le mot.

45. Réponse : Corne
La syllabe COR est commune à tous les mots.

46. Réponse : ECRAN / 05931

Cryptage arbitraire.

C	R	A	N	E
5	**9**	**3**	**1**	**0**

E	C	R	A	N
0	**5**	**9**	**3**	**1**

47. Réponse : MY

PH/QI : P et Q sont successives ; H et I sont successives. LX/MY : L et M sont successives ; X et Y sont successives.

48. Réponse : Jonny a 23 ans

Le premier chiffre de l'âge (2) est égal au nombre de voyelles dans le prénom et le deuxième chiffre (3) au nombre de consonnes.

49. Réponse D : Joseph

Le premier chiffre (10) est égal au rang de la première lettre du prénom (J) et le deuxième chiffre (8) est égal au rang de la dernière lettre du prénom (h).

50. Réponse : YGU

Il suffit de replacer les lettres selon le même ordre.

IV. TESTS DE LOGIQUE VERBALE SESAME ET LINK

TEST 1 : 20 questions – 10/15 minutes

Consigne : trouvez la réponse juste parmi les réponses proposées.

Question 1. Quels sont les termes qui appartiennent au domaine de la « tabagie » ?

1. Narguilé
2. Nicot
3. Bouffarde
4. Chique
5. Chicot

(A) 1 + 4 (B) 2 + 3 + 4 (C) 1 + 5
(D) 1 (E) 1 + 2 + 3 + 4

Question 2. Parmi les expressions suivantes, quelles sont celles qui signifient « faire des ronds de jambe » ?

1. Faire des courbettes
2. Avoir les jambes torses
3. Prendre des cours de danse
4. Faire preuve d'une urbanité obséquieuse
5. Couper des légumes en morceaux

(A) 4 (B) 1 + 4 (C) 1 + 2 + 5
(D) 1 + 3 (E) 1

Question 3. Quels sont les termes utilisables pour qualifier une statue ?

1. Manchote
2. Grecque
3. Colonne
4. Phénicienne
5. Callipyge

(A) 1 + 2 + 3
(B) Aucun
(C) 4 + 5
(D) 1 + 2 + 3 + 4 + 5
(E) 2

Question 4. Quels termes sont épicènes ?

1. Ministre
2. Crêpe
3. Guide
4. Pianiste
5. Espèce

(A) 1 + 2 + 4
(B) 1 + 3 + 5
(C) 1 + 2 + 3 + 4
(D) 2 + 5
(E) 3 + 4

Question 5. Des arguments « fallacieux » sont :

(A) Des arguments très convaincants
(B) Des arguments peu solides
(C) Des arguments séduisants
(D) Des arguments vides de tout sens
(E) Des arguments qui cherchent à tromper

Question 6. Indiquez la première personne du plus-que-parfait du subjonctif du verbe « couper » ?

(A) Que j'eut coupé (B) Que j'eus coupé (C) Que j'eusse coupé
(D) Que j'aurai coupé (E) Que j'eussé couper

Question 7. Les deux mots « conjecture » et « conjoncture » sont des :

(A) Synonymes (B) Paronymes (C) Homonymes
(D) Antonymes (E) Sigles

Question 8. Quelle est la phrase bien orthographiée ?

(A) Les poissons frits qu'il avait prits nous ont suffits pour le dîner
(B) Les poissons frits qu'il avait pris nous ont suffi pour le dîner
(C) Les poissons frits qu'ils avaient pris nous ont suffis pour le dîner
(D) Les poissons fris qu'il avait pris nous ont suffi pour le dîner
(E) Les poissons frits qu'ils avait pris nous ont suffis pour le dîner

Question 9. Dans la phrase « rien ne me plaît davantage que la randonnée en montagne », « davantage » est :

(A) Un adjectif (B) Un pronom (C) Un adverbe
(D) Une conjonction (E) Un complément circonstanciel

Question 10. A quel mode et à quel temps correspond la forme verbale « avions chanté » ?

(A) Conditionnel passé première forme
(B) Futur antérieur
(C) Passé antérieur de l'indicatif
(D) Plus-que-parfait de l'indicatif
(E) Subjonctif passé

Question 11. Quel mot est mal orthographié ?

(A) Exhaustif (B) Exhubérant (C) Exhibition
(D) Exhumer (E) Examiner

Question 12. Dans la phrase « je voudrais que tu viennes rapidement », « que » est :

(A) Un pronom relatif
(B) Une conjonction de subordination
(C) Un adverbe
(D) Une conjonction de coordination
(E) Aucune des réponses ne convient

Question 13. Quelle est la conjugaison du verbe « émouvoir » à la première personne du pluriel du conditionnel présent ?

(A) Nous émouverions (B) Nous émeuverions (C) Nous émouvrions
(D) Nous émouvions (E) Nous émouvririons

Question 14. Complétez avec les bonnes tournures la phrase suivante.
« (...) décision que tu prennes, (...) soit ton choix, je partirai. »

(A) Quelle que, quel que (B) Quelque, quel que (C) Quel que, quelque
(D) Quelque, quelque (E) Quelle que, quelque

Question 15. Quelle est la conjugaison correcte du verbe « cuire » à la troisième personne du singulier du conditionnel passé première forme ?

(A) Il aurait cuit (B) Il eut cuit (C) Il eût cuit
(D) Il aura cuit (E) Il ait cuit

Question 16. Combien de fautes d'orthographe et/ou d'usage l'annonce ci-après contient-elle ?

« Medium réputé exerce dans le quartier depuis cents ans ! Si vous aussi n'arrivez pas à trouver l'amour, prenez vite rendez-vous avec moi ! Très à l'écoute, je suis un travailleur chevroné, et je ne laisse aucune personne quittée mon officine sans croire à mes méthodes. Je formule pour vous mes vœux les plus sincères. »

(A) 1 faute (B) 2 fautes (C) 3 fautes
(D) 4 fautes (E) 5 fautes

Question 17. Complétez en choisissant la solution optimale.

« Votre déclaration (...) il est urgent de vendre mon appartement m'inquiète. »

(A) selon quoi (B) d'après qui (C) au vu de quoi
(D) suivant qui (E) après quoi

Questions 18 à 20 : choisissez la reformulation dont le sens se rapproche le plus du (des) passage(s) souligné(s).

Question 18. La politique a toujours été un sujet important pour lui et il considère la participation au débat politique comme un devoir citoyen. C'est d'ailleurs pour cela qu'il est adhérent à un parti politique depuis plusieurs années.

(A) militant (B) partisan (C) cotisant
(D) sympathisant (E) soutien actif

Question 19. C'est toujours comme cela et l'on ne peut rien y faire ! Dès l'arrivée de la saison hivernale, Léa ne peut s'empêcher de jouer les Cassandre.

(A) d'entrer en dépression
(B) prophétiser des malheurs
(C) se lancer dans des tirades lyriques
(D) se plaindre
(E) de s'énerver pour un oui ou pour un non

Question 20. Le délicieux parfum que je sentis en ouvrant la marmite me replongea immédiatement dans les premières années de mon enfance.

(A) La délicieuse émanation
(B) Le délicieux relent
(C) La délicieuse vigueur
(D) Le délicieux fumet
(E) Le délicieux remous

TEST 2 : 20 questions – 10/15 minutes

Consigne : trouvez la réponse juste parmi les réponses proposées.

Question 1. Parmi les propositions suivantes, laquelle est synonyme de la citation de Jean Racine : *« C'est ce qui me le fait justement abhorrer ? »*

(A) C'est ce qui me le fait exécrer
(B) C'est ce qui me le fait rencontrer
(C) C'est ce qui me le fait aimer
(D) C'est ce qui me le fait fuir
(E) C'est ce qui me le fait diffuser

Question 2. Parmi les propositions suivantes, laquelle est incorrecte ?

(A) Nous avons vu beaucoup de crapauds près de cet étang
(B) Cette recette demande du lard, il faut en acheter
(C) Mon mari fait beaucoup de cauchemards, je m'inquiète pour lui
(D) Il est considéré comme un vieillard alors que son esprit est encore très jeune
(E) Ce raccord de peinture est trop visible, il faut recommencer

Question 3. Parmi les propositions suivantes, laquelle est correcte ?

(A) Les chats ne miaulent que fort peux en général
(B) Le tigre peux ressembler à un gros chat parfois
(C) Hélas, cette année la récolte sera peu abondante, se désolait le fermier
(D) Nous regardons un peut les émissions de télé-réalité
(E) Cet enfant peu peu de choses

Question 4. Parmi les propositions suivantes, laquelle est correcte ?

(A) Cet haéropage de chercheurs a fait de brillantes découvertes
(B) Cet aréopage de chercheurs a fait de brillantes découvertes
(C) Cet aeraupage de chercheurs a fait de brillantes découvertes
(D) Cet haeraupage de chercheurs a fait de brillantes découvertes
(E) Cet haréaupage de chercheurs a fait de brillantes découvertes

Question 5. Parmi les propositions suivantes, laquelle est correcte ?

(A) Cet homme a beaucoup de courage, il est souvent en but aux critiques mais continue son combat
(B) Cet homme a beaucoup de courage, il est souvent en-but aux critiques mais continue son combat
(C) Cet homme a beaucoup de courage, il est souvent en bute aux critiques mais continue son combat
(D) Cet homme a beaucoup de courage, il est souvent en butte aux critiques mais continue son combat
(E) Cet homme a beaucoup de courage, il est souvent en buttes aux critiques mais continue son combat

Question 6. Parmi les propositions suivantes, laquelle est incorrecte ?

(A) Ce fabricant de meuble est très doué avec le bois
(B) Durant notre croisière, le personnel naviguant était très sympathique
(C) En fabriquant tes meubles toi-même, tu économiseras beaucoup d'argent
(D) En naviguant aussi vite, il y a un risque que le bateau chavire
(E) Cette fumée est suffocante, il faut que tu aères au plus vite

Question 7. Parmi les propositions suivantes, inspirées d'Ubu de Jarry, laquelle est correcte ?

(A) Mer farouche et inhospitalière qui baigne le pays appellé Germanie
(B) Ainsi nommés parce ce que les habitants de ce pays sont tous cousins germains
(C) Ah ! Bien qu'il est beau ce pays ne vaut pas la Pologne
(D) S'il n'y aurait pas de Pologne, il n'y aurait pas de Polonais
(E) Demain, nous éblouirons nos compatriotes des récits de nos aventures

Question 8. Parmi les propositions suivantes, laquelle est correcte ?

(A) Quand Jacques arrivait, la chambre devenait toute gaité, bruit et mouvement
(B) Jacques, partit, Paul se mettait à sa poésie
(C) Son travail ses rimes étaient moins pires de jour en jour
(D) Quelques fois, pourtant, je le rencontrais errant dans les rues
(E) Dès que je le vis coiffé ses cheveux, je compris où il allait

Question 9. Parmi les propositions suivantes, laquelle est correctement orthographiée ?

(A) Différents du commun des mortels, ils possédaient des caractéristiques orijinalles
(B) Différents du commun des mortels, ils possédaient des caractéristiques orijinales
(C) Différents du commun des mortels, ils possédaient des caractéristiques originalles
(D) Différents du comun des mortels, ils possédaient des caractéristiques orijinales
(E) Différents du commun des mortels, ils possédaient des caractéristiques originales

Question 10. Parmi les propositions suivantes, laquelle est correctement orthographiée ?

(A) Judith pendra sa crémayère dimanche
(B) Le métayer observait le ciel, inquiet
(C) Judith détestait allait chercher les œufs dans le poulayer
(D) Il faudrait que ces moineaux cessent de piayer
(E) Il admirait les balcons sayants de cet immeuble ancien

Question 11. Parmi les propositions suivantes, laquelle est correcte ?

(A) Ils ont mis leurs chapeaux sur leurs têtes car il faisait froid
(B) Ils ont mis leur chapeau sur leur tête car il faisait froid
(C) Ils ont mis leurs chapeaux sur leur tête car il neigeait
(D) Ils ont mis leur chapeau sur leurs têtes car il neigeait
(E) Ils ont mis leurs chapeaux sur leures têtes car il neigeait

Question 12. Parmi les propositions suivantes, laquelle correspond à la 3e personne du singulier de l'imparfait du verbe « pouvoir » ?

(A) Il pouvait (B) Il pourra (C) Il a pu
(D) Il avait pu (E) Ils pouvaient

Question 13. Parmi les propositions suivantes, laquelle est superlative ?

(A) La saison est plutôt belle
(B) Je vous en suis infiniment reconnaissant
(C) Je suis assez fatigué
(D) Elle arrive souvent en début d'après-midi
(E) Ils vous en sauront gré

Question 14. Parmi les propositions suivantes, laquelle correspond à la conjugaison du verbe « appeler » à la première personne du singulier de l'imparfait ?

(A) J'appelais (B) J'appellerai (C) J'aurai appelé
(D) J'ai appelé (E) J'avais appelé

Question 15. Parmi les propositions suivantes, laquelle est correcte ?

(A) Versons de la poix bien chaude sur la tête de ces audacieux ennemis
(B) Tu ferais bien de surveiller ton pois avant les vacances
(C) Quelle odeur épouvantable ! Pois, va te laver !
(D) Quand il a vu son poix, il a poussé un cri
(E) Jack a planté son poix magique pour rejoindre les géants

Question 16. Parmi les propositions suivantes, laquelle est correcte ?

(A) Les étudiants sont sensés connaître leurs cours avant l'examen
(B) Les étudiants sont censés connaître leurs cours avant l'examen
(C) Les étudiants sont sansés connaître leurs cours avant l'examen
(D) Les étudiants sont censsés connaître leurs cours avant l'examen
(E) Les étudiants sont senssés connaître leurs cours avant l'examen

Question 17. Parmi les phrases suivantes, laquelle est correctement rédigée ?

(A) L'iniquité semble tolérable lorsqu'elle est assez incohérente pour paraître volontaire
(B) L'iniquité semble tolérable lors qu'elle est assez incohérente pour paraître volontaire
(C) L'iniquité semble tolérable lorsquelle est assez incohérente pour paraître volontaire
(D) L'iniquité semble tolérable lorsqu'il est assez incohérente pour paraître volontaire
(E) L'iniquité semble tolérable lors qu'il est assez incohérente pour paraître volontaire

Question 18. Parmi les propositions suivantes, inspirées de La Bruyère, laquelle est correcte ?

(A) A la cour, l'on dit du bien de quelqu'un afin qu'il sut que nous disons du bien de lui
(B) A la cour, l'on dit du bien de quelqu'un afin qu'il en dise de nous
(C) Il ne faut rien exagérer, ni dire des cours le mal qui n'y ait point
(D) Il ne pense pas qu'à la cour l'on se souvint des mérites de chacun
(E) L'on est petit à la cour, quelque vanité que l'on aie

Question 19. Parmi les propositions suivantes, laquelle est correctement conjuguée au passé simple de l'indicatif ?

(A) Vous reçutes ce courrier il y a trois jours
(B) Pourtant vous n'y répondîtes pas
(C) Le 12 mars vous acquérîtes une nouvelle maison
(D) Mais vous la perdirent, détruite par un dragon, quelques mois plus tard
(E) La mairie vous offra une nouvelle demeure

Question 20. Qu'est-ce qu'un « aréopage » ?

(A) Un type d'avion sans moteur
(B) Une piste d'atterrissage d'un aéroport
(C) Une vision hallucinatoire
(D) Une assemblée de personnes particulièrement compétentes dans leur domaine
(E) La mise en place d'une commission destinée à la réflexion autour d'un projet d'utilité publique

TEST 3 : 20 questions – 10/15 minutes

Consigne : trouvez la réponse juste parmi les réponses proposées.

Question 1. Parmi ces propositions, lesquelles sont vraies ?

1. Le temps de l'imparfait de l'indicatif indique une action qui dure dans le passé
2. Le temps de l'imparfait de l'indicatif indique une action passée dans un futur proche
3. Le temps de l'imparfait de l'indicatif indique une action située à un moment précis du passé
4. Le temps de l'imparfait de l'indicatif indique une action habituelle
5. Le temps de l'imparfait fait appel à un auxiliaire lors de son utilisation

(A) 1 + 2 + 3 + 4 (B) Aucune (C) 1 + 4
(D) 1 + 3 + 4 (E) 3 + 5

Question 2. Parmi ces mots lesquels appartiennent à l'aire sémantique de « l'arbre » ?

1. Grume
2. Liber
3. Aubier
4. Frondaison
5. Cève

(A) 1 + 3 (B) 2 + 5 (C) Aucun
(D) 2 + 3 + 4 (E) 1 + 2 + 3 + 4

Question 3. Quelles sont les propositions correctement écrites ?

1. Quatre-vingt-douze
2. Deux cents quarante-trois
3. Trois mille huit cents
4. Huit millions neuf cent quatre-vingts
5. Trois cents

(A) 2 + 5 (B) 1 + 3 + 4 + 5 (C) 1 + 3 + 5
(D) 2 (E) 3 + 4 + 5

Question 4. Parmi ces propositions, lesquelles sont vraies pour « calamiteux » ?

1. A pour synonyme « pitoyable »
2. A pour antonyme « catastrophique »
3. Signifie « qui peut servir à l'écriture »
4. Signifie « qui annonce de grands malheurs »
5. A pour synonyme « instable »

(A) 3 (B) 1 + 4 (C) 1 + 2 + 4
(D) Aucune (E) 1 + 2 + 5

Question 5. Parmi ces phrases, lesquelles contiennent un COD ?

1. Tu vois le château
2. L'enfant a faim
3. Il la sent brûler
4. Elle en a peur
5. Elle aime son père

(A) 3 + 4 (B) Aucune (C) 4 + 5
(D) 1 + 2 + 3 (E) 1 + 3 + 5

Question 6. Quelles sont les propositions correctement écrites ?

1. Cette veste lui sied
2. Ce foulard lui a sié
3. Ce costume lui seyait
4. Il essait ces chaussettes
5. Ce pantalon lui sierra

(A) 1 + 2 + 3 + 4 (B) 1 + 3 (C) Aucune
(D) 2 + 5 (E) 3 + 4

Question 7. Parmi ces significations, lesquelles signifient « poser un lapin » :

1. Rester sur place
2. S'engraisser dans l'oisiveté
3. Poser un collet en cynégétique
4. Installer un piège
5. Faire le pied de grue

(A) 4 (B) 5 (C) 3 + 4
(D) 1 (E) Aucune

Question 8. Parmi ces propositions, lesquelles sont correctement écrites ?

1. Cette question est perverse
2. Cette question est surprenente
3. Cette question est sybilinne
4. Cette question est anodine
5. Cette question est énigmatique

(A) 1 + 4 (B) 1 + 5 (C) 2 + 5
(D) 3 + 4 + 5 (E) 1 + 4 + 5

Question 9. Qu'est-ce qu'un « moulin » ?

1. Une personne obséquieuse dans l'expression « moulin à prières »
2. Un moteur d'automobile
3. Un dispositif servant à moudre des grains de céréales
4. Une installation servant à la climatisation d'une pièce
5. Un petit appareil qui sert à broyer des aliments

(A) 2 + 3 + 5 (B) 1 + 5 (C) Aucun
(D) 3 (E) 4 + 5

Question 10. Quelles sont les formes écrites correctement ?

1. A-t-elle toute sa raison ?
2. L'atèle est dans l'arbre
3. Atèle le cheval
4. Pour sa rééducation, elle porte une atèle
5. A t elle poser l'atèlle à ton doigt ?

(A) Aucune (B) 3 + 5 (C) 5
(D) 1 + 2 (E) 1 + 3 + 4

Question 11. Quelles sont les affirmations exactes ?

1. « Redire » (dans le sens de blâmer) ne s'emploie qu'à l'infinitif
2. « Pouvoir » n'a pas d'impératif
3. « Absoudre » ne connaît pas de passé simple
4. « Habituer » ne peut s'employer qu'à la forme pronominale
5. « Braire » est un verbe défectif

(A) 1 + 2 + 4 (B) 1 + 2 + 3 + 5 (C) Aucune
(D) 2 + 3 + 4 (E) 1 + 5

Question 12. Quels sont les substantifs de genre féminin ?

1. Autoroute
2. Prytanée
3. Cation
4. Zombie
5. Aporie

(A) 1 (B) 1 + 2 + 3 + 5 (C) 2 + 3
(D) 1 + 5 (E) 1 + 3 + 5

Question 13. Quelle proposition est correctement écrite ?

(A) La robe que je me suis faite faire
(B) Les fleurs qu'il lui a apportées
(C) Il lui a données de nombreuses informations
(D) Les examinateurs leur ont attribués des points
(E) Ces potions, j'en ai déjà bues

Question 14. Une personne « accorte » est :

(A) Accessible (B) Enjouée (C) Petite
(D) Sans charme (E) Equilibrée

Question 15. Parmi les propositions suivantes, quelles sont celles correctement écrites ?

1. Elles s'en sont voulu
2. Nous allons nous y promener
3. Ils se sont lavé les cheveux
4. Elles se sont coiffées
5. Elle lui a donné

(A) 1 + 2 (B) 1 + 3 (C) 1 + 2 + 3 + 4 + 5
(D) Aucune (E) 2 + 3 + 4

Question 16. Choisissez la reformulation dont le sens se rapproche le plus du passage souligné.
A l'issue de la réunion entre le patronat et les syndicats, les partenaires sociaux ont signé <u>un document qui consigne les résolutions d'un accord</u> sur la durée du travail hebdomadaire.

(A) un protocole (B) un formulaire (C) un contingent
(D) une procédure (E) un traité

Question 17. Complétez en choisissant la solution optimale.
(...) que son attirance pour le théâtre n'était (...) éphémère passion de jeunesse, (...) d'apprendre qu'il (...) de comédie et de mise en scène.

(A) Comme je pensais / qu'une / je n'ai pas été surpris / s'occupe aujourd'hui encore
(B) Comme je pensais / pas seulement une / je n'ai pas été surpris / ne s'occupe pas aujourd'hui
(C) Si j'avais pensé / qu'une / j'aurais été surpris / ne s'occupe pas aujourd'hui
(D) Comme je pensais / pas seulement une / j'ai été surpris / ne s'occupe pas aujourd'hui
(E) Ce que je pensais c'est / pas une sincère et / car j'ai été surpris / s'occupait

Questions 18 à 20 : choisissez la reformulation dont le sens se rapproche le plus du (des) passage(s) souligné(s).

Question 18. Derrière le stéréotype du « pays du sourire », les Philippines demeurent un pays complexe et souvent difficile d'accès pour les européens.

(A) le pieux dicton
(B) le lieu convenu
(C) l'image d'Epinal
(D) la parfaite photographie
(E) le poncif débridé

Question 19. Le plus souvent saisie par l'esprit à travers les trois partis « trotskistes » qui la représentent, l'extrême gauche en France s'analyse aussi comme une famille politique allant chercher dans des répertoires d'action et des histoires très différents.

(A) appréhendée / puisant dans
(B) invoquée / pompant dans
(C) conceptualisée / siphonnant
(D) entrevue / empruntant
(E) perçue / plongeant dans

Question 20. Jonathan a toujours été un élève brillant : après avoir passé avec succès les concours de la haute fonction publique, il se dirige vers une carrière de personnalité politique. Cependant, il sait que la route est encore longue et semée d'embuches avant d'atteindre son objectif.

(A) de politicien
(B) d'homme d'Etat
(C) de ministre
(D) d'homme politique
(E) de diplomate

CORRIGES

TEST 1

Question 1. Réponse E

Un chicot : reste qui subsiste d'un tronc d'arbre cassé. Reste d'une dent cassée.
Une bouffarde : grosse pipe.

Question 2. Réponse B

Question 3. Réponse D

Statue colonne : statue intégrée dans une colonne.
Callipyge : qui a de belles fesses, aux formes harmonieuses.

Question 4. Réponse C

Epicène : nom bisexué qui peut être employé au masculin et au féminin.
« Espèce » est un nom uniquement féminin.

Question 5. Réponse E

Question 6. Réponse C

Question 7. Réponse B

Question 8. Réponse B

Question 9. Réponse C

Question 10. Réponse D

Question 11. Réponse B

Question 12. Réponse B

Question 13. Réponse C

Question 14. Réponse B

Question 15. Réponse A

Question 16. Réponse E

– « medium » est bien orthographié. C'est un mot d'origine latine. On peut donc l'écrire avec ou sans accent aigu sur le « e ».
– on écrit « cent ans » (faute #1). Vous mettez un « s » à « cents » lorsque vous écrivez par exemple « trois-cents ans ».

– faute #2 : « si vous **non plus** n'arrivez pas », et non : « si vous aussi n'arrivez pas ». Cette faute d'usage est fréquente. Soyez-y donc attentifs !
– faute #3 : **chevronné** avec 2 « n » !
– faute #4 : « je ne laisse aucune personne quitter » (remplacez « quitter » par « partir » pour vous en convaincre).
– faute #5 : « je **forme** pour vous mes vœux les plus sincères ». Là encore une faute d'usage à laquelle vous devez être attentifs (c'est la *présentation* des vœux qui se formule, oralement ou par écrit, mais les vœux eux-mêmes, on les forme.)

Question 17. Réponse A

Idéalement, vous auriez aimé lire : « Votre déclaration selon laquelle il est urgent de vendre mon appartement m'inquiète ».
Vous retenez donc la réponse 1 – « selon quoi » – qui est la plus proche de la formulation idéale, et qui est surtout « la moins pire » des cinq solutions proposées !

Question 18. Réponse C

Cotisant : personne qui verse une cotisation. Synonymie : Adhérent, affilié, membre.
Militant : qui lutte, combat pour une idée, une opinion, un parti. Synonymie : Batailleur. Antonymie : leader. Lexicographie : Parti militant, littérature militante.
Partisan : personne qui est attachée à une cause, à un parti, à une doctrine, etc., dont elle prend la défense. Antonymie : Adversaire, antagoniste, contradicteur. Lexicographie : Les partisans de la république, chaud partisan. Expression : « Etre partisan d'une politique ».
Sympathisant : qui approuve les idées d'un parti ou d'une organisation mais sans en être membre.

Question 19. Réponse B

Jouer les Cassandre : Faire des prédictions alarmistes ou dramatiques sans jamais être écouté / Oiseau de mauvaise augure.

Question 20. Réponse D

TEST 2

Question 1. Réponse A

Abhorrer est un verbe transitif, (il se construit systématiquement avec un complément). il signifie « avoir pour une personne ou une chose une antipathie ».
Synonyme : haïr, antonyme : admirer, niveau de langue : littéraire, soutenu.

Question 2. Réponse C

Cauchemar est un substantif masculin, même si la dérivation cauchemardesque existe, lorsqu'il s'agit du nom commun le **d** disparaît.

Question 3. Réponse C

Il faut différencier le verbe pouvoir conjugué au présent qui prend les terminaisons suivantes : je peu-x, tu peu-x, il peu-t, nous pouv-ons, vous pouv-ez, ils peuv-ent, de l'adverbe quantifieur qui s'écrit toujours « peu ».

Question 4. Réponse B

Aréopage est un nom masculin. Dans l'antiquité, il s'agissait d'une colline consacrée au dieu Arès, à Athènes, située à l'ouest de l'Acropole, et choisie comme lieu de réunion de l'aréopage.
Par métonymie, on parle d'aréopage comme du tribunal d'Athènes qui siégeait sur cette colline. Par extension, il peut faire aussi référence à une assemblée plus ou moins solennelle de personnes rassemblées pour débattre.

Question 5. Réponse D

« Etre en butte à » est une locution qui est toujours suivie d'un substantif. Celui-ci désigne une chose, un concept ou une personne.
Exemples :
Etre exposé à, être le sujet de.
Elle se croyait en butte à des ennemis/ des tourments.

Question 6. Réponse B

La notion qui est interrogée ici, est la différence entre l'adjectif verbal et le participe présent. Le participe présent ne prend pas de marque d'accord à la différence de l'adjectif verbal qui fonctionne comme un adjectif.

Rappel : L'adjectif verbal se différencie de son homologue participe présent, l'un marque un état, l'autre une action car il s'agit d'une forme verbale. Cette différence morphologique est attestée par la variation orthographique. Dans le cas présent, **le personnel naviguant** est mal orthographié car il est adjectif verbal, il désigne un état, une qualité. Par conséquent, il s'écrira **navigant**.

Question 7. Réponse E

Il faut être attentif à la place du sujet, la question interroge votre capacité à respecter la syntaxe.

Question 8. Réponse A

Il s'agit de respecter la formation de l'énumération. En effet, bruit et mouvement sont tous deux des substantifs. Ainsi, on ne peut pas choisir la forme adjectivée gaie mais gaîté qui accepte un déterminant tout comme bruit et mouvement.

Question 9. Réponse E

L'orthographe est attestée dès le XIIe siècle. Signifie ce qui est au commencement.

Question 10. Réponse B

Un métayer est un substantif, il désigne un exploitant agricole lié à un propriétaire foncier par un contrat.

Question 11. Réponse B

Leur est ici adjectif possessif, il y a un rapport d'appartenance. Il est singulier car il ne peut pas recevoir de pluriel, nous avons chacun une seule tête pour un seul chapeau.

Question 12. Réponse A

Pourra est à la 3e personne du singulier du futur, il a pu est au passé composé, il avait pu est au plus que parfait et ils pouvaient est à la 3e personne du pluriel de l'imparfait.

Question 13. Réponse B

Le superlatif sert à marquer une intensité très élevée. Infiniment est un adverbe intensif, on peut le remplacer par extrêmement.

Question 14. Réponse A

Attention au **l** géminé. Le **l** double en fonction de la prononciation lorsque vous prononcez le **e** ouvert alors le **l** se double tandis que lorsque le **e** est fermé il n'y aura qu'un « l ». Attention cependant cela ne vaut pas pour le substantif appel.

Question 15. Réponse A

Poix est un substantif féminin. C'est une matière collante, visqueuse et inflammable à base de résines et de goudrons végétaux utilisée principalement pour assurer l'étanchéité de divers assemblages. Il ne faut pas la confondre avec ses homophones : poids et pois.

Question 16. Réponse B

Attention aux homophones de censé et sensé. « Censé » est un adjectif qui signifie ce que l'on suppose tandis que « sensé », vient du nom sens qui a été adjectivé et qui signifie qui est plein de sens ou qui est raisonnable.

Question 17. Réponse A

Lorsque est une conjonction de subordination qui peut être remplacée par **au moment où**, devant voyelle elle se contracte (on écrira lorsque nous irons marcher, mais lorsqu'il ira marcher).

Question 18. Réponse B

Afin que est toujours suivi du subjonctif. Le verbe **dire** est donc conjugué à la 3e personne du singulier au subjonctif présent. Rappel : que je dise, que tu dises, qu'il dise, que nous disions, que vous disiez, qu'ils disent.

Question 19. Réponse B

Répondre est un verbe du 3e groupe il est transitif il se construit avec un COD ou un COI, il peut également se conjuguer à la forme pronominale. Au passé simple, le verbe répondre se conjugue de la manière suivante : je répondis, tu répondis, il répondit, nous répondîmes, vous répondîtes, ils répondirent.

Question 20. Réponse D

Dans l'antiquité, il faisait référence à un Tribunal d'Athènes qui siégeait dans un lieu consacré à Mars.

TEST 3

Question 1. Réponse D

Question 2. Réponse E

Grume : tronc d'arbre abattu et ébranché et encore recouvert ou non de son écorce.
Autre sens pour le mot grume : écorce laissée sur le bois coupé.
Liber : partie intérieure de l'écorce d'un arbre.
Aubier : partie de l'arbre juste sous l'écorce, généralement tendre et blanchâtre.
Frondaison : moment de l'année où les feuilles d'un arbre commencent à pousser.
Sève : liquide qui circule entre les différents organes des plantes pour transporter les éléments nutritifs nécessaires à leur croissance.

Question 3. Réponse B

On retiendra que cent prend un *« s »* dans les cas deux cents, trois cents, quatre cents… mais pas dans les cas deux cent quarante trois, six cents cinquante-deux…
Mille est toujours invariable.
Millions s'accorde : un million mais trois millions.

Question 4. Réponse B

Question 5. Réponse E

COD ou complément d'objet direct. Doit répondre à la question *qui* ou *quoi*.

Question 6. Réponse B

Verbe seoir : aller bien (pour un vêtement), être convenable.
Pas de passé composé.
Futur : ce pantalon lui siéra.

Question 7. Réponse E

Poser un lapin signifie *ne pas aller à un rendez-vous sans prévenir la personne qui attend.*

Question 8. Réponse E

On écrit *surprenante*.
Sibylline : mystérieux, obscur, dont le sens est difficile à comprendre.

Question 9. Réponse A

Question 10. Réponse D

Un atèle est un genre de singe.
Une attelle est utilisée pour la rééducation des membres du corps.
Atteler un animal : attacher l'animal pour qu'il tire un véhicule. Impératif : attelle !!

Question 11. Réponse B

Verbe pronominal : verbe qui se construit avec un pronom complément de la même personne que le sujet, appelé pronom réfléchi. Exemple : je m'habitue. Mais on peut dire *j'habitue mon ami à…*

CORRIGES

Verbe défectif : verbe dont la conjugaison est incomplète. Par exemple, un certain nombre de temps ou de modes ne sont pas utilisés.

Question 12. Réponse D

Une aporie : difficulté, problème à résoudre.
Un prytanée : terme grec. Equivalent de l'hôtel de ville (la mairie). Lieu de pouvoir.
Un cation : ion qui a cédé un ou plusieurs électrons et qui porte alors plusieurs charges électriques positives.

Question 13. Réponse B

Auxiliaire avoir : participe passé invariable. Sauf si le COD précède l'auxiliaire : dans ce cas accord en genre et en nombre.
Auxiliaire être : participe passé s'accorde avec le sujet.

Question 14. Réponse B

Question 15. Réponse C

Question 16. Réponse A

Il s'agit ici d'une question de synonymie / définition. Autrement dit, on vous demande de retrouver le mot dont la définition la plus proche est : « un document qui consigne les résolutions d'un accord ».
Il s'agit d'un **protocole (réponse 1)**. En effet, même si « un document qui consigne les résolutions d'un accord » **n'est pas la définition exacte du mot protocole**, il n'en demeure pas moins que parmi les cinq réponses proposées, c'est celle qui convient le mieux et c'est cela qui est important : **trouver LA MEILLEURE réponse**. N'oubliez jamais cela !

Pour votre information :
– Le *Larousse* définit le **protocole** comme un procès-verbal relatant les résolutions d'une assemblée, d'une conférence ou encore ces résolutions elles-mêmes. Exemple : un protocole d'accord.
– Un **formulaire** est un imprimé sur lequel figure une série de questions administratives auxquelles l'intéressé doit répondre / Un questionnaire / Un modèle d'acte juridique n'allait pas ici.
– Un **contingent** est une quantité attribuée à quelqu'un ou qu'il fournit (ex. : une école qui n'a pas reçu son contingent habituel de fournitures) / Une part qui incombe à une collectivité locale et qui fixe sa contribution au financement de certaines dépenses / Une troupe fournie par un Etat, un territoire / Un ensemble des jeunes qui, au cours d'une même année civile, sont appelés au service national actif ou à la journée d'appel de préparation à la défense (A.P.D.), dans le cadre de la réforme du service national.
– Une **procédure** est un ensemble de règles qui doivent être respectées pour la reconnaissance de certains droits ou le règlement de certaines situations juridiques (successions, partages, licitations, etc.). C'est aussi la marche à suivre, l'ensemble de formalités, de démarches à accomplir pour obtenir tel ou tel résultat. Ex. : Procédure à suivre pour obtenir un passeport.
– Enfin, un traité est un accord entre deux ou plusieurs sujets du droit international (Etats, organisations internationales), conclu par écrit et régi par le droit international.

Question 17. Réponse D

La bonne réponse est la 4. En effet, la phrase s'écrit alors : « **Comme je pensais** que son attirance pour le théâtre **n'était pas seulement une** éphémère passion de jeunesse, **j'ai été surpris** d'apprendre **qu'il ne s'occupe pas aujourd'hui** de comédie et de mise en scène. »
Pour répondre juste à cette question, il faut faire montre d'une bonne maîtrise de la concordance des temps et surtout, il ne faut se laisser déstabiliser par les formules négatives (« n'était pas seulement » / « qu'il ne s'occupe pas aujourd'hui »).

CONSEIL Pour réussir à répondre juste à ce type de questions où quatre passages sont masqués, il ne faut pas hésiter à **reformuler dans votre tête et avec vos mots ce que dit le texte**.
Il pensait que sa passion n'était pas éphémère ⇒ il s'attend donc à ce qu'il s'occupe d'une façon ou d'une autre de théâtre. C'est donc normal qu'il soit surpris d'apprendre qu'il ne s'occupe pas aujourd'hui de comédie ou de mise en scène.

Question 18. Réponse B

<u>Image d'Epinal</u> : estampe au sujet populaire et de couleurs vives. Vision emphatique, traditionnelle et naïve, qui ne montre que le bon côté des choses. Synonymie : Cliché.
<u>Stéréotype</u> : expression ou opinion toute faite, sans aucune originalité, cliché / Caractérisation symbolique et schématique d'un groupe qui s'appuie sur des attentes et des jugements de routine. Synonymie : Banalité, cliché. Lexicographie : Stéréotype véhiculé par les médias, personnage stéréotypé.
<u>Poncif</u> : formule rabâchée, qui a perdu toute originalité ; cliché. Synonymie : Banalité, cliché. Antonymie : Original, personnel. Lexicographie : expression poncive, style poncif, roman rempli de poncifs. Expression : « Déjouer les poncifs », « Etre chargé de poncifs »
<u>Débridé</u> : déchaîné, délirant, déréglé, effréné, endiablé, exalté.

Question 19. Réponse A

<u>Appréhender</u> : arrêter quelqu'un, craindre, redouter mais aussi saisir par l'esprit, comprendre.
La réponse 1 est la meilleure ici puisque l'on retrouve non seulement un synonyme parfait de *saisir par l'esprit* mais on a également une illustration très satisfaisante *d'aller chercher dans* (*puiser dans*) avec l'idée de remonter à la surface (comme lorsque l'on puise de l'eau dans un puits pour la ramener à la surface).
<u>Siphonner</u> : transvaser un liquide à l'aide d'un siphon / vider un réservoir de son contenu à l'aide d'un siphon. Lexicographie : Siphonner de l'essence.

Question 20. Réponse D

La proposition 4 est ici la meilleure car elle traduit bien le caractère neutre de *personnalité politique*. En effet, *politicien* présente une connotation péjorative et doit être écarté. *Homme d'Etat* et *ministre* sur-interprètent *personnalité politique*. *Diplomate* est hors sujet.

V. TESTS DE CALCUL ET DE RAISONNEMENT LOGIQUE ACCES, SESAME ET LINK

TEST 1 : 10 questions – 15 minutes

Consigne : trouvez la réponse juste parmi les réponses proposées.

Question 1. Quel est le carré de la somme des chiffres de la somme des nombres de 1 à 14 ?

(A) 21 (B) 28 (C) 36 (D) 43

Question 2. Ma facture de téléphone est passée de 96 € à 126 €. Quel a été le pourcentage d'augmentation ?

(A) 28,5 % (B) 31,25 % (C) 33 % (D) 34,5 %

Question 3. On équipe le plafond d'une usine rectangulaire de 12 m sur 18 m de plaques carrées d'insonorisation d'un mètre de côté. Si chaque plaque pèse 250 g, quel est le poids total du dispositif d'insonorisation ?

(A) 36 kg (B) 54 kg (C) 121 kg (D) 216 kg

Question 4. Combien de quadrilatères peut-on former à l'aide de 8 points placés dans un plan ?

(A) 16 (B) 32 (C) 64 (D) 70

Question 5. L'escalator d'une gare permet de transporter des passagers normalement en 40 s à la vitesse de 2 m/s. Un usager emprunte l'escalator, mais à la moitié du parcours, l'escalator tombe en panne. Le passager met 15 s pour parcourir la fin de l'escalator. Quelle est la vitesse de marche de l'usager ?

(A) 2,25 m/s (B) 2,50 m/s (C) 2,66 m/s (D) 3 m/s

Question 6. Que vaut la somme des longueurs des arêtes d'un cube de 343 cm^3 ?

(A) 62 cm (B) 68 cm (C) 76 cm (D) 84 cm

Question 7. Que vaut la moyenne des 100 premiers entiers naturels ?

(A) 49 (B) 49,5 (C) 50 (D) 50,5

Question 8. Pierre a acheté des soldats de plomb. Il remarque que s'il avait eu cinq fois plus d'argent, il aurait pu acheter 12 soldats supplémentaires. Combien de soldats Pierre a-t-il achetés ?

(A) 2 (B) 3 (C) 4 (D) 5

Question 9. 40 % des gens ne répondent pas au téléphone lorsqu'ils ne connaissent pas le numéro qui les appelle. Parmi ces gens, 30 % ne le font pas car ils ont peur qu'on leur annonce une mauvaise nouvelle et 40 % ne le font pas parce qu'ils sont timides. Quel est le pourcentage des personnes qui ne répondent pas au téléphone pour une autre raison que la peur d'une mauvaise nouvelle ou la timidité ?

(A) 14 % (B) 12 % (C) 10 % (D) 8 %

Question 10. Si Pierre consacre 1 h 36 min par jour à préparer un concours pendant toute une semaine, combien d'heures aura-t-il travaillé ?

(A) 9,8 h (B) 10,6 h (C) 11,2 h (D) 11,8 h

TEST 2 : 10 questions – 15 minutes

Consigne : trouvez la réponse juste parmi les réponses proposées.

Question 1. On considère un pavé de 4 cm de largeur, 3 cm de hauteur et 6 cm de longueur. Que vaut la somme des aires de ses faces ?

(A) 96 cm² (B) 102 cm² (C) 108 cm² (D) 112 cm²

Question 2. Isabelle décide de ficher son cours d'économie. Elle a prévu de le faire en 4 h. Emilie, qui est deux fois plus rapide, décide finalement de l'aider. En combien de temps le cours d'économie sera-t-il finalement fiché ?

(A) 1 h 20 min (B) 1 h 36 min (C) 1 h 44 min (D) 2 h 10 min

Question 3. C'est la dernière fois que Michel part en vacances en Bretagne ! Depuis le début du séjour, il y a eu 7 demi-journées de pluie. Mais, quand il a plu le matin, il a fait au moins beau l'après-midi, et il a quand même eu 5 matinées et 6 après-midi sans pluie. Combien y a-t-il de journées complètes sans pluie ?

(A) 0 (B) 1 (C) 2 (D) 3

Question 4. Deux trains empruntent le même parcours mais dans un sens opposé. Ils se croisent pendant 5,4 s. Le premier train va à la vitesse de 320 km/h et le second train va à la vitesse de 220 km/h. Quelle est la longueur cumulée des deux trains ?

(A) 760 m (B) 810 m (C) 840 m (D) 870 m

Question 5. Une équipe de 4 ouvriers peut assembler 2 400 pièces au cours d'une matinée de 4 heures. Mercredi matin dernier, l'un des ouvriers de l'équipe a été en retard de 2 heures. Quelle a été la production de l'équipe ce mercredi matin ?

(A) 1 900 pièces (B) 2 000 pièces (C) 2 100 pièces (D) 2 200 pièces

Question 6. Quelle est la surface totale d'un cylindre de rayon r et de hauteur égale à 2 fois son diamètre ?

(A) $10\pi \times r^2$ (B) $8\pi \times r^2$ (C) $6\pi \times r^2$ (D) $7\pi \times r^2$

Question 7. Dans une section de terminale scientifique, il y a 3 garçons pour 2 filles. Combien y a-t-il de filles dans une classe de terminale scientifique de 25 élèves ?

(A) 10 (B) 11 (C) 12 (D) 13

Question 8. Le 1er janvier 2009, le mode d'immatriculation des voitures a été modifié. Désormais, le numéro d'immatriculation est composé de 5 lettres à la suite, puis de 2 chiffres pour former le numéro du département. Combien de nouvelles plaques d'immatriculation l'administration peut-elle mettre en circulation ?

(A) 100×26^5 (B) 52 000 000 (C) 2×5^{26} (D) 2×26^{25}

Question 9. François va chez son médecin et il paye 23 € pour une consultation. 60 % de la consultation est remboursée par la Sécurité sociale. Sur le montant restant à la charge de François après remboursement de la Sécurité sociale, sa mutuelle lui rembourse 80 %. Quel montant François a-t-il finalement payé ?

(A) 2,46 € (B) 2,13 € (C) 1,92 € (D) 1,84 €

Question 10. On augmente la longueur d'un rectangle de 20 % et on diminue sa largeur de 20 %. L'aire du nouveau rectangle a :

(A) augmenté de 4 %. (B) diminué de 4 %.
(C) augmenté de 2 %. (D) diminué de 2 %.

TEST 3 : 10 questions – 20 minutes

Consigne : trouvez la réponse juste parmi les réponses proposées.

Question 1. Quelle est, en centimètres carrés, l'aire totale des surfaces d'une pyramide régulière dont le côté mesure 4 cm ?

(A) $4\sqrt{3}$ cm² (B) $6\sqrt{3}$ cm² (C) $8\sqrt{3}$ cm² (D) $16\sqrt{3}$ cm²

Question 2. Quelle aire représente la partie du carré grisée, sachant que l'aire du carré est égale à 64 cm² ?

(A) $56 + 2\pi$
(B) $48\pi^2$
(C) $16 - 4\pi$
(D) $64 - 12\pi$

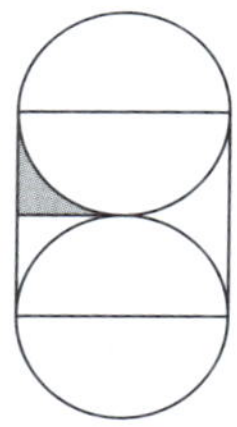

Question 3. Une somme d'argent est placée à taux variable. Lors de la première année, le taux d'intérêt du placement est égal à 5 % Lors de la seconde année, le taux d'intérêt du placement est égal à 4 %. La valeur du placement au bout de 2 ans est égale à 8 736 €. Quel est le montant placé au départ ?

(A) 7 880 € (B) 8 000 € (C) 8 060 € (D) 8 140 €

Question 4. Mathilde choisit un chiffre compris entre 1 et 8 dans sa tête et le fait deviner à Pierre. Mathilde ne répondra aux questions de Pierre que par oui ou par non. Quel est le nombre minimal de questions que doit poser Pierre pour être sûr de deviner le bon nombre ?

(A) 1 (B) 3 (C) 7 (D) 8

Question 5. Le degré d'alcool du whisky est égal à 40 % et celui de la bière à 6,4 %. Quel volume de bière possède une quantité d'alcool équivalente à celle présente dans un verre de 4 cL de whisky ?

(A) 14 cL (B) 18 cL (C) 22 cL (D) 25 cL

Question 6. Robert a acheté une moto neuve 9 000 €. Les modèles perdent 30 % de leur valeur la première année, puis 10 % par an. Robert vend sa moto au bout de trois ans. Quel montant Robert peut-il espérer revendre sa moto ?

(A) 5 103 € (B) 5 385 € (C) 5 517 € (D) 5 886 €

Question 7. Tous les dimanches, la piscine municipale est pleine à craquer et accueille 120 personnes. Le bassin est un pavé droit rempli d'eau, dont la longueur, la largeur et la hauteur sont respectivement égales à 25 m, 1 200 cm et 30 dm. Quel est le nombre de m^3 d'eau disponibles par nageur ?

(A) 7,5 m^3 (B) 9 m^3 (C) 10,5 m^3 (D) 12 m^3

Question 8. Lundi matin à 8 h 30, Grégory règle sa montre. Il sait qu'elle retarde de 3 secondes par heure par rapport à l'heure de l'horloge universelle. Quelle sera l'heure réelle le vendredi soir, lorsque Grégory pourra lire 20 h à sa montre ?

(A) 20 h 03 min 45 s (B) 20 h 04 min 21 s
(C) 20 h 05 min 22 s (D) 20 h 06 min 24 s

Question 9. Dans une école, le proviseur réalise un sondage auprès de 100 élèves. A la question « Aimez-vous les mathématiques ? », 50 élèves répondent positivement. A la question « Aimez-vous le français ? », 45 répondent positivement. Enfin à la question « Aimez-vous le français et les mathématiques ? », 25 répondent positivement. Combien d'enfants aiment au moins l'une des deux matières ?

(A) 70 (B) 75 (C) 95 (D) 120

Question 10. Quelle est la longueur du côté du carré grisé, sachant que l'aire du grand carré est égale à 16 cm^2 ?

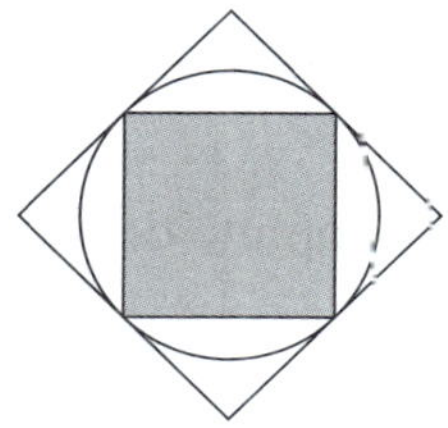

(A) $2\sqrt{2}$ cm

(B) $4\sqrt{2}$ cm

(C) 4 cm

(D) 8 cm

TEST 4 : 10 questions – 20 minutes

Consigne : trouvez la réponse juste parmi les réponses proposées.

Question 1. Que vaut la somme de tous les diviseurs de 24 ?

(A) 12 (B) 24 (C) 36
(D) 48 (E) 60

Question 2. Le jeune Philippe a maintenant douze ans de moins que Stéphane. Dans neuf ans, Stéphane sera deux fois plus âgé que Philippe. Quel âge aura Philippe dans 4 ans ?

(A) 3 ans (B) 7 ans (C) 15 ans
(D) 21 ans (E) 22 ans

Question 3. Dora gagne un salaire hebdomadaire de 3 000 €. Une semaine sur deux, elle en conserve le tiers et le reste du temps elle en conserve la moitié. Combien de semaines sont nécessaires pour accumuler 15 000 € ?

(A) 5 semaines (B) 6 semaines (C) 10 semaines
(D) 12 semaines (E) 15 semaines

Question 4. Un nombre palindrome est un nombre qui ne change pas si l'ordre de ses chiffres est inversé. Ainsi 2 002 et 545 sont des nombres palindromes. Le compteur kilométrique de ma moto indique actuellement 12 345 km. Combien de kilomètres dois-je rouler au minimum afin que le nombre indiqué soit un palindrome ?

(A) 76 kilomètres (B) 186 kilomètres (C) 232 kilomètres
(D) 264 kilomètres (E) 286 kilomètres

Question 5. Combien y a-t-il de secondes dans une heure et trente-six minutes ?

(A) 5 130	(B) 5 320	(C) 5 760
(D) 5 870	(E) 5 950	

Question 6. Un employeur paie une fois et demi le tarif horaire pour chaque heure supplémentaire travaillée en plus des 8 heures de travail journalier. Si un employé travaille 10 heures, de quel pourcentage son salaire normal de 8 heures est-il augmenté ?

(A) 40 %	(B) 37,5 %	(C) 32,5 %
(D) 25 %	(E) Aucune réponse ne convient.	

Question 7. Un nombre de trois chiffres est situé entre 130 et 200. Il est divisible par 6 et par 8. Si le chiffre des dizaines est supérieur au chiffre des unités, quel est ce nombre ?

(A) 196	(B) 192	(C) 184
(D) 168	(E) 144	

Question 8. Quelle est la somme du tiers de 10 et de la demie du tiers de 20 ?

(A) 5	(B) 20/3	(C) 10
(D) 40/3	(E) 12/5	

Question 9. Un autobus scolaire transporte un groupe d'écoliers. Au premier arrêt, quatre enfants descendent et sept autres montent. Au second arrêt, Naomi et son frère Hillel descendent. Les douze élèves qui restent dans l'autobus descendent au troisième arrêt. Combien y avait-il d'élèves dans l'autobus avant le premier arrêt ?

(A) 10	(B) 11	(C) 12
(D) 13	(E) 14	

Question 10. La somme des surfaces d'un cube est égale à 24 cm². Quel est le volume du cube ?

(A) 2 cm³ (B) 4 cm³ (C) 6 cm³
(D) 8 cm³ (E) 16 cm³

TEST 5 : 10 questions – 20 minutes

Consigne : trouvez la réponse juste parmi les réponses proposées.

Question 1. Z est un nombre entier à un chiffre tel que Z4 × Z7 = 730Z. Que vaut Z^3 ?

(A) 729 (B) 512 (C) 343
(D) 216 (E) 125

Question 2. Une urne contient 80 boules : des bleues, des noires et des rouges. Le nombre de boules bleues est égal au tiers de la somme du nombre de boules noires et rouges, et si l'on rajoute 10 boules noires dans l'urne on obtient le même nombre de boules noires que de boules rouges. Combien y a-t-il de boules rouges ?

(A) 20 (B) 25 (C) 30
(D) 35 (E) 40

Question 3. Deux cyclistes quittent chacun leur village (notés A et B), distants de 120 km. Ils se croisent à 70 km de A. Quelle est l'expression de la vitesse du plus rapide des deux en fonction de la vitesse de l'autre, notée V1 ?

(A) 1,1 × V1 (B) 1,2 × V1 (C) 1,3 × V1
(D) 1,4 × V1 (E) 1,5 × V1

Question 4. Sur la figure ci-dessous, le triangle est équilatéral. Par quel nombre faut-il multiplier l'aire du petit disque pour obtenir l'aire du grand disque ?

(A) 12
(B) 16
(C) 3π
(D) $12\sqrt{2}$
(E) 10

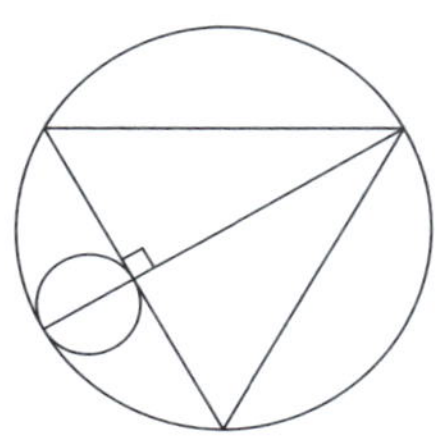

Question 5. Un grand carré est divisé en 9 petits carrés. On souhaite écrire, dans chacun de ces 9 petits carrés, un nombre de telle sorte que la somme des nombres dans chaque ligne, dans chaque colonne et dans chaque diagonale du grand carré soit la même. Deux nombres sont sur la figure. Quel nombre doit-on écrire dans le carré où figure le point d'interrogation ?

(A) 16
(B) 51
(C) 55
(D) 110
(E) C'est impossible à déterminer.

?		
		47
	63	

Question 6. La droite affine F passe par le point A d'abscisse 1 et d'ordonnée 3 et par le point B d'abscisse –1 et d'ordonnée 0. Quelle est l'équation de la droite F ?

(A) $F(X) = X^2 - X + 1$ (B) $F(X) = 2X - 3$ (C) $F(X) = 1/3\ X - 1$
(D) $F(X) = 4X - 4$ (E) $F(X) = 3/2\ X + 3/2$

Question 7. Dans le triangle ci-dessous, on a tracé les bissectrices. L'un des angles du triangle mesure 68°. Combien mesure l'angle marqué d'un point d'interrogation ?

(A) 112°
(B) 124°
(C) 128°
(D) 132°
(E) 136°

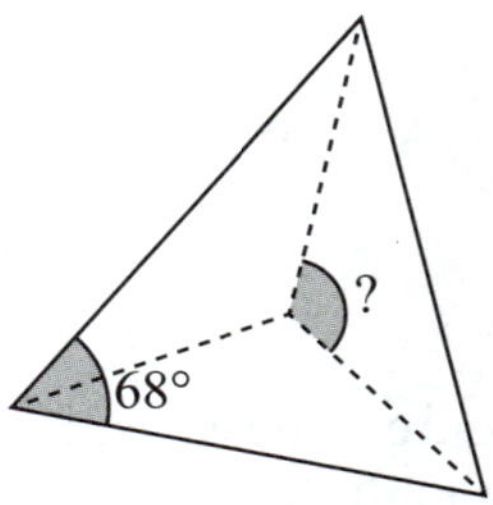

Question 8. En divisant le nombre de filles par le nombre de garçons présents dans un gymnase, on obtient exactement 0,24. Quel est le plus petit nombre de personnes présentes ?

(A) 25 (B) 31 (C) 36
(D) 48 (E) 76

Question 9. On place une somme N à un taux d'intérêt fixe. Le placement rapporte successivement 400 euros la première année et 416 euros la seconde. Quelle est la somme qui a été initialement placée ?

(A) 2 000 euros (B) 4 000 euros (C) 8 000 euros
(D) 10 000 euros (E) 11 000 euros

Question 10. La surface totale d'un cube est de 384 cm^2. Alors, le chiffre des unités de la valeur de son volume représente environ quel pourcentage de la somme du chiffre des dizaines et du chiffre des centaines de la valeur de son volume ?

(A) 200 % (B) 33 % (C) 16,5 %
(D) 20 % (E) 100 %

TEST 6 : 10 questions – 15 minutes

Consigne : trouvez la réponse juste parmi les réponses proposées.

Question 1. Amaury, Stéphane, Romain et Didier pratiquent chacun un sport différent au niveau compétition (cyclisme, natation, tennis ou ski alpin). Amaury et Didier ne supportent ni le froid, ni la neige, Stéphane et Didier font du vélo uniquement pour se promener, Amaury et Stéphane ont horreur de l'eau, enfin Stéphane et Romain ne savent pas servir au tennis. Qui fait du ski alpin de compétition ?

(A) Romain.
(B) Stéphane.
(C) Stéphane ou Romain.
(D) Amaury.
(E) Didier ou Romain.

Question 2. Manon dit : « J'ai deux frères de moins que de sœurs ». Vera, la sœur de Pierre dit : « J'ai un frère de plus que de sœurs ». Pierre dit à Léo et Manon : « J'ai autant de frères et sœurs qu'il y a d'enfants chez vous ». Enfin, Léo, le frère de Manon, dit : « J'ai deux fois plus de sœurs que de frères ». Parmi les cinq propositions suivantes, laquelle est vraie ?

(A) Il y a 6 garçons dans la famille de Manon et Léo.
(B) Manon a 8 sœurs.
(C) Il y a 13 enfants dans la famille de Pierre et Vera.
(D) Pierre a 7 sœurs.
(E) Manon a 4 frères.

Question 3. Au cours d'un séminaire d'orientation, les étudiants ont pu rencontrer trois conférenciers : Armand, Bastien et Charles. A la fin du séminaire, on a demandé aux étudiants de classer les trois conférenciers. Voici les résultats : Armand est plus ennuyeux que Charles, Bastien est moins intelligent qu'Armand mais moins ennuyeux que lui et Charles est moins intelligent que Bastien.

Laquelle de ces réponses est forcément vraie ?

(A) Armand est le conférencier le plus intelligent mais aussi le plus ennuyeux.
(B) Charles est plus intelligent que Bastien mais moins ennuyeux que lui.
(C) Bastien est plus ennuyeux que Charles.
(D) Bastien n'est pas le conférencier le plus ennuyeux et il est aussi le conférencier le plus intelligent.
(E) Aucune des réponses proposées ne convient.

Question 4. Trois amis, musiciens complets, Alexandre, Bruno et Charles, disposent de deux guitares, un piano et une batterie. Ils décident d'exécuter ensemble un morceau avec les contraintes suivantes : si Alexandre est au piano alors Bruno est à la guitare, si Alexandre est à la guitare alors Charles est au piano, si Bruno est à la guitare alors Charles est aussi à la guitare, si Alexandre est à la batterie alors Charles est au piano, si Charles est au piano alors Bruno est à la guitare.

A partir de ces informations, on peut conclure que :

I. Alexandre ne joue pas de la guitare.
II. Bruno joue de la guitare.
III. Charles ne joue pas du piano.
IV. Charles ne joue pas de guitare.

(A) Seules I, II et III sont vraies.
(B) Seules III et IV sont vraies.
(C) Seules I et II sont vraies.
(D) Seules II et III sont vraies.
(E) I, II, III et IV sont vraies.

Question 5. Chaque face d'un cube est coloriée d'une couleur différente. Paul, Sergio et Betty tiennent le cube chacun leur tour. Ils annoncent la couleur des trois faces qu'ils voient en face d'eux autour d'un sommet.

– Sergio : « noir, bleu, rouge ».
– Paul : « bleu, blanc, jaune ».
– Betty : « vert, noir, blanc ».

Quelle est la couleur de la face opposée à la blanche ?

(A) Rouge. (B) Bleue. (C) Noire.
(D) Verte. (E) Jaune.

Question 6. Dans un gros tiroir, se trouvent en vrac les huit paires de chaussures de Pierre-Michel.
Juste au dessous, dans un autre tiroir, se trouvent en vrac ses quatre chaussettes noires, ses six chaussettes grises et ses trois chaussettes bleue marine (une chaussette bleue marine a en effet été perdue !)
Un jour de panne d'électricité, combien Pierre-Michel doit-il attraper respectivement de chaussures et de chaussettes pour être sûr de porter deux chaussures symétriques avec des pieds de la même couleur ?

(A) 8 et 2 (B) 8 et 5 (C) 9 et 3
(D) 9 et 4 (E) 9 et 5

Question 7. Dans un même mois, trois dimanches sont tombés sur des jours pairs. Quel jour de la semaine était le 20e de ce mois-là ?

(A) lundi. (B) mardi. (C) mercredi.
(D) jeudi. (E) vendredi.

Question 8. Une vieille dame a été cambriolée hier après-midi, forcément par au moins un des trois visiteurs qu'elle a reçu, à savoir son petit fils, son neveu, et sa voisine. L'enquête démontre que : si le neveu est innocent, la voisine l'est aussi. Si la voisine est innocente, le neveu l'est aussi. Si le petit fils est coupable, il avait forcément un seul complice.

Quelle est la proposition exacte ?

(A) Les 3 étaient complices.
(B) Le cambriolage a été commis par une seule personne.
(C) Le petit fils avait pour complice la voisine.
(D) Le neveu avait pour complice le petit fils.
(E) Le neveu et la voisine sont coupables.

Question 9. Quand après-demain sera hier, il nous faudra autant de jours pour atteindre dimanche qu'il nous en a fallu quand avant-hier était demain, pour que nous soyons aujourd'hui.

Quel jour sommes-nous ?

(A) Lundi. (B) Mardi. (C) Mercredi.
(D) Jeudi. (E) Vendredi.

Question 10. On sait que Sylvain et Franck sont des frères. Sylvain dit toujours la vérité tandis que Franck ment toujours. Candace a posé la même question à Sylvain et à Franck et tous deux y ont répondu par « oui ». Quelle peut être la question posée par Candace ?

(A) Est-ce que tu mens toujours ?
(B) Est-ce que ton frère ment toujours ?
(C) Est-ce que seul l'un de vous dit toujours la vérité ?
(D) Est-ce que seul l'un de vous ment toujours ?
(E) Est-ce que ton frère dit la vérité ?

TEST 7 : 10 questions – 15 minutes

Consigne : trouvez la réponse juste parmi les réponses proposées.

Question 1. La course est extrêmement serrée. Les cinq premiers se tiennent en 3 secondes. En sachant que la voiture rouge est cinquième, qu'elle prend 43 centièmes au tour au premier et qu'il reste sept tours, à quelle position va-t-elle terminer la course ?

(A) Premier. (B) Deuxième. (C) Troisième.
(D) Quatrième. (E) On ne peut pas savoir.

Question 2. Lors d'une coupe de football, 64 équipes s'affrontent jusqu'à la finale au terme de laquelle une coupe sera décernée au vainqueur. On sait pour sûr qu'il y a parmi les équipes participantes une équipe portugaise et qu'on retrouve une équipe française à chaque match joué. Quel est le nombre d'équipes françaises qui participent à cette coupe ?

(A) 16 (B) 31 (C) 32
(D) 33 (E) 63

Question 3. Jonathan doit se présenter ce matin à un entretien important. Afin de ne rien laisser au hasard, il veut absolument porter une chemise bleue. Le problème est que l'ampoule de sa chambre est grillée : il ne peut donc distinguer les couleurs de ses chemises. Sachant qu'il possède trois chemises bleues sur les douze qui se trouvent dans sa penderie, combien de chemises au minimum doit-il prendre pour être sûr d'en avoir une bleue ?

(A) Trois. (B) Six. (C) Neuf.
(D) Dix. (E) Douze.

Question 4. La mère de l'oncle de Daniel est aussi celle du père de Charles. Que peut-on en déduire ?

(A) Daniel et Charles sont frères.
(B) Daniel et Charles sont cousins germains.
(C) Charles est l'oncle de Daniel.
(D) Daniel et Charles ont la même grand-mère paternelle.
(E) Daniel est le neveu de Charles.

Question 5. Dans un salon, il y a trois fauteuils. Deux d'entre eux sont des fauteuils à une place ; l'un est rouge, l'autre est bleu. Le troisième est un fauteuil à deux places. Samantha, Nathalie et David sont entrés dans le salon. On sait que Samantha ne s'assoit jamais sur un fauteuil rouge et qu'un garçon et une fille sont assis sur le fauteuil à deux places. Parmi les affirmations suivantes, laquelle est forcément exacte ?

(A) Si Nathalie est assise sur le fauteuil à deux places, Samantha est assise sur le fauteuil bleu.
(B) Si David est assis sur le fauteuil à deux places, Samantha est assise sur le fauteuil bleu.
(C) Nathalie et David ne sont pas assis sur le même fauteuil.
(D) Samantha et David sont assis sur le fauteuil à deux places.
(E) Aucune réponse ne convient.

Question 6. Pierre rencontre Alain. Pierre ment le lundi, le mardi et le mercredi mais il dit la vérité les autres jours de la semaine. Pierre dit à Alain :

« Hier j'ai menti. » et « Je mentirai encore deux jours après demain. »

Quel jour sommes-nous ?

(A) Mercredi. (B) Lundi. (C) Dimanche.
(D) Jeudi. (E) Samedi.

Question 7. En février d'une certaine année bissextile, il y a cinq dimanches. Quel jour tombe le 1er février ?

(A) Lundi. (B) Mardi. (C) Mercredi.
(D) Samedi. (E) Dimanche.

Question 8. Dans un pays, la population consiste entièrement de mathématiciens et de vendeurs. Les mathématiciens disent toujours la vérité tandis que les vendeurs mentent toujours. Un jour, 3 personnes A, B et C se rencontrent. A murmure à B une des phrases suivantes : « je suis un mathématicien » ou « je suis vendeur ». B se tourne à C et lui dit que A prétend être un mathématicien. C, outragé, répond que A n'est pas un mathématicien et qu'il est un vendeur. Combien de mathématiciens y a-t-il ?

(A) 0 (B) 1 (C) 2
(D) 3 (E) Information insuffisante.

Question 9. Annie a attribué à tous ses livres un code de trois lettres, en utilisant l'ordre alphabétique : AAA, AAB, AAC,… AAZ, ABA, ABB,… ABZ, ACZ,… AZZ, BAA, BAB, BAC,… BAZ, BBA, BBB, BBC,… BBZ,… BZZ, CAA,… Jeff a 2 038 livres.
Quel est le dernier code utilisé par Annie quand elle a codé toute sa collection ?

(A) DAJ (B) DCG (C) CHY
(D) CVS (E) BXP

Question 10. Un institut décide de lancer une vaste étude sur la perception spatiale. Pour ce faire, il réunit plus de 1000 enfants âgés de 6 à 12 ans venus des quatre coins du pays. L'expérience est simple : 3 enfants sont réunis autour d'un cube coloré contenant 1 voyelle inscrite en lettres capitales sur chaque côté et chacun doit dire ce qu'il voit. Le tout est disposé de telle sorte que chaque sujet voit exactement 3 côtés adjacents du cube. Dans la salle 314, Nathan, David et Jonathan, respectivement âgés de 7, 9 et 10 ans, se prêtent à l'expérience. Nathan dit : « Je vois les lettres U, I et Y » tandis que David dit : « Je vois les lettres Y, E et O ». Pour terminer, Jonathan dit : « Je vois les lettres A, O et I ». Quelle lettre est face au U ?

(A) A (B) E (C) I
(D) O (E) Y

TEST 8 : 10 questions – 15 minutes

Consigne : trouvez la réponse juste parmi les réponses proposées.

Question 1. Un petit garçon affirme : « j'ai autant de frères que de sœurs ». Sa sœur affirme à son tour : « j'ai deux fois plus de frères que de sœurs ». Combien y a-t-il d'enfants dans cette famille ?

(A) Six.
(B) Trois.
(C) Quatre.
(D) Cinq.
(E) Sept.

Question 2. Alexandre, Daniel, Nicolas, Olivier et Thomas participent à un concours du plus grand mangeur de Crocodiles. Alexandre et Nicolas ne sont ni les plus gourmands, ni les moins gourmands. Thomas mange plus de Crocodiles qu'Alexandre, mais moins qu'Olivier. Nicolas mange plus de Crocodiles que Thomas. Quel est le classement à l'issue du concours ?

(A) Olivier, Nicolas, Thomas, Alexandre, Daniel.
(B) Thomas, Olivier, Nicolas, Alexandre, Daniel.
(C) Olivier, Alexandre, Thomas, Nicolas, Daniel.
(D) Daniel, Olivier, Nicolas, Thomas, Alexandre.
(E) Il est impossible de répondre à la question.

Question 3. On sait que :

A. Les habitants de Nice sont épiciers.
B. Seuls les épiciers ne jouent pas du piano.
C. A Nice, on ne joue pas du piano.

Parmi les affirmations suivantes, laquelle est forcément vraie ?

(A) L'affirmation A découle des affirmations B et C.
(B) L'affirmation B découle des affirmations A et C.
(C) L'affirmation C découle des affirmations B et A.
(D) Les affirmations A, B et C sont identiques.
(E) Aucune réponse n'est exacte.

Question 4. Une île est peuplée de « sages » qui disent toujours la vérité et de « menteurs » qui mentent tout le temps. 25 habitants de cette île forment une queue et chaque personne de cette queue hormis la première, affirme que la personne, devant elle dans la queue, est un menteur. La première personne de la queue, elle, affirme que toutes les personnes derrière elle dans la queue sont des menteurs. Combien de menteurs figurent dans cette queue ?

(A) 0
(B) 12
(C) 13
(D) 24
(E) Il est impossible de déterminer le nombre de menteurs.

Question 5. Quelle conclusion découle obligatoirement de la combinaison des deux suppositions suivantes ?

A. Les chiens n'aiment pas ceux qui n'aiment pas les chiens.

B. Ceux qui n'aiment pas les chiens sont fidèles.

(A) Ceux qui aiment ceux qui n'aiment pas ceux qui aiment les chiens aiment les chiens qui sont fidèles.
(B) Les chiens n'aiment que ceux qui sont fidèles.
(C) Ceux qui aiment les chiens sont des chiens.
(D) Il n'y a pas de chiens qui aiment ceux qui sont fidèles.
(E) Ceux qui aiment les chiens ne sont pas seulement des gens qui sont fidèles.

Question 6. Ralph et Ben sont deux frères. Ils mentent souvent à leurs parents mais pas tous les jours de la semaine. Ainsi, Ralph ment le lundi, le mardi et le mercredi mais il dit la vérité les autres jours de la semaine. Pour sa part, Ben, ment le jeudi, le vendredi et le samedi, mais il dit la vérité les autres jours de la semaine. Un jour, leur mère les interroge. Ralph dit « Hier, j'ai menti ». Ben répond aussi « Hier j'ai menti ». Quel jour sommes-nous ?

(A) Lundi.
(B) Mardi.
(C) Mercredi.
(D) Jeudi.
(E) Vendredi.

Question 7. Anne et Bernard ont un an d'écart. Bernard et Dan ont deux ans d'écart. Dan et Tobias ont trois ans d'écart. Tobias et Anne ont quatre ans d'écart. L'une des affirmations suivantes est sûrement fausse. Laquelle ?

(A) Anne est la plus âgée.
(B) Bernard est le plus âgé.
(C) Bernard est le plus jeune.
(D) Tobias est le plus âgé.
(E) Tobias est le plus jeune.

Question 8. Huit jetons, numérotés de 1 à 8 sont placés dans deux sacs X et Y. La somme des numéros des jetons du sac X est exactement égale à la somme de ceux du sac Y. Il n'y a que trois jetons dans le sac X. Alors, on est sûr que :

(A) trois jetons du sac Y ont un numéro impair.
(B) quatre jetons du sac Y ont un numéro pair.
(C) le jeton numéro 1 n'est pas dans le sac Y.
(D) le jeton numéro 2 est dans le sac Y.
(E) le jeton numéro 5 est dans le sac Y.

Question 9. Dans un mois de trente et un jours, on compte trois lundis dont les dates sont des nombres impairs. Quel(s) jour(s) tombe(nt) le 18 de ce mois ?

(A) Lundi. (B) Mardi. (C) Samedi ou dimanche.
(D) Mardi ou jeudi. (E) Mercredi ou dimanche.

Question 10. Voici, en désordre, les dates de naissance d'Armand, Bernard, Claude, Dan et Emile : 20 février 2001, 12 mars 2000, 20 mars 2001, 12 avril 2000 et 23 avril 2001. Armand et Emile sont nés le même mois. Bernard et Claude aussi. Armand et Claude sont nés le même jour, dans des mois différents. Dominique et Emile aussi sont nés le même jour dans des mois différents. Quel est le plus jeune des cinq ?

(A) Armand (B) Claude (C) Bernard
(D) Dominique (E) Emile

CORRIGES

TEST 1

Question 1. Réponse C

Ici, commencez par la somme des nombres de 1 à 14, en appliquant la formule de cours suivante :
$(14 \times (14 + 1))/2 = (14 \times 15)/2 = 7 \times 15 = 105$
La somme des chiffres de 105 est 6, et par conséquent son carré est égal à 36.

Question 2. Réponse B

Appliquons la formule de pourcentage d'augmentation fournie dans le cours :
Pourcentage d'augmentation = $(126 - 96)/96 = 30/96 = 31{,}25$ %
Remarquez qu'il s'agit bien ici d'un pourcentage d'augmentation, car la valeur finale de la facture est supérieure à la valeur initiale.

Question 3. Réponse B

La surface du plafond est égale à 12 m × 18 m, soit 216 m^2. Pour couvrir le plafond à l'aide de plaques d'une surface de 1 m^2, il en faut 216. Comme elles pèsent chacune 250 g, soit un quart de kg, le poids total du dispositif est égal à 216/4, c'est-à-dire 54 kg.

Question 4. Réponse D

Lorsque vous souhaitez construire un quadrilatère, vous devez choisir 4 points pour former les 4 sommets. L'intuition de cette application consiste à savoir choisir 4 points parmi 8, ce qui est une combinaison.
En conséquence, il y a $8!/(4! \times 4!) = 70$ possibilités.

Question 5. Réponse C

Méthode 1 : appelons D la distance de l'escalator. Si l'escalator met 20 s à 2 m/s pour parcourir la moitié de la distance, alors $D/2 = V \times T = 20$ s × 2 m/s = 40 m.
Si l'usager met 15 s pour parcourir la moitié du trajet, c'est-à-dire 40 m, alors il va à la vitesse de 2,66 m/s ($V = D/T = 40/15 = 2{,}66$ m/s).

Méthode 2 : l'usager met 5 s de moins (20 s – 15 s = 5 s) que l'escalator, soit 1/3 de temps de moins (5/15 = 1/3). Comme il met un tiers de temps de moins que l'escalator, cela signifie que la vitesse de l'usager est un tiers plus rapide. Sa vitesse vaut donc 2,66 m/s ($2 + (1/3) \times 2 = 2{,}66$).

ASTUCE Lorsque vous êtes confrontés à un problème VDT, il est souvent utile de faire le rapport des distances, des temps ou des vitesses des deux acteurs et de se servir du rapport établi pour trouver l'inconnue.

CORRIGES

Question 6. Réponse D

Le cube a un volume de 343 cm^3. Si on appelle c la longueur de l'arête, alors par définition du volume d'un cube :

$V = c^3 \Leftrightarrow 343 = c^3 \Leftrightarrow 7 = c$

Sachant que dans un cube il y a 12 arêtes, la somme des longueurs d'un cube est égale à : $7 \times 12 = 84$ cm.

ASTUCE Apprenez par cœur vos cubes de 1 à 10 pour les reconnaître instantanément dans les exercices.

Question 7. Réponse D

Comme dans tout calcul de moyenne arithmétique, il faut déterminer la somme des termes avant de diviser par le nombre de termes. La somme des 100 premiers entiers naturels est fournie par la formule de cours suivante :

$S = 1 + 2 + 3 + 4 + \ldots + 98 + 99 + 100 = (100 \times (100 + 1))/2 = (100 \times 101)/2$

Après avoir divisé la somme par le nombre de termes (égal à 100), on obtient comme moyenne 50,5.

Rappel : la somme des n premiers entiers naturels $(1 + 2 + 3 + \ldots + n)$ est égale à **$[n \times (n + 1)]/2$**.

Question 8. Réponse B

Appelons N le nombre de soldats de plomb que Pierre peut acheter avec la somme d'argent qu'il possède. Avec quatre fois plus d'argent, Pierre aurait pu acheter 12 soldats supplémentaires. Cela signifie qu'avec cinq sommes d'argent, Pierre aurait pu acheter N + 12 soldats de plomb ; ou bien encore que les quatre sommes d'argent supplémentaires correspondent à 12 soldats, soit encore qu'une somme d'argent supplémentaire permet d'acheter 3 soldats en plus. **Par conséquent, avec la somme d'argent de départ, Pierre a pu acheter trois soldats de plomb.**

Voici une représentation de la situation :

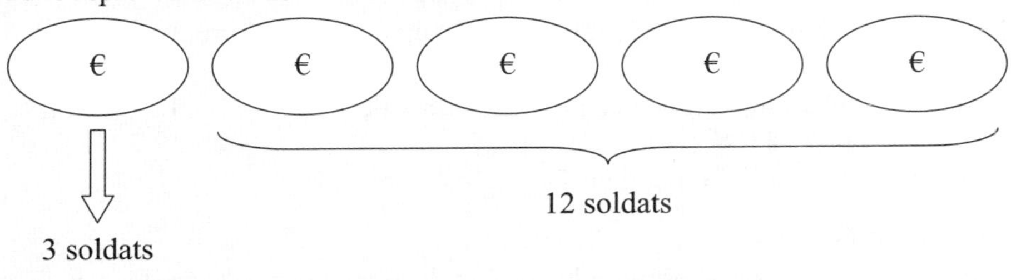

Question 9. Réponse B

Considérons seulement les gens qui ne répondent pas au téléphone dans un premier temps.

Parmi les gens qui ne répondent pas au téléphone, si 30 % ne le font pas par peur d'une mauvaise nouvelle et 40 % ne le font pas parce qu'ils sont timides, ceux qui ne décrochent pas le téléphone pour une autre raison représentent 30 % du total de ceux qui ne répondent pas (100 % – 30 % – 40 % = 30 %).

Que représentent ces 30 % par rapport à l'ensemble de la population ? Ils représentent 30 % des 40 %, c'est-à-dire 30 % × 40 % = 12 %.

ASTUCE Pour calculer rapidement des pourcentages de pourcentages, utilisez les fractions qui sont souvent plus maniables. Voici quelques exemples :
30 % × 40 % = (3/10) × (4/10) = 12/100 = 12 %
60 % × 80 % = (6/10) × (8/10) = 48/100 = 48 %
15 % × 20 % = (1,5/10) × (2/10) = 3/100 = 3 %

Question 10. Réponse C

Il s'agit ici de multiplier le temps de travail quotidien par le nombre de jours :
7 × 1 h 36 = 7 h + 7 × 36 min = 7 h 252 = 7 h (4 × 60 + 12) min = 11 h 12 = 11,2 h

ASTUCE Pour multiplier un temps en heures, minutes et secondes, on multiplie les secondes, les minutes et les heures indépendamment, puis on convertit les secondes en minutes puis les minutes en heures que l'on somme au reste des heures.

TEST 2

Question 1. Réponse C

Parmi les 6 faces d'un pavé, les faces opposées sont identiques. Il faut donc calculer l'aire de 3 faces différentes, puis multiplier leur somme par deux :
Aire 1 = longueur × largeur = 6 × 3 = 18 cm^2
Aire 2 = longueur × hauteur = 6 × 4 = 24 cm^2
Aire 3 = largeur × hauteur = 4 × 3 = 12 cm^2

La somme des aires des faces du pavé est égale à :
2 × (18 cm^2 + 24 cm^2 + 12 cm^2), soit 108 cm^2.

Question 2. Réponse A

Dans un partage du travail, on applique méthodiquement la formule :
$1/T_{Ensemble} = 1/T_{Emilie} + 1/T_{Isabelle}$
Comme Emilie est deux fois plus rapide qu'Isabelle, $T_{Isabelle} = 2 \times T_{Emilie} = 4$ h.
$1/T_{Ensemble} = (1/2) + (1/4)$
Par un produit en croix, on obtient $T_{Ensemble} = 4/3$ = 1 h 20.

Question 3. Réponse C

Commençons déjà par déterminer le nombre de jours de vacances : il y a eu 7 demi-journées de pluie et 11 demi-journées sans pluie (5 + 6), ce qui fait un total de 18 demi-journées, donc 9 jours de vacances. Il y a eu 5 matinées ensoleillées, et donc 4 pluvieuses. Mais les après-midi correspondant à ces matinées « humides », étaient forcément ensoleillées puisque quand il pleuvait le matin, il faisait beau l'après-midi… Les 7 – 4 = 3 demi-journées de pluie restantes sont à placer forcément des après-midis de jours où il a fait soleil le matin. Il y a eu donc 2 jours complets sans pluie.

CORRIGES

Question 4. Réponse B

Lorsque les trains se croisent, la vitesse d'un train par rapport à l'autre train correspond à la somme des vitesses des trains. Si le train A va à 320 km/h et le train B à 220 km/h, alors lors de leur croisement, cela revient au même de dire que le train A roule à (320 + 220) km/h = 540 km/h et que le train B est fixe. Calculer la longueur cumulée des deux trains revient à calculer la distance parcourue par un train à la vitesse de 540 km/h pendant 5,4 s. Avant de calculer la distance, il faut convertir la vitesse en m/s, afin d'assurer l'homogénéité des unités :

540 km/h = 540/3,6 m/s = 150 m/s

D = V × T =150 × 5,4 = 810 m

Question 5. Réponse C

Si 4 ouvriers produisent 2 400 pièces en une matinée, alors un ouvrier produit 600 pièces (2 400/4 = 600) en une matinée. Une matinée durant 4 heures, en 2 heures un ouvrier produit 300 pièces.

Ce mercredi matin, la production a été de 2 100 pièces (2 400 – 300 = 2 100).

Question 6. Réponse A

Il s'agit ici de calculer la surface totale d'un cylindre. Pour cela, il faut calculer la surface de ses deux faces de base et la surface de sa face latérale.

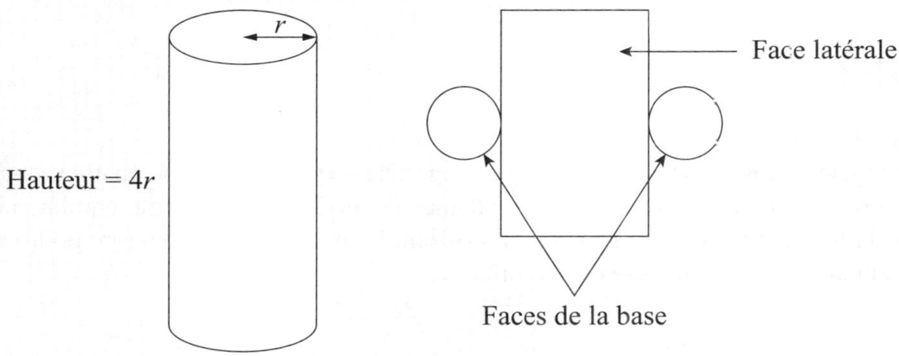

$\text{Surface}_{\text{Latérale}} = \text{hauteur} \times \text{périmètre}_{\text{Base}} = 2 \times 2r \times 2\pi \times r = 8\pi r^2$

$\text{Surface}_{\text{Base}} = \pi r^2$

$\text{Surface}_{\text{Totale}} = \text{Surface}_{\text{Latérale}} + 2 \times \text{Surface}_{\text{Base}} = 8\pi r^2 + 2\pi r^2 = 10\pi r^2$

Question 7. Réponse A

Pour déterminer le nombre de filles dans la classe, calculons d'abord la proportion de filles dans la classe. S'il y a 3 garçons pour 2 filles, alors il y a 2 filles pour 5 élèves (2 filles + 3 garçons) dans la classe. En d'autres termes 40 % des élèves sont des filles.

Par conséquent : nombre de filles = 40 % × 25 = 10

Question 8. Réponse A

Pour former l'immatriculation d'une nouvelle plaque, on choisit la première lettre (26 possibilités), puis la deuxième lettre (26 possibilités), puis la troisième lettre (26 possibilités), puis la quatrième lettre (26 possibilités), et enfin la cinquième lettre (26 possibilités). Au choix des lettres, on ajoute le choix des deux chiffres (100 possibilités).
En conclusion, il y a 100×26^5 plaques d'immatriculation possibles.

Question 9. Réponse D

La Sécurité sociale paye 60 % de 23 €, tandis que la mutuelle paye 80 % du reste, c'est-à-dire 80 % de 40 % (100 % – 60 % = 40 %), soit 32 %. En conséquence, François se fait rembourser en tout 92 % de sa consultation. Il ne reste plus qu'à payer 8 % de la consultation :
$8\ \% \times 23\ € = 8 \times 1\ \% \times 23\ € = 8 \times 0{,}23\ € = 1{,}84\ €$

Question 10. Réponse B

L'aire initiale du rectangle est égale au produit de sa longueur par sa largeur ($L \times l$). Exprimons l'augmentation de la longueur et la diminution de sa largeur en fonction de ce produit :
$(1 + 20\ \%)L \times (1 - 20\ \%)l = 1{,}2\ L \times 0{,}8\ l = 1{,}2 \times 0{,}8 \times L \times l = 0{,}96\ L \times l$
En conclusion, l'aire a diminué de 4 %.

TEST 3

Question 1. Réponse D

Rappelez-vous qu'une pyramide dite « régulière » est composée de quatre triangles équilatéraux. Rappelons que l'on peut calculer la surface d'un triangle équilatéral à partir de la formule (base × hauteur)/2, en utilisant le théorème de Pythagore pour calculer la hauteur (qui coupe la base en son milieu).

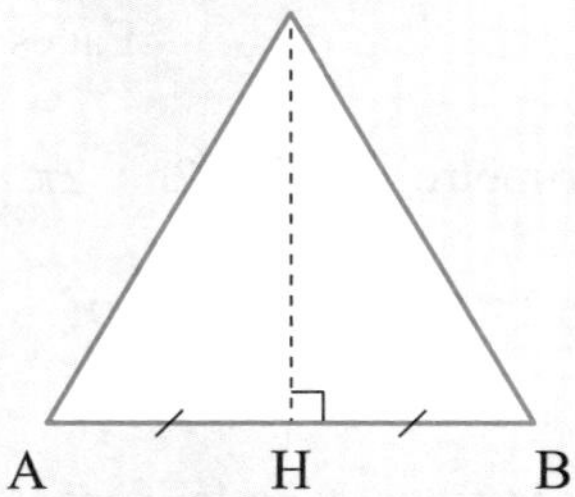

D'après ce bon vieux Pythagore : $4^2 = \text{hauteur}^2 + 2^2 \Leftrightarrow \text{hauteur} = \sqrt{(4^2 - 2^2)} = 2\sqrt{3}$.
Par conséquent, la surface d'une face est égale à $4\sqrt{3}$ cm². L'aire totale est donc $16\sqrt{3}$ cm².

Question 2. Réponse C

L'aire du carré est égale à 64 cm², par conséquent, le côté est égal à 8 cm (8 × 8 = 64). Le diamètre du cercle a la même longueur que le côté du carré, donc son rayon est égal à

CORRIGES

4 cm. La surface du disque est donc égale à 16. Deux demi-disques sont inscrits dans le carré et ils correspondent à la surface d'un disque complet. Par conséquent, l'aire grisée est égale à un quart de l'aire du carré moins l'aire du disque, soit un quart de $64 - 16\pi$, c'est-à-dire $16 - 4\pi$.

Question 3. Réponse B

Attention, contrairement aux apparences, cette question n'est pas un problème habituel de mathématiques financières. Ici, le taux d'intérêts n'est pas fixe au fil des années. Il s'agit en fait d'un problème de pourcentages successifs. Appelons C_0, C_1 et C_2 respectivement les trois valeurs du capital. On sait que C_2 = 8 736 €. Par conséquent :

(1 + 4 %) C_1 = 8 736 € ⇔ C_1 = 8 736 €/1,04 ⇔ C_1 = 8 400 €

(1 + 5 %) C_0 = 8 400 € ⇔ C_0 = 8 400 €/1,05 ⇔ C_0 = 8 000 €

Question 4. Réponse B

Voici un exercice classique de *dichotomie*. La dichotomie consiste à séparer en deux à chaque fois le nombre de solutions. La première question de Pierre doit être : « Le chiffre est-il strictement supérieur à 4 ? » Si Mathilde répond oui, alors la deuxième question de Pierre sera : « Le chiffre est-il strictement supérieur à 6 ? », sinon la question sera : « Le chiffre est-il strictement supérieur à 2 », etc. En l'espace de trois questions, Pierre peut être sûr de trouver la bonne réponse.

Question 5. Réponse D

Le volume d'alcool dans le verre de whisky est égal à 40 % de 4 cL, soit 1,6 cL. Le volume d'alcool présent dans une bière correspond à 6,4 % du volume total. Par conséquent, si l'on appelle V le volume de bière recherché, alors :

6,4 % × V = 1,6 cL ⇔ V = 1,6/(6,4 %) ⇔ V = (1,6 × 100)/6,4

Le volume de bière équivalent est donc égal à 25 cL.

Question 6. Réponse A

Attention à ne pas tomber dans le piège qui consiste à sommer les pourcentages de dépréciation (30 % + 10 % + 10 %) et à trouver comme réponse 50 % de 9 000 € !

Il s'agit ici d'appliquer des pourcentages successifs, ou plus exactement 3 baisses successives. Comme vous connaissez parfaitement votre cours, vous savez pertinemment que les 3 baisses se traduisent par la relation suivante :

Valeur finale = (1 – 30 %) × (1 – 10 %) × (1 – 10 %) × 9 000 € = 70 % × 90 % × 90 % × 9 000 €

Or, 70 % × 90 % × 90 % × 9 000 € = (7/10) × (9/10) × (9/10) × 9 000 € = 567 × 9 €

Après 3 années, la voiture a une valeur résiduelle de 5 103 €.

Question 7. Réponse A

Vous devez d'abord calculer le volume d'eau contenu dans la piscine, puis le diviser par le nombre de nageurs.

Volume eau = hauteur × longueur × largeur = 3 m × 12 m × 25 m = 900 m^3

Par conséquent, le nombre de litres par nageur est égal à 900 m^3/120 = 7,5 m^3.

Question 8. Réponse C

Du lundi matin à 8 h 30 au vendredi soir, quatre jours complets (mardi, mercredi, jeudi, vendredi) et 11,5 h (20 h – 8 h 30) se sont écoulés. Cette durée représente en termes d'heures, 4×24 h + 11,5 h = 107,5 h. Par conséquent, le retard s'élève à 3 s × 107,5, soit 322 s, ou encore 5 min 22 s.

Question 9. Réponse A

Nous vous incitons fortement à schématiser la situation :

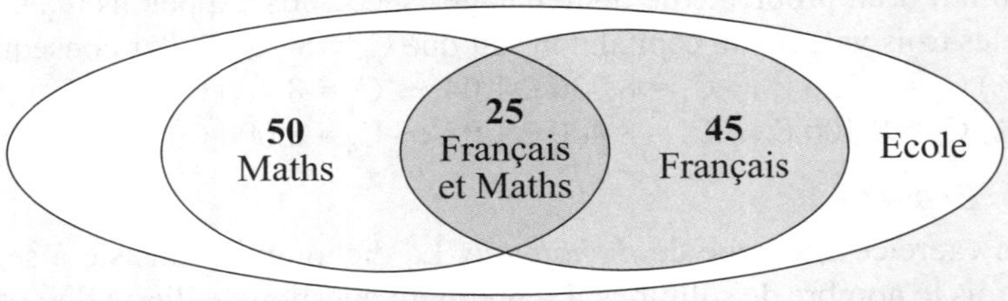

Le piège ici consiste à compter deux fois les personnes qui aiment à la fois les maths et le français : il faut retirer les 25 enfants qui aiment les deux matières. Le nombre d'enfants qui aiment au moins une des deux matières est égal à :
50 + 45 – 25, soit 70 personnes.

ASTUCE Lorsque l'on vous demande d'exprimer le cardinal de l'union de deux ensembles A et B, appliquez la formule :
$\text{Card}(A \cup B) = \text{Card}(A) + \text{Card}(B) - \text{Card}(A \cap B)$

Question 10. Réponse A

On remarque que la diagonale du carré grisé est égale au côté du grand carré. Le grand carré a une surface de 16 cm^2, soit un côté de 4 cm. La diagonale d'un carré de côté *c* est par définition égale à $\sqrt{2} \times c$.
La longueur du côté *c* est solution de l'équation suivante :
$\sqrt{2} \times c = 4 \text{ cm} \Leftrightarrow c = 4 \text{ cm}/\sqrt{2} = (4 \times \sqrt{2} \text{ cm})/(\sqrt{2} \times \sqrt{2})$.
En conclusion, la longueur du côté est donc égale à $2\sqrt{2}$ cm.

Rappel : la diagonale d'un carré de côté *a* est égale à $a\sqrt{2}$, la « grande » diagonale d'un cube de côté *a* est égale à $a\sqrt{3}$. On trouve ces résultats à l'aide du théorème de Pythagore :

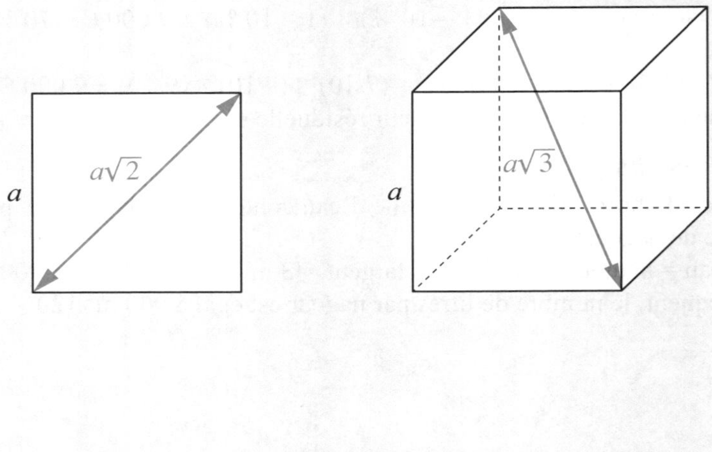

TEST 4

Question 1. Réponse E

En décomposant 24 en un produit unique de facteurs premiers, on obtient :
$24 = 2 \times 12 = 2 \times 2 \times 6 = 2 \times 2 \times 2 \times 3$
On en déduit que 24 est divisible par 2, 3, 4, 6, 8, 12, sans oublier 1 et 24. La somme de tous ces diviseurs est égal à : $1 + 2 + 3 + 4 + 6 + 8 + 12 + 24 = 60$.

Question 2. Réponse B

On élimine ici sans trop de sueur la réponse A. Il est en effet peu vraisemblable que Philippe ait 3 ans… dans 4 ans !
Testons les solutions. Il suffit en effet de vérifier ici que dans neuf ans, Stéphane sera bien deux fois plus âgé que Philippe.
Testons la solution du milieu qui veut dire que Philippe aura 15 ans dans 4 ans. Il a donc 11 ans aujourd'hui.

	Philippe	Stéphane	Rapport
Aujourd'hui	11 ans	23 ans	Dans 9 ans, Stéphane ne sera pas deux fois plus âgé que Philippe… (32/20 donne un rapport inférieur à 2)
Dans 9 ans	20 ans	32 ans	

Examinons à présent les réponses d'au-dessus. La réponse A étant comme on l'a vu absurde, il ne nous reste plus que la réponse B.

<u>*Nota Bene*</u> *:* après avoir examiné dans un premier temps la réponse du milieu (réponse C) et que nous sommes arrivés à la conclusion que cela ne pouvait être la bonne réponse, nous avons alors décidé de nous intéresser aux réponses d'au-dessus (les réponses A et B). A la question, pourquoi les réponses « d'au-dessus » et non les réponses « d'en dessous » (D et E), la réponse est la suivante :
Intuitivement, on réalise bien qu'avec le temps, les rapports d'âge entre deux personnes diminuent. Lorsque j'ai 5 ans et que ma mère en a 30, il existe un rapport de 6 entre les deux âges (ma mère est 6 fois plus âgée que moi). En revanche, lorsque j'atteins l'âge de 25 ans, ma mère a 50 ans et dans ce cas, il existe alors un rapport de 2 entre les deux âges (ma mère n'est plus que 2 fois plus âgée que moi).
En appliquant cette règle pour Philippe et Stéphane, vous comprenez maintenant pourquoi nous devions nous reporter sur les réponses « d'au-dessus » : le rapport des âges étant inférieur à 2, nous devions l'<u>augmenter</u> et si l'on voulait augmenter ce rapport, il fallait absolument <u>diminuer</u> les âges (on parle de **rapports inversement proportionnels**).

CORRIGES

Question 3. Réponse D

Sur deux semaines quelconques travaillées, Dora gagne 1 000 € (*un tiers de 3 000*) *plus* 1 500 € (*la moitié de 3 000*) ce qui fait 2 500 €.

Comme $\frac{15\ 000}{2\ 500} = 6$, Dora devra travailler 6 × 2 semaines, soit 12 semaines pour accumuler 15 000 €.

Question 4. Réponse A

Le premier nombre palindrome qu'affichera le compteur sera 12 421 km. Il faut donc rouler 12 421 – 12 345 = 76 km.

Les palindromes sont à l'origine des mots qui se lisent de la même façon « à l'endroit » comme « à l'envers ». Ainsi les mots *ELLE, RADAR, ROTOR, ICI* sont des mots palindromes. Il existe même des phrases palindromes comme : *ELU PAR CETTE CRAPULE* ou encore KARINE ALLA EN IRAK.

Question 5. Réponse C

Une heure et trente six minutes font : 60 + 36 = 96 minutes. Et 96 minutes sont égales à 96 × 60 = 5 760 secondes.

<u>Remarque</u> : il n'était même pas nécessaire de poser la multiplication. On pouvait raisonner ici autour de l'avant dernier chiffre. En effet, le résultat du produit de 96 par 60 se termine par - - 60, d'où sans hésiter : la réponse C.

Question 6. Réponse B

Si un employé travaille **8** heures, il gagne **8** unités de salaire. En travaillant 10 heures, il gagne **8** + 1,5 × **2** = **11** unités de salaire.
Le pourcentage d'augmentation est égal à :
$\frac{11 - 8}{8} \times 100\ \% = 3 \times 12{,}5\ \% = 37{,}5\ \%$.

Question 7. Réponse B

Le plus simple était de partir des solutions. Commençons par la plus petite d'entre elles : 144. Celle-ci est impossible puisque le chiffre des dizaines de 144 n'est pas supérieur (mais égal) au chiffre des unités. La réponse D : 168 est également impossible pour les mêmes raisons.
Qu'en est-il de la réponse C : 184 ? Ce nombre n'est manifestement pas divisible par 6 puisqu'il n'est pas divisible par 3 (la somme des chiffres du nombre 184 vaut 13 et 13 n'est pas divisible par 3). On élimine enfin la réponse A : 196 pour les mêmes raisons.
Il ne nous reste plus que la solution B : 192.

Question 8. Réponse B

$$\frac{10}{3} + \frac{1}{2} \times \frac{20}{3} = \frac{10}{3} + \frac{10}{3} = \frac{20}{3}$$

CORRIGES

Question 9. Réponse B

Soit X, le nombre d'enfants qu'il y a dans l'autobus avant le premier arrêt.
Après le premier arrêt, l'autobus transporte : $X - 4 + 7 = X + 3$.
Après le second arrêt, l'autobus transporte : $X + 3 - 2 = X + 1$.
Et on sait au final que $X + 1 = 12$, soit $X = 11$.

Question 10. Réponse D

La somme des surfaces d'un cube d'arête A est : $6A^2$.
Soit à résoudre : $6A^2 = 24 \Leftrightarrow A^2 = 4 \Leftrightarrow A = 2$ *ou* -2. Pas de dimension négative en géométrie… on garde donc $A = 2$ et on en déduit que le volume du cube est égal à $2^3 = 8$ cm^3.

TEST 5

Question 1. Réponse B

⚠ **ATTENTION** Lorsque vous voyez dans un énoncé $Z4 \times Z7 = 730Z$, vous devez bien comprendre que nous faisons le produit d'un nombre à deux chiffres Z4 (qui vaut 14 quand $Z = 1$; 24 quand $Z = 2$; 34 quand $Z = 3$, etc.) par un autre nombre à deux chiffres Z7 (qui vaut 17 quand $Z = 1$; 27 quand $Z = 2$; 37 quand $Z = 3$, etc.) et que nous obtenons alors comme résultat un nombre à 4 chiffres 730Z qui vaut donc 7 301 quand $Z = 1$; 7 302 quand $Z = 2$, etc.
Sachant que $Z4 \times Z7 = 730Z$, on trouve en utilisant la technique du dernier chiffre que Z est égal au dernier chiffre du produit de **4** et de **7**. Or **4 × 7 = 28,** donc $Z = 8$ et $Z^3 = 8^3 =$ **512**.

Question 2. Réponse D

Il vous suffit de **lire et traduire lentement** l'énoncé sous la forme d'équations, en notant B, N et R respectivement le nombre de boules bleues, noires et rouges.
Vous savez dans un premier temps qu'il y a 80 boules dans l'urne et que les seules couleurs présentes sont les trois citées ci-dessus, ce qui vous donne donc :
(1) B + N + R = 80.

De plus, l'énoncé vous indique que :
(2) B = (N + R)/3 **soit 3 × B = N + R.**

Enfin, le nombre de boules noires auquel on ajoute 10 doit être égal au nombre de boules rouges soit :
(3) N + 10 = R.

La résolution du système donne alors :
(1) & (2) : B + 3B = 80, soit 4B = 80, soit B = 20.
(2) & (3) : **60** = N + R = **R – 10 + R** soit 60 + 10 = 2R soit **R = 35.**

CORRIGES

Question 3. Réponse D

Pour bien interpréter l'énoncé, nous vous conseillons de représenter un maximum d'informations sur un axe :

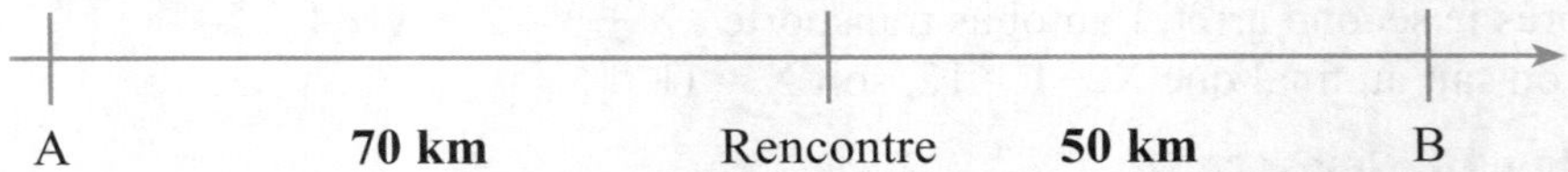

Ce qu'il faut bien comprendre ici, c'est que les deux cyclistes mettent le même temps pour arriver jusqu'au point de rencontre (ils sont en effet partis au même moment !). Il suffit donc d'écrire que $T_1 = T_2$, soit $D_1/V_1 = D_2/V_2$, soit encore $50/V_1 = 70/V_2$ et de conclure que $V_2 = 70/50 \times V_1 = 7/5 \times V_1 = \mathbf{1{,}4 \times V_1}$.

On aurait pu tout aussi bien appliquer une règle de trois :

	Distance parcourue	Vitesse
Cycliste 1	50 km	V_1
Cycliste 2	70 km	V_2

Soit : $V_2 = 70/50 \times V_1 = 7/5 \times V_1 = \mathbf{1{,}4 \times V_1}$.

Question 4. Réponse B

Le centre du cercle circonscrit au triangle équilatéral est le point de concours des médiatrices du triangle, médiatrices qui sont aussi les médianes. Le centre du cercle circonscrit est donc situé au tiers des médianes à partir des côtés. On peut alors en conclure que le diamètre du petit disque est égal à la moitié du rayon du cercle circonscrit, soit que **le rayon du grand disque est égal au quadruple du rayon du petit disque**. Et de conclure qu'il faut par conséquent multiplier l'aire du petit disque par $4^2 = 16$ pour obtenir celle du grand.

Rappels importants :

Médiatrice : la médiatrice d'un segment est la droite perpendiculaire au segment et qui passe par son milieu.

Bissectrice : la bissectrice d'un angle est la droite qui divise un angle en deux angles égaux.

Hauteur : une hauteur d'un triangle est une droite qui passe par un sommet du triangle et qui coupe son côté opposé en formant un angle droit.

Médiane : la médiane d'un triangle passe par un sommet et coupe le côté opposé en son milieu.

Dans un triangle :

– L'intersection des 3 hauteurs s'appelle l'orthocentre ;
– L'intersection des 3 médianes s'appelle le centre de gravité ;
– L'intersection des 3 bissectrices est le centre du cercle inscrit ;
– L'intersection des 3 médiatrices est le centre du cercle circonscrit.

Propriétés à connaître :

– Si ABC est isocèle en A alors, la hauteur issue de A, la bissectrice de Â, la médiane issue de A et la médiatrice de [BC] sont confondues ;
– Dans un triangle équilatéral, les hauteurs, médianes, médiatrices, bissectrices sont confondues ;
– Le centre de gravité d'un triangle est toujours situé **aux deux tiers** de chaque médiane en partant des sommets du triangle (faites un dessin ! Vous comprendrez mieux...).

Question 5. Réponse C

Il s'agit tout simplement de la résolution d'un système d'équations obtenu à partir du schéma suivant :

X		
Y	T	47
Z	63	U

En notant S la somme des éléments d'une ligne, d'une colonne ou d'une diagonale, vous obtenez le système d'équations suivant :

(1) $X + Y + Z = S$
(2) $Y + T + 47 = S$
(3) $Z + 63 + U = S$
(4) $X + T + U = S$

Rappel : la somme d'une ligne, d'une colonne et d'une diagonale ***est la même*** *d'après l'énoncé.*

En sommant les équations (1) et (4) ainsi que les équations (2) et (3), vous trouvez :

(1) + (4) : $\mathbf{2X + (Y + Z + T + U) = 2S}$
(2) + (3) : $\mathbf{110 + (Y + Z + T + U) = 2S}$

Enfin, en soustrayant ces deux nouvelles équations vous trouvez que $2X = 110$ soit $\mathbf{X = 55}$.

Question 6. Réponse E

Cette question, très rare, peut tomber ! Nous n'en avons pas fait un point de cours à part entière mais nous rappellerons ici quelques éléments de base des fonctions affines (programme de troisième !).

L'équation d'une droite affine est : $F(X) = aX + b$

Le coefficient directeur, a, se calcule de la façon suivante, en notant X_1 et X_2 les abscisses de deux points puis Y_1 et Y_2 les ordonnées de ces deux mêmes points.

En prenant les points que l'on vous propose, cela donne :

$$a = \frac{Y_2 - Y_1}{X_2 - X_1} = \frac{0 - 3}{-1 - 1} = \frac{-3}{-2} = \frac{3}{2}$$

Il est alors inutile de calculer b car une seule des réponses a pour coefficient directeur $\frac{3}{2}$, à savoir la réponse E.

Question 7. Réponse B

En notant X et Y les deux autres angles du triangle, vous savez que :
(1) $X + Y + 68 = 180$.
De plus, un autre triangle étant formé par les bissectrices, vous savez également que :
(2) $X/2 + Y/2 + ? = 180$.
Ces deux équations peuvent également s'écrire :
(1) $X + Y = 180 - 68 = 112$
(2) $? = 180 - (X + Y)/2$.
En remplaçant (X + Y) par 112 dans l'équation (2), vous trouvez alors que :
? $= 180 - 112/2 = 180 - 56 =$ **124**.

Question 8. Réponse B

En notant F et G les nombres respectifs de filles et de garçons présents dans le gymnase, l'équation donnée par l'énoncé est la suivante :
F/G = 0,24 = 24/100 = 12/50 = 6/25.

La fraction F/G simplifiée **sous sa forme irréductible (on ne peut simplifier plus !)** vaut donc **6/25**. Autrement dit, il y a 6 filles pour 25 garçons, soit 6 + 25 = 31 personnes au minimum dans le gymnase.

Question 9. Réponse D

Ce que vous devez comprendre ici, c'est qu'entre la première et la deuxième année, les intérêts sont passés de **400** à **416** euros. On a donc gagné 16 euros sur une base de 400 soit un gain de 16/400 = 4/100 = **4 %**. Le taux d'intérêt est donc égal à **4 %**.
Il ne nous reste plus qu'à résoudre l'équation : 4 % × N = 400 pour trouver en testant rapidement les réponses proposées **N = 10 000**.

Question 10. Réponse B

La surface totale d'un cube est égale à six fois l'aire d'une de ses faces.
On a donc : $6A^2 = 384$ soit $A^2 = 64$ avec l'aire d'une face.
De plus, l'aire de la face d'un cube est égale au carré d'un de ses côtés de longueur A. On a donc $64 = A^2$ soit $A = 8$.
Enfin, le volume V d'un cube est égal au cube de son côté, soit :
$V = A^3 = 8^3 =$ **512**.

Finalement, il ne vous reste plus qu'à comparer **2** (le chiffre des unités de 51**2**) avec **5 + 1 = 6** (la somme du chiffre des dizaines et de celui des centaines de 512). Vous trouvez alors facilement que 2 représente le tiers de 6, soit **environ 33 %**.

TEST 6

Question 1. Réponse B

Stéphane fait du vélo à un niveau amateur, et il ne fait pas de natation puisqu'il a horreur de l'eau. Comme il ne sait pas servir au tennis, il ne pratique pas non plus ce sport à un niveau compétition. On en déduit que Stéphane fait du ski alpin au niveau compétition.

Question 2. Réponse D

Avec ce que dit Vera, on comprend que le nombre d'enfants dans sa famille est pair. En effet si $\mathbf{S_v}$ est le nombre de sœurs de Vera, alors il y a $\mathbf{S_v + 1}$ filles et $\mathbf{S_v + 1}$ garçons soit $\mathbf{2S_v + 2}$ enfants. Ainsi, il ne peut y avoir 13 enfants dans la famille de Pierre et Vera et on élimine la réponse C.

Soit $\mathbf{S_m}$ le nombre de sœurs de Manon et $\mathbf{F_m}$ le nombre de frères de Manon.

Alors : $\mathbf{F_m = S_m - 2}$. On sait en outre que Léo a $S_m + 1$ sœurs et $F_m - 1$ frères.

Avec ce qu'il dit, on en déduit que $\mathbf{S_m + 1 = 2(F_m - 1)}$. Après résolution de ce petit système d'équations soulignés de rien du tout, on trouve : $\mathbf{S_m = 7}$ **et** $\mathbf{F_m = 5}$.

On élimine les réponses A et B.

Enfin, soit $\mathbf{S_p}$ et $\mathbf{F_p}$ les nombres respectifs de sœurs et de frères de Pierre.

On a : $\mathbf{S_p + F_p = 13}$ et $\mathbf{F_p + 1 = (S_p' - 1) + 1}$, ce qui nous donne : $\mathbf{S_p = 7}$ **et** $\mathbf{F_p = 6}$.

D'où la réponse D.

Question 3. Réponse A

L'énoncé nous dit que Charles est moins intelligent que Bastien qui est lui-même moins intelligent qu'Armand : ce dernier est donc le plus intelligent. De même, on sait qu'Armand est plus ennuyeux que Charles et que Bastien, donc on devine qu'Armand est le conférencier le plus ennuyeux. Ainsi Armand est à la fois le plus ennuyeux et le plus intelligent.

Question 4. Réponse A

– Supposons qu'Alexandre joue de la guitare.

Dans ce cas Charles joue du piano, ce qui implique que Bruno joue de la guitare ce qui déclenche que Charles joue de la guitare. Cette situation est impossible car il n'y a que 2 guitares. On conclut qu'Alexandre ne joue pas de guitare. **La I est vraie.**

– Supposons que Bruno ne joue pas de guitare.

Dans ce cas Alexandre ne joue pas de piano et Charles ne joue pas de piano. Or si Charles ne joue pas de piano, alors Alexandre ne joue ni de la batterie ni de la guitare. Comme on sait déjà qu'Alexandre ne joue pas de piano, cela signifie qu'Alexandre ne jouerait pas. Cette supposition est donc fausse donc Bruno joue de la guitare. **La II est vraie.**

– Supposons que Charles joue du piano.

Alors Bruno joue de la guitare. Alors Charles joue de la guitare. Contradiction. Donc Charles ne joue pas du piano. **La III est vraie.**

– Supposons que Charles ne joue pas de guitare.

Dans ce cas, Bruno ne joue pas de guitare donc Charles ne joue pas de piano et donc enfin Alexandre ne joue pas de guitare. Cette sitation est impossible car il doit y avoir au moins 1 joueur de guitare au vu du nombre d'instruments disponibles. Donc Charles joue de la guitare. **La IV est fausse.**

Rappel : A $\Rightarrow$ B $\Leftrightarrow$ nonB $\Rightarrow$ nonA

Question 5. Réponse A

La face blanche partage une arête commune avec la bleue et la jaune (c'est Paul qui l'a dit.) La seule face avec laquelle la blanche ne partage pas d'arête commune (autrement dit la face opposée à la blanche) est la rouge.

Question 6. Réponse D

Partons des solutions. Si Pierre-Michel attrape 8 chaussures, il n'est pas sûr qu'il puisse chausser deux chaussures symétriques. En effet, **dans le pire des cas**, il attrape 8 chaussures gauches ou 8 chaussures droites. On élimine donc les réponses A et B. On comprend alors que s'il prend 9 chaussures, il est sûr qu'il pourra chausser deux chaussures symétriques : la 9e chaussure attrapée trouvera toujours une chaussure avec laquelle elle pourra se marier.

Ensuite, concernant le nombre de chaussettes, là encore dans le pire des cas, s'il prend 3 chaussettes, celles-ci peuvent être : 1 chaussette noire, 1 chaussette grise et 1 chaussette bleue marine. En en prenant 4, Pierre-Michel est en revanche sûr de se retrouver avec une paire de même couleur.

Conclusion : Pierre-Michel doit prendre au minimum 9 chaussures et 4 chaussettes s'il souhaite chausser deux chaussures symétriques et deux chaussettes de même couleur.

Question 7. Réponse D

Vous conviendrez **qu'un dimanche « pair » est forcément suivi d'un dimanche « impair »** (si l'on est dimanche 14 février (PAIR) alors le dimanche suivant est le 21 (IMPAIR) février (+7 jours)) et qu'un dimanche « impair » est forcément suivi d'un dimanche « pair ».

Si un mois a comporté **3 dimanches « pair »**, cela implique qu'il a comporté **5 dimanches en tout**. Or ceci n'est possible que si le premier dimanche était le 2 du mois, et les dimanches suivants les 9, 16, 23 et 30. Le 20 du même mois était donc un **jeudi** !

Question 8. Réponse E

On se sert ici de la règle logique de la contraposée (si A $\Rightarrow$ B, alors Non B $\Rightarrow$ Non A). Ainsi, on déduit de l'énoncé que si la voisine est coupable, le neveu l'est aussi.

De même, si le neveu est coupable, la voisine l'est également, donc le neveu et la voisine sont soit tous deux coupables, soit tous deux innocents. Or, s'ils étaient tous deux innocents, le petit fils serait le seul coupable, ce qui est contradictoire avec l'énoncé (en cas de culpabilité le petit fils a un – unique – complice).

Le neveu et la voisine sont donc tous les deux coupables, et de fait on écarte les réponses B, C et D. Enfin, si les trois étaient complices, alors le petit fils aurait deux complices, ce qui est impossible : on écarte la proposition A.

Question 9. Réponse A

Une question difficile. Entre hier et après-demain, il y a 3 jours d'écart. Entre avant-hier et demain il y a également 3 jours d'écart. Conséquence : il y a 3 jours (quand avant-hier sera demain) entre le dimanche et le jour que l'on est censé atteindre entre temps. Or ce jour est atteint 3 jours (quand après-demain sera hier) après aujourd'hui.
Nous sommes donc situés à 3 + 3 = 6 jours d'un dimanche et « aujourd'hui » est donc un lundi.

Question 10. Réponse B

Sylvain dit vrai, Franck ment et les 2 répondent oui à la question posée.
Testez les réponses.
Les questions (A), (C), (D) et (E) impliquent que l'un des deux dise oui et l'autre non, ce qui est contraire à l'énoncé.
En testant la B,
Si Sylvain dit vrai, alors il répond oui.
Si Franck ment, alors il répond oui.

TEST 7

Question 1. Réponse E

On ne peut pas connaître la position de la voiture rouge car on ne connaît pas les temps des autres voitures. En effet, on sait seulement que la voiture rouge va plus vite que le leader, mais on ne connaît pas les allures des autres voitures de la course. La seule chose dont nous sommes sûrs, c'est que la voiture rouge va passer devant le premier avant la fin de la course ($0{,}43 \times 7 = 3{,}01 > 3$). Attention donc à ce genre de question car il est possible de perdre un temps fou en calculs et répondre quand même faux, alors qu'en réalité la question pouvait être traitée en moins de 10 secondes !

Question 2. Réponse E

Imaginez qu'il y ait 2 équipes étrangères (la portugaise et disons une allemande), alors il y a un risque que l'Allemagne et le Portugal se rencontrent en finale (par exemple). Or il nous faut une équipe française A CHAQUE MATCH JOUE. Aussi, dès lors que l'on a PLUS D'UNE EQUIPE ETRANGERE, nous ne pouvons plus nous assurer du fait que l'on retrouve une équipe française à chaque match joué. En conséquence, il faut 63 équipes françaises et 1 équipe étrangère (en l'occurrence, une équipe portugaise).

⚠ ATTENTION « Une équipe française à chaque match joué » = « Une équipe française – ou deux – à chaque match joué ». A ne pas confondre avec « Une seule équipe française à chaque match joué ».

CORRIGES

Question 3. Réponse D

Dans ce genre de questions d'optimisation, il faut impérativement utiliser la « méthode du poissard » (cf. Cours), c'est-à-dire qu'il faut considérer le cas où Jonathan a le moins de chance. Jonathan possède trois chemises bleues et neuf chemises de couleur autre que bleue. En supposant qu'il tire d'abord toutes les chemises autres que bleues (*i.e.* 9 chemises) et bien on est sûr et certain que la 10e chemise sera bleue. Réponse D.

Question 4. Réponse B

L'énoncé est ici volontairement peu clair. Il faut donc le décrypter attentivement. La mère de l'oncle de Daniel est en réalité sa grand-mère. L'énoncé suggère aussi que cette dernière est la grand-mère de Charles (c'est la mère de son père). Ils ont donc la même grand-mère, qui n'est d'ailleurs pas forcément la grand-mère paternelle de Daniel. Ils sont donc cousins germains et la réponse B est correcte.

Question 5. Réponse A

Nathalie est assise sur le fauteuil à deux places, alors David est assis à côté d'elle. Samantha, quant à elle, peut s'asseoir sur le fauteuil rouge ou bleu. Or, elle ne s'assoit jamais sur le fauteuil rouge. C'est qu'elle s'assoit donc sur le fauteuil bleu.

Question 6. Réponse B

Lorsque Pierre dit « Hier j'ai menti », on comprend qu'il va falloir détecter les **« Switch »** de type M-V ou V-M.

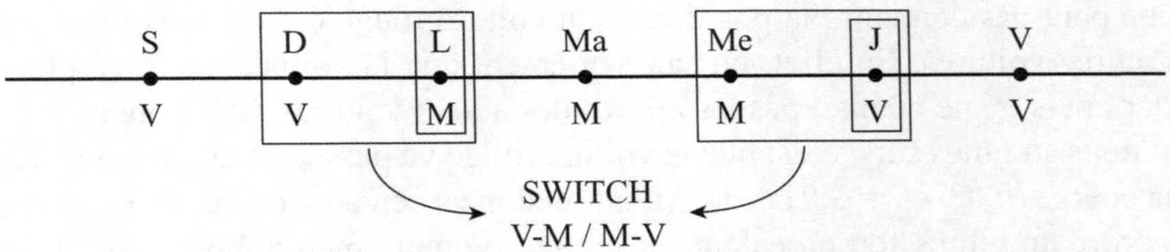

On sait grâce au schéma ci-dessus que nous sommes **ou un lundi ou un jeudi.**
Ensuite, il faut bien voir que « je mentirai encore deux jours après demain » **nous oblige à retenir lundi.** En effet, si cette phrase est prononcée un lundi, jour où je mens, il est normal que « deux jours après demain » soit un jour où je ne mens pas ! Ce qui est bien le cas ici puisque jeudi est un jour où je ne mens pas.

Question 7. Réponse E

Vous n'avez pas d'autre choix que d'avoir un dimanche pour 1er février – (ce qui est soit dit en passant un cas rare parce qu'il faut que le 1er février soit un dimanche **ET QUE** l'année soit bissextile !!). En fait, le raisonnement était simple à conduire ici. Il convenait de partir des solutions et de remarquer assez rapidement que l'on n'obtenait 5 dimanches dans le mois que dans le cas où **le dimanche était <u>le premier jour du mois</u>.**
On vous rappelle (ça peut toujours aider) **que dans une année bissextile, le mois de février est composé de 29 jours** (VS 28 quand l'année n'est pas bissextile).

CORRIGES

Question 8. Réponse C

Partons de la phrase prononcée par A. Si A murmure à B : « je suis un vendeur », alors elle ment, et est un donc un mathématicien. Mais un mathématicien dit toujours la vérité. Cette hypothèse conduit donc à une contradiction : elle est écartée.
A murmure donc à B « je suis un mathématicien », ce que B répète à C. B dit donc la vérité à C et est un mathématicien.
Si A dit vrai alors A est un mathématicien également, et C en affirmant le contraire ment et est alors un vendeur (soit 2 mathématiciens et un vendeur).
Si A ment, A est alors un vendeur, et C dit la vérité et est alors un mathématicien (soit 2 mathématiciens et un vendeur au total). Il y a donc deux mathématiciens parmi A, B et C. Réponse C !

Question 9. Réponse A

Le 26e livre se voit attribuer le code AAZ. Au 27e livre, le rang de la lettre du milieu augmente de 1.
Le livre avec le code AZZ sera le $26 \times 26 = 676^e$ de la bibliothèque.
$676 \times 3 = 2\,028$; le 2 028e livre aura le code CZZ. On rajoute 10 livres à la bibliothèque, le code du dernier livre sera DAJ.

Question 10. Réponse D

La réponse découle d'un principe logique : un enfant ne peut pas voir en même temps la lettre inscrite sur une face et celle inscrite sur la face opposée.
Reprenons l'énoncé : David voit les lettres Y, E, et O. La lettre opposée au O ne peut donc pas être Y ou E.
Jonathan voit les lettres A, O, et I. Les lettres A et I ne peuvent pas non plus être en face du O.
5 lettres au total peuvent être placées en face du O, dont 4 sont impossibles : il ressort nécessairement que la lettre U est en face du O.

TEST 8

Question 1. Réponse E

Pour gagner du temps, on peut traduire cet énoncé sous forme d'équation. Soit X le nombre de garçons dans la famille et Y le nombre de filles. Le nombre de frères que possède un garçon de la famille correspond à l'ensemble des garçons moins lui-même, qui se note en termes mathématiques de cette façon : $X - 1$. Il en est de même pour les filles.
On traduit les affirmations des enfants :
« J'ai autant de frères que de sœurs » : $X - 1 = Y$
« J'ai deux fois plus de frères que de sœurs » : $X = 2(Y - 1)$
On résout le système et on trouve $X = 4$ et $Y = 3$: il y a 7 enfants dans la famille.

CORRIGES

Question 2. Réponse A

Olivier < Nicolas < Thomas < Alexandre < Daniel.

Question 3. Réponse A

A. (NICE) $\Rightarrow$ (EPICIERS)
B. (NON PIANO) $\Rightarrow$ (EPICIERS)
C. (NICE) $\Rightarrow$ (NON PIANO)

Par transitivité, on comprend aisément que l'affirmation A se déduit des affirmations B et C prises ensemble.

Question 4. Réponse C

Deux cas se présentent à nous :
(1) : la première personne de la queue dit la vérité.
(2) : la première personne de la queue ment.
Le cas (1) est impossible. Regardez le schéma suivant :

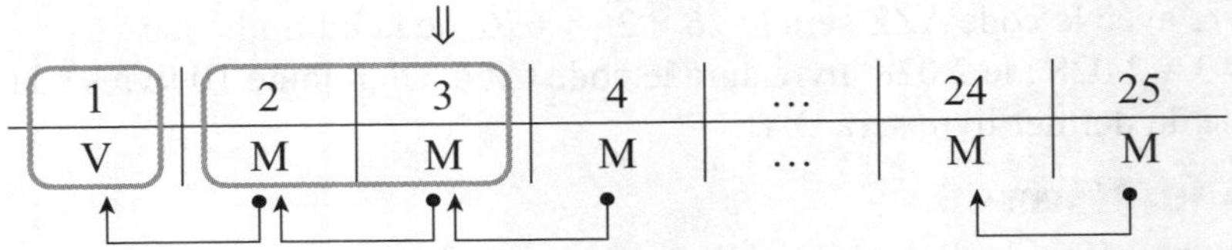

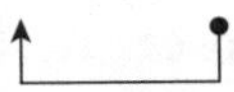 : *« La personne qui est devant moi ment. »*

Si la première personne dit la vérité, alors cela veut dire que TOUTES les personnes qui se trouvent derrière elle mentent. Or ceci est impossible. En effet, si l'on prend la 3e personne de la queue par exemple, qui ment, alors quand celle-ci dit « la personne qui est devant moi (la 2e) ment », on doit comprendre cela comme « la personne qui est devant moi (la 2e) dit la vérité »… Ce qui est contradictoire avec le fait que la personne qui est devant elle **ment** (cf. schéma).

En conclusion, c'est le second cas qui est possible. La première personne de la queue ment et quand elle dit que « toutes les personnes derrière moi mentent », on doit comprendre cela comme **« au moins une personne derrière moi dit la vérité ».** En l'occurrence ici et d'après le schéma qui suit, c'est une personne sur deux qui dit la vérité.

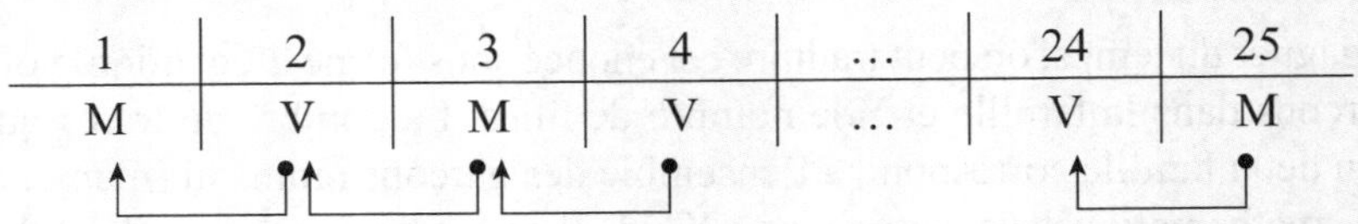

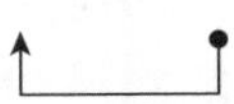 : *« La personne qui est devant moi ment. »*

En conclusion, il y a 13 personnes qui mentent et 12 personnes qui disent la vérité.

Question 5. Réponse D

En combinant les deux suppositions, on comprend que « les chiens n'aiment pas ceux qui sont fidèles »… Autrement dit « Il n'y a pas de chiens qui aiment ceux qui sont fidèles ».

Question 6. Réponse D

Jour	Ralph	Ben	
Lundi	**M**	**V**	
Mardi	**M**	**V**	
Mercredi	***M***	***V***	*C'est ici que s'opère le SWITCH*
Jeudi	***V***	***M***	
Vendredi	**V**	**M**	
Samedi	**V**	**M**	
Dimanche	**V**	**V**	

Question 7. Réponse A

Testons les réponses. Commençons par la réponse A et imaginons par exemple qu'Anne a 100 ans.

Si **Anne a 100 ans** et qu'elle est la plus âgée, alors **Bernard a 99 ans** (il ne peut pas avoir 101 car c'est Anne la plus âgée). On sait ensuite que **Dan a 97 ans** (il ne peut avoir 101 ans car il serait plus âgé qu'Anne). Ensuite **Tobias a 94 ans** (il ne peut avoir 100 ans car il ne peut avoir le même âge qu'Anne). Enfin, il faut vérifier que Tobias et Anne ont quatre ans d'écart, ce qui n'est pas le cas ! Conclusion : l'affirmation **« Anne est la plus âgée »** est fausse.

Question 8. Réponse D

La somme des numéros des jetons est égale à : 36(1 + 2 + 3 + … + 8 = 1/2 × (8 × 9)).

Aussi, chacun des sacs X et Y contient des jetons dont la somme des numéros est égale à 18.

En testant les solutions une à une on se rend compte que le jeton numéro 2 se trouve **nécessairement** dans le sac Y (réponse D). En effet, si le jeton numéro 2 se trouve dans le sac Y, c'est qu'il ne se trouve pas dans le sac X. S'il se trouvait dans le sac X, on aurait 2 + ? + ? = 18 soit ? + ? = 16 et pour faire 16, il faudrait 8 + 8… ce qui est impossible ! Le jeton ne se trouve pas dans le sac X et il se trouve par conséquent dans le sac Y.

Question 9. Réponse D

Ces trois lundis « impairs » sont **: Lundi 1, Lundi 15 et Lundi 29 OU Lundi 3, Lundi 17 et Lundi 31.** Ainsi, le 18 de ce mois est **un jeudi OU un mardi.**

Question 10. Réponse C

Armand et Emile sont nés le même mois, donc en mars ou en avril. Même chose pour Bernard et Claude. Armand et Claude sont nés le même jour dans des mois différents. Etant tous les deux nés en mars ou avril, leurs dates de naissance sont le 12 mars 2000 et le 12 avril 2000. Dominique est forcément né le 20 février 2001 (les 4 autres sont nés en mars et avril). Donc Emile est né le 20 mars 2001. **On en déduit que Bernard est né le 23 avril 2001 et que c'est donc le plus jeune des cinq.**

CORRIGES

NOTES PERSONNELLES

NOTES PERSONNELLES

NOTES PERSONNELLES

NOTES PERSONNELLES

NOTES PERSONNELLES

NOTES PERSONNELLES

NOTES PERSONNELLES

NOTES PERSONNELLES

NOTES PERSONNELLES

NOTES PERSONNELLES

34/38, rue Camille-Pelletan – 92309 Levallois-Perret Cedex
Imprimerie La Sepec – 01960 Péronnas - 10803180925
Imprimé en France – 3e trimestre 2018

Service éditorial : Marjorie Champetier, Benjamin Dias Pereira, Deborah Lopez
Conception graphique : Dominique Papon

Dépôt légal à parution
ISBN 978-2-7590-3843-5

PEFC 10-31-1470 / **Certifié PEFC** / Ce produit est issu de forêts gérées durablement et de sources contrôlées. / pefc-france.org